装备科技译著出版基金

先进光子计数技术

Advanced Photon Counting

[捷克] 彼得·卡普斯塔 (Peter Kapusta)
[德] 迈克尔·沃尔 (Michael Wahl) 著
[德] 雷纳·埃尔德曼 (Rainer Erdmann)

孙志斌　闫召爱　译

国防工业出版社
·北京·

著作权合同登记　图字:军-2015-105号

图书在版编目(CIP)数据

先进光子计数技术/(捷克)彼得·卡普斯塔
(Peter Kapusta),(德)迈克尔·沃尔(Michael Wahl),
(德)雷纳·埃尔德曼(Rainer Erdmann)著;孙志斌,
闫召爱译．—北京:国防工业出版社,2022.8
书名原文:Advanced Photon Counting
ISBN 978-7-118-12547-4

Ⅰ.①先… Ⅱ.①彼… ②迈… ③雷… ④孙… ⑤闫
… Ⅲ.①光电子技术 Ⅳ.①TN2

中国版本图书馆 CIP 数据核字(2022)第 114892 号

First published in English under the title
Advanced Photon Counting: Applications, Methods, Instrumentation
edited by Peter Kapusta, Michael Wahl and Rainer Erdmann
Copyright © Springer International Publishing Switzerland, 2015
This edition has been translated and published under licence from
Springer Nature Switzerland AG.
本书简体中文版由 Springer 授权国防工业出版社独家出版。版权所有,侵权必究。

※

国防工业出版社 出版发行
(北京市海淀区紫竹院南路 23 号　邮政编码 100048)
北京龙世杰印刷有限公司印刷
新华书店经售
＊
开本 710×1000　1/16　印张 21¼　字数 378 千字
2022 年 8 月第 1 版第 1 次印刷　印数 1—1500 册　定价 149.00 元

(本书如有印装错误,我社负责调换)

国防书店:(010)88540777　　书店传真:(010)88540776
发行业务:(010)88540717　　发行传真:(010)88540762

前言

她受激于或红或绿的光；
这取决于她对什么敏感。
很快便可见她那耀眼的辐射；
以她自己的颜色闪烁，
但要注意其间的几纳秒。
它们会告诉你某种倾向：
也许她不同于你的预见。
尽管你耐心地试验这个方案；
但是仅凭一闪而逝的光亮
还是不能够抓住她的重点。
实际上，她的情绪是如此极端
以至于她似乎非常随性。
然而，如果你耐心地细查她的光束
就能看到一幅真正美丽的斑图。
所以请安心地计数。

1926 年，物理学家 Frithiof Wolfers 和化学家 Gilbert N. Lewis 创造出了"光子"一词，用以命名人们在约 20 年前发现的光量子。虽然乍看起来稍显肤浅，但是这让我们注意到了诸多化学家对于量子物理学发展过程中在此处以及其他地方所做的贡献。的确，量子力学作为一种现代科学理论所取得的压倒性成功，与其说归功于纯粹物理学的因素，不如说是因为该理论几乎在物理、化学和材料科学等各方面都具有不容置疑的解释力。为原子和分子建立模型是我们理解并最终利用几乎所有从前很神秘的光谱效应的关键。这种模型将原子和分子视为在不同量子态之间跃迁的量子力学系统，其中一些系统还涉及光子的吸收和发射。从这个意义上来说,本书中讨论的诸多方法目前更多地应用于化学及其相关领域而不是纯粹物理学领域这一点并不足为奇。实际上,光谱法已经成为生物化学研究中必不可少的方法,原因在于光能够用作活细胞的探针,恰当应用完全不会损伤样本,也不会过度破坏正在研究中的细胞机能或过程。虽然经典光谱学并不要求进行单光子作业,但事实证明这么做是非常有用的。在涉及的过程中只有极少数分子的情况下,特别是在分子生物学探索的一些重要过程中,就要用到这个优势。比经典光谱学更引人注目的是另一种应用量子力学性质的情况:激发态的寿命。事实证明,分子激发态的平均寿命受分子及其环境的影响极大,因此,除光谱外,该平均寿命也可作为分子的一种指纹或者特定环境参数的探针。虽然根据量子力学理论单个激发态的寿命完全不可预测,但其平均寿命却是可测量且有意义的。实际操作中,它可以通过受短促闪光激发的全体分子的持续荧光时间来观测。荧光和磷光寿命的测量是靠观测到的现象来说明的。这种情况下,由于是对来自全体分子的光子进行同步观测,因而求单个激发态寿命的平均值就被悄然地实现了。另一个令人关注的方案是仅观测一个分子多次循环的激发和光子发射,据此求出激发态寿命的平均值。事实上,通过借助遍历性,这种测量方法得到与整体测量法相同的结果。在这种情况下,时间关联单光子计数(time-correlated single photon counting,TCSPC)是可选方法之一。TCSPC能够测量单分子以及其他孤立量子系统的荧光寿命。通过结合光谱信息和诸如荧光寿命等信息,研究者就能得到所关注分子的更精密的"指纹",从而在显著的背景下也能识别出相应的分子。单分子检测、单分子光谱学以及基于TCSPC技术的显微镜学领域最终之所以能够取得诸多令人难以置信的成就,很大程度上得益于这种构想与共聚焦检测的结合。当一些强有效的方法,如将分子尺度的荧光共振能量转移(förster resonant energy transfer,FRET)也按照这种理念实现单分子作业时,它们便成了研究蛋白质折叠和相互作用的常规工具。

不过,TCSPC技术不仅在单分子处理方面有用。正如本书第1章介绍的那样,即使是在进行整体测量时,TCSPC技术也有助于典型探测器实现更好的时间分辨率。TCSPC技术相关章节将会讨论当前硬件的最新发展状况,也希望这些章节能够向读者表明,尽管测量方法本质上具有统计性,但现在的用户可以信赖各种快得不可思议的工具,而完全不必像开篇那首过时的短诗中建议的那样保持耐心。的确,很大程度上,操作那些"过时"仪器的记忆留下了TCSPC技术很缓慢的印象。很多人的个人回忆都能说明这一点,很可能不仅局限于本书的编辑们:"我怀念起独自待在昏暗的地下实验室等待我们那由45kHz闪光灯驱动的迷人TCSPC巨兽收集到至少1000份峰值数据的漫漫长夜。"这就是过去的情景。如今情况已经发生了戏剧性变化,这不仅是因为TCSPC电子器件运行速度的提高,很大程度上也得益于激光使用速度的提高以及操作的简化,本书中有一章专门探讨这一点,其余章节将包含各个领域的大量应用主题以及试验和数据分析过程中的方法论。尽管生命科学应用十分重要,我们还是试图涵盖更广的范围,包括将钻石中的缺陷中心当作单光子源和量子传感器,也包括光学层析成像以及超分辨率显微技术。同样,在方法论和仪器使用方面,我们致力于展示一些引人关注的新选择,这些选择源于几种明显不同方法的结合,例如经典TCSPC技术与基于光强涨落的荧光寿命测量方法的结合。我们在此表达对本书作者们的感激之情,希望献上一本既在概述该领域当前的发展状况有直接价值,又在参考文献的整理方面有一定长期价值的书。

捷克布拉格　　　　　　　　　　　　彼得·卡普斯塔(Peter Kapusta)
德国柏林　　　　　　　　　　　　　　迈克尔·沃尔(Michael Wahl)
　　　　　　　　　　　　　　　　　　雷纳·埃尔德曼(Rainer Erdmann)

目录

第1章 时间关联单光子计数电子设备的原理及采集模式 ………… 1
  1.1 引言：TCSPC 技术的基本原理和发展史 ………… 1
  1.2 现代时间测量电路 ………… 4
  1.3 在荧光寿命之外的应用 ………… 6
  1.4 时间标记 TCSPC 技术 ………… 8
  1.5 TCSPC 成像和多维技术 ………… 13
  1.6 时间标记 TCSPC 数据实时分析 ………… 15
  1.7 前景展望 ………… 17
  参考文献 ………… 18

第2章 用于 300~1000nm 可见光的单光子计数探测器 ………… 21
  2.1 总述 ………… 21
  2.2 光电倍增管 ………… 22
    2.2.1 总体描述 ………… 22
    2.2.2 探测效率 ………… 24
    2.2.3 暗计数和跟随脉冲 ………… 24
    2.2.4 时间分辨率 ………… 26
    2.2.5 几何因素 ………… 26
  2.3 微通道板光电倍增管(MCP-PMT 或 MCP) ………… 27
    2.3.1 总体描述 ………… 27
    2.3.2 探测效率 ………… 27
    2.3.3 暗计数和跟随脉冲 ………… 28
    2.3.4 时间分辨率 ………… 28
    2.3.5 几何因素 ………… 29
  2.4 混合型光电倍增管 ………… 29

2.4.1 总体描述 … 29
2.4.2 探测效率 … 30
2.4.3 暗计数和跟随脉冲 … 30
2.4.4 时间分辨率 … 31
2.4.5 几何因素 … 31
2.5 单光子雪崩二极管(SPAD) … 31
2.5.1 总体描述 … 31
2.5.2 探测效率 … 33
2.5.3 暗计数和跟随脉冲 … 34
2.5.4 时间分辨率 … 34
2.5.5 几何因素 … 36
2.6 结语 … 36
参考文献 … 37

第3章 1~1.7μm 范围内红外波段单光子探测器 … 39
3.1 引言 … 39
3.2 光电倍增管 … 41
3.3 InGaAs/InP 单光子雪崩二极管(SPAD) … 42
3.4 硅锗单光子雪崩二极管(SPAD) … 47
3.5 量子点探测器 … 49
3.6 超导转换边缘传感器 … 51
3.7 超导纳米线 … 52
3.8 上转换至更高光子能 … 55
3.9 结论 … 57
参考文献 … 57

第4章 用于时间关联光子计数的现代脉冲二极管激光源 … 64
4.1 引言 … 64
4.2 二极管激光器 … 65
4.2.1 引言 … 65
4.2.2 光学限制和谐振器设计 … 66
4.2.3 增益开关 … 67
4.2.4 频率变换 … 68
4.3 亚纳秒脉冲 LED … 72
4.4 超连续谱产生 … 74

4.5　小结 ··· 75
参考文献 ·· 76

第5章　先进的荧光关联光谱：荧光寿命关联光谱和双焦点荧光关联
　　　　光谱简介 ·· 80
5.1　标准荧光关联光谱 ·· 80
5.2　荧光寿命关联光谱 ·· 83
　　5.2.1　方法 ··· 83
　　5.2.2　应用 ··· 84
5.3　双焦点FCS ··· 89
　　5.3.1　原理 ··· 91
　　5.3.2　试验装置 ·· 92
　　5.3.3　实例 ··· 94
　　5.3.4　其他应用 ·· 95
参考文献 ·· 95

第6章　寿命加权FCS与二维FLCS：时间标记TCSPC的先进
　　　　应用 ·· 98
6.1　前言 ·· 98
6.2　寿命加权FCS ··· 100
6.3　二维荧光寿命关联光谱(2D FLCS) ······························· 103
　　6.3.1　构建二维关联图 ··· 103
　　6.3.2　背景减除 ·· 105
　　6.3.3　逆拉普拉斯变换与复合分解 ···························· 106
　　6.3.4　应用：DNA动力学 ······································· 108
6.4　光子时间间隔分析 ·· 110
6.5　总结 ·· 112
参考文献 ·· 112

第7章　两种TCSPC时间测量信息的方法——MFD-PIE和
　　　　PIE-FI ··· 114
7.1　脉冲交替激发法 ··· 114
　　7.1.1　PIE的工作原理 ·· 115
7.2　利用PIE的多参数荧光探测 ·· 116
　　7.2.1　福斯特共振能量转移简介 ······························· 116
　　7.2.2　仪器 ·· 118

7.2.3 荧光事件的选取 …… 118
7.2.4 高级参数 …… 121
7.2.5 进一步分析 …… 124
7.2.6 增加光子数量 …… 125
7.2.7 MFD-PIE 的总结与展望 …… 125
7.3 脉冲交互激发波动成像 …… 126
7.3.1 简介 …… 126
7.3.2 光栅图像关联光谱的基本理论 …… 126
7.3.3 FCS 与 RICS 之比较 …… 128
7.3.4 PIE 对 RICS 的贡献 …… 129
7.3.5 光栅寿命成像关联光谱 …… 131
7.3.6 利用 PIE 分析数量和亮度 …… 133
7.3.7 PIE-FI 的总结与展望 …… 134
参考文献 …… 135

第8章 单分子荧光光谱中的光子反聚束 …… 138
8.1 引言 …… 138
8.2 光子反聚束印证单分子荧光 …… 140
8.3 利用连续波激光激发测量光子反聚束 …… 140
8.3.1 光子反聚束效应在单分子荧光光谱中的早期应用 …… 143
8.3.2 运用 CW 激发实现独立荧光发射源计数 …… 145
8.4 脉冲激光激发测量光子反聚束 …… 146
8.4.1 试验中的独立发射源计数 …… 150
8.5 利用脉冲激光激发测量更多光子数据 …… 150
8.5.1 理论和首次试验实现 …… 152
8.5.2 CoPS 应用到 DNA 折纸术和荧光标记物的试验表征 …… 156
8.6 结论 …… 162
参考文献 …… 163

第9章 用于细胞内感知的荧光寿命成像显微术——作为一种量化感兴趣分析物工具的荧光寿命成像技术 …… 168
9.1 时域中的细胞内 FLIM：优势及总体策略 …… 169
9.2 基于激发态质子转移反应的细胞内磷酸盐感知 …… 173
9.3 细胞内 FLIM 纳米颗粒传感器 …… 177
9.4 通过 FLIM-FRET 进行感知 …… 181

9.5 组织中的 FLIM 感知 ……………………………………………… 184
9.6 总结与展望 ……………………………………………………… 186
参考文献 ……………………………………………………………… 190

第10章 利用多脉冲泵浦的时间选通探测技术增强细胞和组织中的
荧光成像 …………………………………………………………… 202
10.1 引言 …………………………………………………………… 203
10.2 理论模型 ……………………………………………………… 204
 10.2.1 时间选通探测 …………………………………………… 204
 10.2.2 多脉冲方法 ……………………………………………… 207
10.3 试验 …………………………………………………………… 211
 10.3.1 试验设备 ………………………………………………… 211
 10.3.2 制备:用钌染料标记免疫球蛋白 G ……………………… 212
 10.3.3 动物 ……………………………………………………… 212
 10.3.4 组织学、石蜡切片 ……………………………………… 213
10.4 结果与讨论 …………………………………………………… 213
参考文献 ……………………………………………………………… 214

第11章 利用基于模式的线性分解技术对多组分 TCSPC 数据进行
高效可靠的分析 …………………………………………………… 217
11.1 引言 …………………………………………………………… 217
11.2 理论 …………………………………………………………… 218
 11.2.1 问题表述 ………………………………………………… 218
11.3 算法描述 ……………………………………………………… 219
 11.3.1 原始数据准备 …………………………………………… 219
 11.3.2 模式分析的优化及数据准备 …………………………… 220
11.4 优值 …………………………………………………………… 221
 11.4.1 方法验证 ………………………………………………… 221
 11.4.2 误差分析 ………………………………………………… 222
 11.4.3 所述方法的局限性 ……………………………………… 223
11.5 与其他方法的比较结果 ……………………………………… 224
 11.5.1 与最大似然估计法的比较结果 ………………………… 224
 11.5.2 与非负最小二乘法比较的结果 ………………………… 224
 11.5.3 与相量分析法比较的结果 ……………………………… 226
11.6 在 FLIM 中的应用 …………………………………………… 227

11.6.1 模式的选择 ………………………………………………… 227
11.6.2 时间中的矩 ………………………………………………… 228
11.6.3 衰减多样性图 ……………………………………………… 229
11.6.4 指数拟合方法与模式分析方法的对比 …………………… 230
11.6.5 混合信号的处理 …………………………………………… 232
11.6.6 后处理 ……………………………………………………… 233
11.7 在光谱分辨 FLIM 中的推广应用 ………………………………… 234
11.8 小结 …………………………………………………………………… 236
参考文献 ……………………………………………………………………… 236

第12章 金属诱导能量转移 ………………………………………………… 238
12.1 引言 …………………………………………………………………… 238
12.2 原理 …………………………………………………………………… 239
12.3 MIET-GUI 软件 ……………………………………………………… 241
12.4 使用金属诱导能量转移的活细胞纳米显微术 ……………………… 242
12.5 光子统计对轴向分辨率的影响 ……………………………………… 247
12.6 求解单分子量级的纳米轴向距离 …………………………………… 248
12.7 小结 …………………………………………………………………… 250
参考文献 ……………………………………………………………………… 251

第13章 受激发射损耗(STED)显微术中光子到达时间的重要性 …… 253
13.1 引言 …………………………………………………………………… 253
13.2 选通 CW-STED 显微术原理 ………………………………………… 257
13.2.1 理论 ………………………………………………………… 259
13.3 结果 …………………………………………………………………… 262
13.4 总结与讨论 …………………………………………………………… 265
参考文献 ……………………………………………………………………… 267

第14章 以金刚石单色心作为单光子源和量子传感器 ………………… 271
14.1 金刚石色心的光学属性 ……………………………………………… 271
14.2 超纯金刚石材料中单自旋的长相干时间(T_2):在纳米尺度
    传感中的应用 ………………………………………………………… 272
14.3 退相干的主动控制 …………………………………………………… 274
14.4 离子注入引发的工程缺陷 …………………………………………… 276
14.5 向可扩展的量子寄存器发展:单核自旋的相干控制 ……………… 277
14.6 量子存储器的工程缺陷和元件间量子纠缠的试验实现 …………… 278

14.7 光子耦合:自旋-光子接口和单光子源 ········· 280
参考文献 ········· 282

第15章 量子光学试验中的光子计数和计时 ········· 286
15.1 介绍 ········· 286
15.1.1 光的经典态和量子态 ········· 287
15.1.2 波粒二象性 ········· 288
15.1.3 探测光子 ········· 288
15.2 单光子源 ········· 290
15.2.1 光子产生的原理 ········· 290
15.2.2 光采集策略 ········· 291
15.2.3 集成光源 ········· 294
15.3 光子和光子对源 ········· 295
15.3.1 预示原理 ········· 295
15.3.2 纠缠光子对 ········· 297
15.3.3 光学参量振荡器作为光子对源 ········· 297
15.3.4 利用光子计数表征腔增强 SPDC ········· 299
15.4 量子光学中的复杂计数任务 ········· 300
15.4.1 量子中继器:纠缠的远距离传输 ········· 300
15.4.2 混合量子系统 ········· 301
15.5 未来展望 ········· 303
参考文献 ········· 304

第16章 漫射光学成像中的光子计数 ········· 307
16.1 引言 ········· 307
16.2 漫射光在组织中传播 ········· 308
16.3 时间分辨、频域和连续波技术 ········· 309
16.4 光子计数在漫射光学成像和光谱学中的应用 ········· 311
16.4.1 概述 ········· 311
16.4.2 光学乳腺摄影 ········· 313
16.4.3 对新辅助化疗反应的监测 ········· 318
16.4.4 荧光乳腺摄影 ········· 319
16.5 总结 ········· 322
参考文献 ········· 323

第1章 时间关联单光子计数电子设备的原理及采集模式

Michael Wahl

摘 要 时间关联单光子计数(time-correlated single-photon counting,TCSPC)是一种用途非常广泛并且十分灵敏的技术。虽然TCSPC最初只用于测量激发态寿命,但是现在该技术有了更多广泛的应用,其中整合了过去需要使用不同仪器的若干试验方法。得益于时间标记事件记录法以及现代时间测量电路的出现,使该应用成为可能。本章从电子设备、数据处理以及技术应用3个方面入手,介绍这些技术的运作原理。其中将会以若干最先进的TCSPC仪器以及最近用于TCSPC数据采集分析的一款软件包为例展现一些实施细节。

关键词 偶合关联 皮秒测量 单光子计数 TCSPC TDC 时间标记

1.1 引言:TCSPC技术的基本原理和发展史

  TCSPC计数是一种非常有效且用途十分广泛的光学测量技术。通过设计和定义,该技术仅使用单个光量子就能给出整束光线时间结构方面的相关信息。因此,它满足了人们关注的一些光发射非常微弱的应用需求。

  历史上,这种方法的构思首先在核物理学领域出现[1],此后很长一段时间内,该方法主要被用于分析分子从光激发态到低能态驰豫过程中以荧光形式发射出的光线[2]。在一些简单情况下,该过程可仅用一个值来描述——荧光寿命,该值表征的是激发态的平均寿命。发射体的化学组成、周围环境以及分子间相互作用都会改变荧光寿命,因此这个值是理解生物学和医药领域分子层面上发生的一些重要进程的关键,很有研究价值[3]。

  为理解TCSPC技术的优点,有一个清晰明了的方法,可以简略地考虑选择对光通量直接进行简单瞬时记录,如借助光电二极管和示波器进行记录的办法。根据光电效应,光电二极管输出的电流正比于入射光通量。倘若光通量中存在一个时间结构,那么(原则上)在示波器屏幕上也能观测到相同的时间结构。

此方法有两个根本局限性。第一个明显的局限上文已经有所探讨:光强等级较低时,光本身的量子性质就决定了光通量无法成为连续可测的量。第二个局限性是,假设研究的光线来源于单分子从激发态到低能态辐射跃迁。根据量子力学的不确定论,在某一时间点将有一个光子发射,但对一个激发与发射周期内光子通量随时间的变化情况做出有意义的解读是不可能的。即使光电二极管真的足够灵敏,能够对单光子做出响应,其输出充其量也不过是发射瞬间的一个尖峰信号,无法反映所寻求的时间结构。

不过,如果试验能够同时对多个分子进行操作,则很有可能通过模拟瞬时记录测量出荧光寿命。这种测量方法通常会使用含有许多目标分子的溶液,并利用足够强的光脉冲同步对这些分子进行激发。随后发射的许多光子将会产生一个有意义的光通量,该光通量与时间之间的函数关系可以被记录。典型荧光染料的结果会随着时间的推移呈指数下降,表现出当前条件下该种类染料荧光寿命的特征。

不过,除此之外,模拟瞬时记录法还存在更多问题。众所周知,对于光电二极管(或任何其他的模拟光接收机)和示波器(或任何其他同级别的瞬时记录器)而言,其带宽和动态范围都是有限的。这些设备能够不失真处理的频率也是有上限的,通常为几千兆赫。该上限体现到时域上就意味着在亚纳秒级上发生的快速变化无法再得到忠实的记录。鉴于许多具有实用意义的荧光分子的荧光衰减时间都小于1ns,模拟记录法的使用严重受限。

上述所有问题则能在下文介绍的TCSPC技术中得到解决。首先,必须选用灵敏度达到单光子级别的探测器(见Bülter[4]和Buller及Collins[5]编写的章节)。如果在特定试验中没有同步发射器数量的固有限制,试验人员就可以人为降低光强度,以便探测器不会同时接收到多于一个的光子。然而,与单发瞬时记录法不同,TCSPC技术将通过多个激发与发射周期进行测量。每个周期内都对激发与发射之间的时间进行测量,并将测量结果记录到直方图中[2]。图1.1给出了时间测定方案以及用直方图显示时间差的基本理念。通过借助遍历性(通常可以假定有),时间差直方图可以准确显示出由模拟得到的荧光强度衰减时间结构。

当然,这种方法需要进行足够的重复次数将直方图填充到可以忽略计数统计误差的程度。由于只通过计数获得数据,而且可以选择一个非常大的重复次数,所以该方法所能达到的动态范围要远大于模拟记录法。虽然其下限可能受限于噪声(如杂散光、探测器暗计数等),但应用TCSPC法仍有可能令动态范围

达到 10^6。

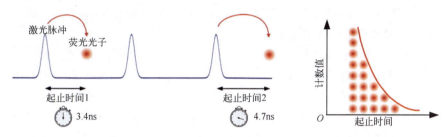

图 1.1　TCSPC 技术的基本原理

(用直方图显示起止时间差。图中给出的实际时测数字仅用于举例)

TCSPC 技术现在已经解决了光强度低和动态范围小的问题,那么它又如何解决探测器带宽的问题呢？要说完全解决该问题可能有些夸张,但通常 TCSPC 技术确实能将探测器导致的时间分辨率极限提高一个数量级。这是因为在 TCSPC 技术中,时间脉冲波形并不直接来源于探测器的电信号输出,取而代之的,探测器只需触发电子计时电路。这就要求探测器的输出脉冲具有时测可靠的前沿和足够的陡度,但它并不需要达到一定的响应宽度。对于几乎全部类型的探测器来说,实现前沿的时测可靠性都比在模拟法中达到相应的带宽更容易[2,3,6]。用于描述这种时测可靠性的技术术语就是所谓的渡越时间传播。该术语主要用于光电倍增管(photo multiplier tube,PMT)的数据表中,而描述同一现象的"时测不准"和"抖动"等更为常见的术语,可用于说明其他系统组件带来的相似类型的随机时测误差。

某些类型的探测器,尤其是 PMT,在单光子探测模式下会出现脉冲高度波动这一特殊问题。由于此类设备的放大过程具有量子物理性质,因而可能存在脉冲振幅差别(见 Bülter[4])。如果时测电子设备只通过将探测器脉冲导入电压比较器来触发,那么这种振幅的波动就会导致时测误差。这一问题通常借助恒定系数鉴别器(constant fraction discriminator,CFD)来解决,CFD 同时还有助于抑制主要由探测器热效应引发的暗计数影响[2,3,6]。

显然,时间测定必须满足和探测器同样的分辨率和可靠性要求。19 世纪 60—70 年代,在 TCSPC 开始成为荧光寿命测量的惯用方法时,进行亚纳秒时间测定并不容易[2]。当时的解决方案仍然是使用 19 世纪 40 年代为测定 μ 介子寿命而发明的时间幅度转换器(time-to-amplitude converter,TAC)[7]。TAC 主要由一个恒流充电小电容器构成,因此它能够产生线性增长电压斜升。以在激发的那一刻开始电荷累积并在探测到光子的那一刻终止累积的方式,就能得到正比于运行时间的电压。模数转换器(analog-to-digital converter,ADC)紧随 TAC

之后，ADC 将上述电压转换成一个数值，根据该数值将光子数转换为相应的直方图条。实际上，TAC 和 ADC 起到了高分辨率秒表的作用，而这正是经典的荧光寿命 TCSPC 测量法所需要的。

虽然 TAC 和 ADC 的结合符合短时荧光寿命测量的需求，但这种方法也有一定的局限性，它会导致一些不便或者在测量结果中产生一些不符合需要的假象。第一个局限正是秒表的基本原理。秒表必须按规定的顺序使用：先开始后终止。换言之，秒表无法测量负时间。虽然这可能听起来很学术，但确实存在一个与该问题相关的现实结果。它源于一个事实，在开始新一轮测量前 TAC 和 ADC 需要一定时间来完成当前的测量。当激发时间短于 TAC 和 ADC 的这一停滞时间时，就构成了一个严重问题。典型的现代激光源大都是这种情况。同时，根据泊松统计，为了将只接收到单光子的可能维持在合理水平，实际处理的光子率必须低至激发频率的 1%[2,3,6]。因为在当前周期没有光子，结果就是 TAC 进行不可能完成的测量。然而，即使在这种情况下停滞时间依然存在，所以下一个起始脉冲也会被错过。该问题通常靠逆起止模式下操作 TAC 解决，即 TAC 在光子事件发生时开始，到下一轮激光脉冲结束[2,6]。借助探测器信号路径中的电缆延迟，TAC 也可在引发该光子事件的激光脉冲处终止。虽然这种方法的效果相当不错，但它在试验和数据处理过程中存在不便。

TAC 的另一个局限是电压斜升的温度依赖性，这导致温度控制或频率再校准的需求。另外，ADC 的有限范围限制了秒表的时间范围。为了覆盖更长的时间跨度，必须改变充电电流或更换电容器。即使是通过软件完成上述调整，也常常令人难以忍受，尤其是在要求范围和偏调都不清楚的试验初始设置阶段。基于 TAC/ADC 的 TCSPC 技术的另一个问题，就是电压斜升和 ADC 中的微分非线性(differential non-linearity，DNL)。当操作人员试图加速整个过程(通常是为了缩短停滞时间)时，DNL 就会变得极其明显。实际上，这种非线性会导致直方图中条宽不均匀，使记录的衰减形状失真。如果观测到的衰减持续时间很长，那么这种失真可以被平均抵消掉，但是它会严重破坏对寿命非常短的多指数衰减的处理。对此类问题有一些基于"抖动"的技术方案，即在模拟域注入小电压位移，随后在数字域减去该位移，从而平均抵消掉非线性[6]。不过这种方法会引起 ADC 可用范围的额外缩小以及时测抖动的增大。

下面，介绍一些借助 TAC 和 ADC 进行皮秒时间测量的可选技术方案。

1.2 现代时间测量电路

科学和技术中常常需要精准时间测量。科学应用的经典领域包括核物理学、天文学和测地学。在生命科学的大背景下,精准时间测量在时间分辨荧光光谱学中的应用变得尤为重要。在技术和工业计量领域,集成电路的动态测试和用于数据存储的高速光学组件以及光纤远程通信都涉及这一关键应用。皮秒时测在激光测距和深度成像方面也得到了进一步应用。

最常见的应用是重复测量时差,就像1.1节中介绍的秒表那样,困难在于如何才能达到皮秒级别分辨率的要求。虽然现代数字电路可以在高达约几万兆赫的时钟频率下运行,但仍不够快,难以直接以皮秒(1/1ps 相当于1THz)计时。不过,高速数字电路仍然是现代时间测量电路选择的测量手段,通常被称为时间数字转换器(time-to-digital converters,TDC)。这主要是出于以下3个方面的原因:①为消除校准问题使用石英钟;②直接获取和处理数字结果;③同现代生产流程相兼容,因而有单片集成电路的成本效益。

TDC 有很多不同的实现方式,相关文献也非常丰富。其中有一些文献综述很不错,可以作为深入阅读的起点[8-10]。最简单的 TDC 实现方案是以快速晶锁时钟速度运行的数字计数器,其凭借快速半导体技术(如锗化硅)能够构成合适的计数器,它大体上能以高达40GHz的时钟频率运行,从而使时间分辨率直接达到25ps。然而,计数器或时钟的每个单位都存在很小的系统时测误差,会引起额外的困难,这就导致先前概述过带有不利影响的微分非线性的产生。因此,实现 TDC 功能时确保每个计时周期都能调至完全一样是非常重要的。同时,这样一个电路的功耗也是值得考虑的。锗化硅逻辑电路以最大时钟速度运行时相当耗能,这就导致集成密度受到电路热负荷的限制。功耗可以通过以较低时钟频率运行 TDC 的方式限制(对于目前典型的锗化硅设计而言,20GHz 频率状态下功耗能够低至每门1mW),这显然降低了时间分辨率。不过,有一种解决方案不仅能同时解决上述问题,还能使时间分辨率提高到时钟周期之上。

解决办法是,仅在中等时钟频率上运行计数器,并借助细数或插值等方式把每个时钟周期细分。其中一个对粗糙时钟周期进行细分的直接数字方式是借助抽头延迟线的方法(图1.2)。

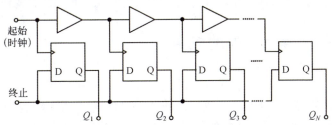

图1.2 用于实现高分辨率 TDC 的一个抽头延迟线电路示例

对极高分辨率的 TDC 而言,延迟元件可以仅由在集成电路布局中适当设计的有规律的金属连接线构成。计时步长不一导致的 DNL 问题就可通过将延迟元件设计成可调加以解决。这通常借助将它们设计成电源电压可变的有源元件来实现。然后就可应用一次性校准使 DNL 降到最低。将整个延迟链并入控制延迟元件总电源电压的延迟锁相环(delay-locked loop, DLL)中,有助于在每一个计时步长中,相对于整个时钟以及存在温度变化时都保持适当的延迟,这类似于锁相环(phase-locked loop, PLL)的概念。

当然,有源延迟元件可达到的时间分辨率取决于所选半导体技术的性能。幸运的是,现代高速半导体技术可实现非常短的门延迟。根据记载锗化硅门电路可将传播延迟低至 2ps[11]。实际电路设计中,延迟值能降低至 4ps,但成本和实用性问题会造成进一步的限制,因此实际设计中仍然存在 10~20ps 的门延迟。为了给延迟调整和生产误差留出余地,TDC 时通常设计为更低的目标分辨率,如 25ps[12]。虽然这种 TDC 所提供的分辨率不如 TAC,但它能带来诸如晶体稳定性、直接且高速的数字接口连接、几乎无限的时间范围、很低的 DNL、很短的停滞时间等重要优势。鉴于探测器的分辨率通常更为有限,这种取舍在很多情况下是非常合理的。

如果需要更高分辨率的 TDC,目前仍只能回到模拟插值技术中。此类技术有很多,但它们的核心理念都同 TAC 非常相似。例如,可以对一个在时钟周期内线性变化的电压进行取样。虽然线性电压变化很容易进行数据处理,但很难保证生成并取样时不带有 DNL。一个可选方案是正弦电压(与时钟同步),它能被做得极其纯净,因而可以将 DNL 保持在很低的水平。当然,接下来固有的非线性肯定也会通过更多相关的数据处理来纠正。无论如何,采用了模拟插值技术的 TDC 能够提供低至 1ps 的分辨率,同时还能保留 TDC 的一些关键益处,即晶体稳定性、无限的时间跨度以及多点停止功能。

正是得益于 TDC 的晶锁、无限时间跨度设计以及容易实现的多点停止和多通道功能,才使得以完全不同的方式实现 TCSPC 成为可能,即抛弃简单的秒表概念。1.3 节将探讨一些实际应用,其中这一新方式会起到极大的作用。

1.3 在荧光寿命之外的应用

经典 TCSPC 基本上只收集光子的到达时间,但直接对其进行数据简化就能得到一个重要的数值,即激发与发射之间的延迟。值得注意的是,还有其他几种试验方法也涉及光子到达时间的测量,如荧光关联光谱法(fluorescence correlation spectroscopy, FCS)和动态光散射法(dynamic light scattering, DLS)。这两种光子相关技术都能提供关于微粒迁移率、大小、形状和灵活性方面的信息,并且有助于对粒子与其环境之间相互作用的理解。FCS 促进了使用微量材料的极敏感结合测定技术的发展,因此客观地说,FCS 至少在生命科学领域是和荧光寿命光谱测定法同样重要的[13-14]。其基本理念是对含有扩散分子的一个小共焦体进行观测,并对光子密度随时间变化的痕迹进行自相关处理。自相关曲线包含有关迁移率(在尺寸和结合方面)和浓度(在体积受控条件下)的信息(见 Dertinger 及 Rüttinger[15])。

虽然标准 FCS 对光子到达时间的测量并不需要达到荧光寿命测量那样高的分辨率,但如果光子到达时间的原始数据全部可用于进一步处理,那么显然这两种方法可以使用统一的仪器。事实上,用硬件相关器来应用 FCS 和 DLS 技术是通常的做法,这也潜在地实现了早期的数据简化。虽然过去有充分的理由选择这种早期数据简化(通常是出于硬件性能方面的考量),但现在很可能实现更具一般性的做法。事实证明,不仅不同仪器的成本节省了,而且经典 TCSPC 和 FCS 技术的结合也能够实现,并为灵敏检测和分析开辟前景广阔的新维度。

经典 TCSPC 和 FCS 技术的结合卓有成效的成果之一是荧光寿命关联光谱法(fluorescence lifetime correlation spectroscopy,FLCS),原始文献称之为"时间分辨荧光关联光谱法",几年后这一术语才被普遍认可。初看上去,FLCS 可以描述成通过产生光子事件衰减的荧光寿命来过滤光子事件的一种方式。在不同种类分子的荧光寿命不同的条件下,这种方法只需借助一束激光和一个探测器进行一次 FCS 试验就能让不同的分子类型分离开。试验证明,很难凭借激发/发射波长之间的差异得到相同的结果,因而 FLCS 技术具有非凡的价值。不过,为了充分理解 FLCS 技术,最好是更深入地了解它的数学基础(见 Böhmer 等[16]和 Dertinger 及 Rüttinger[15])。可以看出,"过滤"可以更正确地理解为加权,根据预先确定的取决于寿命的正交加权向量,加权能够提高或降低所给光子在关联函数中所起的作用。这一更具一般性的解释,令人更容易理解 FLCS 不仅能区分不同种类的分子,还能将分子同背景及探测器的跟随脉冲区分开来的原因[17]。

最近,Seidel 小组提出了对 FLCS 原理的进一步推广,并称之为过滤荧光关联光谱法(filtered FCS,fFCS)[18-19]。fFCS 结合了最初在 FLCS 技术中开发的统计过滤方法和多参数荧光检测法[20]。

Tahara 及其同事根据 FLCS 进一步研发出一些非常有效的方法,并称之为寿命加权 FCS[21]和 2D FLCS 技术[22],这两种技术在 Ishii 等所作章节中有详细介绍[23]。

虽然本书大部分篇幅都放于 TCSPC 技术在生命科学领域的各种应用上,但不应忽视量子物理学才是本书所有内容的基础。在基本量子物理学研究中，用途广泛的 TCSPC 电子技术完全能够(也应当)用于其他应用。

偶合关联是该领域最重要的技术。例如，若要通过试验确定观测中的系统是否为一个单量子系统，通常的做法是对两个独立探测器从该系统接收到的光子进行偶合关联处理(见 Grußmayer 及 Herten 所作章节)。如果真的只有一个单量子发射源，那么这两个探测器绝不可能同时接收到光子。这一点适用于生命科学中的单分子，对钻石中的单缺陷中心和单量子点也有同样效果。这样的偶合关联可通过经典秒表型 TCSPC 电子技术以其最简单形式进行处理。但秒表这一概念总是只能涉及两个连续的光子，所以它只能提供考虑到所有光子的真正相关函数的一个近似。

同样，现代量子物理学研究的是一些热点和前沿课题，例如量子通信、量子隐形传送、量子计算等，其中的偶合捕捉经常涉及两个以上的探测器。此外，量子通信中的预示性光子事件或同步通常需要捕捉进一步的触发条件。

正是去除了早期数据简化的时间标记 TCSPC 技术促成了生命科学领域的一些有力技术，例如 FLCS 技术以及基础量子物理学需要的用途最广泛的偶合关联方法。1.4 节旨在介绍时间标记 TCSPC 技术的相关概念和硬件设计。

1.4 时间标记 TCSPC 技术

假如设计出一种完美的仪器，它能捕获并保持所有需要的光子时测信息，并能实现源于荧光寿命测量法的各种方法，包括 FCS 及其可能的组合方法，像 FLCS 还有广义的偶合关联，那么它会是什么样子的呢？

需要注意的是，为了像经典 TCSPC 技术那样捕捉荧光寿命，这种仪器将需要皮秒级的分辨率。为了实现 FCS，这种仪器还必须以较低分辨率(通常为微秒级)捕捉强度随时间的变化。后一项要求排除了经典直方图法，除非能形成许多直方图的序列，并且每个都具备微秒级的收集时间。但这将产生大量的数据，而且依旧无法进行 FLCS 所要求的逐个光子计算或成熟的偶合关联处理。

这些要求最普遍的答案是一种称为"时间标记"或"列表模式"的数据收集形式，它已经在高能物理学领域存在相当长的一段时间了。其产生的原始数据是一系列探测到的光子到达时间，随后可对其进行各种形式的分析，从而实现各种分析方法。

对这个完美仪器，捕获事件列表中还需要包括激光激发(同步事件)的时刻，以便进行经典的 TCSPC 寿命测量。此外，完美仪器还应当为一个以上的探测器提供输入，从而能让多重皮秒偶合关联和 FCS 互相关处理得以施行。

所有记录到的输入事件的时间标记或"时间戳"都源自一个共用时钟,此时它就像一个"皮秒挂钟",而非一个秒表。事件时间列表可以持续地流入速度足够快的主机中,此时就能在计算机中进行相关分析。为促进即时可视以及试验控制,它甚至能达到实时的。同时还可保存原始数据,以便之后对其展开进一步分析。图1.3给出了上文提出的"完美"时间标记TCSPC仪器的概念草图。

一旦不再需要秒表(特别是TAC),就能规避试验人员经常碰到的一个不便之处:为了将相关时间差转换至传统数据采集的狭窄时间窗口中,必须改变电缆延迟或光程长度。由于图1.3中通过时钟读值得到的所有时间差值如今都可以通过对原始数据进行简单计算得到,所以可以直接在计算中引入任意偏移,从而取代电缆延迟。这一概念的点睛之笔在于引入的偏移可以是正的,也可以是负的。的确,在使用图1.3中的采集方案时,甚至负时间差也不再被禁止计算(并且有效测量也是如此)。

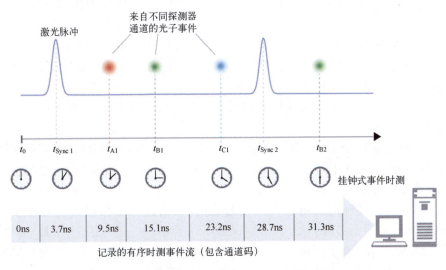

图1.3 "完美"时间标记TCSPC仪器概念草图

完美仪器至今仍然停留在假想层面的唯一原因是现实世界中硬件性能的一些限制。当然,我们会使用TDC来构建该仪器。由于TDC具有高分辨率,且具有石英钟以及固有的多点停止功能,所以它能够很好地满足上述大部分要求。处理多输入通道的需求可以通过建立真正的多通道TDC(时钟加计数器和多个读出寄存器)或在共用时钟状态下运行多个单通道TDC的方式来满足。共用时钟是至关重要的,因为只有这样,在后续跨通道数据分析中各时测记录个体之间才能具有意义相关性。

现实世界的限制表现在停滞时间上。若要争取得到高分辨率,即1ps,目前必须接受80ns的TDC停滞时间,对25ps分辨率的情况,有大约25ns的停滞时间[12,25]。不过,该限制并不仅仅是TCSPC电子设备唯一的问题。即使没有TDC停滞时间,现实中所有的光子探测器也必定会产生停滞时间。即使是最快的探测器也无法从电压或电流在各独立事件之间以无限快的速度涨落的情况下产生电输出信号。幸运的是,这可以被相应地安排在相关应用中,把影响限制在极低的水平。通过为所有探测器提供严格独立的TDC输入通道,能确保停滞时间绝不会造成跨通道影响,互相关处理也因此不会受到任何限制,可以一直进行到零延迟时间的程度。这与探测器多路技术的TCSPC之间有根本的不同[6,26],在多路技术中,由于各单通道间共享,停滞时间会相互复用。

虽然图1.3中给出的概念草图在偶合关联和FCS实际应用中运行良好,但当必须对来自快速激光器(数十兆赫)的同步信号进行处理时,停滞时间也是一个问题。激光器频率为80MHz(相当常见)时,同步脉冲的抵达间隔只有12.5ns。显然,25ns或80ns的停滞时间是无法连续捕捉这些事件的。

鉴于该设备力求覆盖不同的应用子集,且它们中的每一个都有各自的特殊要求,因此实行不同的操作模式是合理的。由于先进TCSPC仪器的许多功能都是借助现场可编程门阵列(field-programmable gate arrays,FPGA)实现的,因而它在现实中极具可行性。这样就能在运行时间内几乎无额外消耗地进行重新配置。

需要被覆盖的第一类应用是那些只使用光子探测器而不使用来自激光器的同步脉冲的应用,即偶合关联和FCS。这种情况下不存在停滞时间问题,所以仪器可按与图1.3中给出的草图相近的方式工作。这种工作模式称为T2模式。接下来将以近期使用的一种仪器为例,介绍这种工作模式的一些实施细节[25]。

HydraHarp 400多通道TCSPC系统使用多个同步的分辨率为1ps且停滞时间为80ns的TDC。这使得其理论通量能达到每通道$1/80ns=12.5Mcps$。T2模式下该设备所有的时测输入在功能上都是完全相同的。来自激光器的同步信号没有任何专用输入通道。全部输入都可用来连接光子探测器。来自所有通道的事件会分别记录并进行同样的处理。在每种情况下,都会生成一份事件记录,其中包含该事件来自哪个通道以及相对整体测量起始点的到达时间的信息。时测信息能以硬件支持的最高分辨率(1ps)记录。每份T2模式下的事件记录都包含32bit信息。该数字的选择可能显得有些随意,但考虑到现代计算机能够有效处理32位数据且总线通量有限,它是最佳的选择。采用HydraHarp

400型时,使用6位的通道数和25位的时间标记。很显然,时间标记有限的位数只能覆盖有限的时间跨度。不过,若时间标记溢出的话,就会有一份特殊的溢出记录插入到数据流中,以便在处理数据流时理论上可用全分辨率覆盖无限的时间跨度。这一概念可以理解成类似时钟和日历的结合。即使时钟每24h都会发生一次"超时",也可以结合日历一起使用它来计算任意远超24h持续时间的时间跨度。

TDC生成的事件依次记录在TCSPC硬件中的先入先出(FIFO)缓冲器中,该缓冲器能够存储多达200万个事件记录。这种FIFO缓冲器可理解为排队队列,其中新顾客到达的时间在很大程度上是不可预测的。而我们的目标是按照它们最初的到达顺序为其提供"服务",并确保没有任何遗漏。因此,FIFO缓冲器的设计输入速度要足够快,以便能够接受以TDC全速提供的记录。所以,即使在光子剧烈爆发的阶段也不会有事件在处理时被遗漏。FIFO缓冲器的输出不断被主机读取,从而为新到达的事件腾出空间。即使主机的平均读取速度有限,更高速率的光子爆发也可以被记录一段时间。只有很长一段时间内平均输入速率都超过计算机的读取速度时,才可能出现FIFO缓冲器溢出。在FIFO缓冲器溢出情况下,因为不能保持数据的完整性,所以必须放弃该测量。不过,得益于USB 3.0的高带宽,现代个人计算机实现40Mcps的持续平均计数率是有可能的。这相较于20世纪90年代的持续通量一般低于1Mcps的第一代时间标记TCSPC电子设备是巨大的进步。

为了达到最大通量,T2模式下的数据流通常都是直接写入磁盘中的,除显示光子计数率和进度外没有任何预览。不过,正如1.6节中将要介绍的那样,在"百忙之中"分析输入数据也是有可能实现的。

第二类要覆盖的是那些需要得到与激发时刻相对的光子时测信息的应用,如经典荧光寿命测量或是其像在FLCS中那样的高级衍生应用。在使用高重复频率现代激光器的情况下,存在停滞时间问题,并且设备不能完全按照图1.3中的理想草图运行。这种情况下必须借助T3模式。

T3模式下有一个时测输入通常被分配给来自激光器的周期性同步信号。从试验装置考虑,这类似于经典TCSPC中的直方图。T3模式的主要目标是解决因停滞时间和总线通量限制而令T2模式无法处理的源于锁模激光器(高达150MHz)的高同步率问题。T3模式以下面的方式实现对高同步率的调节:首先,直接在同步输入处设置分频器,这就降低了同步率,使得通道停滞时间不再是问题。鉴于同步脉冲的周期性,分频器移出的事件可在之后的数据处理过程中重构。现在剩下的问题在于即使采用16分频,相较于让全部同步事件都像一般的T2模式事件那样被收集,处理后产生的数据速率仍然过高。考虑到同步事件并不是最重要的,T3 模式提供的解决办法是仅当同步事件在任一光子输入通道内引发光子事件时才对它们进行记录。此时事件记录由两个时测数据构成:①光子事件与最后一次同步事件之间的起止时测差;②该事件对在整体试验时间尺度层面的到达时间(时间标记)。在最近的 TCSPC 设备中,后者是通过对同步脉冲进行简单计数得到的。因此,从 T3 模式下的事件记录中精确判定一个光子事件属于哪个同步周期是可能的。由于同步周期已经精确得知,这实际上就能够重构每一个光子相对整体试验的到达时间,这实际上正是对完美仪器所期望的。图 1.4 显示了 T3 模式的事件记录方案。

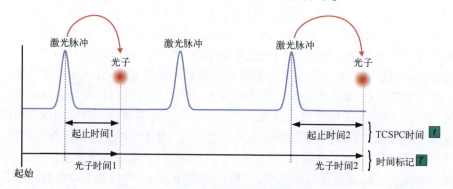

图 1.4　T3 模式下的时间标记 TCSPC 概念

HydraHarp 400T3 模式事件记录每份也包含 32 位数据。有 6 位分配给通道数,有 15 位分配给起止时间,还有 10 位分配给同步计数器(时间标记)。就像在 T2 模式下一样,当计数器溢出时,一份溢出记录会插入到数据流中,以便在处理数据流时像前文中"时钟加日历"的比喻解释的那样可以恢复任何时间跨度。分配给起止时间差的 15 位数据覆盖了 32768 R 的时间跨度,其中 R 是选定的分辨率。在达到 1ps 的最高分辨率的情况下,这导致了经典 TCSPC 的时间跨度为 32ns。若光子事件与最后一次同步事件之间的时间差更大,那么该光子事件则不能被记录。不过,通过选择合适的同步率及与之兼容的分辨率 R,合理调节所有相关试验情况总是有可能的。R 可以选作 TDC 的原始分辨率(1ps),或是在此基础上任意倍增的更大的分辨率。

T3 模式下的停滞时间同 T2 模式相同(对于这一特定仪器一般为 80ns)。在每一个光子通道内,只要从大于停滞时间的延迟时间出发就能有意义地计算自相关作用,这对经典 FCS 来说完全足够了。在各通道之间,停滞时间并不会对关联造成影响,因此一直到零延迟时间都可以全分辨率获得有意义的结果。

正如 T2 模式中那样,事件记录在 FIFO 缓存器中排列,以便除那些遗失在

TDC 停滞时间中的事件外不会再遗漏事件。同 T2 模式一样，40Mcps 的持续平均计数率是有可能实现的。这个总传输速率必须由各探测器通道共享，而同步事件的速率并不重要。对所有实际相关的光子探测应用来说，这个通量是绰绰有余的。

为了在数据收集期间达到最大的通量并在数据分析期间达到最大的灵活性，T3 模式下的数据流一般都直接写入磁盘。不过，正如前文所概述的，1.6 节中将说明为了进行预览和直接的试验优化，在"百忙之中"对输入数据进行分析也是有可能的。

需要注意，此处选择 HydraHarp 400 型设备只是为了举例说明。最近还有其他设备也能提供 T2 和 T3 模式。例如，以 PC 插卡形式出现，具备 PCIe 接口、25ps 分辨率以及 25ns 停滞时间的一种设备[12]。也有一些硬件设计在分辨率和停滞时间的取舍方面更加偏向于更短的停滞时间，它们在 1ns 分辨率下实际上能够实现零停滞时间[30]。Becker & Hickl GmbH 公司所产大多数基于 TAC 的电子设备同样也支持时间标记 TCSPC，但是它们不支持 T2 模式且缺乏单独的输入通道[6]。

1.5 TCSPC 成像和多维技术

具备多个独立探测器通道的时间标记 TCSPC 有应用在许多有趣的多维技术领域的潜力。例如，可将不同的滤色器用在多探测器前面来进行基于波长的测量；同理，可使用导向不同的偏振器进行各向异性偏振的测量。除由额外探测器造成的"数据维度"外，还可如 1.3 节中所述，通过使用在不同时间尺度上光子到达的时态模式来探索其他的维度形式。最后，探索空间维度并使用荧光寿命成像之类的技术也是可取的。

一提到成像，首先想到的通常是使用相机。不过，目前实现伴有大动态范围、皮秒时测精确度以及足够的空间分辨率的单光子灵敏度是很困难的，甚至同时实现这些对任何类型的相机来说都是不可能的。凭借时间选通能够实现合理的时间分辨率[31]，但这会造成荧光光子损失。因此，尝试使用完善的 TCSPC 辅以点式探测器对相关区域或空间进行简单扫描的技术是很充分的。

为了按 1.4 节中介绍的时间标记方案捕捉光子的空间源头，人们发明了以下扩展概念[32]。除探测器输入外，TCSPC 硬件扩增一些可以捕捉与光子事件非常相似的外部事件的额外"标记"输入，然后选用能够在画面、线段和/或像素开始和/或结束之时发射 TTL 脉冲的扫描台及相应的控制器。TTL 脉冲会加入到时间标记电子设备的"标记输入"中，并且它们可以在其中作为光子流及激光事件的一部分被捕获。由于扫描具有明确的时间结构,所以可将每个记录到的光子准确分配给其最初的像素或体元,从而荧光强度、荧光寿命、偏振状态以及其他任何能想出来的图像就可以重构了。

因为位置标记通常不需要极度精确,所以标记输入也就不需要达到皮秒分辨率,从而可以设计得相当简单。一般来说,采用 T3 模式以时间标记的分辨率(通常与同步率一致)捕捉标记事件。图 1.5 给出了为实现标记成像进行的扩展 T3 模式事件记录方案。

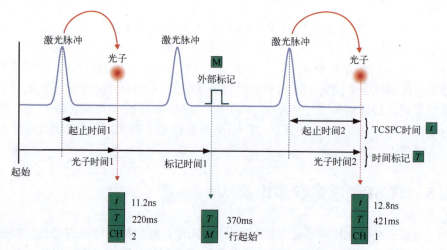

图 1.5　通过标记信号扩展后的 T3 模式时间标记 TCSPC 概念图
（用于 FLIM 等应用。方框旁边的数字代表不同的例子）

基于这个概念,通过压电阶段的样品扫描为 FLIM 及单分子光谱应用构建出一种极为成功的时间分辨共聚焦显微镜是可能的[32]。使用相同的核心技术,通过波束扫描为 FLIM 升级商用激光扫描显微镜也是可能的[33]。

应该注意的是,具备时间标记记录功能的 FLIM 比在 TCSPC 硬件的有限板载内存中直接进行的直方图处理灵活得多。后一种方法在图像尺寸及/或 TCSPC 直方图分辨率方面存在严重的限制,除了用于 FLIM 或强度成像外不能用于其他地方。事实上,随着时间标记在现代 PC 上的应用,所有的内存限制都被消除了,而且有了通过 USB3.0 和计算机交互的最先进 TCSPC 硬件后,通量限制也不再是问题了。正如将在 1.6 节中介绍的那样,甚至实时分析和预览也能实现。

1.6 时间标记 TCSPC 数据实时分析

当试验操作复杂、冗长或成本高昂时,一个仪器提供测量结果的实时预览或至少给出关于数据质量的一些信息的能力是十分重要的。因此,向实现这种实时分析和预览的努力就成为 R&D 公司沿 1.4 节中介绍的"完美仪器"方向改进仪器的一部分。由于时间标记光子事件数据一般都是在 PC 上以越来越快的速度收集的,所以借助 PC 的计算能力和灵活性进行实时分析和预览是很自然的。

分析时间标记数据时(不管是实时还是离线),首先要做的是修正为每一份记录中可能携带的有限时间跨度溢出的时间标记。这通过在计算机内存中将时间标记扩展到足够大的位数(一般为 64 位)使溢出不再发生来实现。必须对输入数据流进行溢出记录分析,每次探测到这种溢出,扩展时间标记都要增大一个翻转常数(通常为原始记录中时间标记位数的 2 次幂)。扩展数据接下来就可用于实现专用的实时分析或预览了。

第一种也是很明显的一种实时预览是经典 TCSPC 预览,即为荧光寿命测量的起止时间差直方图。这种情况下的数据处理非常简单,并不需要多少处理能力。T2 模式下收集数据时,只需对激发(同步)事件的数据进行分析,然后计算所有后续光子事件相对同步事件的时间差,且必须将这个差值放入直方图中。直到在数据流中探测到下一个同步事件,再重复上述过程。

由于时间差 T3 模式记录中很容易就能获取且溢出修正也不是必要的,所以如果数据是在 T3 模式下进行记录的,那么 TCSPC 直方图处理就简单得多了。此时所需要做的只有直方图处理。事实上,最近的一款 TCSPC 仪器中经典 TCSPC 直方图处理就是这样实现的[12]。虽然过去的习惯做法是在硬件中实施 TCSPC 直方图处理,但现在依靠现代计算机的速度来完成该过程也是可能的。特别是在总线速度非常快的情况下,由于采用了串行总线,因实时处理存在上限而导致丢失数据的风险就不存在了。

另一种相对简单但实用的预览类型是追踪光子密度随时间的变化。它通常被用来调整光子计数系统的光学配置以实现最佳聚焦、探测器校准等。为了实现这种类型的实时分析,必须以固定的时间间隔(一般为几毫秒每次)对光子事件进行计数,并在屏幕上以滑动窗的形式展示计数随时间的变化。为了保持适当的同步,从时间标记而非相对异步的计算机时基中导出各集成条的边界是很重要的。

FCS 需要进行的实时分析则是更具挑战性的类型。计算关联函数这一步骤在计算上投入非常大。因而关联算法必须被非常高效地实施。实现该目标的第一步是利用光子事件的离散性质而不是试图关联密度函数。简单地说,可将光子事件时测流的关联视为(实际上也是用作)光子内时间距离的直方图[34-35]。这一点在离线分析情况下相对容易实现,因为所有光子事件的数据是可以同时调用的(即使它们要从硬盘中读取)。在时间标记数据流的实时处理过程中,一般不是这种情况,因为数据刚刚到达且仍需进行溢出修正。为了覆盖较长的时滞时间跨度,同时将计算量保持在较低水平,人们使用了一种与最初为快速硬件相关器[36]构想出的方案类似的多重态方案。此外,如果能(尽可能)将数据保存在 CPU 缓存中,处理速度将获得显著提高。能优化这一点的快速相关算法已应用于 PicoQuant 公司当前 TCSPC 仪器的操作软件中[37]。

当需要对各独立探测器通道的互相关进行实时计算时,通量作为时序有序的单数据流接收数据是至关重要的。这只有通过适当的硬件设计才能实现[25]。如果硬件中充斥着来自如一台计算机上不同 TCSPC 插卡的独立光子记录流,那么它们就会因为受到各种不可预测的硬件和软件延迟的影响,而导致到达软件层面的数据发生大规模的去相关。此时就必须在软件中对数据进行重排,这会占用宝贵的中央处理时间。如果捕捉探测器通道的各独立时间标记电子设备没有同步到相同的石英钟时间,则整个跨通道的分析将会被相对时钟漂移严重破坏。

一款专用软件包(PicoQuant 公司的 SymPho Time 64)为前文中探讨的仪器提供了一组可扩展的实时分析和预览方法。除目前为止提及的方法外,它还能为 FLIM 测量提供预览。为了实现实时高通量,该软件没有采用衰减模型的完全拟合。取而代之采用了一种快速算法,该算法的灵感源于——至少对单指数衰减和理想的仪器响应而言,荧光寿命可以直接从衰减的质心提取出[38-39]。实现过程简要介绍如下:将光子相对激发(同步)的到达时间在每一个像素内取平均。用于质心计算的光子到达时间可以取相对 IRF 质心(可能的话)或是(近似取)相对记录的衰减上升沿 50%处的时间。其优势在于无需为每一个像素对时间标记数据进行直方图处理。质心计算的求和及平均可以随着光子记录以数据流的形式进入获得更新,而且随着平均值的提高或显示的更新还可以定期重整。

为估计各种预览类型在当下计算机(Intel 酷睿 I7 2700k、3.5GHz、32GB RAM)上的实时性能,要参考表 1.1。它给出了各种类型预览使用过程中不干扰磁盘持续数据收集情况下的近似光子率上限。

表 1.1 各种实时预览类型及其在最近用于在时间分辨荧光显微镜应用中进行时间标记 TCSPC 数据收集和分析的一款软件包中的通量

预览分析类型	通量上限
TCSPC 直方图处理(点)	只存在 TCSPC 硬件方面的限制
强度时间跟踪处理(点)	只存在 TCSPC 硬件方面的限制
FCS 相关处理(点)	约 1Mcps
快速 FLIM 处理(像)	约 5Mcps

SymPho Time 软件中能达到此种通量的实施细节过于复杂,难以在此处详细展示,这里只作一概述:第一个关键概念是一种严格的"零复制"方法。这就意味着光子记录数据永远不会被复制到内存中。只有缓存指针能在不同软件层之间传递,可一直到硬件驱动。PC 内存中的 FIFO 循环缓冲区被用来处理操作系统任务转换时不可预测性问题。第二个值得一提的概念是"伪像素"。伪像素是一种虚拟像素,在实际图像对应一个或多个图像像素或单点时间跟踪测量的情况下,一个伪像素相当于时间跟踪中的一个或多个数据点。每一个光子记录都被分配给这样一个伪像素。这种方法的好处在于可在各种情况下以相同的例程以及与离线分析相同的方式进行实时分析。为了提高重复分析的效率,每个伪像素都带有一个标记位,用以标志其是否发生了变化,即是否有光子增加。因而实际上这对于帧与帧之间一般只有几个像素发生变化的 LSM 快速扫描来说很有价值。其在离线分析中有这样的好处:不同类型的分析可以按顺序执行而不必重新分析整个光子记录流。

最后,还要提到一点:该软件利用了现代 CPU 提供的多处理器核心技术。这是通过多线程设计实现的。一个线程负责时序严格的硬件处理,第二个线程负责图形用户界面。此外,还有更多不定量的线程被用于实现对多个伪像素的实时处理。

1.7 前景展望

基于 TDC 的 TCSPC 电子技术很可能从高速集成电路技术的持续进步中受益。尤其是当前仪器中所用的锗化硅技术,它目前正朝着体积更小、功耗更低、速度更快的方向迅速发展。在不远的将来,锗化硅 TDC 的时间分辨率有望达到 10ps,而且它消耗的电能会比现在更少。类似地,TDC 在 CMOS 技术中的通量将会提高以便 TDC 能达到那些更快技术的性能水平,同时还能发挥自身低成本生产和低功耗的优势。

此外,时间标记 TCSPC 电子器件还将从 FPGA 技术的进步中获益,这会提供更高的通量和更多的平行通道。对于一些应用来说,节约成本比达到极限时间分辨率和 DNL 来说更加重要。TDC 结构在 FPGA 中的直接实现(现在已经成为可能)很可能达到适用于这些应用的性能水平。

在数据分析方面,微处理器架构的并行化趋势可用于提高实时处理速度。因此,具有更多内核和优化向量处理单元的更快的计算机将带来即时的性能增益。

鉴于时间标记光子数据收集的灵活性,可以预测,试验和分析算法方面的新思路一出现就会在这样一个平台上得以实现。

参 考 文 献

[1] Bollinger LM, Thomas GE (1961) Measurement of the time dependence of scintillation intensity by a delayed coincidence method. Rev Sci Instrum 32:1044-1050.

[2] Connor DVO, Phillips D (1984) Time-correlated single photon counting. Academic Press, London.

[3] Lakowicz JR (2006) Principles of fluorescence spectroscopy, 3rd edn. Springer Science+ Business Media, New York.

[4] Bülter A (2014) Single-photon counting detectors for the visible range between 300nm and 1000nm. In: Kapusta P et al. (eds) Advanced photon counting: applications, methods, instrumentation. Springer series on fluorescence. Springer International Publishing, doi: 10.1007/4243_2014_63.

[5] Buller GS, Collins RJ (2014) Single-photon detectors for infrared wavelengths in the range 1 to 1.7μm. In: Kapusta P et al. (eds) Advanced photon counting: applications, methods, instrumentation. Springer series on fluorescence. Springer International Publishing, doi: 10.1007/4243_2014_64.

[6] Becker W (2005) Advanced time-correlated single photon counting techniques. Springer, Berlin.

[7] Rossi B, Nereson N (1946) Experimental arrangement for the measurement of small timeintervals between the discharges of Geiger-Müller counters. Rev Sci Instrum 17:65-71.

[8] Kalisz J (2004) Review of methods for time interval measurements with picosecond resolution. Metrologia 41:17-32.

[9] Roberts GW, Ali-Bakhshian M (2010) A brief introduction to time-to-digital and digital-totime converters. IEEE Transact Circ Syst II Expr Briefs 57:153-157.

[10] Henzler S (2010) Time-to-digital converters. Springer, Dordrecht/Heidelberg/London/New York.

[11] Heinemann B et al. (2010) SiGe HBT technology with fT/fmax of 300GHz/500GHz and 2.0ps CML gate delay. Technical digest, IEEE international electron device meeting (IEDM), San Francisco, 06-08 Dec 2010, pp 688-691.

[12] Wahl M, Röhlicke T, Rahn HJ, Erdmann R, Kell G, Ahlrichs A, Kernbach M, Schell AW, Benson O (2013) Integrated multichannel photon timing instrument with very short dead time and high throughput. Rev Sci Instrum 084:043102.

[13] Elson E, Magde D (1974) Fluorescence correlation spectroscopy. I conceptual basis and theory. Biopolymers 13:1-27.

[14] Thompson NL, Lieto AM, Allen NW (2002) Recent advances in fluorescence correlation spectroscopy. Curr Opin Struc Biol 12:634-641.

[15] Dertinger T, Rüttinger S (2014) Advanced FCS: an introduction to fluorescence lifetime correlation spectroscopy and dual-focus FCS. In: Kapusta P et al. (eds) Advanced photon counting: applications, methods, instrumentation. Springer series on fluorescence. Springer International Publishing, doi: 10.1007/4243_2014_72.

[16] Böhmer M, Wahl M, Rahn HJ, Erdmann R, Enderlein J (2002) Time-resolved fluorescence correlation spectroscopy. Chem Phys Lett 353:439-445.

[17] Enderlein J, Gregor I (2005) Using fluorescence lifetime for discriminating detector afterpulsing in fluorescence-correlation spectroscopy. Rev Sci Instrum 76:033102.

[18] Felekyan S, Kalinin S, Valeri A, Seidel CAM (2009) Filtered FCS and species cross correlation function. In: Periasamy A, So PTC (eds) Multiphoton microscopy in the biomedical sciences IX; Proceedings of SPIE 7183:71830D:1-71830D:12.

[19] Felekyan S, Kalinin S, Sanabria H, Valeri A, Seidel CAM (2012) Filtered FCS: species autoand crosscorrelation functions highlight binding and dynamics in biomolecules. Chem Phys Chem 13:1036-1053.

[20] Eggeling C, Berger S, Brand L, Fries JR, Schaffer J, Volkmer A, Seidel CAM (2001) Data registration and selective single-molecule analysis using multi-parameter fluorescence detection. J Biotechnol 86:163-180.

[21] Ishii K, Tahara T (2010) Resolving inhomogeneity using lifetime-weighted fluorescence correlation spectroscopy. J Phys Chem B 114:12383-12391.

[22] Ishii K, Tahara T (2013) Two-dimensional fluorescence lifetime correlation spectroscopy. J Phys Chem B 117:11414-11432.

[23] Otosu T, Tahara T (2014) Lifetime-weighted FCS and 2D FLCS: advanced application of time-tagged TCSPC. In: Kapusta P et al. (eds) Advanced photon counting: applications, methods, instrumentation. Springer series on fluorescence. Springer International Publishing, doi: 10.1007/4243_2014_65.

[24] Grußmayer KS, Herten D-P (2014) Photon Antibunching in Single Molecule Fluorescence Spectroscopy. In: Kapusta P et al. (eds) Advanced photon counting: applications, methods, instrumentation. Springer series on fluorescence. Springer International Publishing, doi: 10.1007/4243_2014_71.

[25] Wahl M, Rahn HJ, Röhlicke T, Kell G, Nettels D, Hillger F, Schuler B, Erdmann R (2008) Scalable timecorrelated photon counting system with multiple independent input channels. Rev Sci Instrum 79:123113.

[26] Birch DSJ, McLoskey D, Sanderson A, Suhling K, Holmes AS (1994) Multiplexed timecorrelated singlephoton counting. J Fluoresc 04:91-102.

[27] Wahl M, Erdmann R, Lauritsen K, Rahn HJ (1998) Hardware solution for continuous timeresolved burst detection of single molecules in flow. Proc SPIE 3259:173-178.

[28] Wilkerson CW Jr, Goodwin PM, Ambrose WP, Martin JC, Keller RA (1993) Detection and lifetime measurement of single molecules in flowing sample streams by laser-induced fluorescence. Appl Phys Lett 062:2030-2033.

[29] Eggeling C, Fries JR, Brand L, Gunther R, Seidel CAM (1998) Monitoring conformational dynamics of a single molecule by selective fluorescence spectroscopy. Proc Natl Acad Sci U S A 95:1556-1561.

[30] Wahl M, Röhlicke T, Rahn HJ, Buschmann V, Bertone N, Kell G (2013) High speed multichannel time-correlated single photon counting electronics based on SiGe integrated time-to-digital converters. Proc SPIE 8727:87270W.

[31] LaVision GmbH (2014) Ultra-fast gated cameras. http://www.lavision.de/en/products/cameras/ultrafast_gated_cameras.php. Accessed 3 April 2014.

[32] Koberling F, Wahl M, Patting M, Rahn HJ, Kapusta P, Erdmann R (2003) Two channel fluorescence lifetime microscope with two colour laser excitation, single-molecule sensitivity and submicrometer resolution. Proc SPIE 5143:181-192.

[33] Ortmann U, Dertinger T, Wahl M, Rahn HJ, Patting M, Erdmann R (2004) Compact TCSPC upgrade package for laser scanning microscopes based on 375 to 470nm picosecond diode lasers. Proc SPIE 5325:179-186.

[34] Li LQ, Davis LM (1995) Rapid and efficient detection of single chromophore molecules in aqueous solution. Appl Opt 34(18):3208-3217.

[35] Davis LM, Williams PE, Ball DA, Swift KM, Matayoshi ED (2003) Data reduction methods for application of fluorescence correlation spectroscopy to pharmaceutical drug discovery. Curr Pharm Biotechnol 04:451-462.

[36] Schätzel K (1985) New concepts in correlator design. In: Institute of Physics conference series, vol 77. Hilger, London, pp 175-184.

[37] Wahl M, Gregor I, Patting M, Enderlein J (2003) Fast calculation of fluorescence correlation data with asynchronous time-correlated single-photon counting. Opt Express 11:03583-03591.

[38] Yang H, Xie XS (2002) Probing single molecule dynamics photon by photon. J Chem Phys 117:10965-1097939. Yang H, Luo G, Karnchanaphanurach P, Louie TM, Rech I, Cova S, Xun L, Xie XS (2003) Protein conformational dynamics probed by single-molecule electron transfer. Science 302(5643):262-266.

第 2 章 用于 300~1000nm 可见光的单光子计数探测器

Andreas Bülter

摘 要 可见光谱范围内的单光子计数已经成为当今许多应用的标准方法,从荧光光谱技术到单分子探测和量子光学技术都包含于其中。所有此类装置有单光子灵敏型探测器作为关键组件之一。遗憾的是,在大波长范围内具有探测效率高、时间分辨率高、暗计数水平低的"终极"特性的探测器是不存在的。因此,对绝大多数应用来说,根据其目标的最重要的探测器参数来选择探测器是必要的。

本章概述了通常用于可见光谱范围内光子计数的单像素探测器。书中提供了有关探测效率、暗计数水平和时间分辨率等关键参数,理论上可以为目标应用选择最适合的探测器。

关键词 混合型 PMT MCP-PMT 单光子 SPAD

2.1 总述

探测器是所有基于光子计数的仪器都具有的一个核心组件。对于在 300~1000nm 范围的光谱而言,基本上有两类可供选用的探测器,即基于外光电效应的探测器和基于内光电效应的探测器,如光电倍增管、微通道板光电倍增管或混合型光电倍增管可作为前者,单光子雪崩二极管可作为后者。当为目标应用选择最适合的探测器而比较不同探测器时,必须考虑以下 5 个关键参数。

(1) 灵敏度。没有任何探测器能够以统一的灵敏度覆盖 300~1000nm 之间的全部光谱。因此,了解每一种探测器在目标探测波长(范围)内的灵敏度是必要的。灵敏度通常以百分比形式的"量子效率"或"探测效率"来表示。这个值基本上对应于将光子转化为可测电脉冲的概率。

(2) 暗计数。暗计数是指在无光线条件下探测器"内部"生成的输出脉冲。暗计数是随机发射的,并以每秒钟计数(counts per second, cps)的方式来表示。

它们为所有光子计数测量增加了一个基线(或偏差),而且无法避免或消除。因此,最好选取暗计数率远低于预期信号率的探测器;否则实际可用的信号计数率可能会因暗计数和"实际"光子计数之间的竞争而降低。

(3) 跟随脉冲。跟随脉冲指的是外加的人为输出信号,它与当下的光子探测事件无关,但与先前的探测事件相关。在时间分辨测量中,跟随脉冲是可见的,表现为主信号上确定的时间间隔内的额外信号峰。跟随脉冲是探测器"内部"生成的,不可避免或消除。跟随脉冲通常是以一个测得光子产生跟随脉冲事件的百分比概率来表示。在许多应用中跟随脉冲都不是一个大问题,它可以借助数据分析过程或是采用合适的光学装置(如使用两个探测器进行互相关分析)来应对(或忽略)。尽管如此,还是建议使跟随脉冲的概率尽可能低,从而最小化该效应带来的偏差。

(4) 时间分辨率。对时间分辨应用而言,探测器的内部时间分辨率("抖动")是一个关键参数。时测分辨率越高,也即探测器响应的半峰全宽(full width at half maximum, FWHM)越低,整个装置的总体时间分辨率就越高。要注意此处指的不是电输出脉冲的宽度,而是光子到达和电输出之间时间差的直方图。

(5) 有效面积。这是设计光学装置时需要考虑的一个几何因数。基于外光电效应的探测器通常有数毫米的有效面积,而基于内光电效应的探测器只有 $20\sim200\mu m$ 的有效面积。在后一种情况下,光学装置必须以实现将从样本收集到的光线高效地聚合到一小块有效面积上(如借助光纤或使用共焦装置)为前提来设计。

接下来的几节将从这 5 个关键参数出发,介绍和探讨目前可见光谱范围常用的几种商用探测器类型(光电倍增管、微通道板光电倍增管、混合型光电倍增管及单光子雪崩二极管)。其他也适合在可见光谱范围内进行光子计数的几种探测器类型,如超导纳米线和转换边界传感器通常用于红外范围的光子计数,将会在下一章详细介绍。

2.2 光电倍增管

2.2.1 总体描述

光电倍增管(photo multiplier tubes, PMT)是单光子计数领域最成熟的探测器。在对光电效应和电子倍增管(倍增管电极)进行深入研究后,第一个 PMT

于 20 世纪 30 年代中期就已经展示了出来[1]。

PMT 基本上是一个含有 3 个核心组件的真空管(图 2.1)。

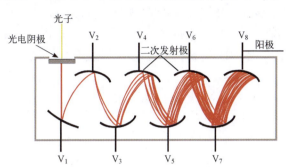

图 2.1 光电倍增管基本原理图

(光子通过光电效应转化为电子。电子在一连串的电极作用下加速)

(1) 光电阴极。光子在其中通过光电效应转化为电子再发射到真空管中。依靠光电阴极的不同材质,PMT 能够有效探测不同波长的光。可见光谱范围内最常见的光电阴极为双碱阴极、多碱阴极、GaAs 阴极或 GaAsP 阴极。

(2) 二次发射极。电子在其中以二次电子发射的方式迅速增多。有许多种可用的二次发射极,并且取决于各自的电极结构和数量,每种都具有不同的增益、时间响应、均匀性以及二次电子收集效率。简言之,一旦电子从光电阴极发射出去,它就朝第一个带正电的二次发射极加速前进。该电子和二次发射极发生碰撞并释放出更多的电子,紧接着这些电子就开始朝下一个二次发射极加速运动,在那里发生碰撞并释放出更多的电子。PMT 中每一个二次发射极的正电势依次都高于前一个发射极,从而实现随撞向后一个发射极的电子数目的不断增多而产生电子倍增的效果。这种电子倍增非常有效,倍增系数通常在 $10^6 \sim 10^7$ 之间。

(3) 阳极。它会收集从最后一个二次发射极发射出的倍增二次电子。

二次发射极通常需要约 1kV 的工作电压。这与多个二次发射极的必须设计一同使得 PMT 在过去是一种相当庞大、笨重的探测器。但近年来 PMT 已经成功实现了小型化,如今的 PMT 甚至可以作为一种内置必要的高压电源的小型紧凑装置使用[2-3]。

PMT 在一定光强度范围内是一种模拟装置,即它们输出正比于光电阴极处光强的电流。光强高时,单独倍增的光电子的输出脉冲会相互重叠,无法再以单个脉冲的形式被探测。由于存在各种各样的脉冲幅度和脉冲宽度,加上潜在的泊松统计,所以判断发生这种重叠的计数率上限很困难。只有在非常低的光强下,PMT才能输出单独的、分离良好的、可供光子计数电子设备放大和作进一步处理的脉冲。

由于二次发射极的倍增过程中存在波动,所以PMT的输出脉冲绝不会出现幅度不变的情况。这种波动实际上会导致时间分辨测量中脉冲上升时间顺序的时测抖动,除非把PMT连到一个恒定系数鉴别器上(图2.2)。

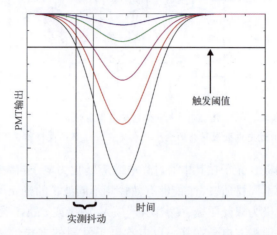

图2.2 二次发射极的倍增过程中存在波动使PMT输出脉冲的幅度也显示出波动
(满足一个简单的电平触发阈值后,这种波动就将使得时间分辨测量中出现时测抖动)

2.2.2 探测效率

PMT的探测效率由光电阴极的材质决定(图2.3)。双碱阴极型PMT在230~700nm范围保持灵敏。它们在波长低于500nm时效率最高,能够达到40%的探测效率(超双碱阴极型)。多碱阴极型PMT通常能够覆盖更大的光谱范围,大致在230~920nm之间,但其探测效率较低,在400~700nm波长范围内只能达到约15%的探测效率。GaAs阴极型和GaAsP阴极型PMT在300~890nm范围保持灵敏。相比于多碱阴极型PMT,GaAsP阴极型PMT存在于600nm波长处有高达40%的更高探测效率的特点。

2.2.3 暗计数和跟随脉冲

PMT的暗计数或暗电流是指即使在完全黑暗状态下工作时也依然存在的一个小电流。在PMT中暗电流出现的最主要原因是来自光电阴极或二次发射极的热离子发射电流[1]。这个效应的大小取决于光电阴极的材质及温度。双碱阴极的热离子发射水平通常要比多碱阴极、GaAs阴极或GaAsP阴极低得多,

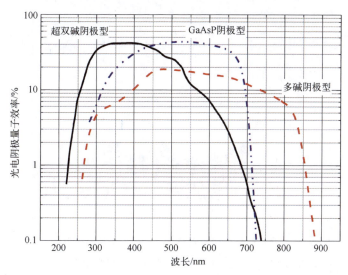

图 2.3 典型双碱阴极型[3]、多碱阴极型[3]以及 GaAsP 阴极型[2] PMT 的探测效率
（PMT 的探测效率取决于光电阴极的材质）

因此其暗计数水平也相应较低。双碱阴极型 PMT 的暗计数值通常低于 50cps，而多碱阴极型 PMT 的暗计数值则可能高达 10 000cps。热电子发射的数量通过降低工作温度可以大幅减少，这就是多碱阴极型、GaAs 型或 GaAsP 型 PMT 通常在珀尔帖致冷室内工作的原因。冷却后，这些探测器的暗计数值在 1 000cps 左右，相对于这一光子计数装置通常为 10^5 cps 的计数率而言是比较小的。

PMT 中的跟随脉冲是可见的，显示为主脉冲后几纳秒处的额外脉冲峰（图 2.4）。这种跟随脉冲信号主要是由 PMT 中剩余气体电离产生的正离子导致的。这些造成跟随脉冲的正离子回到光电阴极处并产生额外的光电子。PMT 中跟随脉冲的影响可以被恒定强光（如以 3×10^6 cps 持续 48h）照射而大幅降低。这样的强光照射基本上电离掉了困在光电阴极处的绝大部分剩余气体。不过，一旦 PMT 被关闭，一些气体又会扩散回光电倍增管中。因此，如果 PMT 长时间闲置就会再次出现跟随脉冲。

PMT 时测响应曲线的第二个共同特征是主脉冲后几纳秒处幅度降低了约两个数量级的额外脉冲峰（图 2.4）。这个峰源于第一个二次发射极的光电子发生的弹性散射。由于它的幅度较小，所以通常并不会对光子计数试验带来什么影响。而且它独立于探测波长之外，因此可以在数据分析过程中对其进行处理。

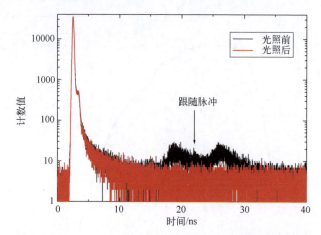

图 2.4 主脉冲后几纳秒处的额外脉冲峰(PMT 中的跟随脉冲在时测响应曲线中是可见的,其影响可以被恒定强光照射而大幅降低)

2.2.4 时间分辨率

光子计数装置中 PMT 的时间分辨率取决于渡越时间离散(transit time spread,TTS)。TTS 是光电子从光电阴极出发通过各二次发射极所用的不同渡越时间的测量。不同渡越时间的主要来源是光电阴极。由于光电子是从光电阴极上的任意位置,以任意速度朝任意方向发射的,所以它们到达第一个二次发射极所需的时间都有轻微的不同。这最终导致每个光电子的不同渡越时间,可用时测响应的 FWHM 来测量。基于双碱阴极或多碱阴极的现代紧凑型 PMT 能达到约 140ps 的 TTS 值(FWHM)(图 2.4),而 GaAsP 型 PMT 通常有更高的在 200~350ps 范围的 TTS(FWHM)[2]。

2.2.5 几何因素

PMT 的有效面积由光电阴极的尺寸决定。通常的直径为 5~8mm。这个大有效面积使得 PMT 几乎适用于光子计数试验中所用的所有光学装置。PMT 通常用于光线供给量较大的设备,如荧光光谱仪中毫米尺寸的分光液槽或漫射光学成像中的组织面(见 Grosenick[4])。基于类似的原因,PMT 对于非扫描探测方案下的共焦扫描显微镜而言也是理想的探测器。由于暗计数率大致与探测器的有效面积成正比,因此尤其对于 GaAs 阴极型和 GaAsP 阴极型 PMT 来说,先核实是否存在有效面积更小的可用 PMT 是明智的。

2.3 微通道板光电倍增管(MCP-PMT 或 MCP)

2.3.1 总体描述

微通道板光电倍增管(micro-channel plate photomultiplier tubes,MCP)可以看作以类似 PMT 的原理工作的二维设备阵列。MCP 是由大量内径大致在 6~20μm 之间的毛细玻璃管(通道)组装而成的。这些毛细管的内壁涂有光电发射材料且在两端都加有偏压,以便它能起到连续二次发射极的作用。最初的一个光电子撞击通道的内壁后,许多二次电子被发射出来,它们会再次撞击通道内壁释放出更多的电子,实现电子通量指数上升(图 2.5)。MCP 需要相当高的工作电压,约为 3kV。但是它们的增益低于传统 PMT。MCP 很容易因过载而损坏,这就是制造商通常建议将最大计数率控制在 20 000cps 以下的原因[5]。不过,在较高的计数率(如 200 000cps)下使用 MCP 还是有可能的,但是建议那时对探测器的整个有效面积进行光照而不是仅仅将光照集中到几个通道上;否则,由于每个通道都需要一定的时间(μs~ms 量级)进行再充电,设备可实现的计数率将因通道饱和而受限。

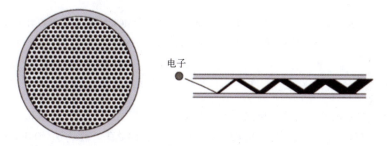

图 2.5 MCP 结构原理图(MCP 是由大量毛细玻璃管(通道)组装而成的,这些毛细管的内壁涂有光电发射材料,且在两端加有偏压,以便它能起到连续二次发射极的作用。光电子撞击通道的内壁后,就会发射出许多二次电子,导致电子通量呈指数上升)

第二个问题是在高计数率下使用时,由于微通道板会因电子通量的影响而劣化,所以 MCP 的寿命有限。与 PMT 相似,MCP 的输出脉冲高度起伏不定,因此,为实现时间分辨光子计数测量,它需要连接一个恒定系数鉴别器。

2.3.2 探测效率

MCP 基本上和 PMT 使用一样的阴极材料,即有标准双碱阴极型、多碱阴极型、GaAs 阴极型或 GaAsP 阴极型 MCP 可供选用(图 2.6)。不同的阴极能够覆盖的光谱范围大致在 160~910nm 之间,其中双碱阴极型和多碱阴极型 MCP 的探测效率在 400nm 波长处为 15%,低于传统 PMT。GaAsP 阴极型 MCP 在约 500nm 波长处可实现高达 40% 的探测效率[5-6]。

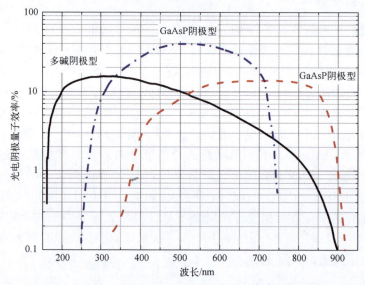

图 2.6 多碱阴极[4]、GaAsP 阴极以及 GaAs 阴极型[5] MCP 的探测效率的典型实例
(MCP 的探测效率取决于光电阴极的材质)

2.3.3 暗计数和跟随脉冲

MCP 的暗计数类似于传统 PMT。双碱阴极型 MCP 的暗计数值通常低于 50cps,而多碱阴极型或 GaAsP 阴极型 MCP 的暗计数值一般高达 10 000cps。冷却后,这些探测器的暗计数值通常在 1 000cps 左右,相对于光子计数装置 10^5 cps 的典型计数率仍然较低。跟随脉冲通常不能在 MCP 中观测到。

2.3.4 时间分辨率

由于 MCP 中所用毛细玻璃管只有几微米的小直径而导致其渡越时间离散值较低,MCP 有非常好的时测分辨率,双碱阴极型和多碱阴极型可低至 25ps(FWHM),GaAs 阴极型可低于 150ps(FWHM),GaAsP 阴极型可低至 60ps(FWHM)。因此,MCP 是对时间分辨率要求非常高的应用的探测器选择。

2.3.5 几何因素

MCP 的有效面积由光电阴极的尺寸决定。其直径通常为 10mm 左右,甚至比传统 PMT 更大。这个大有效面积使得 MCP 几乎适用于光子计数试验中所用的所有光学设置。不过,MCP 存在的饱和以及易因过载而损坏的固有问题限制了它们的使用。因此,MCP 通常用于能够对信号强度进行精确控制的设备中,如荧光寿命光谱仪等。而在扫描显微镜或其他信号速率波动剧烈的设备中,MCP 通常不会被选用。

2.4 混合型光电倍增管

2.4.1 总体描述

混合型 PMT 是将硅雪崩光电二极管并入真空电子管中形成的一种光电倍增管。当光线照射到光电阴极上时,光电子被发射出去,然后再由加在阴极两端高达几千伏的高强度电场对其进行加速。而后光电子轰击硅雪崩光电二极管,并根据光电子的能量产生电子-空穴对(图 2.7)。这些载流子随后通过雪崩二极管的线性增益进一步放大。混合型 PMT 的总增益在 10^5 数量级,从而低于 PMT 或 MCP 的增益,但它与适合的前置放大器相结合后对于光子计数应用仍然是足够大的。与 PMT 相似,混合型 PMT 输出脉冲的高度起伏不定,因此,为进行时间分辨光子计数测量,混合型 PMT 需要与一个恒定系数鉴别器相连接。

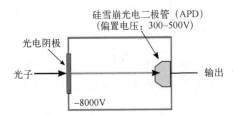

图 2.7 混合型 PMT 结构原理图(当光线照射到光电阴极上时,光电子被发射出去,而后轰击到硅雪崩光电二极管(APD)上)

纯混合型 PMT 不易操作,原因在于它们需要有 8kV 的工作电压、极好的屏蔽,以及低噪声放大才能处理振幅很小的单光子脉冲[7]。它们还需要有精心设计的集成式冷却系统来控制 APD 的温度以避免增益和暗计数的波动。不过,现在已经有了基于混合型 PMT 的完整探测器模块可供使用[8]，其中集成了必要的高压电源、温度稳定系统以及前置放大器。

2.4.2 探测效率

混合型 PMT 基本上使用和 PMT 一样的阴极材料，目前有双碱阴极型、GaAs 阴极型或 GaAsP 阴极型可供选用。不同阴极能够覆盖的光谱范围大致在 220~890nm 之间，其中，双碱阴极型的探测效率在 400nm 波长左右达到 30%，而 GaAsP 阴极型的探测效率在 500nm 波长处甚至能够达到 40%[7-8]（图 2.8）。

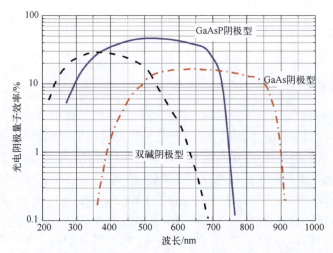

图 2.8 多碱 GaAs 阴极型及 GaAsP 阴极型混合 PMT 的探测效率的典型实例[7-8]
（混合型 PMT 的探测效率取决于光电阴极的材质）

2.4.3 暗计数和跟随脉冲

混合型 PMT 的暗计数情况类似于传统 PMT。双碱阴极型混合 PMT 的暗计数值通常低于 100cps，而 GaAs 阴极型或 GaAsP 阴极型混合 PMT 的暗计数值一般在 1000cps 左右。

混合型 PMT 最显著的特征之一是几乎没有跟随脉冲。在单光子探测器中的跟随脉冲通常是出于两个原因，要么像在 PMT 中一样，由在二次发射极系统中运动的电子致使剩余气体分子发生电离导致，要么是和在单光子雪崩二极管中一样，由先前雪崩击穿中被困的载流子造成。由于混合型 PMT 的真空管中只有单电子在运动，并且 APD 在线性模式下工作不会造成雪崩击穿，所以这两个原因都不会对混合型 PMT 产生任何影响。

2.4.4 时间分辨率

光电子由 8kV 的加速电压产生的高加速度使得渡越时间离散非常低。因此,混合型 PMT 通常具有时测分辨率非常好的特点,双碱阴极型能有 50ps (FWHM)那么快,GaAsP 阴极型和 GaAs 阴极型则小于 120ps(FWHM)或小于 160ps(FWHM)。此外,混合型 PMT 的时间响应非常纯净,没有明显的波尾、隆起或次峰。

2.4.5 几何因素

混合型 PMT 的有效面积由光电阴极的尺寸决定。其直径通常为 3~5mm。这种大有效面积使得混合型 PMT 几乎适用于光子计数试验中所用的所有光学设置。鉴于其时间响应快、探测效率高、不存在跟随脉冲,混合型 PMT 现在正逐渐成为许多光子计数试验的"标准"探测器,从大块材料的经典光谱试验到显微应用中的成像和关联光谱试验均是如此[9]。

2.5 单光子雪崩二极管(SPAD)

2.5.1 总体描述

与基于外光电效应(即通过光电阴极产生光电子)原理的光电倍增管相对,雪崩光电二极管的原理是内光电效应(即在设备内部产生光电子)。雪崩光电二极管是连接带有过量空穴(p 型)的半导体和带有过量载流子(n 型)的半导体的 PN 结所构成的设备。PN 结处的漫射产生了一个没有自由载流子的区域。当两端加上一个电压使得 n 型半导体处的电势高于 p 型半导体时,PN 结被称为是反向偏压的,从而在半导体中产生了一个有效的电压梯度。通过某些方式(如吸收单光子)产生的漂移电子沿梯度方向加速并获得足够的动能,能在与原子发生碰撞时将电子从其束缚态中轰击出来。随后该电子再次在电场中加速,也通过与原子发生碰撞产生更多的自由电子,最终导致载流子雪崩式激增。如果设备两端外加电场的电压足够高,高过击穿电压,单光子产生的载流子就能触发一次自持式雪崩。当在这种所谓的"盖革"模式下工作时,该设备就被称为单光子雪崩二极管(single-photon avalanche diode,SPAD)[10]。

雪崩导致电流在不到 1ns 时间内上升到一个宏观恒定水准,此时用合适的电子设备可以很容易地探测到该电流。如果最初的一个载流子是光生载流子,那么雪崩脉冲的前沿就标志着所探测到的光子伴随皮秒级的时间抖动的到达时间。只要外加电压保持在击穿电压之上,雪崩电流就会一直流动。在这一阶段,吸收额外的光子并不会引起输出信号的任何变化,让设备变得无用。因此,为了能够探测下一个光子,停止这种自持式雪崩并重置探测器是必要的。这个重置的过程叫作雪崩的"抑制"。

抑制过程涉及雪崩前沿的探测,然后产生将偏压降到击穿电压以下,密切关注时间关联电脉冲,最后将电压恢复到高于击穿电压的工作水平。SPAD 的抑制电路基本上有 3 种实现原理,即被动式、主动式、门抑制式。门抑制式实现原理仅用于对红外波段敏感的 SPAD(参阅 Buller 和 Collins[11])。

在被动式抑制电路中有一个与 SPAD 串联的高阻抗电阻,它限制了电流并且有效降低了二极管处的电压,因此抑制了雪崩(图 2.9)[12]。该电路中通常还有一个用于产生可检测的输出脉冲的附加电容器。被动式抑制电路有一段很慢的处于微秒级范围的恢复时间(停滞时间),在此时间段内 SPAD 无法记录更多的光子检测事件。这种停滞时间将最大计数率限制为数万兆赫。因此,现在的光子计数装置通常都不采用配备被动式抑制电路的 SPAD。

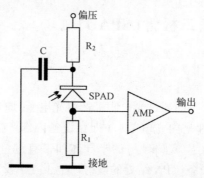

图 2.9 被动抑制模式电路(高阻抗电阻与 SPAD 串联,
该电阻限制了电流并能有效抑制雪崩)

主动抑制模式下,一旦专门的传感电路探测到开始雪崩,工作电压就会主动切换至低于击穿电压的状态(图 2.10)。为了避免对 SPAD 造成损坏,这种电压转换必须在几纳秒内完成。然后,为了消除雪崩区域内剩余的载流子,工作电压会在一定时间内保持在击穿电压以下。这一过程通常耗时几十纳秒且与 SPAD 的停滞时间相对应。因此,配备主动式抑制电路的 SPAD 能够达到数兆赫的光子探测率,从而被如今的光子计数设备普遍采用。

用于可见光范围的 SPAD 是基于硅材料的设备。现在主要有两种类型的硅制 SPAD 架构可供选用,即厚结型[13-15]和薄结型[16-17]。这两种设计的主要

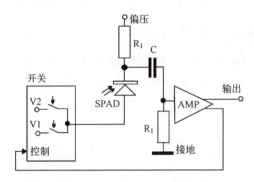

图 2.10 主动抑制模式电路(一旦专门的感应电路探测到开始雪崩,工作电压就会被主动切换至低于击穿电压的状态。一定(停滞)时间后,工作电压会切换回高于击穿电压的状态)

区别在于发生光子吸收的耗尽层的厚度不同。厚结型 SPAD 存在耗尽层通常有几十微米厚,而薄结型 SPAD 的耗尽层则只有几微米厚。

2.5.2 探测效率

硅制 SPAD 通常被用于 400~1100nm 的光谱范围。其探测效率不仅随探测波长变化,也取决于 SPAD 的类型。薄结型 SPAD 的探测效率通常低于厚结型 SPAD,这只是因为薄结型的耗尽层(吸收区)较小。它们的最大效率通常在 500nm 附近的蓝色/绿色光谱范围内达到 50% 左右的值,到 1000nm 处降至约 5%。另外,厚结型 SPAD 经常能够在 700nm 附近的红色光谱范围内达到多于 70% 的值,然后到 1000nm 处降至约 15%(图 2.11)。

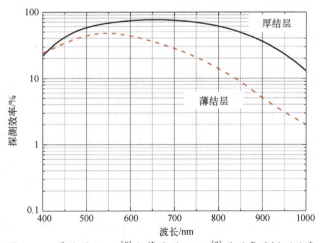

图 2.11 厚结型 SPAD[8] 和薄结型 SPAD[9] 的通常的探测效率

2.5.3 暗计数和跟随脉冲

SPAD 的暗计数率取决于有效面积的尺寸及芯片温度。一般来说，暗计数率随有效面积的增大而上升，并且随芯片温度的升高而降低。具有 100μm 尺寸有效面积的冷却 SPAD 的值通常能小于 250cps，而具有 20μm 尺寸有效面积的 SPAD 的值则可以小于 5cps。厚结型冷却硅制 SPAD 通常有小于 250cps 的暗计数率，但是由于暗计数率极大取决于个体 APD 的特点，获取小于 20cps 的暗计数率也是有可能的。

跟随脉冲是 SPAD 的共同特征，由 SPAD 中起"载流子陷阱"作用的杂质和晶体缺陷所致。每次雪崩脉冲期间，一些雪崩载流子就会落入陷阱中，接着在工作电压提高至击穿电压以上后得到释放。此时，被释放的载流子能够再次触发雪崩，从而生成相关的跟随脉冲[18]。在经过抑制过程后，总地来说，SPAD 产生的可测跟随脉冲的概率指数下降。因此，可以通过提高 SPAD 停滞时间来降低此概率，但这样也降低了设备的最大计数率。当停滞时间为 50~70ns 时，商用（主动抑制式）硅制 SPAD 发生跟随脉冲的概率通常小于 1%。

SPAD 经常被人们低估的一个特征是余辉或击穿闪光。该术语描述了硅制 SPAD 在雪崩过程中会发射宽带光的事实。宽带光从传感器处以各向同性的方式向外发射，通常以不同强度覆盖 700~1000nm 的光谱范围。尤其是在使用汉伯里·布朗及特维斯（HBT）装置进行偶合关联测量时，余辉可能导致一个 SPAD 发射的光线被第二个 SPAD 探测到的问题。这就导致测量结果中典型的双峰结构。余辉是无法避免的，只能通过一些方式，如时间延迟、光谱滤波或空间滤波等最小化余辉对测量数据的影响。

2.5.4 时间分辨率

薄结型 SPAD 已经被证明能够达到 20ps 的时间分辨率[20]。主流商用型号在波长大于 500nm 情况下存在时测分辨率可达 50ps 的特征。而当探测波长较小时，时测不确定性增大，而且可能达到 200~300ps。这种分辨率的增大是由 SPAD 的结构导致的——对蓝光和紫外光的吸收不是发生在耗尽层，而是在硅表面附近。因此，生成的载流子就必须先漫射到耗尽层才能开始引发雪崩，这就增大了时测抖动。薄结型 SPAD 的脉冲波形也很有特点，它的峰值区域非常窄，FHWM 也很小，后面跟着一条很长的振幅低得多的"漫射尾巴"（图 2.12）。耗尽层附近中性区内产生的光生载流子需要先通过不断的漫射，最终到达耗尽层边缘，而后通过电场加速，漫射尾巴就是由这一过程引起的。在 1/10 最大值处,漫射尾巴的 FWHM 可能高达峰值处的 20 倍。薄结型 SPAD 的时测分辨率通常并不取决于信号速率。

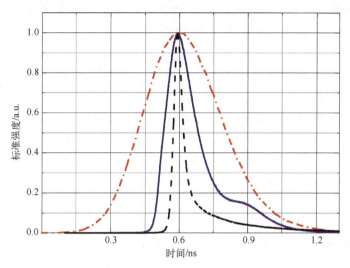

图 2.12 厚结型 SPAD 在 670nm 波长处的脉冲波形(红色点划线)和薄结型 SPAD 在 670nm 波长(黑色虚线)和 405nm 波长(蓝色实线)处的时测响应情况(薄结型 SPAD 的时测响应依赖于波长,波长大于 500nm 情况下能够达到 50ps。厚结型 SPAD 也显示出脉冲波形对于探测波长的依赖性,但其随波长的变化不太明显)

厚结型 SPAD 的时测分辨率通常在 300~800ps 之间。在高于 600nm 的红色光谱范围内且信号速率低于 10^6 cps 的情况下,可以获得最好的时测分辨率。信号速率较高时,厚结型 SPAD 的时间响应宽度会增大,最坏情况下会达到低信号速率时的 2 倍。在早期商用产品中,这种对信号速率的依赖性一定程度上是由于当时采用的是读出电子设备,在最近的设计中这种依赖性已经得到了降低[14]。

SPAD 的波长依赖时测分辨率,即所谓的色移,在基于荧光寿命的一些应用中可能会造成一些问题,这些应用经常必须在分析过程中采用重卷积技术来校正测量仪器有限的分辨率[21]。探测器对分辨率有影响,而探测器又会产生色移,因此,分辨率依赖于波长。因此,必须要在与荧光波长相同的情况下描绘装置所谓的仪器响应函数(instrument response function,IRF)。这可以通过在已分析样本所在光谱范围内使用具有超快荧光衰减性质的样本,而不是通常使用的在激发波长下记录的散射介质来实现。

2.5.5 几何因素

SPAD 的有效面积远小于 PMT 的有效面积。商用厚结型 SPAD 通常有数量级为 150μm 左右的有效面积，而薄结型 SPAD 一般有 20~100μm 的有效面积。这个小的有效面积需要有合适的光学装置将收集到的荧光聚焦到有效面积上。但是，对有效面积的过度照明会导致信号损失，并且对厚结型 SPAD 的情况也会导致总体探测效率和时测分辨率下降。因此，SPAD 通常同共焦显微镜装置或全光纤装置一起使用。基于同样的原因，SPAD 也不适用于光线收集面积大的荧光光谱仪。

由于它们的高探测效率，SPAD 通常在所有基于单分子的应用中都会被采用，如荧光相关光谱或偶合关联(见 Dertinger 和 Rüttinger[22] 以及 Grußmayer 和 Herten[23])。

2.6 结语

现在基本上有 5 种不同类型的探测器可用于在 300~1000nm 的光谱范围内进行光子计数。遗憾的是，并不存在结合各种可用特征的"终极"探测器，即同时包含大波长范围内的高探测效率、大有效面积、高时间分辨率以及低暗计数和跟随脉冲水平的探测器。因此，基于对目标应用最重要的参数选择探测器是必要的。若试验预计会生成非常少的光子，那么探测效率就是最重要的参数。而在时间分辨光子计数应用中，时间分辨率无疑是一个至关重要的参数。

表 2.1 简要概述了讨论过的各类探测器的典型主要特征，可用作选择合适探测器的一份指南。注意表中仅列出了典型值。

表 2.1 前文中讨论过的各类探测器的一些典型关键参数总结表

各类探测器	最大探测效率 /%	时间分辨率 (FWHM)/ps	主动传感器面积	最大有效计数率	暗计数值 /s
PMT(超双碱阴极)	42(380nm)	<150	8mm²	10MHz	<50
PMT(多碱阴极)	15(500nm)	<150	8mm²	10MHz	<1500
PMT(GaAsP 阴极)	40(600nm)	250~350	5mm²	10MHz	<400
混合型 PMT(GaAsP 阴极)	46(500nm)	<120	3mm²	2MHz	<700
混合型 PMT(GaAs 阴极)	18(650nm)	<160	3mm²	1MHz	<1000

续表

各类探测器	最大探测效率/%	时测分辨率(FWHM)/ps	主动传感器面积	最大有效计数率	暗计数值/s
混合型 PMT(双碱阴极)	30(350nm)	<50	6mm^2	1MHz	<100
MCP-PMT(双碱阴极)	20(450nm)	<25	11mm^2	20kHz	<50
MCP-PMT(多碱阴极)	20(450nm)	<25	11mm^2	20kHz	<500
MCP-PMT(GaAs 阴极)	15(700nm)	<150	11mm^2	20kHz	<3000
硅制 SPAD(厚结型)	75(670nm)	300~800	150μm^2	1MHz	<20~250
硅制 SPAD(薄结型)	50(520nm)	<50~300	100μm^2	10MHz	<25~250

参 考 文 献

[1] (2007) Photomultiplier tubes-basics and applications,3rd ed. Hamamatsu. https://www.hamamatsu.com/resources/pdf/etd/PMT_handbook_v3aE.pdf. Accessed 23 April 2014.

[2] Photosensor modules H7422 series. Hamamatsu. http://www.hamamatsu.com/resources/pdf/etd/m-h7422e.pdf. Accessed 23 April 2014.

[3] PMA series photomultiplier detector assembly. PicoQuant. http://www.picoquant.com/images/uploads/downloads/pma_series.pdf. Accessed 23 April 2014.

[4] Grosenick D (2014) Photon counting in diffuse optical imaging. In: Kapusta P etal. (eds) Advanced photon counting: applications, methods, instrumentation. Springer series on fluorescence. Springer International Publishing, doi:10.1007/4243_2014_74.

[5] Microchannel plate-photomultiplier tube (MCP-PMTs) R3809U-50 series. Hamamatsu. http://www.hamamatsu.com/resources/pdf/etd/R3809U-50_TPMH1067E09.pdf. Accessed 23 April 2014.

[6] Microchannel plate-photomultiplier tube (MCP-PMTs) R3809U-61/-63/-64 series. Hamamatsu. http://www.hamamatsu.com/resources/pdf/etd/R3809U-61-63-64_TPMH1295E04.pdf. Accessed 23 April 2014.

[7] High speed compact HPD (hybrid photo detector) R10467U-40/R11322U-40. Hamamatsu. http://www.hamamatsu.com/resources/pdf/etd/R10467U-40_R11322U-40_TPMH1337E01.pdf. Accessed 23 April 2014.

[8] PMA hybrid series. PicoQuant. http://www.picoquant.com/images/uploads/downloads/pma_hybrid.pdf. Accessed 23 April 2014.

[9] Michalet X, Cheng A, Antelman J, Arisaka K, Weiss S, Suyama M (2008) Hybrid photodetector for single-molecule spectroscopy and microscopy. Proc SPIE 6862:68620F.

[10] Cova S, Ghioni M, Lacaita A, Samori C, Zappa F (1996) Avalanche photodiodes and quenching circuits for single-photon detection. Appl Optics 35:1956–1976.

[11] Buller GS, Collins RJ (2014) Single-photon detectors for infrared wavelengths in the range 1 to 1.7μm. In: Kapusta P et al. (eds) Advanced photon counting: applications, methods, instrumentation. Springer series on fluorescence. Springer International Publishing, doi:10.1007/4243_2014_64.

[12] Brown RGW, Ridley KD, Rarity JG (1986) Characterization of silicon avalanche photodiodes for photon correlation measurements. 1: passive quenching. Appl Opt 25:4122–41226.

[13] Dautet H, Deschamps P, Dion B, MacGregor AD, MacSween D, McIntyre RJ, Trottier C, Webb PP (1993) Photon counting techniques with silicon avalanche photodiodes. Appl Opt 32:3894–3900.

[14] Kell G, Bülter A, Wahl M, Erdmann R (2011) τ-SPAD: a new red sensitive single photon counting module. Proc SPIE 8033:803303.

[15] τ-SPAD single photon counting module. PicoQuant. http://www.picoquant.com/images/uploads/downloads/tau-spad.pdf. Accessed 23 April 2014.

[16] Lacaita A, Ghioni M, Cova S (1989) Double epitaxy improves single-photon avalanche diode performance. Electron Lett 25:841–843.

[17] PDM series photon counting detector modules, MPD. http://www.micro-photon-devices.com/Docs/Datasheet/PDM.pdf. Accessed 23 April 2014.

[18] Cova S, Ghioni M, Lotito A, Rech I, Zappa F (2004) Evolution and prospects for single-photon avalanche diodes and quenching circuits. J Mod Opt 51:267–1288.

[19] Kurtsiefer C, Zarda P, Mayer S, Weinfurter H (2001) The breakdown flash of silicon avalanche photodiodes-back door for eavesdropper attacks? J Mod Opt 48:2039–2047.

[20] Cova S, Lacaita M, Ghioni M, Ripamonti G, Louis TA (1989) 20-ps timing resolution with single-photon avalanche diodes. Rev Sci Inst 60:1104–1110.

[21] Lakowicz JR (2010) Principles of fluorescence spectroscopy. Springer, Berlin.

[22] Dertinger T, Rüttinger S (2014) Advanced FCS: an introduction to fluorescence lifetime correlation spectroscopy and dual-focus FCS. In: Kapusta P et al. (eds) Advanced photon counting: applications, methods, instrumentation. Springer series on fluorescence. Springer International Publishing, doi:10.1007/4243_2014_72.

[23] Grußmayer KS, Herten D-P (2014) Photon antibunching in single molecule fluorescence spectroscopy. In: Kapusta P et al. (eds) Advanced photon counting: applications, methods, instrumentation. Springer series on fluorescence. Springer International Publishing, doi:10.1007/4243_2014_71.

第3章 1~1.7μm 范围内红外波段单光子探测器

Gerald S. Buller, Robert J. Collins

摘 要 科学研究在量子通信、微光激光测距、材料科学(仅略举数例)等领域内的不断进步使得人们对于1~1.7μm波长的单光子探测的兴趣与日俱增。若干技术已经被用于探测该波长范围内的光子,其中每一种都有对于特定应用的适用性存在影响的不同特征参数。本章将给出该光谱范围的探测器研制进展的综述,并重点介绍一些显著成果。

关键词 红外线 纳米线 单光子 SPAD 转换边缘传感器

3.1 引言

本章将探讨1~1.7μm波长(1.24~0.73eV能量)的单光子探测。该波长光谱区可用于各种不同的应用,由于高带宽通信所用的硅基光纤波导器在1.3~1.55μm波长(0.95~0.8eV能量)内显示出低损耗的特点,对电信行业而言尤其有用。用于传输电信号的光脉冲含有多个光子,并且通常使用线性模式下的半导体光电二极管探测器来工作,该模式下探测器的输出线性正比于入射光信号[1]。这些光纤往往安装在不易接近的区域,此外找到一种描述光纤从出厂到安装全过程的方法是十分重要的。光时域反射计(optical time-domain reflectometery,OTDR)通过实现无损测量光纤的损耗和长度提供了这一机制。虽然基于多光子探测器的 OTDR 系统对许多应用而言都足够灵敏,但是采用了单光子探测技术的方法具备成为更有效、成本效益更高的系统的前景[2]。

单光子探测对于量子密钥分配技术的使用是至关重要的,该技术利用量子力学原理确保双方能通过密钥进行可验证的安全通信[3]。关于量子密钥分配的全面且详细的讨论超出了本书的范围,对此感兴趣的读者可直接参阅由 Bouwmeester、Ekert 及 Zeilinger 编撰的关于量子信息的优秀著作。为了最大化传输范围,量子密钥分配系统和广泛部署的电信光纤网络相匹配是非常重要的,这通常需要采用发射波长在 1.3μm 或 1.55μm 左右的光子源[4]，因此，以这些波长工作的高效单光子探测器是可取的。单光子探测器的精确运行特性在密钥交换过程的速率方面起重要作用，而且探测器性能的小小变化就能对最终的安全信息交换速率造成很大的影响[5]。

单光子探测器在 1~1.7μm 波段内的应用并不仅限于与光纤相关的技术。例如，对人眼安全的低功率光子计数激光测距和深度成像也得益于这种探测器的使用。此处采用飞行时间法来估计射线源与远处物体之间的距离，具体方法是发射一束明亮的光脉冲并测量光子散射到该物体，再返回到单光子探测器中所用的往返时间。有关此系统操作更为详尽的讨论可参阅 Buller 等的综述[6]。此类系统的操作会面临一些挑战，如在室外环境下会有诸如大气层衰减[7]、来自其他射线源（如太阳背景）的多余光子的影响[6]，而且理想情况下也存在极低的概率发生杂散激光辐射造成伤害[8]。在 1.3μm 波长附近的低光子数脉冲在这些情况下具有明显优势，这是因为它们对应一个太阳背景产生的光子数相对较少的光谱区域[9]，并且能改善人眼安全阈值[8]。

此外，这种探测器能够探测波长在特定大气传输窗口内的光子[7]，还能探测一些红外气体吸收特性，尤其是 CO_2 和 NO_2 等所谓的温室气体。为了给环境研究提供有价值的数据，这些气体在大气中水平的测量和监控刺激了在这些波长范围内使用的高灵敏度、高带宽探测器的发展。

正如单光子探测能在对大规模系统的监测中起作用一样，它也可用在对微观生物系统的监测中。大多数此类技术都会引入能和目标细胞或分子结合的荧光团。这些荧光团一般以较短的波长发射，通常远小于 1μm，其波长与第 2 章中介绍的单光子探测器相匹配[11]。然而，近红外荧光应用的一个重要实例是单线态氧（$^1O_2$），其荧光波长为 1270nm，超出了 Si-SPAD 探测器的探测范围。单线态氧是处于激发态的氧分子，而且也是许多生物和生理过程中的重要中间体[12]。因此，在 1270nm 波长处对 $^1O_2$ 荧光寿命的有效直接测量就成了生物光子学领域的关注点[13]。

单光子探测在这一光谱范围内存在这么多的潜在应用，就有了发展对这些波长敏感的高效率、低噪声单光子探测器的驱动力[14]。正如 Bülter 所写章节中提到的那样[15]，许多光子探测器会生成没有入射光子的假事件，被称为暗事件或暗计数。这些暗计数出现的原因取决于探测器类型和具体操作参数，但存在载流子的热激发这一普遍原因[16]。这里再次简单介绍噪声等效功率（noise-equivalent power，NEP）概念，它被定义为 1s 积分时间内达到单位信噪比所需的信号功率[17]，其计算公式为

$$\text{NEP} = \frac{hc}{\lambda \eta}\sqrt{2N_\text{D}} \tag{3.1}$$

式中:h 为普朗克常数(为 6.62606957×10^{-34} m^2kg/s);c 为真空中光速(为 299792458m/s);λ 为入射光子的波长;N_D 为暗计数率;η 为探测效率也即入射光子产生可测量电流脉冲的概率。可以很容易地看出,NEP 的值越低越可取[17],而且本章也会给出相关实例。为给后续比较提供参照点,Bülter 所作章节[15]中介绍的典型商用厚结型硅 SPAD[18]有一个在 550nm 波长处约为 1.7×10^{-17} $\text{WHz}^{-1/2}$ 且在 850nm 波长处约为 4.7×10^{-17} $\text{WHz}^{-1/2}$ 的 NEP[14]。

在单光子探测器的许多应用中,一个更重要的因素是定时抖动,即对输出电脉冲前沿时间变异度的测量。定时抖动的个体测量结果中会存在统计偏差,它往往通过援引分布直方图的半峰全宽(full width at half-maximum,FWHM)来表示,不过有时也会采用 1/10 峰全宽(FW10M)和 1% 峰全宽(FW100M)[5]。

衡量单光子探测器性能的另一个有用因素是停滞时间或称"恢复时间",它指的是光子入射事件发生后探测器无法再记录新的入射光子的一段时间。停滞时间取决于所用光子探测器的类型和配置,并且常常主要是由于用来偏置、选通或抑制探测器的附加电路,而不是探测器的机理本身。停滞时间将为探测器的可测光子计数率设立上限。

3.2 光电倍增管

光电倍增管(photo multiplier tubes,PMT)很可能是第一种广泛用于众多应用中的红外单光子探测器[19],而且 Bülter 所作章节详细介绍了用于可见波段的 PMT[15]。这里不会重述这些装置探测单光子的方法,而是探讨它们如何应用于 1~1.7μm 波段。InGaAs 光电阴极已经显示了在该波段中光子探测的前景,但商用探测器必须冷却至约 200K 来降低暗计数的影响。虽然 PMT 的探测效率与入射光子波长之间并不强相关,但其探测效率通常低于其他类型的单光子探测器[20]。此外,PMT 经常表现出达 1ns 数量级的长时间定时抖动,这主要由渡越时间内电子从光电阴极到阳极的传播导致[21]。绝大多数暗计数通常都是由光电阴极的热电子发射诱发的,可以通过降低操作温度被大幅减少[22]。不过,PMT 也遭受着跟随脉冲有害影响,使得倍增事件引起随后会衰减的激发态,从而在初次雪崩发生很久之后才能引发进一步的雪崩事件。PMT 中的跟随脉冲最可能是由于 PMT 中残留气体的电离或二次放射级材料及玻璃管的荧光效应造成的离子反馈[23]。跟随脉冲效应取决于 PMT 的增益,虽然不可能被完全消除,但可通过降低 PMT 的工作电压并使用增益相对较高的前置放大器来降低[22]。

图 3.1 给出了滨松光子公司生产的两种 PMT 的量子效率是如何随波长变化的[20]。R5509-43 型 PMT 的光电阴极是由 InP/InGaAsP 材料制成的,而 R5509-73 型 PMT 的光电阴极则是 InP/InGaAs 材料的。此外,这两种 PMT 是完全相同的。从图 3.1 中可以看出,采用 InGaAs 光电阴极使得 PMT 的工作波段从 1.4μm 左右扩展到约 1.7μm,其典型探测效率为 1% 且在整个 1~1.7μm 波段内有 0.5% 的平均探测效率。然而,R5509-73 型 PMT 显示了每秒 1.6×10^5 的暗计数率,是波段较窄的 R5509-43 型的 10 倍。R5509-43 型 PMT 在 1.35μm 波长处的 NEP 为 6.7×10^{-15} WHz$^{-1/2}$,而 R5509-73 型 PMT 在相同波长处的 NEP 为 8.7×10^{-15} WHz$^{-1/2}$。InGaAs 也用于 1550nm 波段的 SPAD 探测器的设计中。

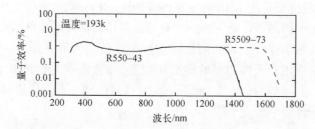

图 3.1 193K 温度条件下滨松光子公司生产的两种光电倍增管(PMT)的量子效率随波长变化的情况(R5509-43 型 PMT 的光电阴极是由 InP/InGaAsP 材料制成的,而 R5509-73 型 PMT 的光电阴极则是 InP/InGaAs 材料的。除了光电阴极不同之外,两种 PMT 完全相同(数据由滨松光子英国有限公司提供[20]))

3.3 InGaAs/InP 单光子雪崩二极管(SPAD)

目前,在接近室温下的 1~1.7μm 波段中进行单光子探测最成熟的手段是 InGaAs/InP 阴极型单光子雪崩二极管(single-photon avalanche diodes,SPAD)。正如在 Bülter 所作章节[15]中所讨论的,SPAD 是在"盖革"模式下工作的雪崩光电二极管(APD),也就是说,这种 APD 的偏置电压高于雪崩击穿电压且只要在倍增区中存在一个电子(或空穴)就能引发自持电流。此类装置是数字化工作的,其输出要么是 0,要么是一个明确的电压值。输出电压脉冲的幅度与入射光子数无关。在 Bülter 所作章节[15]中就对用于更短波段的 SPAD 的工作情况进行了讨论,其中工作原理中的一些相似之处也可应用到工作在本章所讨论的波段内的探测器中。图 3.2 给出了 InGaAs/InP 阴极型 SPAD 的平面几何结构的横截面示意图[24]。此处光子在窄带隙 InGaAs 层被吸收,而产生的光生空穴会漂移到电场相对较高的 InP 倍增层。InGaAs 和 InP 在它们的带隙能量上存在极大的不匹配(室温条件下分别为 0.75eV 和 1.27eV),这会导致价带阶跃而形成阻碍空穴漂移到倍增区的屏障。这就可能导致在这两种材料的接合面处发生空穴复合而引起探测效率降低。此问题可以靠中间带隙 InGaAsP 层(厚度一般为 100nm)在两种材料间生长缓和价带能量梯度来解决[26]。

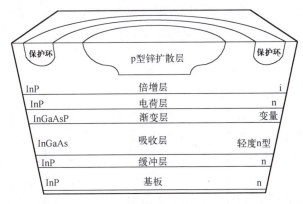

图 3.2　InGaAs/InP 单光子雪崩二极管平面结构的纵切面示意图
(入射光子通过 p 型锌扩散区进入该装置。顶部与中心锌扩散区接触,
底部与基板接触[24]。保护环[25]也由 Zn 扩散形成)

早期的工作是借助低温冷却至 77K 的"盖革"偏置线性模式下 InGaAs/InP 雪崩光电二极管开展的。这种情况下,1.55μm 波长处的 NEP 为 $1\times10^{-16} \text{WHz}^{-1/2}$ [27],后来采用了更低暗电流的设备,使得在相同波长和温度下 NEP 改善到 $4\times10^{-17} \text{WHz}^{-1/2}$ [28]。随着对 InP 中场助隧穿现象的深入理解,人们引入了更长的 InP 倍增区,从而提高了探测效率[29]。

但 InGaAs/InP 阴极型 SPAD 的主要缺陷是相对较高的跟随脉冲率[30]。正如先前对光电倍增管的讨论,跟随脉冲是在初始雪崩发生后生成的额外探测器事件。当雪崩电流导致待填充材料中形成中带隙陷阱态时,SPAD 中会产生跟随脉冲。这些陷阱会在一段时间以后释放出载流子,造成总(非光生)暗计数率的升高。这些深层陷阱一般是由材料中的杂质或晶格的位错导致的[31],其特征陷阱寿命随温度的下降而增加。陷阱的释放时间通常要长于预期光子事件间的间隔时间或射线源的重复频率,如果是这种情况,那么跟随脉冲将表现为背景值的提升,从而降低探测器的灵敏度。

目前已有大量聚焦于跟随脉冲现象研究的成果,而且在理解该效应并降低其影响方面也有很多进展[32]。据报道,可在 InP 层中找到导致跟随脉冲的陷阱,针对消除这些陷阱的重点研究将有望降低暗计数率,相应地提升光子计数率。Itzler 等于 2012 年指出,从对跟随脉冲产生概率随时间衰减(当时典型的)的指数拟合中提取出来的脱阱时间没有任何物理意义。取而代之,他们提出了一种更为简单的幂次定律依赖关系(尽管也假定可能存在其他数学解),它表明更慢释放的陷阱有更高的密度。

减轻跟随脉冲的影响最简单的方法是推动 SPAD 进入不活跃状态,具体做法为:偏置 SPAD 到低于击穿电压来使其"暂停"足够长的时间,以便在不存在引发跟随脉冲的可能情况下让所有捕获的载流子都得到释放,并从倍增区一扫而空。然而,令人难忘的长暂停时间会限制光子探测率,而且暂停持续时间的选择也是在跟随脉冲抑制和最大可能计数率之间权衡。不过将暂停时间与电子门控结合以提高运行效率是可能的[33],具体内容将在后面阐述。有 3 种主要的可应用于探测器上的简单抑制方式,即被动抑制、主动抑制和门控抑制。被动抑制和主动抑制已由 Bülter 在其他章节中阐述[15],而且本节也介绍了这些技术已经被用于探测器中。图 3.3 中以图解形式表示的被动抑制电路原理图,是一个简单地与 SPAD 串联起来的高阻抗电阻[35]。被动抑制电路的恢复时间较长,这段时间内光子无法被探测到(停滞时间),从而降低了光子的最大可能计数率。尽管同时降低二极管的负载电阻和内部电容以最小化停滞时间是可能的,但是即使 R_L(约 500kΩ)和内部电容(约 1pF)很小,停滞时间也会达到 $1\mu s$[35]。

由于此方法相对简单,被动抑制已被成功地用于许多应用中的 InGaAs/InP SPAD[36-37]。2008 年,Liu 等在一次演示中使用了具备有源复位的被动抑制,能在 0~8μs 范围内改变暂停时间[38]。处于 2V 的过电压和 230K 的工作温度时,Liu 等估计 1.31μm 波长的 NEP 为 8×10^{-17} $WHz^{-1/2}$。有源复位在图 3.3 中 SPAD 阴极和镇流电阻 R_L 之间以 A_R 标记的点与接地处之间插入了一个场效晶体管(field-effect transistor,FET,一个快速电压开关)[34]。开关的无源状态默认为开,R_L 选择将足够大以保证被动抑制的实现。一旦雪崩被抑制了,比较仪就会感应到雪崩脉冲并关闭开关一小段时间来为二极管和杂散电容充电。开关关闭的时长略大于抑制转换所需的时间,并且从抑制过程完成到开关再次打开有一段暂停时间。

2008 年,Warburton 等[39],凭借采用低过偏压以最小化雪崩电流并确保完全自由运转(即不采用电子门控辅助设备)的方式演示了室温下被动抑制 InGaAs/InP SPAD。室温条件(295K)下,该设备的 NEP 为 $9.70\times10^{-15}WHz^{-1/2}$;而

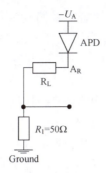

图 3.3 被动抑制电路示例(当给雪崩光电二极管施加一个高于击穿电压的偏置电压 U_A 时，电子-空穴对可以产生自持雪崩。雪崩经过大电阻 R_L 时放电，U_A 下降。点 A_R 代表使用有源复位方式时可以连接 FET 的一个端点)

在 170K 时减小到 6.57×10^{-17} $WHz^{-1/2}$，此两测量皆采用 $100k\Omega$ 反向偏压电阻[39]。

主动抑制[40]已经在许多 SPAD 系统中得到应用[41-42]。该方法中，抑制之后的暂停时间取决于比较仪输出脉冲的持续时间且与雪崩脉冲持续时间相同。与此技术相关的停滞时间是雪崩持续时间与暂停时间(大约是反馈环路传播延迟的 2 倍)之和，可达纳秒数量级，实现了 MHz 级的光子探测率。

2009 年，Zhang 等演示了搭载 $0.8\mu m$ CMOS 的专用集成电路(application-specific integrated circuit, ASIC)的主动抑制方法[43]。使用这种主动抑制 ASIC 方法，能够实现在 223K 的工作温度且波长在 $1.55\mu m$ 条件下在 2.92×10^{-16} ~ $4.77\times10^{-16} WHz^{-1/2}$ 之间的 NEP。在相同条件下，使用更传统的外部电路有源门控方案时[27]同一个探测器演示的 NEP 处于 2.96×10^{-16} ~ $4.26\times10^{-16} WHz^{-1/2}$ 之间[43]。

跟随脉冲效应可以通过电子门控探测器降低，即只在入射光子进入时将偏压提高到击穿电压以上。这意味着在两个门之间的陷阱是空的而不会触发进一步的雪崩脉冲。在大多数 InGaAs/InP SPAD 中采用一些形式的门控抑制。然而，相对较高的跟随脉冲产生率以及较长的捕获时间表明，使用简单门控技术(即门控周期为数十纳秒)时只有较低的门控率才是可能的，通常在 1 ~ 100kHz 之间[44]。由于探测器处光子到达时间可以根据传输介质的长度和偏压等级的增减获知，该方法经合理变动后已经应用于量子密钥分配领域[45]。

简单门控技术在测量未知距离的飞行时间测距等应用中会有局限性，因此返回光子的到达时间必然难以估计。成功的做法是使用较高频的门控技术(即大于 50MHz)，每次在生成不错的结果后都有约数毫秒的长暂停时间[33]。

早期门控技术的局限性迫使研究者们发展新的抑制方法。高时钟速率单光子探测技术依赖于弱雪崩的探测[46];然而由于 APD 对门控信号的电容响应,在门模式下弱雪崩很难探测到[47]。去除电容响应的一种方法称为"正弦门控",顾名思义,就是对 SPAD 施加正弦电子门控[48]。正弦门控的工作实例详见图 3.4。APD 的阻抗远大于 R_0,可用来减弱门信号。如果在门控期间未触发雪崩,那么电路只输出减弱的单频输入正弦门控信号。如果门控期间发生雪崩,那么电路会输出混有门控信号的电子雪崩脉冲。既然雪崩脉冲由很多频率不同的信号组成,通过使用门控频率为 ω_g 的窄带宽滤波器就可以很容易地从单频门控信号中将其分离。选择极窄带宽滤波器并配备一个最佳的电路阻抗,就有可能将雪崩信号中几乎所有的能量转移并能够实现最大电子信噪比[43]。

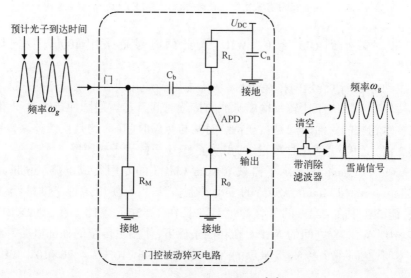

图 3.4 正弦门控法原理图[48]

正弦门控具备可以使门控周期达到数百兆赫(甚至可以达到吉赫量级[49])的优势,不过实际最大探测器计数率仍然受其他探测器器件限制而偏低。2011年,Liang 等[50]演示了一个 1GHz 正弦门控 InGaAs/InP SPAD,波长为 $1.55\mu m$ 且工作温度为 248K 时其 NEP 为 $1.36\times10^{-16} W Hz^{-1/2}$。随后该探测器在短距离飞行时间激光测距系统中进行了演示[51]。2012 年,Walenta 等[49]在量子密钥分配系统中演示了 1.25GHz 正弦门控 InGaAs/InP SPAD,其 NEP 为 $5.36\times 10^{-17} W Hz^{-1/2}$。

正弦门控法靠将门控信号的单频周期过滤掉 APD 对门控信号的电容响应。另一种方法称为"自差分",通过将任意形状的周期门控信号的延迟副本从输出信号去除来工作[52]，之后雪崩信号会变得极为明显。与正弦门控法相似，自差分法可以使用上百兆赫甚至更高的高频门控信号。2010年，Yuan等[46]演示了一个门控重复频率为1GHz的InGaAs/InP SPAD，波长为1.55μm时其NEP为$1.0×10^{-15}$～$6.3×10^{-16}$ $WHz^{-1/2}$（取决于直流偏压）。

自差分电路也可用在InGaAs/InP SPAD中，以生产光子数分辨探测器[53]。雪崩开始后立刻测量电流，并且由于自差分法所能测量的雪崩电流大小是盖革模式设备中传统门控法一般能测量的电流大小的1/10以下。输出信号的峰值电压随输入光子数目变化，凭借测量输出电压的幅值来确定输入光子数目是可能的[54]。

降低InGaAs/InP SPAD中跟随脉冲的一种进一步的方法称为负反馈法。薄膜电阻直接被单片集成到设备表面，从而降低跟随效应[56]。理想情况下，这意味着雪崩过程中仪器的电荷总数只取决于二极管的耗尽电容和过偏压。如果雪崩时设备中的电荷数较少，则代表捕获态被填满，从而导致随后出现跟随脉冲的概率较小。

一些光子计数应用（如成像）极大地受益于SPAD探测器阵列[57-58]。InGaAs单光子探测器阵列已经被Princeton Lightwave[57]和Spectrolab[58]两家公司商业化，将之整合进便捷相机系统中。在每种情况下，探测器平面都由一个热电冷却的32像素×32像素盖革模式InGaAs/InP SPAD和GaP微透镜阵列和与硅CMOS集成读出电路连接的倒装芯片构成。Princeton Lightwave所生产的产品有两种版本：一种是探测波长为0.91～1.14μm（在InGaAsP中吸收）的光子；另一种则对波长为0.92～1.62μm（有一个InGaAs吸收层）的光子灵敏。短波长模型中，对于1.064μm波长，通常可实现$1.07×10^{-16}$ $WHz^{-1/2}$的NEP；长波长模型中，波长为1.55μm时，NEP通常为$1.16×10^{-16}$ $WHz^{-1/2}$。两种模型都有75%的填充因子以及20kHz典型暗计数率为20kHz，还都能在74kHz、142kHz和186kHz的帧速率下工作。

尽管跟随脉冲和暗计数率的减少仍然是一个巨大挑战，基于InGaAs/InP的SPAD是近室温1.55μm波长单光子探测领域最有希望的候选者。它们已经成功地在从飞行时间激光测距[51]到高性能量子密钥分配[59]的大量领域得到应用。

3.4 硅锗单光子雪崩二极管（SPAD）

锗对于室温下波长在1.6μm左右的光子具有很好的吸收能力，因而常常被视为SPAD探测器的材料。起初的研究主要集中在盖革模式下商用线性倍增锗雪崩光电二极管的性能上。这些探测器提供约为 10% 的门控单光子探测效率且计时抖动小于 100ps。然而,它们也展现了在高场强窄带锗倍增层的高暗计数率以及高跟随脉冲率[60]。处于 77K 的温度时,从这些测量中获得的 1.3μm 波长下 NEP 的值通常为 $7.5×10^{-16} WHz^{-1/2}$。

另一个关注点是与锗吸收层结合的硅倍增层的使用。然而,硅与锗的晶格失配使得高质量硅锗外延生长极为困难。20 世纪 80 年代,人们在硅线性模式雪崩二极管的硅/硅锗应变层方面的发展有了成果。早期的雪崩光电二极管是以较低折射率硅覆层之间的 Ge_xSi_{1-x}/Si 超晶格结构为核心的波导结构。由于带间电子跃迁,核心晶格区域发生红外辐射吸收,而覆层则收集光生载流子[61]。超晶格应变导致在吸收材料处相对于非应变 SiGe 的红移,从而使探测器能在 1.3~1.55μm 波长范围内工作[62]。

Loudon 等人于 2002 年第一次演示了使用类似方法生长 SPAD[63]。这些设备使用应变 SiGe/Si 层和 $Si/Si_{0.7}Ge_{0.3}$ 多量子阱材料作为吸收体来生长[64],如图 3.5 所示。为防止层松弛,含锗层的整体厚度仅限于 300nm,这就导致对 1300nm 及以上波长光子的吸收率较低。该设备将波长为 1.21μm 的光子最大探测效率提高了近 0.013%,是全硅控样品的 30 倍。该设备在长波长下光子的探测效率提升显著,但也可能出现低探测效率,主要由吸收层不包含锗引起。这一工作得出结论,要显著提升对波长约为 1550nm 光子的吸收率,吸收层需要有较厚的锗层(即大于 1μm),且要靠近大间隙的硅倍增层生长。然而,由于

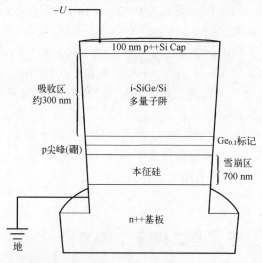

图 3.5 SPAD 应变硅锗倍增量子阱层直径为 120μm 的圆形台面结构的截面图[63]。($Ge_{0.1}$ 标记是制作过程中进行蚀刻的终止线,p 型掺杂尖峰脉冲在雪崩层创造出一个高场强区)

4.2%的高晶格失配,高质量 Ge-on-Si 直接外延生长便会因为异质界面的高密度错位而有很大问题。一个解决方案是,在 620~675K 之间的低温下,在硅基板顶部生长薄锗层(25~100nm)。这个缓冲层通常会有 $10^8 cm^{-2}$ 和 $10^9 cm^{-2}$ 的穿线错位[65]。沿着缓冲层,高温(约 920K)下生长厚锗层,然后进行几个周期的加温退火(温度在 1270~1370K 之间)。这个退火过程能够将穿线错位降低到 $10^6 \sim 10^7 cm^{-2}$ [65](原文此处是 $10^6 \sim 10^{-7} cm^{-2}$,不知道是否为原文笔误)。从种子层 SPAD 优化到锗吸收层/硅倍增层 SPAD,已经有很多试验演示了这一结构。2013 年,Warburton 等[66]使用厚 Ge-on-Si SPAD 在波长为 1.31μm 时实现了 $1\times 10^{-14} WHz^{-1/2}$ 的(到目前为止)最低噪声等效功率。图 3.6 中给出了该设备的结构。100K 的工作温度下,其暗计数率约为 6Mb/s,探测效率为 4%。文献中还指出,其跟随脉冲与第三代和第四代 SPAD 相比更低。

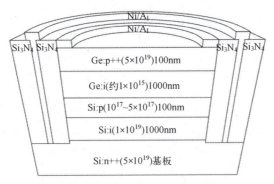

图 3.6 Ge-on-Si SPAD 直径为 25μm 的圆形台面结构的截面图[66]
(最上面是 Ni/Al 层,Si_3N_4 用来钝化和绝缘)

3.5 量子点探测器

雪崩增益过程是雪崩光电二极管中产生假计数(噪声)的主要原因[67]。各种用于降低假计数影响的方法得到了检验。一个被证实有用的方法是量子点法。量子点是一种纳米级结构,它在 3 个维度都对电子进行限制,从而让载流子如同单一原子一样进行能量跃迁量子化[68]。它的一种可能实现方式是,形成一个被高带隙材料环绕的低带隙半导体材料岛。量子点物理学是一个广泛的研究领域,本章不作详细分析,有兴趣的读者可以自行阅读 Peter Michler 的著作[69]了解更多内容。

2007 年,基于 $AlAs/In_{0.53}Ga_{0.47}As/AlAs$ 双势垒共振隧穿二极管且包含自组

装 InAs 量子点生长 InP 基板的单光子探测器面世,如图 3.7 所示。该设备内部效率达到 6.3%[71]。它能探测到其结构中单光激载流子被量子点捕获造成的共振隧穿电流的变化。共振隧穿设备中的隧穿电流对电子能级排列和两个势垒之间的限制水平非常敏感。由于探测机制不依靠雪崩过程,所以认为该类探测器的跟随脉冲率一般低于 SPAD 探测器。

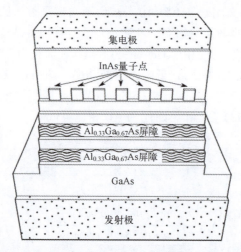

图 3.7　InAs 量子点单光子探测器方形台面结构的交错横截面[70]
(横截面已进行交错处理,以便更好地演示设备结构)

该设备的探测效率和暗计数率取决于量子点的尺寸和密度[72]。有几种不同的量子点生长方法,许多应用目前均选择自组装法[73]。

自组装是一个自发的组成过程,靠的是两种晶轴相同的不同半导体材料(异质结构)晶格参数的轻微失配。在晶格参数上的小失配引发应变,沉淀的层数达到一定数量后,半导体纳米级岛就会自发形成来减轻应力。这些岛就形成了量子点。应变能在量子点形成后降低,但是表面能增加了,量子点形成就是以上两种能量的动态平衡过程,因此,对量子点的精确尺寸和位置进行很好的控制是极具挑战性的。

一般地,降低量子点尺寸和密度通常可以降低暗计数率。分子束外延(MBE)允许对量子点密度进行一定程度的控制。例如,借助缩短沉淀时间(因而降低层厚度)和改变样本生长过程中的物理几何结构等方法,可以在样本表面实现密度梯度[75]。降低量子点尺寸也会降低探测效率,因此量子点尺寸和密度的选择是需要探测效率和暗噪声之间权衡的。

3.6 超导转换边缘传感器

到目前为止,本章所述的所有单光子探测器都采用了半导体技术。其他可能的技术也可用于单光子探测,如超导体。超导体材料是电阻为零的材料,因此能够保持电流无压降流动[76]。超导体的发展和研究非常热门,读者可以自行阅读 Bennemann 和 Ketterson[77]的著作了解更多内容。

自从 1911 年第一种超导体水银(汞 Hg)[78]问世,就有了进一步寻找其他拥有这种有用特性材料的驱动力。到目前为止,所有有关超导特性的出版文献资料均表明,超导材料需要冷冻(或者近冷冻)才能具备超导性,如水银只有在低于 4.2K 的温度下才具备超导特性[79]。在此之下材料具备超导特性的温度称为超导临界温度,通常记为 T_C。超导体的温度依赖性可用来制造单光子探测器。尽管光子单个的能量一般非常低,但聚集在正确配置的适当超导体上所产生的热量足以使设备温度短暂地高于 T_C,从而产生可测量的电压脉冲[80]。当然,这种超导材料的超导特性需要随温度急剧变化。

转换边缘传感器(Transition Edge Sensor,TES)是一种基于极敏感热量计的超导单光子探测器[81]。图 3.8 给出了转换边缘传感器单光子探测器热量计的常见构造,包括:吸收器,随所需类型的入射能增加而温度升高;温度计,测量温度增长;与散热器连接的弱链,以便吸收器可以慢慢冷却至初始温度[82]。运行超导转换边缘传感器时,光子吸收器需要冷却到临界温度以下并且施加偏压,使吸收器加热到吸收入射光子产生光电子时发出的少量热量增加能导致阻抗有大的变化的温度。这种光子吸收器的温度升高引起设备阻抗的增加,会导致温度进一步升高。阻抗的变化可通过外部电路进行测量,用于指示光子探测情况。

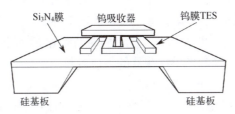

图 3.8 一种钨膜 TES 的结构图(TES 和吸收器都是钨质的)。Si_3N_4 膜弱热耦合至硅基板上作为散热器。硅基板是华夫状,垂直孔洞上有斜面,以提供弱散热。
图中未给出 TES 的电路连接部分(该设计基于 Iyomoto 等[82]的结构)

TES 单光子探测器通常使用钨作为材料,因为钨可在变化的温度中在超导与非超导之间灵敏转换。可以使用硅基板上的钨膜作为光子吸收器和温度计。

钨吸收光子会导致温度升高,从而引起电阻升高和焦耳能量散失。在工作温度下,探测器中电子和声子系统之间有着相对较弱的耦合。当钨温度升高时,只有少量能量在通过热传导传输至硅基板时散失。电阻变化导致的电流变化由超导量子干涉仪(superconducting quantum interference device, SQUID)阵列测量[83]。SQUID 是基于约瑟夫结超导环路的高度灵敏的磁力计,可以用来测量非常微弱的磁场。

钨膜 TES 可以对至少在 0.35~1.55μm 波长范围内的宽频谱进行探测[80]。它们也有极低的暗计数率,通常约为 10 次/s。这种探测器在本章所讨论的光谱波长范围内的探测效率,在带共振腔且波长为 1556nm 的门控模式下可高达 95%[84]。然而,它们的时间属性较差,约有 1μs 的 FWHM 时间抖动以及 800ns 到 1μs 热回复时间。由于钨膜的超导转换温度在 100mK 左右,设备必须使用绝热退磁制冷冰箱[85]进行冷却。

另外,这些探测器能够进行光子数目分辨,也就是说,可以(一定程度上)表明入射脉冲中的光子数目[84]。先前 Lita 等所描述的探测效率为 95%的探测器在一个脉冲中能够分辨多达 7 个光子。

3.7 超导纳米线

顾名思义,这些超导纳米线探测器通常由 100nm 左右宽度的超导纳米线构成[86]。纳米线置于使电流刚好低于超导临界电流,并且温度也保持在超导临界温度以下的偏压下。到达的入射光子会产生一个局部热岛,并在这一小区域中将温度提高到临界温度以上。热岛的发展和生长会在纳米线边缘附近约束热岛周围区域的超电流。纳米线边缘的电流密度那时就会极大地增加,直到超过临界电流密度,从而会在纳米线上出现非超导条纹[87]。这就产生了可被放大和记录的可测电压脉冲输出。该过程的时长通常远远小于采用现今抑制技术的半导体雪崩二极管单光子探测器的复位时长[88]。

首个超导纳米线单光子探测器(superconducting nanowire single-photon detector, SNSPD)由 Gol'tsman 等[89]于 1991 年展出。该早期设备由呈宽 0.7μm、长 100μm 条纹布放置的 10 条厚 0.15nm 的 NbN 线组成,线与线之间平行连接且相邻距离为 1.3μm,放置于 0.38nm 厚的蓝宝石基板上,探测率为 10^{10} W^{-1} $cmHz^{-1/2}$。这些早期设备的低探测效率归因于该几何结构的低填充系数。独立的长条线意味着光子必须以相对较窄的线型入射才能被检测到。这样,增加纳米线宽度似乎是一种显然的增加探测器面积的方法,入射光子形成的热岛的小尺寸意着纳米线的宽度不能无限增长。因此,纳米线通常放置在大区域的弯折线上[90],如图3.9所示,将探测器的轮廓塑造得与聚焦光束更加一致。另外,薄膜越薄,探测效率越高,这是因为入射光子生成的热岛直径与厚度负相关,因此NbN条纹的均匀性限制就被减少了[90]。

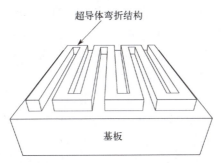

图3.9 超导纳米线单光子探测器在弯折线上排列的原理图[90](入射光子只有接触到超导纳米线时才会被探测到。超导纳米线的宽度受探测机制的影响无法无限增加。弯折排列可以确保超导区域面积增加而不会对探测过程产生负面影响[86])

(出处:Verevkin A,Zhang J,Sobolewski R et al(2002)[90],
Natarajan C M,Tanner M G,Hadfield R H(2012)[86])

人们不断努力提高超导纳米线探测器的探测效率。入射光子和探测器的交互作用长度可以通过集成波导提高[91]。这就有了提高纳米线吸收光子概率的效果,因此提高了探测效率[86]。另外,集成波导器件还提供了其他波导光电路在量子信息应用方面能更高效耦合的前景。目前 SNSPD 最常用的材料是 NbN[92],不过其他可用材料也正在研究中。

SNSPD 的探测效率依赖于入射光子在弯折线上的吸收率(概率与厚度呈正相关)和吸收的光子引起超导纳米线的阻抗态形成的概率(概率与横截面积呈负相关)。因此,越厚的 NbN 膜就需要越细的纳米线来形成图案。多晶体 NbN 的超导属性取决于薄膜晶相,且受晶体缺陷影响,因而会影响生长基板的选择、可实现的设计以及设备的产量。其他超导材料,如 WSi,匀质无序并且因此提供了纳米线抵御结构缺陷的能力更强的前景,允许设备以更广泛的基板生长。WSi 材料较 NbN 的另一个优点是,超导频带能量更小,因此对于长波段光子灵敏度更高。来自美国国家标准与技术研究院(National Institute of Standards and Technology,NIST)的研究小组将 $W_{0.75}Si_{0.25}$ 纳米线探测器生长在硅基板上[93],对于暗计数为 $1s^{-1}$ 的 $1.55\mu m$ 波段光子实现了93%的探测效率,其 NEP 为 $1.9\times10^{-19}WHz^{-1/2}$。

纳米线探测器的探测效率也可以通过将纳米线置于光学共振腔中提高[94]。一种方法便是在反射镜和生长基板表面形成腔面来生长探测器[95]。2006年，Rosfjord等[95]将100nm宽、4nm厚的NbN线置于基板和Ti/Au反射镜形成的光学腔中，在工作温度为1.8K且波长为1.55μm时，探测效率为57%。2010年，Tanner等[96]演示了生长在与输入光纤的抛光端构成腔体的SiO_2缓冲层上的NbTiN SNSPD，波长为1.31μm时其NEP为$2.9×10^{-17}WHz^{-1/2}$。而且，Marsili等[97]的模拟证明，使用20nm宽、10nm厚的NbN SNSPD在1.55μm波段理论上可实现90%的探测效率。

共振腔增强型SNSPD已经成功在数个要求在1μm以上波段具备高效单光子探测能力的近期试验中得到应用。2013年，低光学功率50MHz时钟频率千米级飞行时间激光测距系统中使用了共振腔结构的NbTiN SNSPD，在1.56μm波段的NEP达到$3.2×10^{-17}WHz^{-1/2}$[98]。同样，在2013年，共振腔增强型NbTiN SNSPD被用来探测1270nm波段的$^1O_2$冷光，其NEP可达$8.6×10^{-18}WHz^{-1/2}$，比先前采用的PMT提高了20倍[99]。2010年，Dauler等[100]演示了基于双晶SNSPD的10.7GHz时钟频率的量子密钥分配系统，其过筛比特率可达4Mbit/s。单一探测器包含两根纳米弯折线，每根在1.55μm波段的探测效率都为31%±3%，从而使每根弯折线都为直径为7μm的半圆。

关于超导纳米线探测器阵列发展的研究越来越多。这样配置探测器使得有效面积更大、空间分辨率更高[101]，而且"假性"光子数分辨只能出现在入射到不同纳米线的单个光子上。

2007年，Smirnov等[102]提出了最早的一种SNSPD阵列，分布在2×2网格中的4像素NbN探测器阵列。每个单独的探测器像素都是包含一个100~120nm宽的弯折线的10μm×10μm的方块，其填充系数为60%~70%，线厚度为4nm。尽管该热探测器阵列的暗计数率和探测效率受驱动电流和工作温度的影响，在1.3μm波段、工作温度为1.8K、偏压电流约为25μA时，其最佳量子效率为32%。记录的暗计数率为$0.1s^{-1}$，而NEP为$2.1×10^{-19}WHz^{-1/2}$。

2014年，Miki等演示了64像素NbTiN超导纳米线阵列。该阵列由间隔3.4μm的弯折线以8×8网格排列构成，每个网格为5μm×5μm，共占据63μm×63μm的面积。每个单独的纳米线厚度为5nm，以100nm的长度、100nm的间隔，对5μm×5μm的方块进行分割。该设备的整体NEP不容易获得，原因在于每个像素在偏压电流和暗计数影响下的个体探测效率未知。Miki等经计算得出，在13.5μA的中值偏压电流下，系统损耗并未计算在内时64个像素中有60个能够达到90%以上的探测效率。

这些单光子探测器需要在低温下工作(最大绝对值一般在 10~20K 之间,通常低至数 K 级),这意味着这些探测器需要低温冷却才能工作。这些系统可以是使用液体冷冻剂(如液氦)的庞大系统,也可以是无冷冻剂的紧凑冷冻系统。

3.8 上转换至更高光子能

如本书之前章节所述,探测 1~1.7μm 波段单光子的一个可能手段是将它们转换成能量与较短波长的探测器设计相匹配的光子。该过程可以通过称为参数上转换的方法实现,即当在二次非线性介质的晶体中入射强泵浦光时,通过和频振荡将某个波长的光转换成波长更短(能量更高)的光。能量和动量守恒说明出射光子的能量必须等于输入光子和泵浦光的能量总和,即

$$E_{\text{Output}} = E_{\text{Input}} + E_{\text{Pump}}$$

或

$$\upsilon_{\text{Output}} = \upsilon_{\text{Input}} + \upsilon_{\text{Pump}} \quad (3.2)$$

或

$$\frac{1}{\lambda_{\text{Output}}} = \frac{1}{\lambda_{\text{Input}}} + \frac{1}{\lambda_{\text{Pump}}}$$

式中:E 为能量;υ 为频率;λ 为波长。有关该过程更加严格的数学分析,见文献[103]的第 5 章。

在该方法中,入射光子转换成较短波长出射光子的概率是不统一的。上转换过程存在从泵浦光束出来的正在被转换的光子经过介质晶体到达探测器或未转换的输入光子经由晶体到达探测器的问题。可以使用窄波长带通滤波器将上转换光子与不需要的未转换光子相互分离,尽管其物理缺陷意味着转换光子的波长也会降低。可以改变泵浦波长,使之对应于单光子探测器探测效率偏低的光谱区域是可行的。不过,改变泵浦波长会导致到达单光子探测器的波长输出发生变化,如式(3.2)所述,而这也足以将出射光子波长移动至探测器效率偏低的区域。

2004 年,Albota 和 Wong 演示了将 1548μm 波长入射光子通过周期性极化铌酸锂(periodically poled lithium niobate,PPLN)晶体和 Nd:TAG 激光器所产生的 1064μm 泵浦光转换成 631nm 光的过程,详见图 3.10。这些波长更短的光子随后被硅制 SPAD 探测器所探测到。硅的吸收限在 1.1μm 波长处,因此上转换光子的波长必须更小。转换效率可以通过泵浦功率改变,通常泵浦功率越大转换效率就越高,不过杂散泵浦光子的背景计数也相应越高。泵浦功率为 22W 时,探测效率可以达到 20%,背景计数率接近 $4.85 \times 10^5 \text{s}^{-1}$。所需的相位匹配条

件意味着相位匹配带宽要弱于入射泵浦光的 0.3nm,该限制后文再阐述。

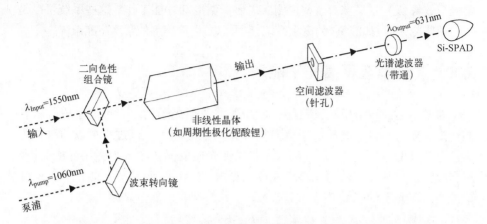

图 3.10 适用于单光子雪崩二极管(Si-SPAD)探测的一种可能的光子上转换
(1.55~631nm)方案
(入射光子和泵浦光经由二向色性组合镜处理成共轴光束,
并在非线性晶体(如周期性极化铌酸锂)中发生上转换过程。空间滤波器和
光谱滤波器的作用是确保只有 631nm 波长的光子为 Si-SPAD 所探测
该方案基于 Albota 等[104]于 2004 年发布的报告)(出处:Albota MA,Wong FNC (2004))

2013 年,Shentu 等发布了一个探测 1.55μm 波长的光系统,当泵浦功率为 58mW 时,其探测效率为 15%,噪声计数率为 $25s^{-1}$;泵浦功率为 20mW 时,其探测效率为 28.6%,噪声计数率为 $100s^{-1}$。该探测器也被整合到上转换红外光谱仪中,NEP 为 $6.3×10^{-18}WHz^{-1/2}$。

非线性转换过程意味着上转换系统输入端通常有较窄的接收带宽范围,正如之前所提到的。虽然晶体温度可在一定范围内进行调控,但过程缓慢且波长选择的精度取决于温度选择的精度和稳定性。2008 年,Thew 等[106]演示了一个可调控上转换系统,将可探测带宽增加了 10 倍。该系统采用了光纤耦合的 980nm 波长激光二极管泵浦,还带有一个由光纤布拉格光栅形成的外腔。以物理方式拉伸光纤会导致外腔长度发生变化,进而引起泵浦激光波长变化。由于接收的入射信号波长取决于泵浦波长和非线性晶体的准相位匹配条件,泵浦波长变化就意味着接收的入射信号波长变化。在实际应用中该系统存在物理局限性,导致 Thew 等无法选择连续的入射光波段,只能从一系列离散波段中进行选择。

3.9 结论

本章中对用于 1~1.7μm 红外波段的单光子探测器的演变和当今状态进行了概述,也对主要技术和应用实例做了总结。现有应用对于该波段内高效、便捷的光子探测器的需要推动了其发展。在 1.5μm 左右波长下的高效光子探测对一些需要兼容当前通信光纤基础设施的应用很重要,对于要求低损耗、低太阳背景窗口的自由空间光通信以及光子计数激光测距和深度成像等领域也一样的重要。

也许当前在室温下用于该波段的最佳单光子探测器候选是 InGaAs/InP SPAD。与之相比,Ge 基设备也很有前景,但是目前技术尚未成熟。低温超导探测器尤其是纳米线,在额外冷却不构成缺点的众多领域中有着巨大的潜力。随着新型单光子探测器技术的不断发展以及现存技术的不断优化,需要运行参数的新应用领域也会不断出现,从而推动该波段使用的单光子探测器不断发展和改进。

致谢

感谢滨松电子英国有限公司的 Nick Buttenshaw 为图 3.1 提供信息。

参 考 文 献

[1] Minoli D (2003) Telecommunication technology handbook, 2nd edn. Artech House, Norwood. ISBN 1-58053-528-3.

[2] Levine BF, Bethea CG, Campbell JC (1985) Room-temperature 1.3-μm optical time domain reflectometer using a photon counting InGaAs/InP avalanche detector. Appl Phys Lett 46:333-335. doi:10.1063/1.95622.

[3] Bouwmeester D, Ekert A, Zeilinger A (2000) The physics of quantum information: quantum cryptography, quantum teleportation, quantum computation, 1st edn. Springer, Berlin. ISBN 978-3-642-08607-6.

[4] Hiskett PA, Rosenberg D, Peterson CG et al (2006) Long-distance quantum key distribution in optical fibre. New J Phys 8:193-197. doi:10.1088/1367-2630/8/9/193.

[5] Clarke PJ, Collins RJ, Hiskett PA et al (2011) Analysis of detector performance in a gigahertz clock rate quantum key distribution system. New J Phys 13:075008. doi:10.1088/1367-2630/13/7/075008.

[6] Buller GS, Wallace AM (2007) Ranging and three-dimensional imaging using and point-bypoint acquisition. IEEE J Sel Top Quantum Electron 13:1006-1015. doi:10.1109/JSTQE.2007.902850.

[7] Rothman LS, Jacquemart D, Barbe A et al (2005) The HITRAN 2004 molecular spectroscopic database. J Quant Spectrosc Radiat Transf 96:139-204. doi:10. 1016/j. jqsrt. 2004. 10. 008.

[8] Voke J (1999) Radiation effects on the eye part 1: infrared radiation effects on ocular tissue. Optom Today 39:22-28.

[9] Willson RC (2003) Secular total solar irradiance trend during solar cycles 21-23. Geophys Res Lett 30: 1199. doi:10. 1029/2002GL016038.

[10] Kuenzer C, Dech S (2013) Thermal infrared remote sensing: sensors, methods, applications, 1st edn. Springer, Berlin. ISBN 978-94-007-6638-9.

[11] Mallidi S, Larson T, Tam J et al (2009) Multiwavelength photoacoustic imaging and plasmon resonance coupling of gold nanoparticles for selective detection of cancer. Nano Lett 9:2825-2831. doi:10. 1021/nl802929u.

[12] Schweitzer C, Schmidt R (2003) Physical mechanisms of generation and deactivation of singlet oxygen. Chem Rev 103:1685-1757. doi:10. 1021/cr010371d.

[13] Jue T, Masuda K (2013) Application of near infrared spectroscopy in biomedicine, 1st edn. Springer, Berlin. ISBN 978-1-4614-6251-4.

[14] Buller GS, Collins RJ (2010) Single-photon generation and detection. Meas Sci Technol 21:012002. doi:10. 1088/0957-0233/21/1/012002.

[15] Bülter A (2014) Single-photon counting detectors for the visible range between 300 and 1000 nm. In: Kapusta P et al. (eds) Advanced photon counting: applications, methods, instrumentation. Springer series on fluorescence. Springer International Publishing, doi:10. 1007/ 4243_2014_63.

[16] Kang Y, Lu HX, Lo Y-H et al (2003) Dark count probability and quantum efficiency of avalanche photodiodes for single-photon detection. Appl Phys Lett 83:2955-2957. doi:10. 1063/1. 1616666.

[17] Jones R (1959) Phenomenological description of the response and detecting ability of radiation detectors. Proc IRE 47:937-938. doi:10. 1109/JRPROC. 1959. 287047 64 G. S. Buller and R. J. Collins.

[18] Spinelli A, Davis LM, Dautet H (1996) Actively quenched single-photon avalanche diode for high repetition rate time-gated photon counting. Rev Sci Instrum 67:55-61. doi:10. 1063/1. 1146551.

[19] Morton GA (1949) Photomultipliers for scintillation counting. RCA Rev 10:525-553.

[20] Hammatsu Data Sheet (2005) Low-light-level measurement of NIR: NIR (near infrared:1. 4 μm/1. 7 μm) photomultiplier tubes R5509-43/R5509-73 and exclusive coolers.

[21] Greenblatt M (1958) On the measurement of transit time dispersion in multiplier phototubes. IRE Trans Nucl Sci 5:13-16. doi:10. 1109/TNS2. 1958. 4315600.

[22] Becker W (2005) Advanced time-correlated single photon counting techniques, 1st edn. Springer, Berlin. ISBN 3-540-62047-1.

[23] Akgun U, Ayan AS, Aydin G et al (2008) Afterpulse timing and rate investigation of three different Hamamatsu Photomultiplier Tubes. J Instrum 3, T01001. doi:10. 1088/1748-0221/3/01/T01001.

[24] Pellegrini S, Warburton RE, Tan LJJ et al (2006) Design and performance of an InGaAs-InP single-photon avalanche diode detector. IEEE J Quantum Electron 42:397-403. doi:10. 1109/JQE. 2006. 871067.

[25] Biard J, Shaunfield WN (1967) A model of the avalanche photodiode. IEEE Trans Electron Dev 14: 233-238. doi:10. 1109/T-ED. 1967. 15936.

[26] Antypas GA, Moon RL, James LW et al (1972) Ⅲ-Ⅴ quaternary alloys. In: Hilsum C (ed) International symposium on gallium arsenide and related compounds. Institute of Physics, pp 48-54.

[27] Hiskett PA, Buller GS, Loudon AY et al (2000) Performance and design of InGaAs/InP photodiodes for single-photon counting at 1.55 μm. Appl Opt 39:6818-6829. doi:10.1364/AO.39.006818.

[28] Smith JM, Hiskett PA, Buller GS (2001) Picosecond time-resolved photoluminescence at detection wavelengths greater than 1500 nm. Opt Lett 26:731-733. doi:10.1364/OL.26.000731.

[29] Xiao Y, Bhat I, Abedin MN (2005) Performance dependences on multiplication layer thickness for InP/InGaAs avalanche photodiodes based on time domain modeling. Proc SPIE 5881, infrared photoelectron imagers detect devices 5881:58810R-58810R-10. doi:10.1117/12.615057.

[30] Restelli A, Bienfang JC, Migdall AL (2012) Time-domain measurements of afterpulsing in InGaAs/InP SPAD gated with sub-nanosecond pulses. J Mod Opt 59:1465-1471. doi:10.1080/09500340.2012.687463.

[31] Ben-Michael R, Itzler MA., Nyman B, EntwistleM (2006) Afterpulsing in InGaAs/InP single photon avalanche photodetectors. In: 2006 digest of the LEOS summer topical meetings IEEE, Quebec City, Quebec, Canada, pp 15-16.

[32] Itzler MA, Jiang X, Entwistle M (2012) Power law temporal dependence of InGaAs/InP SPAD afterpulsing. J Mod Opt 59:1472-1480. doi:10.1080/09500340.2012.698659.

[33] Tosi A, Della Frera A, Shehata AB, Scarcella C (2012) Fully programmable single-photon detection module for InGaAs/InP single-photon avalanche diodes with clean and sub-nanosecond gating transitions. Rev Sci Instrum 83:013104. doi:10.1063/1.3675579.

[34] Cova S, Ghioni M, Lacaita A et al (1996) Avalanche photodiodes and quenching circuits for single-photon detection. Appl Opt 35:1956-1976. doi:10.1364/AO.35.001956.

[35] Cova S, Longoni A, Ripamonti G (1982) Active-quenching and gating circuits for singlephoton avalanche diodes (SPADS). IEEE Trans Nucl Sci 29:599-601. doi:10.1109/TNS.1982.4335917.

[36] Warburton RE, Itzler MA, Buller GS (2009) Improved free-running InGaAs/InP singlephoton avalanche diode detectors operating at room temperature. Electron Lett 45:996-997. doi:10.1049/el.2009.1508.

[37] Acerbi F, Tosi A, Zappa F (2013) Dark count rate dependence on bias voltage during gate-OFF in InGaAs/InP single-photon avalanche diodes. IEEE Photonics Technol Lett 25:1832-1834. doi:10.1109/LPT.2013.2277555 Single-Photon Detectors for Infrared Wavelengths in the Range 1-1.7 μm 65.

[38] Liu M, Hu C, Campbell JC et al (2008) Reduce afterpulsing of single photon avalanche diodes using passive quenching with active reset. IEEE J Quantum Electron 44:430-434. doi:10.1109/JQE.2007.916688.

[39] Warburton RE, Itzler M, Buller GS (2009) Free-running, room temperature operation of an InGaAs/InP single-photon avalanche diode. Appl Phys Lett 94:071116. doi:10.1063/1.3079668.

[40] Cova S, Longoni A, Anderoni A (1981) Towards picosecond resolution with single-photon avalanche diodes. Rev Sci Instrum 52:408. doi:10.1063/1.1136594.

[41] Acerbi F, Frera A, Della TA, Zappa F (2013) Fast active quenching circuit for reducing avalanche charge and afterpulsing in InGaAs/InP single-photon avalanche diode. IEEE J Quantum Electron 49:563-569. doi:10.1109/JQE.2013.2260726.

[42] Bronzi D, Tisa S, Villa F et al (2013) Fast sensing and quenching of CMOS SPADs for minimal after-

pulsing effects. IEEE Photonics Technol Lett 25:776-779. doi:10. 1109/LPT. 2013. 2251621.

[43] Zhang J,Thew R,Gautier J-D et al (2009) Comprehensive characterization of InGaAs-InP avalanche photodiodes at 1550 nm with an active quenching ASIC. IEEE J Quantum Electron 45:792-799. doi:10. 1109/JQE. 2009. 2013210.

[44] Ribordy G,Gautier JD,Zbinden H,Gisin N (1998) Performance of InGaAs/InP avalanche photodiodes as gated-mode photon counters. Appl Opt 37:2272-2277. doi:10. 1364/AO. 37. 002272.

[45] Stucki D,Ribordy G,Stefanov A et al (2001) Photon counting for quantum key distribution with Peltier cooled InGaAs/InP APDs. J Mod Opt 48:1967-1981,doi:10. 1080/09500340108240900.

[46] Yuan ZL,Sharpe AW,Dynes JF et al (2010) Multi-gigahertz operation of photon counting InGaAs avalanche photodiodes. Appl Phys Lett 96:071101. doi:10. 1063/1. 3309698.

[47] Tomita A,Nakamura K (2002) Balanced,gated-mode photon detector for quantum-bit discrimination at 1550 nm. Opt Lett 27:1827-1829. doi:10. 1364/OL. 27. 001827.

[48] Namekata N,Sasamori S,Inoue S (2006) 800 MHz single-photon detection at 1550-nm using an InGaAs/InP avalanche photodiode operated with a sine wave gating. Opt Express 14:10043-10049. doi:10. 1364/OE. 14. 010043.

[49] Walenta N,Lunghi T,Guinnard O et al (2012) Sine gating detector with simple filtering for low-noise infra-red single photon detection at room temperature. J Appl Phys 112:063106. doi:10. 1063/1. 4749802.

[50] Liang Y,Wu E,Chen X et al (2011) Low-timing-jitter single-photon detection using 1-GHz sinusoidally gated InGaAs/InP avalanche photodiode. IEEE Photonics Technol Lett 23: 887 - 889. doi:10. 1109/LPT. 2011. 2141982.

[51] Ren M,Gu X,Liang Y et al (2011) Laser ranging at 1550 nm with 1-GHz sine-wave gated InGaAs/InP APD single-photon detector. Opt Express 19:13497-13502. doi:10. 1364/OE. 19. 013497.

[52] Zhang J,Thew R,Barreiro C,Zbinden H (2009) Practical fast gate rate InGaAs/InP singlephoton avalanche photodiodes. Appl Phys Lett 95:91103. doi:10. 1063/1. 3223576.

[53] Kardynał BE,Yuan ZL,Shields AJ (2008) An avalanche-photodiode-based photon-numberresolving detector. Nat Photonics 2:425-428. doi:10. 1038/nphoton. 2008. 101.

[54] Chen X,Wu E,Xu L et al (2009) Photon-number resolving performance of the InGaAs/InP avalanche photodiode with short gates. Appl Phys Lett 95:131118. doi:10. 1063/1. 3242380.

[55] Zhao K,You S,Cheng J,Lo Y (2008) Self-quenching and self-recovering InGaAs/InAlAs single photon avalanche detector. Appl Phys Lett 93:153504. doi:10. 1063/1. 3000610.

[56] Lunghi T,Barreiro C,Guinnard O et al (2012) Free-running single-photon detection based on a negative feedback InGaAs APD. J Mod Opt 59:1481-1488. doi:10. 1080/09500340. 2012. 690050.

[57] Itzler MA,Entwistle M,Owens M,et al. (2010) Geiger-mode avalanche photodiode focal plane arrays for three-dimensional imaging LADAR. In:Strojnik M,Paez G (eds) 66 G. S. Buller and R. J. Collins Proceedings of SPIE. 7808, infrared remote sensing and instrumentation XVIII. SPIE, San Diego, p 78080C.

[58] Yuan P,Sudharsanan R,Bai X,et al (2010) 32_32 Geiger-mode LADAR cameras. In:Turner MD,Kamerman GW (eds) Proceedings of SPIE 7684,laser radar technology and applications XV. SPIE,Orlando,p 76840C.

[59] Korzh B, Walenta N, Houlmann R, Zbinden H (2013) A high-speed multi-protocol quantum key distribution transmitter based on a dual-drive modulator. Opt Express 21:19579-19592. doi:10.1364/OE.21.019579.

[60] Lacaita A, Francese PA, Zappa F, Cova S (1994) Single-photon detection beyond 1 μm: performance of commercially available germanium photodiodes. Appl Opt 33:6902-6918. doi:10.1364/AO.33.006902.

[61] Luryi S, Pearsall TP, Temkin H, Bean JC (1986) Waveguide infrared photodetectors on a silicon chip. IEEE Electron Device Lett 7:104-107. doi:10.1109/EDL.1986.26309.

[62] Lang DV, People R, Bean JC, Sergent AM (1985) Measurement of the band gap of GexSi1_x/Si strained-layer heterostructures. Appl Phys Lett 47:1333. doi:10.1063/1.96271.

[63] Loudon AY, Hiskett PA, Buller GS et al (2002) Enhancement of the infrared detection efficiency of silicon photon-counting avalanche photodiodes by use of silicon germanium absorbing layers. Opt Lett 27:219-221. doi:10.1364/OL.27.000219.

[64] Schneider H, Liu HC (2007) Quantum well infrared photodetectors: physics and applications, 1st edn. Springer, Berlin, Germany. ISBN 978-3-540-36323-1.

[65] Shah VA, Dobbie A, Myronov M, Leadley DR (2011) Effect of layer thickness on structural quality of Ge epilayers grown directly on Si(001). Thin Solid Films 519:7911-7917. doi:10.1016/j.tsf.2011.06.022.

[66] Warburton RE, Intermite G, MyronovM et al (2013) Ge-on-Si single-photon avalanche diode detectors: design, modeling, fabrication, and characterization at wavelengths 1310 and 1550 nm. IEEE Trans Electron Dev 60:3807-3813. doi:10.1109/TED.2013.2282712.

[67] Yuan P, Anselm KA, Hu C (1999) A new look at impact ionization-part Ⅱ: gain and noise in short avalanche photodiodes. IEEE Trans Electron Dev 46:1632-1639. doi:10.1109/16.777151.

[68] Zrenner A (2000) A close look on single quantum dots. J Chem Phys 112:7790. doi:10.1063/1.481384.

[69] Michler P (2009) Single semiconductor quantum dots, 1st edn. Springer, Berlin, Germany. ISBN 978-3-540-87446-1.

[70] Blakesley JC, See P, Shields AJ et al (2005) Efficient single photon detection by quantum dot resonant tunneling diodes. Phys Rev Lett 94:67401. doi:10.1103/PhysRevLett.94.067401.

[71] Li HW, Kardynal BE, See P et al (2007) Quantum dot resonant tunneling diode for telecommunication wavelength single photon detection. Appl Phys Lett 91:73513-73516. doi:10.1063/1.2768884.

[72] Hees SS, Kardynal BE, See P et al (2006) Effect of InAs dots on noise of quantum dot resonant tunneling single-photon detectors. Appl Phys Lett 89:153510. doi:10.1063/1.2362997.

[73] Stranski IN, Krastanow L (1938) Zur theorie der orientierten Ausscheidung von Ionenkristallen aufeinander. Sitzungsberichte der Akad der Wiss Wien 146:797-804.

[74] Markov I, Stoyanov S (1987) Mechanisms of epitaxial growth. Contemp Phys 28:267-320. doi:10.1080/00107518708219073.

[75] Leonard D, Pond K, Petroff PM (1994) Critical layer thickness for self-assembled InAs islands on GaAs. Phys Rev B 50:11687-11692. doi:10.1103/PhysRevB.50.11687.

[76] Hott R, Kleiner R, Wolf T, Zwicknagl G (2005) Superconducting materials-a topical overview. In: Narlikar AV (ed) Frontiers in superconditing materials, 1st edn. Springer, Berlin, pp 1-69. doi:10.1007/3-540-27294-1_1. ISBN 978-3-540-24513-1.

[77] Bennemann KH, Ketterson JB (2008) Superconductivity: conventional and unconventional superconductors, 1st edn. Springer, Berlin. ISBN 978-3-540-73252-5 Single-Photon Detectors for Infrared Wavelengths in the Range 1-1.7 μm 67.

[78] Onnes HK (1911) Further experiments with liquid helium C On the change of electrical resistance of pure metals at very low temperatures etc IV The resistance of pure mercury at helium temperatures. Commun from Phys Lab Univ Leiden 120B:2-5.

[79] Cardwell DA (1991) High-temperature superconducting materials. In: Electronic materials: from silicon to organics, 1st edn. Springer, Berlin, pp 417-430. doi:10.1007/978-1-4615-3818-9_28, ISBN 978-1-4613-6703-1.

[80] Cabrera B, Clarke RM, Colling P et al (1998) Detection of single infrared, optical, and ultraviolet photons using superconducting transition edge sensors. Appl Phys Lett 73:735-737. doi:10.1063/1.121984.

[81] Irwin KD, Nam SW, Cabrera B et al (1995) A quasiparticle-trap-assisted transition-edge sensor for phonon-mediated particle detection. Rev Sci Instrum 66:5322-5326. doi:10.1063/1.1146105.

[82] Iyomoto N, Bandler SR, Brekosky RP et al (2008) Close-packed arrays of transition-edge x-ray microcalorimeters with high spectral resolution at 5.9 keV. Appl Phys Lett 92:013508.

[83] Irwin KD, Hilton GC, Wollman DA, Martinis JM (1996) X-ray detection using a superconducting transition-edge sensor microcalorimeter with electrothermal feedback. Appl Phys Lett 69:1945. doi:10.1063/1.117630.

[84] Lita AE, Miller AJ, Nam SW (2008) Counting near-infrared single-photons with 95% efficiency. Opt Express 16:3032-3040. doi:10.1364/OE.16.003032.

[85] Lita AE, Rosenberg D, Nam S et al (2005) Tuning of tungsten thin film superconducting transition temperature for fabrication of photon number resolving detectors. IEEE Trans Applied Supercond 15:3528-3531. doi:10.1109/TASC.2005.849033.

[86] Natarajan CM, Tanner MG, Hadfield RH (2012) Superconducting nanowire single-photon detectors: physics and applications. Supercond Sci Technol 25:063001. doi:10.1088/0953-2048/25/6/063001.

[87] Gol'tsman GN, Okunev O, Chulkova G et al (2001) Picosecond superconducting singlephoton optical detector. Appl Phys Lett 79:705-707. doi:10.1063/1.1388868.

[88] Kadin AM, Johnson MW (1996) Nonequilibrium photon-induced hotspot: a new mechanism for photodetection in ultrathin metallic films. Appl Phys Lett 69:3938-3940. doi:10.1063/1.117576.

[89] Gol'tsman GN, Semenov AD, Gousev YP et al (1991) Sensitive picosecond NbN detector for radiation from millimetre wavelengths to visible light. Supercond Sci Technol 4:453-456. doi:10.1088/0953-2048/4/9/020.

[90] Verevkin A, Zhang J, Sobolewski R et al (2002) Detection efficiency of large-active area NbN single-photon superconducting detectors in the ultraviolet to near-infrared range. Appl Phys Lett 80:4687-4689. doi:10.1063/1.1487924.

[91] Ghamsari BG, Majedi AH (2008) Superconductive traveling-wave photodetectors: fundamentals and optical propagation. IEEE J Quantum Electron 44:667-675. doi:10.1109/JQE.2008.922409.

[92] Il'in KS, Lindgren M, Currie M et al (2000) Picosecond hot-electron energy relaxation in NbN superconducting photodetectors. Appl Phys Lett 76:2752. doi:10.1063/1.126480.

[93] Marsili F, Verma VB, Stern JA et al (2013) Detecting single infrared photons with 93% system efficiency. Nat Photonics 7:210-214. doi:10.1038/nphoton.2013.13.

[94] Gol'tsman G, Minaeva O, Korneev A et al (2007) Middle-infrared to visible-light ultrafast superconducting single-photon detectors. IEEE Trans Appl Supercond 17:246-251. doi:10.1109/TASC.2007.898252.

[95] Rosfjord KM, Yang JKW, Dauler EA et al (2006) Nanowire single-photon detector with an integrated optical cavity and anti-reflection coating. Opt Express 14:527-534. doi:10.1364/OPEX.14.000527.

[96] Tanner MG, Natarajan CM, Pottapenjara VK et al (2010) Enhanced telecom wavelength single-photon detection with NbTiN superconducting nanowires on oxidized silicon. Appl Phys Lett 96:221109. doi: 10.1063/1.3428960 68 G. S. Buller and R. J. Collins.

[97] Marsili F, Najafi F, Dauler E, et al. (2012) Cavity-integrated ultra-narrow superconducting nanowire single-photon detector based on a thick niobium nitride film. Quantum electronics and laser science conference, Optical Society of America, San Jose, p QTu3E. doi:10.1364/QELS.2012.QTu3E.3.

[98] McCarthy A, Krichel N, Gemmell N (2013) Kilometer-range, high resolution depth imaging via 1560 nm wavelength single-photon detection. Opt Express 21:8904-8915. doi:10.1364/OE.21.008904.

[99] Gemmell NR, McCarthy A, Liu B et al (2013) Singlet oxygen luminescence detection with a fiber-coupled superconducting nanowire single-photon detector. Opt Express 21:5005 - 5013. doi: 10.1364/OE.21.
005005.

[100] Dauler EA, Spellmeyer NW, et al. (2010) High-rate quantum key distribution with high-rate quantum key distribution with superconducting nanowire single photon detectors. Quantum electronics and laser science conference, Optical Society of America, San Jose, p QTHI2. ISBN 978-1-55752-890-2.

[101] Dauler EA, Robinson BS, Kerman AJ et al (2007) Multi-element superconducting nanowire single-photon detector. IEEE Trans Appl Supercond 17:279-284. doi:10.1109/TASC.2007.897372.

[102] Smirnov K, Korneev A, Minaeva O et al (2007) Ultrathin NbN film superconducting singlephoton detector array. J Phys Conf Ser 61:1081-1085. doi:10.1088/1742-6596/61/1/214.

[103] Hull R, Parisi J, Osgood RM Jr et al (2005) Spectroscopic properties of rare earths in optical materials, 1st edn. Springer, Berlin, Germany. ISBN 978-3-540-23886-7.

[104] Albota MA, Wong FNC (2004) Efficient single-photon counting at 1.55 μm by means of frequency up-conversion. Opt Lett 29:1449-1451. doi:10.1364/OL.29.001449.

[105] Shentu G, Pelc J, Wang X (2013) Ultralow noise up-conversion detector and spectrometer for the telecom band. Opt Express 21:1449-1451. doi:10.1364/OE.21.013986.

[106] Thew RT, Zbinden H, Gisin N (2008) Tunable upconversion photon detector. Appl Phys Lett 93:71103-71104. doi:10.1063/1.2969067.

第4章 用于时间关联光子计数的现代脉冲二极管激光源

Thomas Schönau, Sina Riecke, Andreas Bülter, Kristian Lauritsen

摘 要 时间关联单光子计数应用需要从紫外光到红外光各种波长的脉冲激励源,其特征为脉冲宽度短(通常为皮秒到飞秒级)且重复频率在千赫到兆赫的范围。为了调节脉冲周期到所需的测量窗口,理想情况下重复频率应该是可调谐的。在蓝光、红光以及红外光谱范围内,借助封装在紧凑、稳定包装中的单增益开关型激光二极管就能轻松提供能量高达100pJ的此类脉冲。然而,在紫外或黄绿光谱范围内的激光脉冲无法直接获得,需要借助基于功率放大和频率转换的更加精密的装置。近年来,很受欢迎的一种可选激励源是超连续谱激光器,它直接实现了在横跨蓝光到红外光的宽波长谱范围内输出。

本章概述了脉冲激光二极管的基本情况和参数,并简要介绍了时间关联单光子计数应用中常用的脉冲发光二极管(LED)及超连续谱激光器。

关键词 增益开关 脉冲半导体激光器 脉冲LED 超连续谱激光器

4.1 引言

1960年,Theodore Maiman展示第一台激光器时,其助手Irnee D'Haenens称为"寻找问题的解决方案",这句话如今已广为人知[1]。自那时起,大量各种波长和功率水平的激光器被研发出来,也有许多应用被创造出来,其中每一个都需要特定的激光器参数。激光源和具体应用的提高常常是齐头并进的,而且即使在今天的工业和学术研究中,定制光源的研发也是一个重要的方向。

在光子计数领域的一个重要应用是测量样本的荧光寿命[2-3]。以这个方法,皮秒脉冲激光器被用于在生物样本或半导体等结构中激发荧光。再结合快速、灵敏的单光子计数系统[4],就能实现荧光衰减寿命的测量,该寿命一般在几纳秒到几微秒数量级。对许多荧光团来说,其寿命取决于分子所处环境的性质,如酸碱度或 Ca^{2+} 浓度等[5],因此可用于研究样本属性或环境影响。

对于最佳荧光寿命测量而言,激发激光脉冲持续时间必须远小于荧光衰减时间,通常低于 200ps,而脉冲间隔则必须远大于荧光衰减时间。为了调节重复频率,以适应不同的寿命并避免过度光照损害样本,人们优先选用兆赫范围内的可变激励脉冲重复频率[3]。对于像脉冲交错激发[5-7]这样更先进的方法而言,甚至需要可自由触发的激励脉冲。所需的脉冲能量一般在 1~50pJ 之间。

由于荧光必须在激发脉冲间隙被探测,在两次激光脉冲发射的间隙最好没有光从激发激光器中发射出来。为了用普通的探测器产生合适的信噪比,通常要求高于 40dB 的高消光比(两个脉冲间隙内的信号水平与脉冲峰值相差 4 个数量级,落后峰位约 1ns)[8-9]。

有几类激光能轻松产生符合这些要求的激光脉冲。最常见的类型包括增益开关型二极管激光器、脉冲 LED、超连续谱激光器以及钛宝石激光器。不过钛宝石激光器有许多不同的技术实现方案及相应参数[10],因而本章不对此类激光器进行详细说明。

4.2 二极管激光器

4.2.1 引言

自从 1962 年出现第一个由单 PN 结构成的激光二极管[11]以来,半导体光电子学已经取得了巨大的进步。第一台激光二极管的效率非常低,而且由于存在散热问题,而只能在低温条件下进行脉冲操作。如今的现代激光二极管有最小的尺寸(包括外壳在内也只有几立方毫米)、最高的效率(高于 50%)和最长的寿命。

在半导体激光器中,光增益由导带内的电子和价带内的空穴复合产生。因此,为了实现高效的复合,所有激光二极管都由直接带隙半导体构成。正向增益在激活区内形成,导带内的电子和价带内的空穴在该区域内都有很大的占有概率。

现代激光二极管的激活区通常都有量子阱(quantum well,QW)结构[12](图 4.1(a))。它含有一些被宽带隙屏障包围的非常薄的窄带隙材料层。这些量子阱能够借助良好的空间重叠俘获电子和空穴,从而提高激光器的效率。而且这些量子阱非常薄,以便电子和空穴的动量沿垂直于量子阱层的方向量子化。这就导致态密度发生变化,从而再次提高了激光器的效率。

4.2.2 光学限制和谐振器设计

功能性激光器需要有高增益,光学模和活性介质之间还要有光反馈和良好的重叠。在单片激光二极管中,半导体器件起共振腔反射镜作用,单是其解理面就能提供足够的反射率($R \approx 30\%$)。不过,对于现代大功率激光二极管而言,通常都会采用介质薄膜,从而优化其腔面反射率,使得后腔面反射率较高而前腔面反射率较低(低至1%)。此外,这些腔面都经过钝化处理以避免受光学损伤和劣化的影响[13]。这种包含两面平面平行共振腔反射镜的装置称为法布里-珀罗(Fabry-Perot,FP)谐振器[14]。

只支持单一侧模的波导通常凭借脊形波导管来实现[14](图4.1(b))。虽然脊形波导管的脊沟一般不会切入到垂直波导管中,但它们会对倏逝波造成影响。波导管上方是否存在半导体材料会影响波导管内部的有效折射率,造成侧向限制。这样就能得到实现高效光纤耦合以及小焦点所需的衍射限制光束质量。不过,光模不是完美的圆形,其在水平方向和垂直方向上的发散角不同。虽然如此,在单模光纤中的耦合效率依然可以达到30%~50%,具体取决于激光二极管类型和标称波长。

脊形波导激光二极管的连续波输出功率被限制在1W以下。更高的平均功率会增大输出腔面受损的风险,而且内发热也可能使半导体材料劣化。

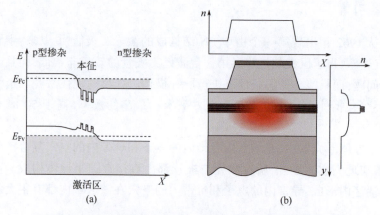

图4.1 三量子阱激光二极管(由脊形波导管提供侧向限制)
(a) 三量子阱的能带结构;(b) 脊形波导激光二极管的折射率分布。

4.2.3 增益开关

时间关联单光子应用,尤其是在生命科学领域的应用,通常需要持续时间少于 200ps 且脉冲能量为 1~50pJ 的脉冲激发。为了调整脉冲间隔以适应所需的测量窗口或实现在不同波长的激励脉冲交错,急需脉冲的重复频率在千赫至兆赫范围内可变。激发脉冲可以在增益开关型模式下的单脊型波导激光二极管中很容易地产生。

如果激光二极管在工作期间受到泵浦功率变化等情况的干扰,其输出功率不会平稳过渡到新的稳定状态。取而代之的是,激光器的输出功率和反转密度会表现出弛豫振荡和阻尼振荡,从而过渡到新的稳态值[15-16]。特别是当突然接通泵浦电源时,会出现显著的弛豫振荡(图 4.2(a))。

增益开关模式下,第一次弛豫振荡期间光功率的过调量被用来产生短光脉冲。为此,泵浦电源需要在第一个光学弛豫峰发射之后迅速关闭(图 4.2(b))。这样就能生成峰值功率超出激光器稳态输出功率许多倍的单一光脉冲。

由于剩余的泵浦脉冲会表现为输出功率,因此,如果泵浦脉冲幅度增大,那么第一次弛豫振荡之后会出现典型的光学跟随脉冲(图 4.2(c)及图 4.3)。为了同时获得对称的光脉冲形状以及高峰值功率,短泵浦脉冲是必需的[16]。单脉冲模式下,泵浦脉冲幅度的增大不仅会导致光学峰值功率的增大,还会减少光学脉冲持续时间[18]。

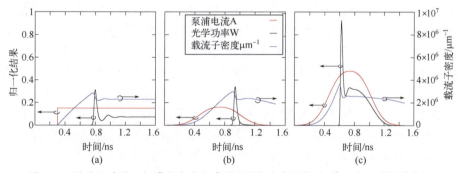

图 4.2 增益开关型二极管激光器仿真图(增益开关模式下,第一次弛豫振荡期间光功率的过调量被用来产生短光脉冲)

(a) 突然接通恒流电源会产生光学弛豫振荡;(b) 利用调整过的电流脉冲产生单一光脉冲;
(c) 由于电流振幅大,激光脉冲会形成强烈的跟随脉冲。

增益开关在二极管激光器中特别受欢迎,其中需要亚纳秒电流脉冲进行泵浦。为了实现在单次到兆赫范围内可变的重复频率,可通过专用电路产生单电流脉冲[15-16]。增益开关并不需要任何特殊的共振器装置,因而原则上任何激光

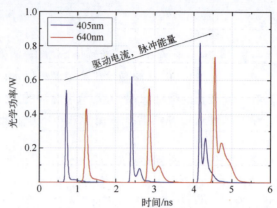

图4.3 测得的典型二极管激光器脉冲(驱动电流函数形式)波形[17]
(第一波峰(即最高驱动电流条件下的第一次弛豫振荡)的脉冲宽度(FWHM)为48ps(405nm)
和76ps(640nm)。高驱动电流情况下,光学跟随脉冲清晰可见)
(出处:Picosecond pulsed diode lasers from PicoQuant (LDH Series)[17])

二极管都可用于增益开关。然而,实际上只有精心设计的二极管才能达到足够的脉冲性能。

如今,各种增益开关型二极管激光器可用于从375nm直至2000nm的广泛波长范围[17],只有530~630nm的黄绿波段缺口是一个例外,至今为止仍没有在其中可用的直接发射型激光二极管。这些脉冲激光器能以从单次到80MHz甚至100MHz可变的重复频率发射脉冲,且其脉冲能量高达数十皮焦,相当于兆赫级重复频率下几毫瓦的平均功率水平。使用增益开关型二极管激光器所能达到的脉冲宽度远低于100ps,甚至对某些选用的激光二极管能低至40ps。激光器输出的光谱宽度一般在2~10nm(FWHM)范围内。由于增益开关的原则是"按需提供脉冲",脉冲二极管激光器就可由外部信号自由触发。这一特性使得此类激光器特别适用于一些更为复杂的激发应用,如必须在单个装置中整合数个激光波长并按确定顺序发射。这对脉冲交错多色荧光共振能量转移(forster resonance energy transfer,FRET)[19]或飞行时间[20]应用是十分有用的。甚至将数个交错激光波长和窄脉冲类型结合起来也是有可能的,如漫射光学成像试验中就利用了这一结合方法[21]。因此,对于许多基于光子计数的应用而言,增益开关型二极管激光器是最合适的激励源。

4.2.4 频率变换

如今在530~630nm的黄绿波段和低于375nm的波段仍没有可用的激光二极管,但是这些波长对于荧光蛋白光谱[22]、钻石中的NV缺陷中心[23]、天然氨基酸光谱[24]等应用而言意义重大。为了利用这一波长范围,基于激光二极管技术已设计出多种不同的方案。首选方法为非线性晶体中的谐波产生或和频振荡。作为一种基本的激光源,这需要高功率的红外皮秒脉冲,而且需要脉冲的窄谱线宽度不超过 200pm 并且最低的峰值功率达到数瓦。

1. 窄带宽激光器

产生窄谱带皮秒脉冲要比产生窄带连续光更具挑战性。对于单光谱模式的选择通常是借助根据布拉格条件提供波长选择反馈的光栅实现的[25]。

在分布式布拉格反射(distributed Bragg-reflector,DBR)激光器[26]中,光栅与增益区是分离的,并且起到无源共振腔反射镜的作用(图 4.4(a))。在分布反馈(distributed feedback,DFB)激光器[25]中,布拉格光栅覆盖全部共振腔长,因而需要进行电泵浦(图 4.4(b))。因此,为了实现金属化所需的光滑面,布拉格光栅需要进行过外延生长。

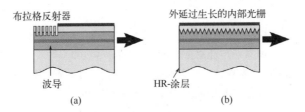

图 4.4 窄谱线二极管激光器通常是借助一种光栅实现的,此类光栅能够根据布拉格条件提供波长选择反馈[25]

(a) 分布式布拉格反射器;(b) 分布式反馈。

(出处:Morthier G,Vankwinkelberge P (1997)[25])

即使是在使用 DFB 或 DBR 激光器实现增益开关功能的情况下,可靠地产出具有高峰值功率和窄光谱宽度的脉冲也需要谨慎选择运行参数和二极管参数。例如,设备温度的变化会导致材料的增益光谱相对布拉格波长发生光谱移位。如果这些参数并不是很匹配,激光器在连续操作情况下也可能具有单模频谱,但在增益开关模式下其大功率弛豫峰将包含多个纵模。这是模竞争的一个例子,仅在数百皮秒后就会发生单模发射。这种情况显然不适合进行频率转换。

2. 功率放大

标准增益开关型二极管激光器发射出的峰值功率为几百毫瓦,功率太低而不能进行高效的频率转换。因此,在频率转换之前,有必要将增益开关型二极管的直接输出峰值功率进一步放大到至少数瓦。这通常是在主振荡功率放大器(master oscillator-power amplifier,MOPA)装置内实现的[27-28](图 4.5)。此类装置的一般原理为:通过电泵浦或光泵浦在放大器介质内使粒子数反转,而后当种子脉冲通过放大器并在种子激光波长上激励发射时,释放储存的能量。此类装置中的很多都以固定的重复频率工作,该频率取决于脉冲主振荡器或脉冲选择组件的布局。不过,若将增益开关型二极管激光器用作种子激光器,就能得到可自由触发的脉冲源,进而实现从单次到兆赫范围的可变重复频率来提供需要的脉冲。存在不同的放大方法能将增益开关脉冲放大至少 10dB。近红外波长范围内最受欢迎的两种选择是半导体光放大器(semiconductor optical amplifiers,SOA)和稀土掺杂光纤放大器。每种装置各有其特有的优势。

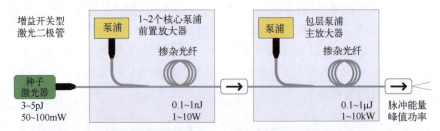

图 4.5 主振荡功率放大器装置中单片多级光纤放大器的基本原理示意图
(所给脉冲能量和峰值功率对应兆赫重复频率和亚 100ps 级放大器,对拉曼谱或超连续谱而言是典型的情况。掺杂光纤:掺杂的稀土离子类型决定光谱吸收特性
(镱约 1μm,铒约 1.5μm,铥约 2μm 等))

SOA 的主要优势在于其特别适合微型化以及实现可在 920~1180nm 之间任意波长进行放大的增益光谱的可能性。可将激光器芯片及 SOA 整合到一个非常紧凑的外壳内,使它们适用于作为种子激光器进行集成或直接用于频率变换。由于反转寿命较短,放大后的脉冲能量也独立于兆赫级的重复频率[29]。但是大功率锥形放大器发射的光束质量通常并不受衍射限制,而且如果反馈没有得到很好的抑制,很容易产生假性放大激光[29-30]。

另外,由单模光纤制成的稀土掺杂光纤放大器具有生成衍射限制光束的本质属性。它们的长激发态寿命(如 Yb^{3+} 为 0.8ms[31])也支持低重复频率和连续泵浦方案,且不会产生过多的放大自发辐射。甚至能实现以 10MHz 左右的频率触发并在中级千赫模式下调制的迸发脉冲的放大。各种各样的(保偏设计)光纤耦合组件支持无需校准和维护的整体激光器方案。由于掺杂光纤的饱和能量较高,因而最初的时间脉冲波形一般不会因放大过程而改变[32]。

核心泵浦装置中,种子波长和泵浦波长在波分复用器(wavelength division multiplexer,WDM)中完成整合,而后耦合到掺镱光纤的纤芯中。以这种设计,由于放大自发辐射会增加连续背景噪声并覆盖更广泛的光谱,它就可能会成为一个问题。因此,需要按照所给种子功率级别以及理想放大系数对放大器进行最优化处理，这会产生通常高于噪声功率 3～4 个数量级的信号功率。

为实现更高的输出功率，可以使用包层泵浦光纤放大器。其中，泵浦光耦合到包层里而非纤芯之中。这样就能使用更强大的泵浦二极管，还能提供对泵浦光更平缓的吸收。增大的纤芯尺寸降低了功率密度，进而把多余的非线性效应以及光子暗化等劣化现象降至最低[33]。

数个放大器级的结合甚至能够实现对放大自发辐射的管理以及对可用泵浦功率的高效利用。借助这种多级装置，从毫瓦级增益开关型二极管激光器出发，已经成功产出了峰值功率超过 100kW 的红外皮秒脉冲[34]。

但是，以特定的脉冲能量，非线性效应开始改变激光器输出的频谱和时间形状，这就限制了高功率系统的性能，但也可以利用它来实现拉曼增益[35]或超连续谱[36]。

3. 频率转换

非线性频率转换严重依赖于峰值功率以及基本辐射的良好空间和时间重叠。其中，二次谐波振荡（second-harmonic generation，SHG）、三次谐波振荡（third-harmonic generation，THG）、四次谐波振荡（fourth-harmonic generation，FHG）、和频/差频振荡（sum/difference frequency generation，SFG/DFG）以及拉曼转换是最常用的转换方法。所有的转换过程都需要合适的非线性介质，如晶体或特殊光纤等[39-40]。

转换效率取决于基波的偏振状态和谱带宽度。基波和二次谐波都必须以相同的速度穿过晶体以最大化转换效率。可利用双折射原理在各向异性晶体中实现这一点，此时折射率不仅是波长的函数，还取决于波在晶体中的传播方向（临界或非临界相位匹配）[39]。另一方法称为准相位匹配法，它使用被设计出的非线性磁化率的标记会周期性变化的晶体。典型的两个例子是周期极化铌酸锂晶体（periodically poled lithium niobate，PPLN）和周期极化磷酸钛氧钾晶体（periodically poled potassium titanyl phosphate，PPKTP）。这相比常规相位匹配法具有一些优势。例如，对波束指向角的高度包容性，而且可以将之嵌入到波导结构中。由于光在整个晶体长度范围内一直限制在大功率密度水平，因而后者对于低峰值功率信号转换而言是有利的。

另一个重要方面是转化过程对脉冲的时间和空间清除效应。在低转换效率情况下，二次谐波信号功率正比于基波功率的平方。这将引起一定的脉冲缩短以及对放大自发辐射等背景辐射的抑制。

此外，这种情况下只能转换一个基本偏振，从而使得二次谐波束高度极化。但是红外光束偏振状态的任何不稳定都将转化为输出二次谐波功率的显著波动。因此，保偏光纤架构的使用是至关重要的。

对于以半导体器件基放大以及531nm波长皮秒脉冲的二次谐波振荡而言，脉冲能量已经以可变重复频率达到了250pJ[41]。而且在532nm、561nm以及594nm波长处,对种子级、SOA级和二次谐波级的紧凑集成已经可以在一个小型模块中完成[42]。虽然这些模块最初主要是为了连续操作设计的,但它们也展示出了增益开关的性能,且其脉冲能量可达到10pJ[17]。

另外,光纤装置基放大能产生在纳焦级范围内高得多的脉冲能量,但是在高重复频率下脉冲能量通常会减小。

借助前文提到的装置和过程,如今人们能够提供紫外(266nm、355nm)、绿(531nm)及黄/橙(560nm、590nm)皮秒脉冲二极管激光器,它们的重复频率可变,并且以80MHz的重复频率平均功率最高能够达到200mW(取决于波长),还具有基于增益开关型二极管种子激光器的外部触发功能[17,44]。

4.3 亚纳秒脉冲LED

脉冲LED可在光子计数试验中替代脉冲二极管激光器作为激励光源[45]。由于LED不同于激光二极管,一般没有共振腔,因而不能利用弛豫振荡效应产生皮秒脉冲。由于其光输出几乎和载流子密度呈线性关系,因而取决于电泵浦脉冲的波形。物理限制下LED可实现的最小脉冲宽度为几百皮秒。另外,在更高功率情况下LED不会出现像增益开关型二极管激光器那样的多重振荡现象。当改变LED的脉冲能量时,脉冲宽度最多拓宽2倍,而脉冲波形则几乎不变(图4.6)。

脉冲LED和脉冲二极管激光器之间最重要的区别是LED的发射是发散的,而不是连贯的或偏振的,且其强度分布也不均匀。根据所用的LED,可以得到从近圆形到椭圆形各种不同的波束形状。因此,在单模或多模光纤中进行光纤耦合的效率非常低,只有液芯光导管等大面积光纤例外。不过,对于紧凑型时间分辨荧光寿命光谱仪中的短程交互作用而言,脉冲LED是非常有用的激励光源。

同二极管激光器相反,LED能够在波长上至600nm的可见光范围提供直接发射,甚至在下至245nm波长的紫外线范围也可以,因此它是该光谱范围内唯一可用的紧凑型脉冲光源。它们的光谱发射轮廓比脉冲二极管激光器更加广阔,其典型值在20~50nm之间。

脉冲LED可以在从单次到数十兆赫范围内的任意重复频率发射半峰全宽(full width at half maximum,FWHM)小于1ns的皮秒脉冲[46]。LED所能达到的脉冲能量取决于波长,通常为1~2pJ,相当于40MHz重复频率下80μW的平均输出功率。这似乎很低,但仍足以实现对稀释样品进行荧光寿命测量(图4.7)。

第 4 章　用于时间关联光子计数的现代脉冲二极管激光源　　73

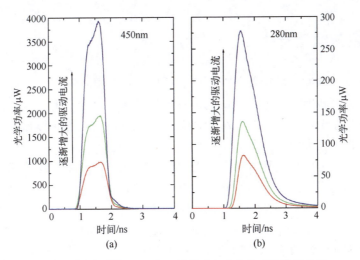

图 4.6　两个脉冲 LED 在不同驱动电流条件下的脉冲波形
（a）显示的是工作波长为 450nm 的脉冲 LED；（b）显示的是工作波长为 280nm 的脉冲 LED。
（脉冲波形和驱动电流几乎无关）

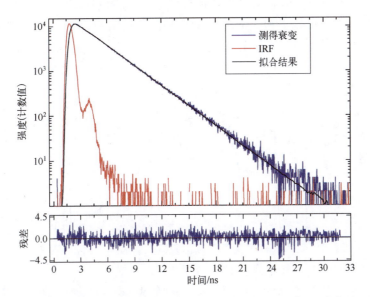

图 4.7　使用荧光寿命光谱仪测量得到的（10μM）N-乙酰基-L-色氨酸胺
（n-acetyl-L-tryptophanamide，NATA）水溶液的荧光衰减情况（该溶液由 LED 以 2.5MHz
的工作频率在 280nm 波长处进行激励。图中给出了仪器响应函数（instrument response
function，IRF，红线）、衰减情况（蓝线）以及拟合出的单一指数曲线（黑线）。拟合
寿命为 2.88ns，卡方为 1.065。结果的质量也可根据图纸所绘的残差分布判断）

4.4 超连续谱产生

可见皮秒脉冲二极管激光器及 LED 适用于各个领域中的许多应用。不过，即使借助频率转换技术也无法使这两种仪器满足每一个可能的波长需求。作为一种横贯整个可见光和近红外光谱范围的替代激光源，超连续谱激光器已经在过去取得了很大的进步。

超连续谱可以从高峰值功率激光辐射与强非线性介质之间的相互作用中产生。常用的方法是将脉冲激光发射到特殊光纤波导管中。为了提高超连续谱的效率，波导管的传播区要小，色散特性也要进行调整。借助光子晶体光纤（photonic crystal fibers，PCF）就能实现这一点[48]。基本激光脉冲的高峰值功率会引发多重非线性效应，如拉曼谱、四波混频（four-wave mixing，FWM）、自相位调制（self-phase modulation，SPM）等。由于 PCF 的色散特性允许没有太多时域展宽的长相互作用长度出现，光谱会在发射的基波两边方向上发生展宽。由超连续谱激光器发射出的光谱取决于各种参数，如光纤设计和脉冲参数等，并且可以覆盖从 420nm 以下到 2μm 以上的全部波长范围(图 4.8)[49-51]。

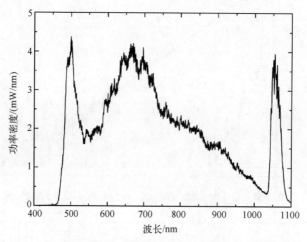

图 4.8　由放大式增益开关型二极管激光器(1064nm)作为种子激光器产生的超连续谱[49]

大多数超连续谱激光器都以锁模光纤腔为基础，并将之作为具备后续放大功能的种子激光器。这种设计的好处在于能够以兆赫级重复频率直接得到脉冲宽度为几皮秒的稳定窄带红外脉冲。另外，超连续谱激光器的重复频率无法调整,因此需要为低重复率进行脉冲选择,并且缺乏与其他源同步的能力。

另一种能在千赫范围产生低重复频率的方法是基于 Q 开关种子激光器[52]。所谓的微片激光器适用于产生数千瓦的峰值功率以及超过锁模光纤腔或激光二极管 4~6 个数量级的脉冲能量。这样消除了使用多重放大级来产生超连续谱功率水平的需要。但此类激光器的脉冲抖动质量以及重复范围不适合时间关联单光子计数应用。

第三种方法是以增益开关型二极管激光器为种子激光器来实现兆赫范围内可自由触发的超连续谱激光器。与锁模种子激光器相似,在将高峰值功率脉冲发射到 PCF 中进行光谱展宽之前,也要添加多级放大器。为了便利起见,大多数可用光源都使用稀土掺杂光纤进行放大处理,这就保证了基模的高品质,而且对于连续拼接的装置而言,还能保证高度的环境稳定性。

对超连续谱后续的光学滤波处理需要特别考虑。为了获得最大的信噪比,单光子计数应用通常需要高带外抑制。基于对声光可调谐滤波器(acoustic optical tunable filters,AOTF)、可调谐介质带通滤波器或基于衍射的单色仪装置的使用,不同的过滤器概念被发展出来。

每一种概念都有其独特的优势。对于快速扫描或多通道滤波而言,AOTF 技术比较好。针对带外抑制和低传输消耗的实现,可调谐介质滤波器显示了无与伦比的消光比。而与其他概念相比,单色仪则能实现最窄的线宽。

当前的超连续谱激光器能够产生白光的平均功率密度,即使用 PCF 后能够通过准直型自由空间输出或是直接从保偏单模光纤中产生几毫瓦每纳米的平均功率密度。由于 PCF 会引发波长依赖的脉冲展宽,因而脉冲宽度和脉冲波形取决于种子光源的脉冲宽度以及 PCF 的长度。因此,对于增益开关型种子光源而言,激光脉冲的宽度能够达到 200ps[49]。不过,借助数值重卷积分析,此类脉冲仍然可用于分辨快速过程,如远低于 100ps 的荧光寿命等(图 4.9)。

4.5 小结

由于增益开关型二极管激光器能够提供适度的脉冲能量(皮焦量级)以及在单次到 100MHz 范围内可自由调节的重复频率,它们已经成为时间关联单光子计数应用最常用的激励光源。此类激光器特别紧凑和经济,能够以合理的成本构建具有良好触发特性的多波长激光器系统。同功率放大技术与频率转换技术相结合之后,如今在从紫外到红外的广阔波长范围内都有各种基于二极管激光器的系统可供选用。

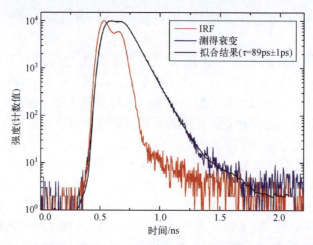

图 4.9 由超连续谱激光器[49]和荧光寿命光谱仪[47]在 532nm 波长处激发的赤藓红在水中的荧光衰减情况(虽然仪器响应函数(IRF)显示激光脉冲波形稍有些失真,但仍有可能借助数值重卷积分析重新获得赤藓红 89ps±3ps 的理论寿命值)(出处:Supercontinuum laser from Fianium[49],Fluorescence Lifetime Spectrometer from PicoQuant(FluoTime 300)[47])

对于那些不依赖典型激光器性能(如连贯性、小发散度等)的应用而言,可选用脉冲 LED 作为激励光源。与增益开关型二极管激光器相比,它们的输出功率也会低得多,但是仍然适用于许多基于光子计数的应用。

一种横贯整个可见和近红外光谱范围的可选激光源是超连续谱激光器。目前有许多在种子激光源或超连续谱的光谱滤波设计方面的不同概念可供选用,可根据目标应用选择最合适的类型。

参 考 文 献

[1] Hecht J (2010) Beam: the race to make the laser. Oxford University Press, New York.
[2] Periasamy A, Clegg RM (eds) (2010) FLIM microscopy in biology and medicine. CRC, Boca Raton.
[3] Lakowicz JR (2010) Principles of fluorescence spectroscopy. Springer, Berlin.
[4] Wahl M (2014) Modern TCSPC electronics: principles and acquisition modes. Springer Ser Fluoresc. doi:10.1007/4243_2014_62.
[5] Carlsson K, Liljeborg A, Andersson RM, Brismar H (2010) Confocal pH imaging of microscopic specimens

using fluorescence lifetimes and phase fluorometry: influence of parameter choice on system performance. J Microsc 199:106–114.

[6] Müller BK, Zaychikov E, Bräuchle C, Lamb DC (2005) Pulsed interleaved excitation. Biophys J 89:3508–3522.

[7] Rüttinger S, Macdonald R, Krämer B, Koberling F, Roos M, Hildt E (2006) Accurate singlepair Förster resonant energy transfer through combination of pulsed interleaved excitation, time correlated single-photon counting, and fluorescence correlation spectroscopy. J Biomed Opt 11(2):24012.

[8] Bülter A (2014) Single-photon counting detectors for the visible range between 300 and 1,000 nm. Springer Ser Fluoresc. doi:10.1007/4243_2014_63.

[9] Buller GS, Collins RJ (2014) Single-photon detectors for infrared wavelengths in the range 1–1.7 μm. Springer Ser Fluoresc. doi:10.1007/4243_2014_64.

[10] Keller U (2010) Ultrafast solid-state laser oscillators: a success story for the last 20 years with no end in sight. Appl Phys B 100(1):15–28.

[11] Hall RN, Fenner JD, Kingsley JD, Soltys TJ, Carlson RO (1962) Coherent emission from GaAs junctions. Phys Rev Lett 9(9):366–368.

[12] Dupuis RD, Dapkus RD, Chen R, Holonyak N Jr, Kirchhoefer SW (1979) Continuous 300 K laser operation of single quantum-well AlxGa1-xAs-GaAs heterostructure lasers grown by metalorganic chemical vapour deposition. Appl Phys Lett 34(4):265–267.

[13] Erbert G, Bärwolff A, Sebastian J, Tomm J (2000) High-power broad-area diode lasers and laser bars, in high-power diode lasers: fundamentals, technologies, applications. Springer, Berlin.

[14] Unger P (2000) Introduction to power laser diodes in high-power diode lasers: fundamentals, technologies, applications. Springer, Berlin.

[15] Bimberg D, Ketterer K, Böttcher EH, Schöll E (1986) Gain modulation of unbiased semiconductor lasers: ultrashort light-pulse generation in the 0.8–1.3 μm wavelength range. Int J Electron 60(1):23–45.

[16] Torphammar P, Eng ST (1980) Picosecond pulse generation in semiconductor laser using resonance oscillation. Electron Lett 16(15):587–589.

[17] Picosecond pulsed diode lasers from PicoQuant (LDH Series). http://www.picoquant.com/images/uploads/downloads/ldh_series.pdf. Accessed 22 Oct 2014.

[18] Paulus P, Langenhorst R, Jager D (1988) Generation and optimum control of picosecond optical pulses from gain-switched semiconductor-lasers. IEEE J Quant Electron 24:1519–1523.

[19] Ernst S, Düser MG, Zarrabi N, BörschM (2012) Three-color Förster resonance energy transfer within single FOF1-ATP synthases: monitoring elastic deformations of the rotary double motor in real time. J Biomed Opt 17:011004.

[20] Buller GS, Harkins RD, McCarthy A, Hiskett PA, MacKinnon GR, Smith GR, Sung R, Wallace AM, Lamb RA, Ridley KD, Rarity JG (2005) Multiple wavelength time-of-flight sensor based on time-correlated single-photon counting. Rev Sci Instrum 76:083112.

[21] Steinkellner O, Wabnitz H, Walter A, Macdonald R (2013) Multiple source positions in timedomain optical brain imaging: a novel approach. Proc SPIE 8799:87990.

[22] Seefeldt B, Kasper R, Seidel T, Tinnefeld P, Dietz KJ, Heilemann M, Sauer M (2008) Fluorescent

proteins for single-molecule fluorescence applications. J Biophotonics 01:074-082.

[23] Leifgen M, Schröder T, Gädeke F, Riemann R, Métillon V, Neu E, Hepp C, Arend C, Becher C, Lauritsen K, Benson O (2014) Evaluation of nitrogen-and silicon-vacancy defect centres as single photon sources in quantum key distribution. New J Phys 16:023021-028001.

[24] Ohla S, Beyreiss R, Fritzsche S, Glaser P, Nagl S, Stockhausen K, Schneider C, Belder D (2012) Monitoring on-chip pictet-spengler reactions by integrated analytical separation and label-free time-resolved fluorescence. Chem Eur J 18:1240-1246.

[25] Morthier G, Vankwinkelberge P (1997) Handbook of distributed feedback laser diodes. Artech House, Boston.

[26] Achtenhagen M, Amarasinghe NV, Jiang L, Threadgill J, Young P (2009) Spectral properties of high-power distributed Bragg reflector lasers. J Lightwave Technol 27(16):3433-3437.

[27] Lauritsen K, Riecke S, Langkopf M, Klemme D, Kaleva C, Pallassis C, McNeil S, Erdmann R (2008) Fiber amplified and frequency doubled diode lasers as a highly flexible pulse source at 532 nm. Proc SPIE 6871:68711L-68719L.

[28] Chestnut DA, Popov SV, Taylor JR, Roberts TD (2006) Second-harmonic generation to the green and yellow using picosecond fiber pump sources and periodically poled waveguides. Appl Phys Lett 88:071113.

[29] Riecke S, Schwertfeger S, Lauritsen K, Paschke K, Erdmann R, Tränkle G (2010) 23 W peak power picosecond pulses from a single-stage all-semiconductor master oscillator power amplifier. Appl Phys B 98(2):295-299.

[30] Woll D, Schumacher J, Robertson A, Tremont MA, Wallenstein R, Katz M, Eger D, Englander A (2002) Opt Lett 27(12):1055-1057.

[31] Pask HM, Carman RJ, Hanna DC, Tropper AC, Mackechnie CJ, Barber PR, Dawes JM (1995) Ytterbium-doped silica fiber lasers: versatile sources for the 1-1.2 m region. IEEE J Sel Top Quant Electron 1(1):2-13.

[32] Riecke SM, Lauritsen K, Thiem H, Paschke K, Erdmann R (2009) Comparison of an Yb-doped fiber and a semiconductor taper for amplification of picosecond laser pulses. Proc SPIE 7212:72120.

[33] Koponen JJ, Söderlund MJ, Hoffman HJ, Tammela SKT (2006) Measuring photodarkening from single-mode ytterbium doped silica fibers. Opt Express 14(24):11539-11544.

[34] Kanzelmeyer S, Sayinc H, Theeg T, Frede M, Neumann J, Kracht D (2011) All-fiber based amplification of 40 ps pulses from a gain-switched laser diode. Opt Express 19(3):1854-1859.

[35] Feng Y, Taylor LR, Calia DB (2009) 150Whighly-efficient Raman fiber laser. Opt Express 17 (26): 23678-23683.

[36] Kivistö S, Herda R, Okhotnikov OG (2008) All-fiber supercontinuum source based on a modelocked ytterbium laser with dispersion compensation by linearly chirped Bragg grating. Opt Express 16(1): 265-270.

[37] Boyd GD, Kleinman DA (1968) Parametric interaction of focused gaussian light beams. J Appl Phys 39:3597.

[38] Kleinman DA, Ashkin A, Boyd GD (1966) Second-harmonic generation of light by focused laser beams. Phys Rev 145(1):338-379.

[39] Dmitriev VG, Gurzadyan GG, Nikogosyan DN (1997) Handbook of nonlinear optical crystals, 2nd edn. Springer, Berlin.

[40] Canagasabey A, Corbari C, Gladyshev AV, Liegeois F, Guillemet S, Hernandez Y, Yashkov MV, Kosolapov A, Dianov EV, Ibsen M, Kazansky PG (2009) High-average-power secondharmonic generation from periodically poled silica fibers. Opt Lett 34(16):2483-2485.

[41] Riecke SM, Lauritsen K, Erdmann R, Uebernickel M, Paschke K, Erbert G (2010) Pulse-shape improvement during amplification and second-harmonic generation of picosecond pulses at 531 nm. Opt Lett 35:1500-1502.

[42] 532,561,594 nm Compact visible laser module from Qdlaser. http://www.qdlaser.com/?page_id?288. Accessed 22 Oct 2014.

[43] Schönau T, Riecke SM, Lauritsen K, Erdmann R (2011) Amplification of ps-pulses from freely triggerable gain-switched laser diodes at 1062 nm and second harmonic generation in periodically poled lithium niobate. Proc SPIE 7917:791707.

[44] Amplified picosecond pulsed diode lasers from PicoQuant (LDH-FA Series). http://www.picoquant.com/images/uploads/downloads/ldh-fa-series.pdf. Accessed 22 Oct 2014.

[45] Wahl M, Ortmann U, Lauritsen K, Erdmann R (2002) Application of sub-ns pulsed LEDs in fluorescence lifetime spectroscopy. Proc SPIE 4648:171-178.

[46] Sub-nanosecond pulsed LEDs from PicoQuant (PLS Series). http://www.picoquant.com/images/uploads/downloads/pls_series.pdf. Accessed 22 Oct 2014.

[47] Fluorescence Lifetime Spectrometer from PicoQuant (FluoTime 300). http://www.picoquant.com/images/uploads/downloads/fluotime300_brochure.pdf. Accessed 22 Oct 2014.

[48] Dudley JM, Genty G, Coen S (2006) Supercontinuum generation in photonic crystal fiber. Rev Mod Phys 78:1135-1176.

[49] Supercontinuum laser from Fianium. http://www.fianium.com/supercontinuum.htm. Accessed 22 Oct 2014.

[50] Supercontinuum laser from NKT Photonics. http://www.nktphotonics.com/supercontinuum_sources. Accessed 22 Oct 2014.

[51] Supercontinuum laser from PicoQuant (Solea). http://www.picoquant.com/images/uploads/downloads/solea.pdf. Accessed 22 Oct 2014.

[52] Supercontinuum laser from Leukos. http://www.leukos-systems.com/spip.php?rubrique30. Accessed 22 Oct 2014.

[53] Boens N, Qin W, Basari N, Hofkens J, Ameloot M, Pouget J, Lefèvre J-P, Valeur B, Gratton E, vandeVen M, Silva ND Jr, Engelborghs Y, Willaert K, Sillen A, Rumbles G, Phillips D, Visser AJWG, van Hoek A, Lakowicz JR, Malak H, Gryczynski I, Szabo AG, Krajcarski DT, Tamai N, Miura A (2007) Fluorescence lifetime standards for time and frequency domain fluorescence spectroscopy. Anal Chem 79:2137-2149.

第5章 先进的荧光关联光谱:荧光寿命关联光谱和双焦点荧光关联光谱简介

Thomas Dertinger, Steffen Rüttinger

摘 要 本章重点介绍两种先进的荧光关联光谱(fluorescence correlation spectroscopy, FCS)方法,即荧光寿命关联光谱(fluorescence lifetime correlation spectroscopy, FLCS)和双焦点荧光关联光谱(dual-focus FCS, 2fFCS)。为避免读者因为缺乏细节描述而不能真正理解FCS方法,这里将重点讨论上述两种值得关注的先进方法而不是概述各种FCS方法。因此,我们还被迫舍弃了一些同样具有讨论价值的问题,如值得关注的相机荧光关联光谱、贝叶斯荧光关联光谱以及扫描荧光关联光谱。

FLCS的最大益处是提供了一个通用工具,可用于对子总体、跟随脉冲的伪影、背景效应以及几乎所有能通过荧光寿命来分辨的物质的过滤。另外,2fFCS的出现将其精度提高到一个新的水平,可与先前通过脉冲场梯度NMR等辅助技术才能达到的水平相媲美。

关键词 2fFCS FCS FLCS 单分子 光谱

5.1 标准荧光关联光谱

为了奠定荧光寿命关联光谱(fluorescence lifetime correlation spectroscopy, FLCS)和双焦点荧光(dual-focus FCS, 2fFCS)关联光谱研究的理论基础,首先引入荧光关联光谱(fluorescence correlation spectroscopy, FCS)的概念。FCS以对记录的荧光信号波动的评估为基础。

在典型的FCS显微镜设备中,激光束被严严实实聚焦在焦体积上。探测过程的共焦性可通过探测路径上的针孔或由两个及两个以上的光子激发来实现(见本书中Eggeling等[1]所著章节)。因此荧光探测可将体积限制在极小的飞

第 5 章　先进的荧光关联光谱：荧光寿命关联光谱和双焦点荧光关联光谱简介

升量级的范围内。荧光探针会被激发，如扩散到焦体积中，并且会在释放之后被探测器和电子探测设备记录荧光光子。当荧光探针浓度较低时，其在探测体的进出会引起以平均荧光信号为中心的波动。因为由单个分子引起的典型光学信号非常弱，所以选择单光子计数法。

显而易见，当荧光探针浓度增加时，信号平均强度也会增加，而与平均信号强度相关的波动幅度却会下降。所以，FCS 存在一个 FCS 能正常工作不会因缺乏足够强的波动而中断的最大浓度状态。FCS 测量法的典型浓度范围包括皮摩尔级到高达亚微摩尔级。更准确地说，决定该限制的不是浓度，而是荧光团的总数。使用现代化探测方法还可以调整该激发体积（如 STED-FCS，见本书中 Eggeling 等[1]所著章节），甚至用更高的浓度可将这个范围扩展近 3 个数量级。

FCS 的时间分辨率可以覆盖探针在焦体积内扩散过程的时间，它通常是毫秒级的。更低的时间限制仅取决于荧光分子的量子特性（除去电子仪器和探测器的能力），基本激发光子过程及随后荧光光子发射所需时长通常是皮秒级到纳秒级的。因此，FCS 覆盖了 9 个数量级的时间域。

关联函数包含的信息本质上是在时间为 0 时探测到某分子发射出一个光子并在时间为 τ 时再次发现该光子的可能性。许多分子过程是通过光子发射统计量来反映的，因此只有借助基本光子物理过程才能了解它。在非常短的时间尺度内，可将反聚束看成相关曲线上的一个下沉（见本书中 Grußmayer[2]所著章节）。导致这个下沉的根本原因是，一旦一个分子发射出一个光子，那么它不可能在几皮秒后再发射出一个光子，这是由于它可能仍处在基态或者已回到激发态，鉴于这一过程需要的时长通常为纳秒级，它最可能还未经历自发辐射（即荧光）。类似地，在每个时间尺度内可以观察到的特征过程都与分子物理相关，如光子物理动力学、三重态动力学、物理、旋转扩散。若试验设计合理，那么试验结果可以提供一种解释，如上述光子物理学中的变化。除光子物理学外，FCS 曲线的扩散部分也很有研究价值，因为它可用于在结合研究（扩散系数随结合过程或分离过程的发生而改变）中估算探针的流体动力半径或周围介质的黏度。

关联是一个取平均的过程，适用于稳态系统。虽然单个分子的信号会导致一系列波动，但是关联曲线并不提供特定分子的信息而是提供总体平均值的信息。

到目前为止，以皮秒级到毫秒级记录和处理关联函数都是非常复杂的任务（因为电子设备不具备这样的能力）。如今利用新型数据获取原理可直接计算完整的关联曲线[3-4]（图 5.1）。

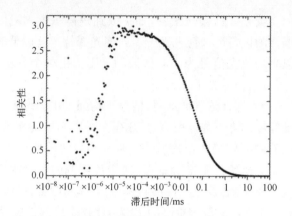

图 5.1 涵盖从皮秒到毫秒全部时间谱线的关联曲线(在很短的时间区间内(纳秒级),关联曲线随着时间零点时探测到光子后又探测到同一分子发射出的光子概率的增加而上升。在亚毫秒区间(0.1ms),关联曲线出现明显的衰减。由于分子大约平均0.1ms后扩散出被测体积,因此0.1ms后探测到光子的概率降低)

关联是一个很强大的工具,仅需少量假设便可完成这一过程。首先,稳态假设在多数情况下都是成立的,尤其是光漂白很少时。其次,该系统具有普适性,这意味着试验时间不会影响系统的行为或试验结果。此外没有其他假设。

当然在具体试验中可能会对样品的组成做其他假设,但这只是对结果的后续解释。

除了估算扩散系数和探针的光物理特性外,浓度也可以从FCS试验中得出。而且很多试验的进行是以对反应速率的估计为基础的。

FCS试验通常面临以下挑战。

① 提供稳定的激光源,激光源不稳定造成的波动会影响试验结果。

② 样本的浓度应在一个适当的范围内。

③ 亮度非线性变化,亮分子数量可能会超过暗分子数量,处理这种聚集体问题较棘手。

FCS方法主要在解读记录的FCS曲线时存在缺陷和局限性。接下来除了亮度合适的探针外,还将列出以下两项最常见的问题。

① 由不相关噪声、探测器的跟随脉冲或漏频引起的技术伪影对FCS曲线的形状有不可忽略的影响。

② 为了定量评估FCS曲线,必须准确地控制和了解待测量,也就是分子探测功能(Molecule Detection Function,MDF),MDF可作为评判FCS试验结果的内部标尺,同时也应避免漂白和光学饱和等现象。

解决上述问题也是FLCS(不相关噪声)和2fFCS(良好的内在尺度)引起相

关领域研究者关注的原因之一。

5.2 荧光寿命关联光谱

FLCS 最早出现在 2002 年[3]。FLCS 建立了波长过滤的荧光寿命模拟,并根据不同寿命特征实现组分的分离。

为了根据荧光发射光谱分辨物质,探测器的数量必须等于荧光类型的数量,而 FLCS 只需一个探测器。FLCS 的过滤是在处理下行数据的过程中(计算各自的关联曲线)基于荧光寿命来分离不同物质的。

5.2.1 方法

FLCS 将传统 FCS 与时间关联单光子计数(Time-correlated Single-photon Counting,TCSPC)相结合,因此依赖于脉冲激发。

典型 FLCS 试验的数据包括一系列光子记录,每条记录包含:①探测器的标识符;②试验开始到产生记录的经过时长,精度至少为微秒级;③前一次激光脉冲经过时长。每个被探测到的光子信息都会被记录下来,然后分别被输送到路由标记、时间标签、纳秒延迟(ns-delay)装置。

在计算 FLCS 关联函数时,用统计加权函数确定每个探测到的光子权重,从而将荧光特征不同的类型分离。加权函数给光子赋予不同权重,尤其是权重不是 1 的光子(因为 1 对应的是未加权光子),以便在进一步处理时根据它们各自的权重对最终关联曲线产生不同的影响。详细的数学处理在参考文献[3,5]中,参考文献[6]介绍了软件实现的方法。

接下来简要介绍数学背景,以便对该方法有一个基本的理解。

上述纳秒延迟(激光脉冲激发与形成荧光光子之间的时间间隔)通常用探测时使用的 TCSPC 板/电子设备的通道数量 j 表示。例如,如果两个激光脉冲间隔是 50ns(20MHz 的重复率),将这个间隔数字放到 1000 个 TCSPC 通道中,则组距或 TCSPC 的分辨率是 50ps。

如果将记录到的光子按通道数 j 排列成直方图,就可以得到样本的荧光衰减直方图。

如果样本包含 M 种不同的衰减成分,可以将其记为 $k=1,2,\cdots,M$,第 j 通道的直方图数量 I_j 可以表示为各个衰减模型的线性组合 $p_j^{(k)}$,即

$$I_j = \sum_{k=1}^{M} w^{(k)} p_j^{(k)} \qquad (5.1)$$

式中:$w^{(k)}$ 为各个分量 k 产生的光子数量。若能对每个分量的衰减作假设,则可

通过测量每个分量的荧光衰减或者用数学方法把总强度衰减 I_j 分解成单指数或多指数衰减模式,从而得出分量 k 的衰减模式 $p_j^{(k)}$。

FLCS 中使用的关联函数为

$$G^{(k)}(\tau) = \frac{\langle \sum_j f_j^{(k)} I_j(t) \cdot \sum_j f_j^{(k)} I_j(t+\tau) \rangle}{\langle \sum_j f_j^{(k)} I_j(t)^2 \rangle} \quad (5.2)$$

与标准的自关联函数非常相似,有

$$G(\tau) = \frac{\langle I(t)I(t+\tau) \rangle}{\langle I(t) \rangle^2} \quad (5.3)$$

但是多了过滤函数 $f_j^{(k)}$。该过滤函数是通过包含总强度衰减 I_j 和各个衰减模式 $p_j^{(k)}$ 的矩阵进行反转计算的。以上所述内容详细的数学推导过程发表于参考文献[6-7]中。在 FLCS 中,单个光子根据光子的 TCSPC 通道数量 j 对第 k 个一定权重分量的相关性起作用,标准 FCS 中,每个光子对相关性的贡献是相等的,$f_j^{(k)}$ 等于 1。因此,FLCS 能计算混合物中的各个关联函数。

有趣的是,权重函数可取大于 1 的值,甚至可为负值。但对每个通道数量 j 来说,所有过滤函数的总和通常为 1,即

$$\sum_j f_j^{(k)} = 1 \quad (5.4)$$

这意味着光子的数量是不变的。

5.2.2 应用

1. 跟随脉冲与背景去除

由于 FCS 需要分辨单分子进入或离开聚焦体而引起的荧光强度波动,高灵敏探测器是 FCS 试验成功的前提。

在混合模式探测器出现之前,唯一保证 FCS 试验成功进行的探测器是单光子计数雪崩二极管(SPAD)。

虽然 SPAD 探测效率较高,但会产生一种称为跟随脉冲的伪影。探测到导致二极管中载荷子电雪崩的光子后,SPAD 可能(通常是 1%～10%的可能性)再次产生一个剩余脉冲即跟随脉冲,这不是由光子探测而是由载荷子释放造成的,这些载荷子并未被雪崩释放而是被困在了芯片中。该释放过程会导致光子探测事件结束后出现时间为微秒级的跟随脉冲。从而给 FCS 带来了问题。因为释放出来的两次电信号(光子探测事件和跟随脉冲)是关联的,所以分析变得复杂。

然而跟随脉冲在互关联曲线上是不可见的,因为两个探测器的跟随脉冲本

质上不相关。为了消除跟随脉冲伪影,一般计算接收同一部分信号的两个探测器的互相关性,而不计算单一探测器光子流的自相关性。

这使得在自相关试验中需要使用两个探测器。

尽管两个探测器的跟随脉冲不相关且在互关联曲线中不会出现,但是它们仍然影响互相关性,因为它们影响不相关背景信号(两个探测器的跟随脉冲仍然存在,但经处理后不再相关)。不相关背景信号反过来又导致关联曲线的振幅降低,进而显著增加浓度。这是由于不管记录的计数是否来自相关光子,关联曲线都被归一化为平均计数率平方根。

FLCS 可以解决这个缺陷。如上面所提到的,跟随脉冲在微秒级上与光子探测事件相关。它们在荧光寿命时间尺度内(纳秒级),并没有表现出独特的特征,但在 TCSPC 直方图(所有直方图中计数平均分布)中表现为背景增加。因此,荧光光谱和跟随脉冲的"寿命"模式很容易区分。这项发现很有价值,因为它意味着使用 FLCS 不仅可以处理由跟随脉冲导致的伪影,而且可以处理由探测器暗计数引起的背景计数,甚至可以(事实上的确可以)用同样的方法处理室内光线。

图 5.2(a)上半部分展示了 Atto-488 的 TCSPC 衰减。其中考虑了两个因素,即荧光和跟随脉冲/背景。后者表现为背景级别上的一条扁平线。荧光的影响对应图 5.2 左上半部分去除背景后的 TCSPC 曲线。图 5.2 左下半部分描述了由上述两种模式导出的 FLCS 权重曲线。从图 5.2 左中可以明显看到,探测到荧光发射光子的可能性(约 3ns)越大,荧光过滤曲线的取值越高,背景过滤曲线的取值越小,两者的总和在任何情况下都等于 1。

图 5.2 的右图对标准 FCS 曲线和经 FLCS 滤波的自关联曲线进行了对比。很明显,在 FCS 曲线开始的部分由跟随脉冲导致的上升趋势在 FLCS 曲线中并不存在。通过对比发现,在标准自关联曲线初期(子微秒),忽略跟随脉冲现象不能克服跟随脉冲效应。常规 FCS 曲线的振幅相对较低归因于不相关背景。

一旦不相关背景增加,这一点会更加明显,如下文所述。

Rüttinger 等人的研究结果[8]表明,FLCS 不仅能够抑制自关联曲线中的跟随脉冲伪影,而且可以准确测量 2pM 以下的浓度(图 5.3)。图 5.3(a)着重说明了不相关背景对自关联函数振幅的强烈影响。若不校正不相关背景,浓度估计的误差将是 4 倍。

2. 散射的移除(以及跟随脉冲、暗计数和残留室内光线)

另一个不相关背景的重要来源是散射到探测器上的激光。一般通过选用合适的探测过滤器来避免这种情况。但是在某些情况下,溶剂的拉曼散射带正

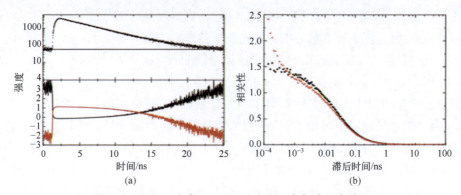

图 5.2 TCSPC 衰减以及 FCS 与 FLCS 自相关曲线对比

(a) 缓冲溶液中 Atto-488 的 TCSPC 直方图以及荧光衰减的权重函数(红色)和不相关背景计数(黑色);(b) 标准 FCS 曲线(红色)和 FLCS 曲线(黑色)的对比
(由图可知,在微秒范围内探测器的跟随脉冲导致标准 FCS 曲线增加了 3 倍,但在 FLCS 中被完全消除。此外,因为在 FLCS 中考虑了不相关背景,标准 FCS 曲线的振幅稍低于 FLCS 曲线的振幅)

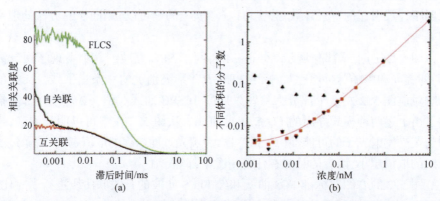

图 5.3 缓冲溶液中的 Atto-655

(a) 10pM Atto-655 溶液的关联函数(传统的处理光子流方法只使用一个探测器导致明显的跟随脉冲(黑色)。使用两个探测器并用互相关处理入射光子流可避免出现跟随脉冲(红色),但是只有 FLCS 法(蓝色)既能恢复 FCS 曲线的真实振幅又能抑制跟随脉冲伪影);(b) Atto-655 的浓度变化(恢复的粒子数量与粒子浓度之间的关系。红色方块:两个独立稀释序列的 FLCS 结果。黑色三角形:有背景修正(向下的三角形)和无背景修正(向上的三角形)的传统双探测器互相关分析。红色曲线是双对数图的线性拟合)(Rttinger S,Kapusta P,Patting M 等人(2010))

好落在记录分子的荧光探测窗口中。尽管拉曼散射产率较低,但与探测体积内的荧光分子相比,溶剂分子过量很容易弥补产率的差异。图 5.3 展示了用传统方法或 FLCS 法处理 10pM Atto-655 的例子。分解测得的衰减曲线发现,测得的信号 11% 为散射激发,45% 为暗计数、残留室内光和跟随脉冲。只有 44% 的光子显示出荧光特征。

图 5.4 详细介绍了计算图 5.3 中 FCLS 关联曲线的步骤。第一步是收集在试验中用作部分信号的 TCSPC 衰减模式。对这个溶解在水中由 Atto-65 组成的样品,预计有 5 种效应:①荧光;②散射激发光;③跟随脉冲;④探测器暗计数;⑤残留室内光线。

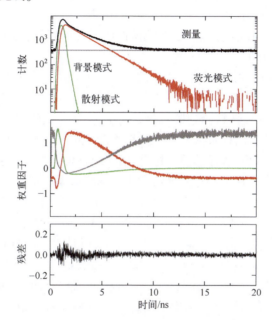

图 5.4 TCSPC 分解成为不同模式和 10pM Atto-655 溶液的 FLCS 过滤函数(在测得的 TCSPC 直方图上有 3 种明显的模式,即单纯的荧光(红色)、散射(绿色)和跟随脉冲、暗计数和残留室内光线的总和(灰色)。荧光模式是 100nM Atto-655 溶液去除背景后的 TCSPC 直方图。散射模式是通过将镜面置于物镜上,并用 OD3 过滤器替换探测器的带通滤波器得到的。第三个模式是 TCSPC 直方图平均背景上的一条水平线。中间的图展示了计算这些信号分量的 FLCS 过滤器。最下面的图是分解的加权残差)(Gregor I,Enderlein J (2007) Kapusta P,Wahl M,Benda A 等人(2007))

在典型(纳秒)TCSPC 时间尺度内,③~⑤完全是随机事件。它们均匀地分布在直方图上;共同模式为一条直线。

散射模式可以用背景减去仪器响应函数(instrument response function,IRF)直方图来近似。理想情况下,通过测量寿命远小于仪器时间分辨率样品的荧光衰减就能得到 IRF。

最终,通过测量同一染料更高浓度的溶液可以得到纯荧光模式。比如,在 100nM Atto-655 溶液的衰减曲线中,散射带来的影响完全可以忽略不计。当然背景会再次被去除。如果假设成立,任何浓度的 Atto-655 的 TCSPC 直方图都应该是 3 个模式的线性组合。

作为一种快速测试和优化模型的方法,这里选用简单的迭代算法来重建测得的 TCSPC 直方图。优化器仅改变振幅,并确定归一化模式中偶发的小量时移。图 5.4 给出了一个有代表性的结果。最下面图中的残差表明分解过程正确,即重建的直方图与测得的直方图本质上相同。

识别出成分的 FLCS 过滤函数是根据这些模式计算的,总 TCSPC 直方图是通过矩阵伪反演得到的[5-6]。

用相应 FLCS 过滤器(图 5.4 中间的图)对比不同模式明确了权重的含义。若记录到某事件的概率很高,它拥有的正权重最大,其他事件就不太可能发生。例如,最可能在初始阶段探测到散射激发光子,在该分量的过滤函数中,激发脉冲出现前后纳秒延迟的权重大于 1。接下来荧光光子开始占上风。因此,过滤器所显示的散射加权系数降低,同时拥有相同纳秒延迟的事件会通过荧光过滤器获得更大的权重。TCSPC 模式平滑意味着探测概率与纳秒延迟无关。然而,相应过滤函数的形状却反映出其他可能发生的(光子)事件随时间变化的可能性。需要强调的是,在任何纳秒延迟的情况下,3 个权重系数之和恒为 1。这意味着所有事件都同等重要,不能丢弃任何一个,但是单个事件在信号分量中的作用是不同的。

使用纯 Atto-655 荧光过滤曲线(图 5.4 中间的红色曲线)获得所有事件的软件自相关[4],就能得到图 5.3 中的蓝色曲线。如果粒子数量满足要求,即可知 FLCS 过滤的自关联曲线。

3. 不同种类的分离

除了用于被证明的利用一个探测器即可分离 Cy5 和 Atto-655 溶液的试验外[8],FLCS 还被用来研究溶液中金属荧光团的相互作用[9]。该试验中,尽管不同结构的荧光强度不同,但根据 Cy5-DNA-Ag 粒子的荧光寿命仅为自由 Cy5-DNA 的荧光寿命的 1/5 这一特点可分别分析这两种结构。

4. 单探测器互相关

除了人为引起不同颜色通道间出现渗漏导致错误的互相关外,传统互相关试验最主要的问题是两个不同频谱的相关通道的探测器和激发器的尺寸形状不同。此外,不同波段的共焦体积从未完全重叠,即使使用高端光学器件制作的共焦显微镜也存在色差。在双色 FCS 试验中(如 470nm 和 640nm),激发体积与探测体积之间的偏移一般介于 50~120nm 之间。

另外,FLCS 能够只用一个激光发射和记录相似或相同的荧光团。因此,两次产生的激发和探测体积是相同的。

这项技术最近被用来解析生物体细胞中蛋白质间相互作用[10]。在这些试验中,记录荧光团通过荧光寿命而不是波长来区分。

FLCS 的应用领域非常广泛,近期的研究重点就体现了这一点,如探究金纳米簇的光致发光性质[11]和测量纳米颗粒的确切尺寸[12]。

关于 FLCS 的优点介绍超出了本章范围,具体可参阅文献[13]中有关 FCS 和 FLCS 在脂质双层膜上应用的阐述[14]。

5.3 双焦点 FCS

随着 FCS 的普及,FCS 试验的结果更多地被定量(而非定性的)解释。从理论上讲,通过适当的拟合数据可以得到浓度和扩散系数。

但是很快就会发现这种方法有很大的缺陷。有些问题是因为用来提取相关数据的模型过于简单,即有很多假设并不一定正确(如对激光焦点形状的假设过于简化)。而如果使用更精确的模型就会出现很多自由拟合参数,阻碍拟合过程的稳定收敛。

如果仔细探究背后的物理学原理,就会发现为什么标准 FCS 不能直接用来提取如扩散系数之类的定量值。

对于从 FCS 试验中提取绝对值,有必要先描述一下分子探测函数(MDF)。MDF 描述了整个测量系统的探测或激发概率,包括光学、像差以及可能影响这些概率的分子光物理参数。

在传统 FCS 评价模型中,MDF 的形状是关键的输入参数,通常采用 2D/3D 高斯 MDF 模型,即

$$\text{MDF}(x,y,z) = \exp\left(-\frac{x^2+y^2}{2\omega_{xy}^2} - \frac{z^2}{2\omega_z^2}\right) \quad (5.5)$$

式中:x、y、z 为空间坐标;ω_{xy} 为横向方向高斯概率分布的方差(即与光轴垂直);ω_z 为纵坐标方向高斯概率分布的方差(即沿光轴方向)。这个方法的优点在于可以解析地得到关联函数方程,并获得关联函数的封闭表达式[15],即

$$G(\tau) = 1 + \frac{1}{N}\left(1+\frac{4D\tau}{\omega_{xy}^2}\right)^{-1}\left(1+\frac{4D\tau}{\omega_z^2}\right)^{-\frac{1}{2}} \quad (5.6)$$

式中:$G(\tau)$ 为一定时间延迟 τ 的二阶自关联函数;N 为 MDF 体积内荧光粒子的平均数目;D 为荧光粒子的扩散系数。式(5.6)的项可表示某些测量特性,并用来提取如扩散系数等可靠的拟合值。

然而事实证明,探针的光物理学特性、浸没物与探针浸没溶剂的折射率差

异、像散等光学色差都会影响 MDF 的形状(图 5.5)。这对结果的影响不容忽视,文献[17]已经指出了这一点。

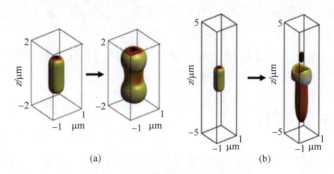

图 5.5 光学特性影响 MDF 的形状

(a) 光饱和现象在 FCS 试验中对 MDF 的影响(最左边的图是理想状态下 MDF 的形状,饱和现象逐渐改变它的形状和尺寸);(b) 当浸没物介质与测量溶液折射率不同时理想 MDF 的转变(MDF 的尺寸和形状急剧增加)。[16]

这些偏差不仅源于形状,还源于 MDF 的尺寸。因为上述所有伪影的来源确实会增加 MDF 的尺寸。这导致了无论是否使用高斯模型,MDF 的假设形状和尺寸都过小,如果不进行大量控制测量就无法精确判断 MDF 的真实尺寸。然而,由于 MDF 的尺寸和形状是用来确定扩散时间和扩散系数的,因此结果很可能是错误的。换句话说,在标准 FCS 中,MDF 是一个内在纳米级标尺,如果这把标尺的尺度以几乎不可控的方式发生改变,得出的定量结论显然有问题。

在这方面最棘手的问题是探针光学物理学特性的影响。以探针的光学饱和现象为例,它是指当探针受到强激发或经常受到激发时,增加激发强度并不能使探针释放出的光子数量增加,因为探针不能吸收或释放超过一定量的光子。

但在试验中增加激发功率会增加光子的数量。这是因为 MDF 外部区域光子的激发率增加了,总体来看与本区域(非饱和区域)激发率保持线性一致,但是在 MDF 内部区域,探针可能已经饱和,从而释放光子数量保持不变。光饱和现象见图 5.6。可以看到,MDF 的体积急剧增加,与理想 MDF 形状的差异越来越大。

这个影响很难处理,因为试验中没有直接测量探针饱和度。所以,试验中必须避免饱和现象的发生,如使用低功率激光。然而实验室操作通常与之相反,高激发功率能缩短采集时间、提高信噪比,而被认为是有利的。

与光学饱和类似,折射率的不同及显微镜系统中的光学像差(如散光)等都会影响 FCS 试验的结果。

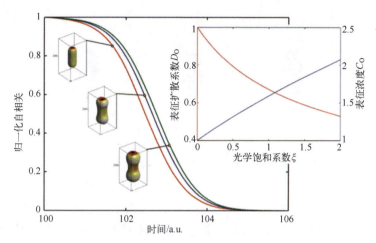

图 5.6 光饱和现象对 MDF 形状和 FCS 曲线的影响[16]（插图显示了测得的 FCS 曲线得到的扩散系数随饱和度不断增加偏离真实值）

在双焦点 FCS 或双聚焦 FCS（2fFCS）中，这一问题在很大程度上得到了解决。

5.3.1 原理

2fFCS 的主要原理就是在试验中引入一个不改变尺度的外在标尺，测量过程基本保持不变。

这个标尺就是紧挨着放置的两个相隔几百纳米具有相同波长的 MDF（或激光焦点），这样 MDF 仍然可以重合。但随着 MDF 尺寸和形状的改变，两个 MDF 之间的距离保持不变，因为各自沿显微镜光轴的轴不受像差的影响。因此引入的横向距离是一个完美的标尺。

2fFCS 的第二个要素是拟合过程中更精确地描述 MDF，它只有两个拟合参数，确保了拟合过程合理、稳定地收敛。感兴趣的读者可以参阅文献[18]了解有关细节。图 5.7 对比了高斯模型与新 MDF 模型。

结果表明，2fFCS 预测的扩散系数可以精确到 2% 以内[18]。

现在退一步仔细分析外部标尺及其实现过程。

引入外部标尺后，测量方案被修改为只测量探针从一个 MDF 扩散到另一个 MDF 所需的时间，而在传统的 FCS 中一般是测量一个探针从一个 MDF 中扩散出来所需的时间。

两个 MDF 间距越远，先在一个 MDF 中再在另一个 MDF 中探测到探针的可能性越小，MDF 重合是为了避免测量时间过长。

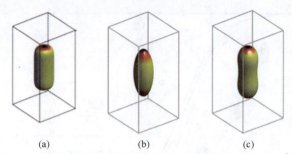

图 5.7　高斯 MDF 模型与双焦点 FCS 的 MDF 模式之对比[18]
（a）理想的 MDF；（b）高斯型 MDF；（c）文献[18]提出的新 MDF 模型。

重合 MDF 会不可避免地出现这样的问题,即如何读取光子才能将探测到的光子与正确的 MDF 匹配,因为共焦点测量中没有关于空间起源的信息。

5.3.2　试验装置

解决办法就是利用熟知的脉冲交错激发(pulsed-interleaved excitation,PIE)方案[19]。即第一个或第二个 MDF 中探针的激发交替发生。基于传统的共焦落射荧光显微镜(图 5.8 给出了简图)能够实现 2fFCS 试验中的此任务。采用两束相同波长准直激光器,发射线性偏振激光,并使偏振方向相互正交。两个激光束的汇合有一定的时间延迟,它们之间可通过如敏感光纤联系起来,这样便可在纤维的输出端观察到一整列激光脉冲及脉冲随偏振变化的关系。

为了从这列激光脉冲中获得两个水平移动的 MDF,在显微镜的物镜前放置一个诺马斯基棱镜[20]。这种棱镜一般用于差分干涉对比(differential interference contrast,DIC)显微镜。诺马斯基棱镜根据激光偏振情况为激光引入一个小角度,这个角度随后会被物镜分解成为两个水平移动的 MDF,两者交替发光。

FCS 采用传统时间分辨共焦探测方案,简化了读取过程。

下行数据处理生成荧光衰减直方图(或者 TCSPC 直方图),其中主要包含激光脉冲的时间以及脉冲后探测到光子的时间(图 5.9)。

时间分辨数据流包含了与激光脉冲有关的光子到达时间的信息,因此很容易把相应的光子分配到发射该光子的激光脉冲/MDF 中。这就意味着把空间信息(光子是在哪个 MDF 中产生的)转化为时域信息是可能的,便于将探测到的光子分配到正确的激光脉冲/MDF 中。

为了提取出扩散系数,需要计算两条自关联曲线(每个 MDF 一条)和一条互关联曲线(一个 MDF 的光子与另一个 MDF 的光子互相关)。

由于两个 MDF 间的距离已知(如可以通过一个已知扩散系数的物质参考测量得出),凭借同时适用于拟合自关联曲线和互关联曲线两者的拟合过程

第5章 先进的荧光关联光谱：荧光寿命关联光谱和双焦点荧光关联光谱简介

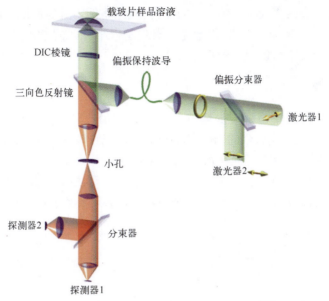

图 5.8 用于 2fFCS 的显微镜设置示意图[16]

（用偏振分束器等将两束波长相同的脉冲交错激光结合起来，使偏振光束正交，随后这些激光在偏振保持波导中耦合，因此在输出端生成一个交替偏振的激光源。随后上述激光将会被导向 DIC 棱镜，根据其偏振度，棱镜将其偏转预定的小角度。显微镜的物镜会将这个角度转换成样本空间中的一段距离，在预定距离上形成两个激光焦点。用传统的探测方法可以方便地探测该过程，但是需要使用时间关联和时间分辨率探测）

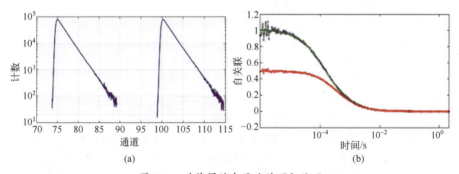

图 5.9 对获得的光子流的下行处理

(a) 通过 TCSPC 直方图中的时间关联单光子计数将光子与激发光子的激光脉冲匹配起来；
(b) 根据激光脉冲的到达时间对光子进行处理并计算出两个激光焦点的自关联曲线（蓝线和绿线）以及互关联曲线（红线）后同时拟合这 3 条曲线（拟合过程涉及更精确的双参数 MDF 模型。根据激光聚焦距离就可以从拟合中提取出绝对扩散系数）。

（图 5.9），会得到精确的扩散系数信息——与上述伪影的产生几乎完全无关。对于 2fFCS 来说，其系统的探测针孔比大多数共焦系统的大，因为要覆盖因焦点移动形成的更大探测体积。因此,信噪比略低于其他系统。由于引入的 MDF 模型最适合半针孔聚焦法,激光的聚焦是以半针孔的形式完成的,因而最终的激发体积大于衍射限制聚焦。

5.3.3 实例

上述光饱和现象不再明显影响扩散系数的值。图 5.10 中研究了著名的 Cy5 染料。Cy5 表现出很强的光饱和特性,显示出光致顺反异构化,其中一种形式就是非荧光性[22]。在非荧光状态下,分子不再发射光子直到恢复基态(一般是在几微秒内)。这些非荧光态强烈促进了光饱和。由于大多数探针至少出现一次漫长的非荧光状态,如三重态,因此几乎所有探针都必须要考虑光学饱和的情况。

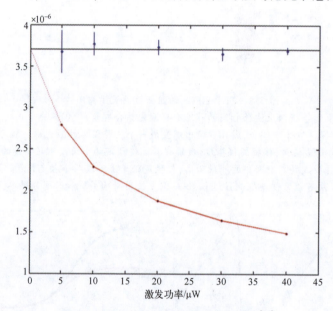

图 5.10 FCS 与 2fFCS 测量结果的对比[21]

(研究了饱和照明条件下扩散系数的显著变化。x 轴给出了每个焦点的总激发能。带误差条的点是 2fFCS 的结果,每个点测量 10 次以确定扩散系数的标准差。实线(黑色)表示的是所有 2fFCS 测量结果的平均值(蓝色)。以推演的零强度值为参考,下方的强度关联曲线是传统 FCS 的结果(红色)。虚线是用得到的零功率依赖关系推演出来的。由此可知,饱和条件下,扩散系数在 2fFCS 试验中保持稳定,而在传统的 FCS 试验中,随着饱和度的增加,扩散系数上升趋势明显放缓)

此外非常重要的是,折射率的差异并不影响 2fFCS 试验的结果[18]。一般来说,大多数光学像差不会影响 2fFCS 的试验质量。这非常重要,尤其是在温度研究中,温度变化会引起溶剂的折射率发生变化。一般温度研究都会加热/冷却显微镜的物镜;否则显微镜的物镜直接与所测量的物质接触就会成为加热/冷却源。另外,对物镜进行加热或者冷却处理也会影响物镜的光学特质导致像差,而在传统的 FCS 试验中会引起对扩散系数的错误估计,这些问题应用 2fFCS 之后就不是问题了。

5.3.4 其他应用

值得注意的是,2fFCS 在其他方面的应用在不断发展,主要的目标就是避免使用成本较高的设备,如是否需要双激光脉冲、时间关联皮秒电子仪器、或者是否真正需要脉冲激光器。一个有吸引力的解决方案就是通过使用光电调制器来旋转单个激光源的偏振。当然这可能需要一种完全不同的数据处理方法,同时这种下行数据处理非常耗时[23]。尽管存在这些缺点,但这很可能成为 2fFCS 最经济的实现方法。

另一个例子则是利用共振光电调制器的高转速性质,其频率为 20MHz,足以在脉冲周期内(几纳秒)激发脉冲激光。这种方法还可以扩展到使用连续激光上[24]。同样地,这种方法也需要一种特定的下行数据评估过程,即采用过滤 FCS 法[25]。

到目前为止,2fFCS 概念不仅在理论上得到了广泛的分析,而且也在试验中被大量应用,主要用于估算系统的扩散系数和流速测量[26]。最近 2fFCS 还被用来研究蛋白质对纳米颗粒[27]以及复杂的水合物[28]的吸附等。

2fFCS 是目前最先进扩散测量方法的首选。但是由于 2fFCS 测量设备比传统 FCS 设备更昂贵,一些实验室可能无法承担建立相应系统的费用。此外,到目前为止,尚无进行下行数据处理的商业化软件或免费软件使用这种方法。

感兴趣的读者可以参阅文献[16]了解更多关于 2fFCS 的描述。

参 考 文 献

[1] Vicidomini G, Hernández IC, Diaspro A, Galiani S, Eggeling C (2014) The importance of photon arrival times in STED microscopy. Springer Ser Fluoresc. doi:10.1007/4243_2014_73.

[2] Grußmayer KS, Herten D-P (2014) Photon antibunching in single molecule fluorescence spectroscopy. Springer Ser Fluoresc. doi:10.1007/4243_2014_71.

[3] Böhmer M, Pampaloni F, Wahl M et al (2001) Time-resolved confocal scanning device for ultrasensitive fluorescence detection. Rev Sci Instrum 72:4145. doi:10.1063/1.1406926.

[4] Wahl M, Gregor I, Patting M, Enderlein J (2003) Fast calculation of fluorescence correlation data with asynchronous time-correlated single-photon counting. Opt Express 11:3583-3591.

[5] Gregor I, Enderlein J (2007) Time-resolved methods in biophysics. 3. Fluorescence lifetime correlation spectroscopy. Photochem Photobiol Sci 6:13-18. doi:10.1039/b610310c.

[6] Kapusta P, Wahl M, Benda A et al (2007) Fluorescence lifetime correlation spectroscopy. J Fluoresc 17:43-48. doi:10.1007/s10895-006-0145-1.

[7] Enderlein J, Gregor I (2005) Using fluorescence lifetime for discriminating detector afterpulsing in fluorescence-correlation spectroscopy. Rev Sci Instrum 76:033102. doi:10.1063/1.1863399.

[8] Rüttinger S, Kapusta P, Patting M et al (2010) On the resolution capabilities and limits of fluorescence lifetime correlation spectroscopy (FLCS) measurements. J Fluoresc 20:105-114. doi:10.1007/s10895-009-0528-1.

[9] Ray K, Zhang J, Lakowicz JR (2008) Fluorescence lifetime correlation spectroscopic study of fluorophore-labeled silver nanoparticles. Anal Chem 80:7313-7318. doi:10.1021/ac8009356.

[10] Chen J, Irudayaraj J (2010) Fluorescence lifetime cross correlation spectroscopy resolves EGFR and antagonist interaction in live cells. Anal Chem 82:6415-6421. doi:10.1021/ac101236t.

[11] Yuan CT, Lin CA, Lin TN et al (2013) Probing the photoluminescence properties of gold nanoclusters by fluorescence lifetime correlation spectroscopy. J Chem Phys 139:234311. doi:10.1063/1.4848695.

[12] Chon B, Briggman K, Hwang J (2014) Single molecule confocal fluorescence lifetime correlation spectroscopy for accurate nanoparticle size determination. Phys Chem Chem Phys. doi:10.1039/c4cp01197j.

[13] Kapusta P, Macháň R, Benda A, Hof M (2012) Fluorescence lifetime correlation spectroscopy (FLCS): concepts, applications and outlook. Int J Mol Sci 13:12890-12910. doi:10.3390/ijms131012890.

[14] Basit H, Lopez SG, Keyes TE (2014) Fluorescence correlation and lifetime correlation spectroscopy applied to the study of supported lipid bilayer models of the cell membrane. Methods. doi:10.1016/j.ymeth.2014.02.005.

[15] Aragón SR (1976) Fluorescence correlation spectroscopy as a probe of molecular dynamics. J Chem Phys 64:1791. doi:10.1063/1.432357.

[16] Pieper C, Weiß K, Gregor I, Enderlein J (2013) Dual-focus fluorescence correlation spectroscopy. Methods Enzymol 518:175-204. doi:10.1016/B978-0-12-388422-0.00008-X.

[17] Enderlein J, Gregor I, Patra D et al (2005) Performance of fluorescence correlation spectroscopy for measuring diffusion and concentration. Chemphyschem 6:2324-2336. doi:10.1002/cphc.200500414.

[18] Dertinger T, Pacheco V, von der Hocht I et al (2007) Two-focus fluorescence correlation spectroscopy: a new tool for accurate and absolute diffusion measurements. Chemphyschem 8:433-443. doi:10.1002/cphc.200600638.

[19] Müller BK, Zaychikov E, Bräuchle C, Lamb DC (2005) Pulsed interleaved excitation. Biophys J 89:3508-3522. doi:10.1529/biophysj.105.064766.

[20] Allen RD, David GB, Nomarski G (1969) The zeiss-Nomarski differential interference equipment for transmitted-light microscopy. Z Wiss Mikrosk 69:193-221.

[21] Loman A, Dertinger T, Koberling F, Enderlein J (2008) Comparison of optical saturation effects in con-

ventional and dual-focus fluorescence correlation spectroscopy. Chem Phys Lett459:18-21. doi:10.1016/j.cplett.2008.05.018.

[22] Huang Z, Ji D, Xia A et al (2005) Direct observation of delayed fluorescence from a remarkable back-isomerization in Cy5. J Am Chem Soc 127:8064-8066. doi:10.1021/ja050050+.

[23] Korlann Y, Dertinger T, Michalet X et al (2008) Measuring diffusion with polarization-modulation dual-focus fluorescence correlation spectroscopy. Opt Express16:14609-14616.

[24] Štefl M, Benda A, Gregor I, Hof M (2014) The fast polarization modulation based dual-focus fluorescence correlation spectroscopy. Opt Express 22:885-899.

[25] Felekyan S, Kalinin S, Sanabria H et al (2012) Filtered FCS: species auto- and cross- correlation functions highlight binding and dynamics in biomolecules. Chemphyschem 13:1036-1053. doi:10.1002/cphc.201100897.

[26] Arbour TJ, Enderlein J(2010) Application of dual-focus fluorescence correlation spectroscopy to microfluidic flow-velocity measurement. Lab Chip 10:1286-1292. doi:10.1039/b924594d.

[27] Nienhaus GU, Maffre P, Nienhaus K (2013) Studying the protein corona on nanoparticles by FCS. Methods Enzymol 519:115-137. doi:10.1016/B978-0-12-405539-1.00004-X.

[28] Lehmann S, Seiffert S, Richtering W (2012) Spatially resolved tracer diffusion in complex responsive hydrogels. J Am Chem Soc 134:15963-15969. doi:10.1021/ja306808j.

第 6 章 寿命加权 FCS 与二维 FLCS：时间标记 TCSPC 的先进应用

Kunihiko Ishii, Takuhiro Otosu, Tahei Tahara

摘　要　时间标记时间关联单光子计数(time-correlated single photon counting, TCSPC)是 TCSPC 的一种特殊获取模式,不仅能确定被测光子的激发-发射延时,还能给出试验开始到其到达的时间。时间标记 TCSPC 可以探测荧光寿命的缓慢波动,这对非均匀或动态系统的单分子研究非常重要。本章将介绍使用时间标记 TCSPC 的新方法的最新进展,旨在展现它们在研究复杂系统动力学方面的潜力。列举了两个与荧光关联光谱(fluorescence correlation spectroscopy, FCS)密切相关的方法,即寿命加权 FCS 和二维荧光寿命关联光谱(two-dimensional fluorescence lifetime correlation spectroscopy, 2D FLCS)。这两种方法可以实现在微秒级上量化荧光寿命波动。以生物高分子研究为例,说明了上述方法在实际运用中的有效性。此外,还描述了时间标记 TCSPC 的另一种应用,即通过分析光子间隔时间来表征光子探测器的时间不稳定性。

关键词　生物高分子　荧光关联光谱　荧光寿命　微秒动力学　时间标记 TCSPC

6.1　前言

TCSPC 是一种时间分辨率可达数十到数百皮秒的测量荧光寿命的灵敏方法。典型的 TCSPC 由脉冲激发源、一个响应时间短的光子探测器以及一个电子电路组成,该电路可以 TCSPC 信道数量为单位("微时",图 6.1)准确测定激发脉冲与光子信号之间的时间延迟。荧光光子累积足够的量后,将荧光衰减曲线表示为微时的直方图。样品分子的特征荧光寿命是根据荧光衰减曲线来评估

第 6 章 寿命加权 FCS 与二维 FLCS：时间标记 TCSPC 的先进应用 99

的,一般用指数函数来进行拟合分析。

在普通的 TCSPC 试验中,只通过记录被探测光子的微时来构建整体均值直方图,而在较慢的时间尺度(微秒到秒)中忽略了微时的时间波动信息。另外,在时间标记 TCSPC 中[1],单个光子从试验开始的绝对到达时间会被记录下来("时间标记"或"微时",图 6.1)。微时和宏时相结合能促进同步测量荧光寿命与荧光强度波动,不仅如此,荧光光子的获取模式使我们能分析微时间与宏时间的相关性,实际上提供了从微秒到秒时间尺度上的荧光寿命波动信息。这种由分子构象动力学引起的荧光寿命的波动对于单分子水平的荧光测量是很关键的。在单分子试验中获得包含在荧光寿命波动中的信息,对找到一种可靠、方便且通用的分析时间标记 TCSPC 数据的方法是至关重要的。

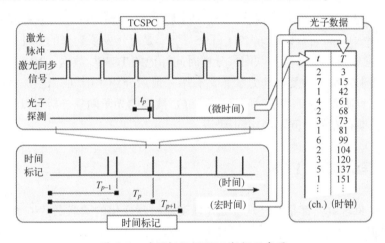

图 6.1 时间标记 TCSPC 数据示意图

(对于每一个探测到的光子,用 TCSPC 模块来测量微时间(t)和宏时间(T)。光子数据是根据宏时值排序的由探测光子的微时间和宏时间组成的集合)

到目前为止,已经报道了多种用于分析时间标记 TCSPC 数据的方法,如爆发积分荧光寿命(burst-integrated fluorescence lifetime, BIFL)[2]和荧光强度与寿命分布分析(fluorescence intensity and lifetime distribution analysis, FILDA)[3],这两种基于单分子的技术通过评估短箱窗口平均荧光寿命并分析其统计数据来探测荧光寿命的分布。这些方法可用于静态多组分系统中荧光寿命分布的探测,然而它们不适用于涉及快速寿命波动的动态系统,因为时间分箱限制了分箱宽度的时间分辨率。

基于 FCS 的方法以非合并(逐个光子)的方式处理时间标记 TCSPC 数据[4],我们能够研究时间分辨率低至几十纳秒的荧光寿命波动。当提前知道各物质荧光衰减信息时,荧光寿命关联光谱(fluorescence lifetime correlation spectroscopy,FLCS)[5-8]是一种很有用的技术。这种情况下,FLCS利用探测到的每个光子的微时间信息来推测光子的来源,即光子从什么物质发出。通过对比观察到的微时间和各物质荧光衰减曲线(参考),FLCS可以以物质选择的方式确定相关物质的自相关性和互相关性。然而FLCS不适用于我们不了解该成分荧光寿命信息的情况。因此,需要一种新的无参考的方法来研究可能出现未知中间态的高分子构象动力学。

我们会在本章介绍利用时间标记TCSPCS来研究高分子构象动力学的无参考方法的最新进展。寿命加权FCS[9]是一种简单的用来探测样本不均匀性的无参考方法。该方法用于发现样本的不均匀性以及/或首次用来探测高分子构象动力学的时间尺度。二维荧光寿命关联光谱(two-dimensional fluorescence lifetime correlation spectroscopy,2D FLCS)[10-12]是近年发展起来的一种通用无参考方法,它通过建立二维关联图来分析时间标记的TCSPC数据。2D FLCS对于直观研究未知系统的复杂动力学非常有用。最后介绍了时间标记TCSPC的另一种应用。研究表明,基于时间标记TCSPC数据的光子间隔分析可以解决光子探测器长期存在的时间不稳定问题[13]。

6.2 寿命加权 FCS

通常FCS试验都是通过观察荧光强度随时间变化的关联函数$I(T)$来进行的[14],即

$$G_I(\Delta T) = \frac{\langle I(T)I(T+\Delta T)\rangle}{\langle I(T)\rangle^2} \tag{6.1}$$

式中:ΔT为延迟时间关联性,尖括号表示总体平均。数值是利用时间标记光子数据逐个光子算出来的,即

$$G_I(\Delta T) = \frac{\sum_{p=1}^{N}\sum_{q=1}^{N}\begin{cases}1 & \Delta T - \frac{\Delta\Delta T}{2} < T_q - T_p < \Delta T + \frac{\Delta\Delta T}{2}\\ 0 & \text{其他}\end{cases}}{N^2 T_{max}^{-2} \cdot (T_{max} - \Delta T) \cdot \Delta\Delta T} \tag{6.2}$$

式中:$T_{p(q)}$为第$p(q)$个光子的宏时间;N为所探测到的光子总数;$\Delta\Delta T$为任意窗口尺寸;T_{max}为测量时间。该定义可以得出时间标记TCSPCS数据里所有满足延迟时间为ΔT的光子对(图6.2(a))。式(6.2)的分母是归一化因子,选择这一参数使得与强度无关时,$G_I(\Delta T)$为1。$G_I(\Delta T)$反映了荧光强度的波动。

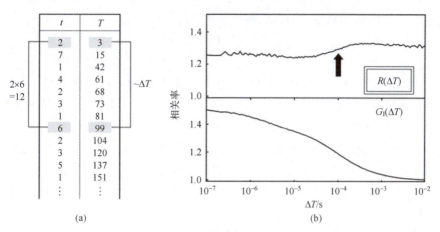

图 6.2　TCSPC 的关联计算及 FCS 测量结果

(a) 时间标记 TCSPC 数据的关联计算(在光子数据中寻找间隔为 ΔT 的光子对，计算其出现的次数。在寿命加权 FCS 中，根据相应微时间的乘积对计数加权[9])；

(b) DNA 发夹的寿命加权 FCS 测量结果[12](上部:式(6.5)中定义的相关比，箭头代表相关比的转变;下部:普通荧光强度相关性)。

(Ishii K,Tahara T (2010、2013))

如果把时间标记 TCSPC 获得的微时间数据合并到 FCS 上，就可以研究荧光寿命的波动。最简单的方法就是用光子 p 和 q 的微时(t)的乘积来替代等式分子的"1"(图 6.2(a))[9]，即

$$G_L(\Delta T) = \frac{\sum_{p=1}^{N}\sum_{q=1}^{N}\begin{cases} t_p t_q & \Delta T - \frac{\Delta\Delta T}{2} < T_q - T_p < \Delta T + \frac{\Delta\Delta T}{2} \\ 0 & 其他 \end{cases}}{\bar{t}^2 N^2 T_{max}^{-2} \cdot (T_{max} - \Delta T) \cdot \Delta\Delta T} \quad (6.3)$$

式中：$\bar{t} = \sum_{p=1}^{N} t_p / N$ 为荧光寿命的总体均值。等式(6.3)也可写为

$$G_L(\Delta T) = \frac{\langle t(T)I(T)t(T+\Delta T)I(T+\Delta T) \rangle}{\langle t(T)I(T) \rangle^2} \quad (6.4)$$

式中:$t(T)$ 为当宏时间为 T 时的荧光寿命。等式右边可理解为寿命加权荧光强度的关联函数。值得注意的是，它虽然看起来与直觉相反，但式(6.3)并不是荧光寿命自身的关联函数，即 $\langle t(T)t(T+\Delta T) \rangle / t(T)^2$。强度因数 $I(T)$ 在式(6.4)中出现的原因是对关联函数进行逐光子评估不可避免地会受荧光强度波动的影响。因此，更多的光子在荧光强度较高的时间区域被采样。

要将寿命波动与强度波动区分开来，可以把寿命加权荧光相关性的比率

(等式(6.3))运用到普通的强度相关系数中(式(6.2))[9],有

$$R(\Delta T) = \frac{G_L(\Delta T) - 1}{G_1(\Delta T) - 1} \quad (6.5)$$

如式(6.5)所示,通过消除波动强度引起的相关振幅可以观察到荧光寿命波动的程度及时间尺度。若整个系统均匀,$R(\Delta T)$为1。相反,如果该系统由不同荧光寿命的多个物质组成,$R(\Delta T)$值不为1。构象动力学等动态过程通常导致的不同荧光寿命的物质间相互转化引起了$R(\Delta T)$的变化。值得注意的是,只要样本中分子的扩散行为不发生变化,式(6.5)定义的$R(\Delta T)$就能不受扩散作用的影响来反映引起荧光寿命波动的分子内动力学。这一特征对在微秒到毫秒时间域上研究高分子的构象动力学尤为重要。

图6.2(b)反映的是构成发夹结构(6-FAM-5'-TTTAACC(T)$_{18}$GGTT-3'-TAMRA)的单链DNA的$R(\Delta T)$曲线[12]。DNA样品用两个荧光团标记,构成福斯特共振能量转移对(Forster resonance energy transfer,FRET)。从供体(FAM)到受体(TAMRA),FRET的效率在发夹结构形成的过程中急剧上升。因此,可以通过观察FRET效率来研究DNA发夹的形成与分解动力学。FRET效率E用供体的荧光寿命τ_D来表示,即

$$E = 1 - \frac{\tau_D}{\tau_D^0} \quad (6.6)$$

式中:τ_D^0为在没有受体时供体固有的荧光寿命。因此,量化为荧光供体的$R(\Delta T)$的τ_D波动可以用来探测DNA发夹形成的动力学。在图6.2(b)中,DNA发夹的$R(\Delta T)$曲线清晰地反映了$\Delta T \sim 100\mu s$的转变,这是时间尺度内存在改变FAM荧光寿命的动力学的一个明确证据。换句话说,改变DNA结构的动态被寿命加权FCS探测到了。值得注意的是,虽然在$R(\Delta T)$中探测到了该过渡,但由于同时存在源自扩散和三重态构造的动态信号,因此在原始相关曲线($G_1(\Delta T)$,图6.2(b))上相应的信号并不明显。

总之,寿命加权FCS是时间标记TCSPC数据的一种简单免参考应用,可用来探测样本的不均匀性和通过$R(\Delta T)$来探测不均匀性的弛豫动力学。该方法在生物高分子动力学探测上优于传统的FCS方法,但是寿命加权FCS不能提供关于系统的详细信息。具体来说,不能得知每个物质的具体数量、荧光寿命以及观测到动力学中涉及哪些物质。下面就是通过仔细观察时间标记TCSPC数据来阐明这些细节。

6.3 二维荧光寿命关联光谱(2D FLCS)

6.3.1 构建二维关联图

时间标记 TCSPC 数据由探测到的光子微时间与宏时间列表组成(图 6.1)。要深入研究时间标记数据的关联模式,就要避免分析过程中遗漏任何信息。最好的办法是逐个研究微时间值的所有可能组合的关联函数 $\{t^{(i)}, t^{(j)}\}$ [10-12,15],即要利用下面的关联函数来充分利用时间标记数据里的微时间信息,即

$$M_{ij}(\Delta T) = \langle I(T; t^{(i)}) I(T + \Delta T; t^{(j)}) \rangle$$

$$= \frac{\sum_{p=1}^{N} \sum_{q=1}^{N} \begin{cases} \delta_{t_p t^{(i)}} \delta_{t_q t^{(j)}} & \Delta T - \frac{\Delta \Delta T}{2} < T_q - T_p < \Delta T + \frac{\Delta \Delta T}{2} \\ 0 & \text{其他} \end{cases}}{(T_{\max} - \Delta T) \cdot \Delta \Delta T} \quad (6.7)$$

式中: $I(T; t^{(i)})$ 为在宏时间为 T 时第 i 个 TCSPC 信道探测到的荧光强度; δ_{kl} 为克罗内克 δ 函数。例如,如果设 $i=1$、$j=2$,等式(6.7)就成了在第一和第二 TCSPC 信道探测到的荧光强度的(未归一化)互关联函数。将所有 $\{i,j\}$ 组合的 $M_{ij}(\Delta T)$ 值集中在一起,可以得到一个二维相关数据矩阵 $M(\Delta T)$。注意:把 $M(\Delta T)$ 中所有元素加在一起,就会得到普通(未归一化)荧光强度的相关性,即

$$\sum_i \sum_j M_{ij}(\Delta T) = \langle I(T) I(T + \Delta T) \rangle$$

$M(\Delta T)$ 的实际计算过程如下(图 6.3)。

① 任选一个时间尺度与窗口尺寸(ΔT 与 $\Delta \Delta T$)。

② 准备好二维数组用于储存 $M(\Delta T)$。数组的大小等于 TCSPC 信道数量的平方,如 256×256。$M(\Delta T)$ 初始化设置数组中每个元素均为零。

③ 时间标记 TCSPC 数据中第一个光子的宏时间与微时间(T_1, t_1)被探测并储存在缓存器中。

④ 扫描宏时间表,选择宏时间值介于 $T_1+\Delta T-\Delta \Delta T/2$ 与 $T_1+\Delta T+\Delta \Delta T/2$ 之间的光子。

⑤ 如果找到匹配的光子,读取其微时间(t_m)。

⑥ $M(\Delta T)$ 中 $\{t_1, t_m\}$ 的增量为 1。

⑦ 重复步骤④~⑥,找到所有匹配的光子。

⑧ 重复步骤③寻找第二个光子。其宏时间与微时间(T_2, t_2)被探测并储存在缓存器中。

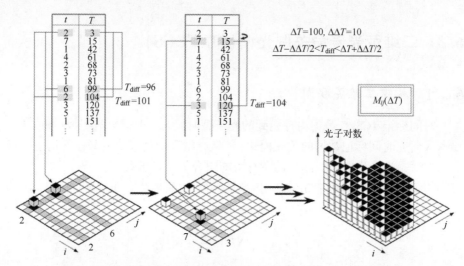

图 6.3 构造二维相关图的过程示意图(这里的相关时间尺度(ΔT)以及窗口尺寸($\Delta \Delta T$)分别设为 100 与 10。第一部分(左边)表示的是步骤③~⑦，第二部分(中间)表示的是步骤⑧、⑨)

⑨ T_2 与 t_2 时重复步骤④~⑦。

⑩ 重复步骤⑧、⑨，寻找其余光子。

有时为避免因探测器的跟随脉冲效应造成的伪影[16]，FCS 试验通过利用两个独立的探测器在互相关配置中进行。这种情况下，步骤③(或步骤⑧)和步骤④中探测的光子应来自不同的探测器。

大体来讲，所得的二维矩阵 $M(\Delta T)$ 的物理意义如下。

① 小 $t^{(i)}$ 与小 $t^{(j)}$ 值的 $M(\Delta T)$ 元素主要反映的是短寿命物质的自相关性。

② 大 $t^{(i)}$ 与大 $t^{(j)}$ 值的 $M(\Delta T)$ 元素主要反映的是长寿命物质的自相关性。

③ 小 $t^{(i)}$ 值与大 $t^{(j)}$ 值的 $M(\Delta T)$ 元素主要反映的是短寿命物质与长寿命物质的互相交性。

重要的是，$M(\Delta T)$ 保留了可从时间标记 TCSPC 数据中得到的两点相关性的全部信息。因此，任何其他对时间标记 TCSPC 数据进行的分析都可以从 $M(\Delta T)$ 中转换。这种新的解释使我们对现有方法有了一个清晰的概念，从而进一步促进了新分析方法的发展。例如，Enderlein 和他的同事研究的 FLCS[5-8] 方法可以根据下面 $M(\Delta T)$ 的框架来理解。在 FLCS 中，假设事先对荧光衰减情况已经相当了解，然后探测到的二维相关矩阵 $M(\Delta T)$ 就应该为已知衰减曲线的自相关和互相关总和，即

$$M_{ij}(\Delta T) = \sum_{k,l} g_{kl}(\Delta T) I_k(t^{(i)}) I_l(t^{(j)}) \tag{6.8}$$

式中：$I_{k(l)}(t)$ 为物质 $k(l)$ 的衰减曲线；$g_{kl}(\Delta T)$ 为延迟时间 ΔT 时物质 k 与物质 l 的相关性。FLCS 分析[5-8]在数学上等同于利用式(6.8)对观测到的 $M(\Delta T)$ 进行最小均方拟合，即利用 $I_k(t)$ 与 $I_l(t)$ 的组合进行拟合，从而确定未知的 $g_{kl}(\Delta T)$。用二维矩阵解释的 FLCS 清楚地表明，当事先对荧光衰减成分没有任何了解时，就需要一种新的分析方法。这种情况下，应不借助任何参考根据观测到的 $M(\Delta T)$ 同时决定 $I_k(t)$、$I_l(t)$ 及 $g_{kl}(\Delta T)$。接下来会继续探讨如何实现无参考的 $M(\Delta T)$ 分析，这是 2D FLCS 的核心[10-12]。

6.3.2 背景减除

首先要注意，由于光子对是从共存在被观测体中的不同分子发射出来的，因而 FCS 中获得的相关信号总是伴随着不相关背景。放射性的背景信号，如溶剂拉曼散射，也会导致不相关背景。可以利用在延迟时间 ΔT 很长时的 $M(\Delta T)$ 将相关光子从不相关背景中分离出来[10]。

经过足够长的延迟时间后，相关性会因扩散而消失。因此，在延迟时间很长时 $M(\Delta T)$ 的第 $\{i,j\}$ 个元素就成为整体平均荧光衰减曲线上第 i 个点与第 j 个点的乘积，即

$$M_{ij}^{\text{unc}} = \bar{I}(t^{(i)})\bar{I}(t^{(j)}) \tag{6.9}$$

可以通过减除不相关部分来获得 $M(\Delta T)$ 的相关部分，即

$$M_{ij}^{\text{cor}}(\Delta T) = M_{ij}(\Delta T) - M_{ij}^{\text{unc}} \tag{6.10}$$

$M^{\text{cor}}(\Delta T)$ 不受任何分子或不相关背景的影响，因为这些影响的波动不是以相关的形式呈现的。这意味着通过分离相关部分，可以把 $M^{\text{cor}}(\Delta T)$ 当作理想状态下单分子试验得出的，即浓度极低且无背景散射的状态。

图 6.4 是减除不相关背景后的效果图[12]。样品是两种荧光染料 Cy3 和 TMR(四甲基罗丹明)的混合物。图 6.4(a)显示的是 Cy3、TMR 及其混合物的荧光衰减曲线。Cy3 的荧光寿命是 0.18ns，TMR 的荧光寿命为 2.4ns。混合物的荧光呈现出双指数衰减，与 TMR 和 Cy3 衰减曲线的总和对应。图 6.4(b)表示的是不相关背景 M^{unc} 的 2D 图，图 6.4(c)显示的是当 $\Delta T = 10 \sim 100\mu s$ 时 M^{unc} 值相关部分的 2D 图。根据形状很容易得知这两幅 2D 图的差异，即相关部分沿着时间零线显得过于平缓，而不相关部分峰值较显著。这些峰值表示的是短寿命成分(Cy3)和长寿命成分(TMR)之间的互相关性，因此它们在相关部分的缺失表明这些成分间的互相关性为零。这个互相关性理所当然是零，因为样品是两种独立染料的混合物。该一致性证明了在此分析中不相关背景被合理地减除了。因此，相关部分可以等同于 TMR 与 Cy3 单分子相关信号之和。

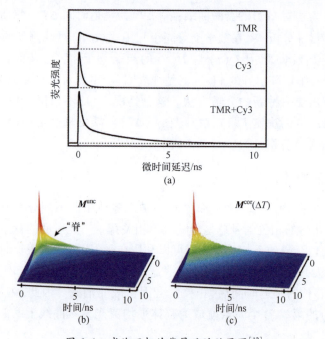

图 6.4 减除不相关背景后的效果图[12]
(a) 用 TCSPC 法测量的两种荧光染料(TMR 与 Cy3)及其混合物的荧光衰减曲线;
(b) $\Delta T = 10 \sim 100 \mu s$ 时相关部分的 2D 图;
(c) 混合物中根据时间标记 TCSPC 数据构建的 2D 相关图。(注意(b)中的峰值明显可见)

6.3.3 逆拉普拉斯变换与复合分解

下一步是 $M^{cor}(\Delta T)$ 的分解[11-12]。当样品由多物质组成时,$M^{cor}(\Delta T)$ 就成了这些物质作用力的总和。这时可以把 $M^{cor}(\Delta T)$ 分解成以下形式,从而分辨出各个物质以便研究它们之间的互换现象,即

$$M_{ij}^{cor}(\Delta T) = \sum_{k,l} g_{kl}^{cor}(\Delta T) I_k(t^{(i)}) I_l(t^{(j)}) \qquad (6.11)$$

式中:$g_{kl}^{cor}(\Delta T)$ 为 k 和 l 特定物质间关联函数的相关部分。若不同物质间没有发生交换反应,则互相关 $g_{kl}^{cor}(\Delta T)$ 为零。若 k 和 l 间发生交换反应,则 $g_{kl}^{cor}(\Delta T)$ 开始出现在反应的时间尺度上。

但事实上,利用式(6.11)很难分解 $M^{cor}(\Delta T)$,因为无法获取参考数据(即 $I_i(t)$ 的函数形式)时,不同物质的荧光衰减曲线在 $M^{cor}(\Delta T)$ 中的区分并不明确。通过分析每个物质的荧光寿命而非荧光衰减曲线,可降低这种复杂性。一般来说,可通过持续分布式荧光寿命 τ 和相应振幅 $a(\tau)$ 呈现特定物质的荧光

衰减曲线,即

$$I(t) = \int_0^\infty a(\tau)\exp\left(-\frac{t}{\tau}\right)d\tau \qquad (6.12)$$

然后可将 $M^{cor}(\Delta T)$ 写成

$$M_{ij}^{cor}(\Delta T) = \sum_{k,l} g_{kl}^{cor}(\Delta T)\int_0^\infty a_k(\tau')\exp(-t^{(i)}/\tau')d\tau' \int_0^\infty a_l(\tau'')\exp(-t^{(j)}/\tau'')d\tau''$$

$$= \int_0^\infty \int_0^\infty \widetilde{M}_{\tau'\tau''}(\Delta T)\exp(-t^{(i)}/\tau')\exp(-t^{(j)}/\tau'')d\tau'd\tau''$$

(6.13)

其中引入了二维寿命相关图,即

$$\widetilde{M}_{\tau'\tau''}(\Delta T) = \sum_{k,l} g_{kl}^{cor}(\Delta T)a_k(\tau')a_l(\tau'') \qquad (6.14)$$

当每个物质的荧光寿命都确定时,$a(\tau)$ 的峰值相距甚远。此外 $\widetilde{M}(\Delta T)$ 在二维图中也显示出清晰的峰值,直接重现样本中物质的自相关和互相关。因此,$\widetilde{M}(\Delta T)$ 更适合基于物质直观分析动力学过程。从 $I(t)$ 到 $a(\tau)$ 的转换在形式上相当于拉普拉斯逆变换(inverse Laplace transform, ILT),$M^{cor}(\Delta T) \to \widetilde{M}(\Delta T)$ 的转换相当于二维 ILT。由于 ILT 数值不稳定,通常需要一个特殊程序执行 ILT。有时选用最大熵法(maximum entropy method, MEM)来降低数字不稳定性[17-18]。从已发表的论文[12]可知,最大熵法可用于解决上述 2D ILT 问题并且由 2D FLCS 中的 $M^{cor}(\Delta T)$ 可知 $\widetilde{M}(\Delta T)$。

上述获得 $\widetilde{M}(\Delta T)$ 的过程实现了 2D FLCS。不同物质间的互相关($g_{kl}^{cor}(\Delta T), k \neq l$)作为两种不同寿命间的非对角峰出现在 $\widetilde{M}(\Delta T)$ 的图中,其中两种不同寿命分别代表物质 k 和 l(等式 6.14)。因此,通过研究非对角峰强度与 ΔT 相关性的关系,可追踪代表两个物质(k 和 l)之间平衡过程的 $g_{kl}^{cor}(\Delta T)$ 的时间演化。

图 6.5 是 2D FLCS 的一个例子[11]。为了验证 2D FLCS 分析,这里使用了明确的参数,并通过动力学蒙特卡罗模拟生成了合成光子数据。假设状态 A 和状态 B 之间存在一个双态反应模型,正反应常数为 k_f,逆反应常数为 k_b,$k_f = k_b = (100_{\mu s})^{-1}$。状态 A 和状态 B 的荧光寿命分别设定为 1ns 和 5ns。图 6.5(a)显示了根据不同延迟时间的模拟光子数据所构建的 $M^{cor}(\Delta T)$。从中可知 2D 相关图像的形状随 ΔT 变化而变化,在不同微时间值对应的 2D 图片中也非常明显(图 6.5(a)的底部)。该变化反映了状态 A 和状态 B 之间在 ΔT 期间的互变现象。可用 2D ILT 把 $M^{cor}(\Delta T)$ 到 $\widetilde{M}(\Delta T)$ 的转换更清楚地显示出来(图 6.5(b))。

在转换后的 2D 寿命图中,可清晰地看到与状态 A($\tau=1ns$)和状态 B($\tau=5ns$)相对应的孤立的非对角峰。上述两种状态在最短延迟时段($\Delta T=0\sim10\mu s$)中无明显交叉峰,可证实两种状态间无相关性。随后交叉峰的逐渐上升反映了两种状态的转变,这与采用的反应模型一致。结果表明,通过对比不同 ΔT 的 2D 寿命图,可显示不同物质间的平衡过程,并可针对特定物质计算出其时间常数。

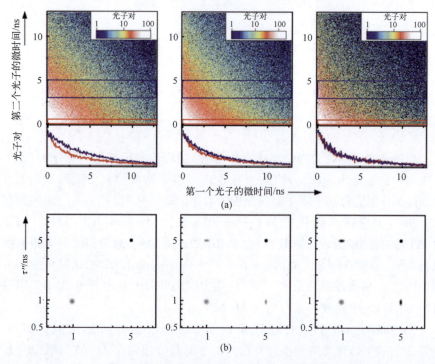

图 6.5 应用动力学蒙特卡罗模拟生成的合成光子数据的 2D FLCS
(a) 2D 图($M^{cor}(\Delta T)$)在 $\Delta T=1\sim10\mu s$(左)、$40\sim60\mu s$(中)和 $200\sim220\mu s$(右)的相关部分(这些图在彩色矩形图上的切片积用相应的颜色显示在下方);(b) 转换后 $\Delta T=1\sim10\mu s$(左)、$40\sim60\mu s$(中)和 $200\sim220\mu s$(右)的 2D($\widetilde{M}(\Delta T)$)寿命图[11]。

6.3.4 应用:DNA 动力学

接下来展示了 2D FLCS 在发卡式 DNA 分子中的应用,前面已经用寿命加权 FCS 对它进行了探测(图 6.2)[12]。为说明 $M^{cor}(\Delta T)$ 在 $\Delta T\sim100\mu s$ 观察到的 DNA 发卡动力学,构建了长于该时间尺度的 3 个时间域(图 6.6a)。这些 $M^{cor}(\Delta T)$ 随 ΔT 发生变化。但与之前的例子相反,$M^{cor}(\Delta T)$ 的变化并不明显,因此很难直接从 2D 图得出物理信息。此时利用 2D ILT 法,$M^{cor}(\Delta T)$ 到 $\widetilde{M}(\Delta T)$ 的转换十分高效(图 6.6(b))。在利用 MEM 的 2D ILT 分析中,假设样本中同时存在 3 种互不相关的成分,对这 3 种成分来说,MEM 决定了荧光寿命分布 $a_k(\tau)$,和自相关和互相关 $g_{kl}^{cor}(\Delta T)$(式(6.13)(6.14))。同时对图 6.6(a)的 3 张 2D 图进行分析,能够得到与 ΔT(总体分析)无关的 $a_k(\tau)$ 的公共集合。图 6.6 给出了 $a_k(\tau)$($k=1\sim3$)。当 ΔT 最短时 $\widetilde{M}(\Delta T)$ 中观察到的峰值(图 6.6(b))与上述 3 种成分的自相关峰相符(注意:部分成分因快速的结构波动呈现出指数衰减,因此这些物质的自相关中出现了交叉峰)。重要的是,在图 6.6(b)的第二和第三个图中发现了新的交叉峰的生长,如图 6.6 中箭头所

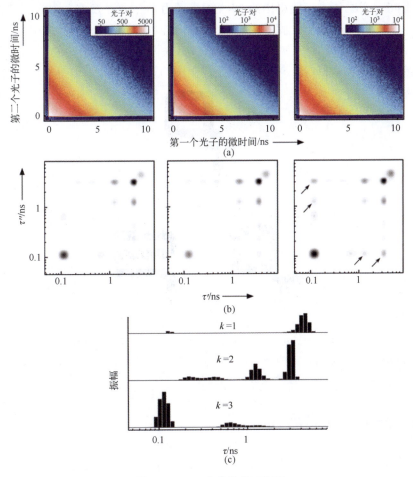

图 6.6 DNA 发卡的 2D FLCS

(a) 2D 图($M^{cor}(\Delta T)$)ΔT 在 = 10~30μs(左)、30~100μs(中)和 100~200μs(右)时的相关部分;
(b) 在 ΔT=10~30μs(左)、30~100μs(中)和 100~200μs(右)时转换后的 2D 寿命图;(c) 在分析中抽取的 3 个独立成分($a_k(\tau)$,$k=1\sim3$)(它们的自相关和互相关组成了(b)中的 2D 寿命图)。

示。这些交叉峰代表通过寿命加权FCS(图6.2)观察到的DNA发卡的约100μs动力学起源,且与图6.6(c)中第二($k=2$)和第三种成分($k=3$)之间的互相关相符。根据对照样品的荧光衰减测量,第二和第三种成分被分别归为开放型和封闭型,而第一种($k=1$)成分则是由于DNA分子为缺乏活性受体染料[12]。因此,观察到的动力现象起因于开放型和封闭型之间的相互转变。另外,第一种成分和其他成分之间并未观察到任何交叉峰。第一种成分来自无活性受体的物质,因此与其荧光寿命不会随着延迟时长ΔT的变化而变化的现象相符。

图6.7总结了本试验得出的DNA发卡动力学。DNA发卡动力学可被描述为介于开放型和封闭型之间的双态模型,同时样本中含有受体失活DNA。试验表明,在事先不了解各物质的情况下,2D FLCS可用于获得特定物质相关性并将其分离出来,如开放型、封闭型,甚至样本中的失活分子。

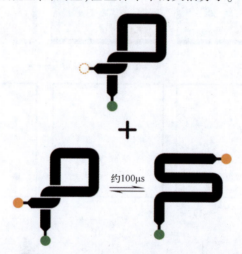

图6.7 通过2D FLCS观察到的DNA发卡动力学原理图(绿色和橙色圆圈分别代表供体(FAM)和受体(TAMRA)染料。封闭型(左下角)和开口型(右下角)的平衡点约100μs,而受体失活物质(顶部)也出现在样本溶液中)

6.4 光子时间间隔分析

目前已经讨论了如何通过两种新研发的方法利用时间标记TCSPC量化荧光寿命波动,即寿命加权FCS和2D FLCS。接下来描述另一种利用时间标记TCSPC数据的方法来重点研究其局部特征。不同于收集固定时间间隔的光子对,这里只考虑光子表中直接相邻的光子对,并验证它们的微时间与时间间隔之间的关系(图6.8(a))。有时选用汉伯里布朗及特维斯模型[19]研究光子间隔分布,以此确定光子间隔分布和强度关联函数之间的关系,进而研究纳秒光子相关性[20-21]。在此将介绍结合了微时信息的光子间隔分析的应用,并证明了其在分析光子探测器时间不稳定问题上的有效性[13]。

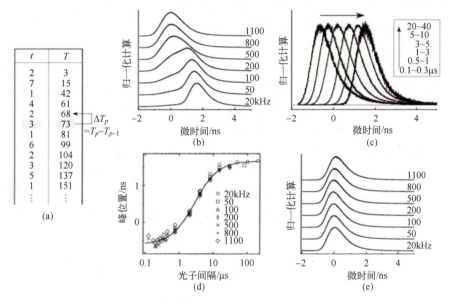

图 6.8　时间标记 TCSPC 数据的光子间隔分析
(a) 第 p 个光子的光子间隔界定;(b) 通过 SPAD 获得的 IRF 的计数率依赖性;(c) 根据不同 ΔT 值的光子重新构建的 IRF 曲线(显示了 IRF 与 ΔT 的相关性);(d) 不同计数率下所测得的 IRF 峰位与 ΔT 的相关性;(e) 校准后的 IRF 与计数率之间的关系。

单光子雪崩光电二极管(single photon avalanche photodiode,SPAD)是 TCSPC 试验中常用的光子探测器,特别是在单分子荧光寿命测量和荧光寿命成像(fluorescence lifetime imaging,FLIM)试验中。SPAD 的一个明显的缺点就是仪器反应函数(instrument response function,IRF)的形状和峰位与计数率有关,影响了荧光寿命的精确测量。通常认为,上述计数率依赖性源自 SPAD 中的猝灭电路[22]。接下来将利用时间标记 TCSPC 测量的 IRF 数据分析该问题,并给出了有效的校准方法[13]。

图 6.8(b)显示了 SPAD 中 IRF 与计数率之间的关系。通过建立不同强度的激光脉冲散射光子的微时间直方图获得上述曲线。数据清晰地显示了 IRF 随计数率变化而剧烈变化。为了更详细地检验该时间不稳定性,利用宏时间信息(图 6.8(a))并根据与前一个光子的时间间隔对所有探测到的光子进行分类,有

$$\Delta T = T_p - T_{p-1} \tag{6.15}$$

通过收集相同 ΔT 值的光子评估与 ΔT 相关的 IRF(图 6.8(c)),可知 IRF 的峰位随 ΔT 单调变化,而形状大都保持不变,表明图 6.8(b)中观察到的计数率的依赖性主要源于与 ΔT 相关的时间偏移。图 6.8(d)是不同计数率下所测得的 IRF 与 ΔT 相关的峰位,可清楚地看到,不同计数率下所测数据互相重合,变化趋势相同。由此可得,导致时间不稳定性的因素是时间间隔 ΔT 而非平均计数率。

如果更详细地分析平均延迟时间的 ΔT 相关性(图 6.8(d)),或能进一步了解导致时间不稳定性的物理学根本原因。但即便没有从细节处探讨该机制,也可利用 ΔT 相关性校准与计数率相关的计时偏移[13]。实际上,可通过拟合 IRF 与 ΔT 相关的峰位(图 6.8(d)),利用适当的函数来获得校准曲线。本书采用希尔方程拟合观察到的数据(图 6.8(d),实线)。利用相同光子探测器探测到的光子微时间均可用相同校准曲线校准。图 6.8(e)是不同计数率的 IRF 校准曲线。校准效果非常明显,即 IRF 的形状和位置几乎与计数率无关。通过上述校准可在 TCSPC 试验中得到最佳时间分辨率,尤其是在 FLIM 等计数率波动较大的应用中。

6.5 总结

本章介绍了两种最近研发的利用时间标记 TCSPC 的方法,用于从收集到的光子数据中获取尽可能多的信息。可以注意到,上述两种方法不需要对标准 TCSPC 的光学(显微镜)设备进行任何改动,因为它们纯粹是数值算法。然而,这两种方法可提取出通常隐藏在看似杂乱随机波动中的信息。虽然时间标记 TCSPC 数据的结构非常简单,但我们认为还未充分利用其中全部的可得信息。因此,存在将时间标记 TCSPC 的应用扩展至多个领域的可能性。

参 考 文 献

[1] Becker W (2005) Advanced time-correlated single photon counting techniques. Springer series in chemical physics, vol 81. Springer, Heidelberg.

[2] Eggeling C, Fries JR, Brand L, Günther R, Seidel CAM (1998) Monitoring conformational dynamics of a single molecule by selective fluorescence spectroscopy. Proc Natl Acad Sci U S A 95:1556-1561.

[3] Palo K, Brand L, Eggeling C, Jaeger S, Kask P, Gall K (2002) Fluorescence intensity and lifetime distribution analysis: toward higher accuracy in fluorescence fluctuation spectroscopy. Biophys J 83:605-618.

[4] Yang H, Xie XS (2002) Probing single-molecule dynamics photon by photon. J Chem Phys 117:10965-10979.

[5] Boehmer M, Wahl M, Rahn H-J, Erdmann R, Enderlein J (2002) Time-resolved fluorescence correlation spectroscopy. Chem Phys Lett 353:439-445.

[6] Gregor I, Enderlein J (2007) Time-resolved methods in biophysics. 3. Fluorescence lifetime correlation spectroscopy. Photochem Photobiol Sci 6:13-18.

[7] Kapusta P, Wahl M, Benda A, Hof M, Enderlein J (2007) Fluorescence lifetime correlation spectroscopy. J Fluoresc 17:43-48.

[8] Kapusta P, Macháň R, Benda A, Hof M (2012) Fluorescence lifetime correlation spectroscopy (FLCS): concepts, applications and outlook. Int J Mol Sci 13:12890-12910.

[9] Ishii K, Tahara T (2010) Resolving inhomogeneity using lifetime-weighted fluorescence correlation spectroscopy. J Phys Chem B 114:12383-12391.

[10] Ishii K, Tahara T (2012) Extracting decay curves of the correlated fluorescence photons measured in fluorescence correlation spectroscopy. Chem Phys Lett 519-520:130-133.

[11] Ishii K, Tahara T (2013) Two-dimensional fluorescence lifetime correlation spectroscopy. 1. Principle. J Phys Chem B 117:11414-11422.

[12] Ishii K, Tahara T (2013) Two-dimensional fluorescence lifetime correlation spectroscopy. 2. Application. J Phys Chem B 117:11423-11432.

[13] Otosu T, Ishii K, Tahara T (2013) Note: simple calibration of the counting-rate dependence of the timing shift of single photon avalanche diodes by photon interval analysis. Rev Sci Instrum 84:036105.

[14] Lakowicz JR (2006) Principles of fluorescence spectroscopy, 3rd edn. Springer, New York.

[15] Yang H, Xie XS (2002) Statistical approaches for probing single-molecule dynamics photon by-photon. Chem Phys 284:423-437.

[16] Burstyn HC, Sengers JV (1983) Time dependence of critical concentration fluctuations in a binary liquid. Phys Rev A 27:1071-1085.

[17] Livesey AK, Brochon JC (1987) Analyzing the distribution of decay constants in pulse fluorimetry using the maximum entropy method. Biophys J 52:693-706.

[18] Brochon JC (1994) Maximum entropy method of data analysis in time-resolved spectroscopy. Methods Enzymol 240:262-311.

[19] Hanbury Brown R, Twiss RQ (1956) Correlation between photons in two coherent beams of light. Nature 177:27-29.

[20] Berglund AJ, Doherty AC, Mabuchi H (2002) Photon statistics and dynamics of fluorescence resonance energy transfer. Phys Rev Lett 89:068101.

[21] Nettels D, Gopich IV, Hoffmann A, Schuler B (2007) Ultrafast dynamics of protein collapse from single-molecule photon statistics. Proc Natl Acad Sci U S A 104:2655-2660.

[22] Rech I, Labanca I, Ghioni M, Cova S (2006) Modified single photon counting modules for optimal timing performance. Rev Sci Instrum 77:033104.

第7章 两种 TCSPC 时间测量信息的方法
——MFD-PIE 和 PIE-FI

Anders Barth * ,Lena Voith von Voithenberg * ,Don C. Lamb

摘 要 脉冲交替激发(pulsed interleaved excitation,PIE)是利用高速交替的脉冲激光对光谱特性不同的荧光团进行准同步观测的方法。PIE 最初用于测量无伪影荧光互相关,而首次采用交替激光激发法(alternating laser excitation,ALEX)的试验使用供体和受体的双重激发测量单分子对福斯特共振能量转移(single-pair Forster resonance energy transfer, spFRET)。本书将介绍 PIE 通过多参数荧光探测(multiparameter fluorescence detection,MFD)在 spFRET 试验中的优势。直接探测 PIE 中的受体荧光团使 MFD 量化分析更加可靠,并可将其扩展到更多的参数。

近来,PIE 已与许多常用的荧光波动成像技术相结合,如光栅成像关联光谱(raster image correlation spectroscopy,RICS)以及数字与亮度分析(number and brightness analysis,N&B)。本章将重点介绍 PIE 是如何改进这些方法以及如何在分析中避开伪影的。与 PIE-FCS 类似,互相关光栅成像关联光谱(cross-correlation raster image correlation spectroscopy,ccRICS)得到了极大的简化。另外,寿命信息可用于进一步提高光栅荧光寿命成像关联光谱法(raster lifetime image correlation spectroscopy,RLICS)的对比度和灵敏度。

关键词 MFD PIE PIE-FI spFRET

7.1 脉冲交替激发法

21 世纪中期出现了多荧光团准同步激发方法。交替激光激发(alternating laser excitation,ALEX)最初是作为微秒级上电光调制器激光的替代物出现的[1-2]。通过利用脉冲激光,激励激光间隔可扩展到纳秒级,称为脉冲交替激发

第7章 两种TCSPC时间测量信息的方法——MFD-PIE和PIE-FI

(pulsed interleaved excitation,PIE)。将该方法与时间关联单光子计数(time-correlated single photon counting,TCSPC)相结合,可获取更多荧光寿命信息[3-5]。PIE最早是为荧光关联光谱(fluorescence correlation spectroscopy,FCS)引进的,几乎所有多色荧光法都能通过PIE有针对性地过滤掉由蓝移荧光产生的却进入到红移荧光通道(光谱串扰或是光谱渗滤)的放射光,以及由蓝移荧光激光激发红移荧光团产生的放射光,从而提高其量化分析水平。

7.1.1 PIE的工作原理

在PIE中,利用光延迟或电子延迟,多个皮秒级脉冲激光以1~50MHz的典型重复频率交替激发(图7.1(a)和(b))[6]。时间延迟根据探测到的荧光团的

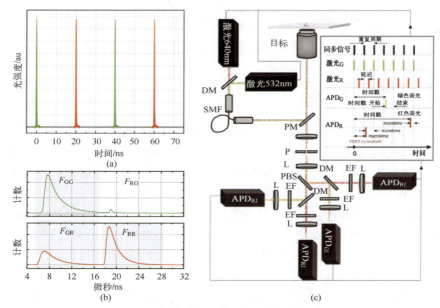

图7.1 双色PIE共焦显微镜结构图

(a) 使用PIE的双色显微镜的脉冲激光激发图示(用红色和绿色皮秒脉冲激光反复激发样品,其激发间隔为纳秒级。脉冲在电学或光学上会互相延迟);(b) 利用PIE观测到的4个探测通道的微时间直方图(F_{GG}:绿色激发脉冲后的绿色探测,其微时间直方图反映了绿色荧光团的荧光衰减。绿色荧光团不会被比绿光频率更低的激光激发(红光激发后的绿色探测,F_{RG}=0)。F_{RR}:红色激发脉冲后的红光探测显示红色荧光团出现荧光衰减。F_{GR}:绿色激发后在红光通道内探测到的荧光受红光通道内的绿光、绿光对红色荧光团的直接激发,以及红色荧光团FRET发射的串扰);(c) 采用脉冲激光的偏振双色激发共焦显微镜结构图(双色激光通过双色镜(Dichroic Mirror,DM)合为一束激光由物镜聚焦于样品。通过一个共焦小孔(Pinhole,P)收集和聚焦荧光。之后被偏振分束器(Polarizing Beam Splitter,PBS)分为平行和垂直的光线,再用双色镜按波长进一步分离。发射滤波器(Emission Filter,EF)在荧光聚焦于雪崩光电二极管(avalanche photodiodes,APD)之前阻挡住散射的激光。对每个光子,TCSPC电子器件记录下其相对于开始测量的到达时间(宏时间),最后一次激光脉冲的到达时间(微时间),以及所在探测通道)。

荧光衰减情况来设定。最近 Olofsson 和 Margeat[7] 给出了用单一白光激光实现 PIE 的另一种方法。

TCSPC 电子器件与交替激发法相结合,不仅能将不同荧光团放射光的光谱分离,而且可在时间上对激发光源进行分离。每个光子的特性都取决于其探测通道、宏时间(相对于开始实验的时间)及微时间(控制激光激发和光子探测的主时钟之间的时间)。对于双色光激发,结果可由通过微时间直方图构建的 4 个 PIE 通道求总和得出(图 7.1(b))。绿光激发后的绿光通道 F_{GG} 只包含绿色荧光团产生的光子。同样,红光激发后的红光通道只包括红色荧光团产生的光子。红光激发光后的绿光信道 F_{RG} 基本上是无光子的,因为发射滤波器会阻挡较长波长的荧光,并且红光对偏蓝荧光团的直接激发可以忽略不计。绿光激发后的红光在通道 F_{GR} 过程中既有绿色荧光团的串扰、绿色激光直接激发红色荧光团所产生的信号,也有 FRET 的致敏受体发射。PIE 的关键是将这些因素对总红光信号的影响同红光激发后的纯红色荧光团信号分离开。

7.2 利用 PIE 的多参数荧光探测

单分子荧光探测的前提是高灵敏度、低背景和有限观测空间。在基于溶剂的脉冲分析试验中,通过共焦显微镜的飞秒级聚焦区和皮摩尔级分析物浓度的结合来实现这种探测。高激光强度和单分子灵敏度探测器能确保从经过焦点扩散的单个分子中探测到足够多的信号。

2001 年 Eggeling 等人[8] 提出了多参数荧光探测法(Multiparameter Fluorescence Detection, MFD),该技术使用共焦表面照明显微镜,可同时探测单分子的强度、各向异性、荧光寿命及光谱范围。这些参数的掌握极大地提高了单对福斯特共振能量转移(spFRET)分析的可靠性,扩展了可用参数并能了解荧光和分子的其他特性的空间。MFD 与 PIE 相结合(MFD-PIE)通过直接探测荧光受体进一步增大了信息获取量[4,9]。由于 spFRET 试验是 MFD-PIE 的主要应用之一,在讨论具体的数据采集与分析前,首先简单介绍 spFRET。

7.2.1 福斯特共振能量转移简介

将单分子光谱与福斯特共振能量转移(Forster resonance energy transfer, FRET)相结合(单对 FRET)组成一个多功能的工具,可通过观测荧光团间距获取单分子构象和动态跃迁的信息。与整体测量不同,该法可以获得系统异质性的细节信息,并且能在单分子基础上对不完全标记等试验伪影进行分类。

在 FRET 中,受激供体荧光团的能量通过无辐射量的偶极-偶极作用方式

第7章 两种 TCSPC 时间测量信息的方法——MFD-PIE 和 PIE-FI

传给邻近的受体荧光团。FRET 效率可用受体接收能量与供体激发能量之比来定义。它可表示为能量传递率(k_{FRET})与所有辐射率(k_f)加上非辐射率(k_{nr},k_{FRET},…)的比值[10],有

$$E = \frac{k_{FRET}}{k_{FRET}+k_f+k_{nr}+\cdots} \tag{7.1}$$

能量传递率(即 FRET 效率)取决于荧光团间距的 6 次幂,即

$$E = \frac{1}{1+\left(\dfrac{R}{R_0}\right)^6} \tag{7.2}$$

其中福斯特半径 R_0 为

$$R_0 = \left(\frac{9,000 \cdot \ln 10 \cdot \kappa^2 \cdot \phi_{D(0)} \cdot J}{128 \cdot \pi^5 \cdot n^4 \cdot N_A}\right)^{1/6} \text{(m)}$$

式中,R_0 的大小取决于样品的折射率 n、供体的量子效率 $\phi_{D(0)}$、供体释放光谱与受体吸收光谱的重叠积分 J、供体受体偶极子的相对取向 κ^2。当染色体做无阻碍旋转时,对各个取向求平均,得到 κ^2 的值为 2/3rds。

FRET 效率既可通过供体激活后的光子数来计算,也可通过由 FRET 诱导荧光猝灭产生的受体荧光团荧光寿命缩减来计算,即

$$E = \frac{F_A}{F_D+F_A} = 1 - \frac{\tau_{DA}}{\tau_{D(0)}} \tag{7.3}$$

式中:F_D 和 F_A 分别为供体或受体通道中的光子数;τ_{DA} 和 $\tau_{D(0)}$ 分别为受体出现和不出现时供体的荧光寿命值。

一个半定量的 FRET 指标,或称为邻近比率,可以基于供体激发后供体中和受体探测通道中的原始光子数计算出,即

$$E_{PR} = \frac{F_{DA}}{F_{DD}+F_{DA}} \tag{7.4}$$

为得到准确的 FRET 效率值,需要修正绿色激光激发后的红光信号,因为受体通道中的供体光谱(β)与绿色激光直接激发的受体光谱(α)产生光谱串扰。此外,还要考虑 γ 参数,该参数代表两种荧光团间探测效率和量子效率的相对差异,即

$$\gamma = \frac{\phi_A \eta_A^{\lambda_{emA}}}{\phi_D \eta_D^{\lambda_{emD}}} \tag{7.5}$$

式中:ϕ_D 和 ϕ_A 分别为供体和受体的量子效率;$\eta_A^{\lambda_{emA}}/\eta_D^{\lambda_{emD}}$ 为探测效率比。校正后的 FRET 效率公式为

$$E = \frac{F_{DA}-\alpha F_{AA}-\beta F_{DD}}{F_{DA}-\alpha F_{AA}-\beta F_{DD}+\gamma F_{DD}} \tag{7.6}$$

7.2.2 仪器

MFD-PIE 试验所用的典型共焦显微镜,结合了由 TCSPC 硬件同步并通过光学或电学延迟后的交错皮秒脉冲激活激光器(图 7.1(c))。在保证荧光衰变过程完整且避免时间串扰的前提下,激光脉冲重复频率应尽可能高,从而使激发率最大化。27MHz 的激光脉冲重复率为不同荧光团的光子提供了约 18ns 的探测时段。常用染料的荧光寿命为 1.5~4ns,使 99%以上的荧光衰变都能被探测到。

在我们的设置中,激光器由单模光纤组合,通过水浸物镜聚焦于样品。用相同的物镜收集荧光,通过针孔聚焦后再分别用偏振分束器和分色镜根据偏振和波长分离不同的光。放射光滤波器用于挡住散射的激光。光子用雪崩光电管探测,并用 TCSPC 卡记录。因此,每个光子的探测通道、微秒和宏时间都会被记录。

7.2.3 荧光事件的选取

1. 荧光事件搜索算法

为从连续背景信号中分辨出荧光事件,采用了 Nir 等提出的全光子荧光事件搜索算法[11]。该算法采用滑动时间窗口来判断每个光子的局部计数率。当计数值超过某阈值时,该光子就属于一个荧光事件。对光子数超过额定最小值的荧光事件作进一步分析。参数可根据需要进行调整,时间窗口越小,探得的荧光事件边界越精确,但是也会增加局部计数率的不确定性,致使荧光事件被人为地分开。若时间窗口较大,则荧光信号会受到大量邻近背景信号干扰。一般来说,将时间窗口设为 500μs,此时最小光子计数为 10,局部计数率至少为 20kHz。

2. 化学计量

应用 PIE 法得到的化学计量信息可以将标记了供受体染色对的分子同单独标记分子或者无光敏荧光团的分子区分开。

化学计量指的是在荧光激发期间绿光激发后的信号占探测总信号的比例,即

$$S_{PR} = \frac{F_{GG} + F_{GR}}{F_{GG} + F_{GR} + F_{RR}} \tag{7.7}$$

虽然可以用 SPR 分离不同种类的分子,但修正后的化学计量信息有助于从单标记群中确定校正因子,即

$$S = \frac{F_{GR} - \alpha F_{RR} - \beta F_{GG} + \gamma F_{GG}}{F_{GR} - \alpha F_{RR} - \beta F_{GG} + \gamma F_{GG} + F_{RR}} \quad (7.8)$$

供受体双重标记分子对应的是中等化学计量,其值取决于荧光团相对于激光的强度和吸收概率。而单一供体分子的化学计量值约为 1,单一受体分子的化学计量值约为 0[1]。因此,二维 FRET 效率图和化学计量数值可以帮助区分双重标记分子,并避免因挑选双色荧光事件而导致的标记不完全(图 7.2)。

3. 确定校正因子

MFD-PIE 的一个优势是它能够从试验本身产生的子种群中提取出光谱串扰、直接激发和探测效率的校正因子[9]。光谱串扰的校正因子可以由供体标记的种群中算出,即

$$\beta = \frac{E_{PR}^{D_{only}}}{1 - E_{PR}^{D_{only}}} \quad (7.9)$$

测量的纯受体子总体可以用来确定直接激发的校准因子 α,即

$$\alpha = \frac{S_{PR}^{A_{only}}}{1 - S_{PR}^{A_{only}}} \quad (7.10)$$

将效率与根据斜率 Σ 和截距 Ω 得出的化学计量倒数对图中的几个 FRET 总体进行拟合可以得到相关探测效率参数 γ[12],即

$$\gamma = \frac{\Omega - 1}{\Omega + \Sigma - 1} \quad (7.11)$$

另外,若荧光寿命信息已知,通过比较由光子计数得出的 FRET 效率和由荧光寿命得到的 FRET 效率可得知 γ 的值(见 7.2.4 节)。

4. 消除漂白、受体闪烁以及多分子作用造成的伪影

荧光事件分析试验中,在聚焦停留时间内发生受体漂白或闪烁,或多个分子同时出现在焦点,就会导致产生伪影。如果受体分子在荧光事件期间短暂失活,则效率与化学计量曲线都朝着纯受体分子偏移,可从化学计量的二维直方图(图 7.2(a))中观察到群体与效率之间的条纹。同样,多分子情况下,可以观察到所涉及物质的平均值。在 MFD-PIE 中,根据供体激发后光子不同的宏观抵达时间和受体激发后的平均宏观抵达时间的差异来辨别上述两种现象,即 $T_{GG+GR} - T_{RR}$。对于在探测体积内发生受体漂白的分子,受激后的平均抵达时间比供体激发后的平均抵达时间短(图 7.2(b))。可对 $|T_{GG+GR} - T_{RR}|$ 设限来进一步剔除不正常分子的数据(图 7.2(b) 和 (c))[9]。同样,供体和 FRET 通道($T_{GG} - T_{GR}$)之间的平均抵达时间的差异对于 FRET 状态的动态转换也很敏感。PIE 或 ALEX 的最大优点就是能独立地从构象动态中过滤掉光漂白数据。

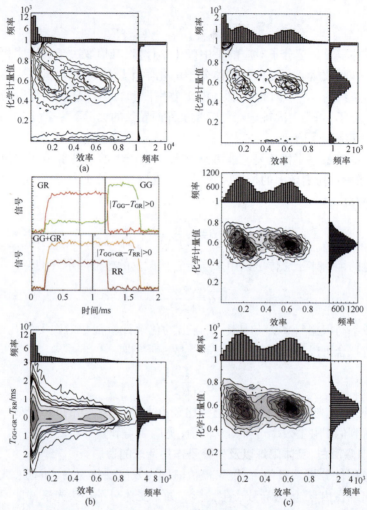

图 7.2 化学计量和 $T_{GG+GR}-T_{RR}$ 的二维直方图与具有不同 FRET 效率的双标记 DNA 呈函数关系(搜索到全光子荧光事件后选取双标记分子)

(a) 化学计量与 APBS 搜索后全部荧光事件的 FRET 效率的直方图(此图表明该总体由纯供体分子(S 约为 1)、纯受体分子(S 约为 0)和双重标记分子(S 值居中)组成。纯供体分子与双重标记分子之间有拖尾是因为受体的光漂白和多分子现象);(b) 上半图:图示为在绿光和红光探测通道内,带有漂白现象的荧光信号的亮度随时间变化轨迹(光漂白现象可用脉冲强度轨迹的平均宏时来推测。利用 PIE 法得到的宏时间信息 $T_{GG+GR}-T_{RR}$ 可以用于从 FRET 效率的动态变化中区分受体的光漂白),下半图:$T_{GG+GR}-T_{RR}$ 与 FRET 效率直方图(可根据供体激发后及受体激发后各自光子的平均宏观到达时间的差异来选择荧光事件,以此法来筛掉那些逗留于探测体内并发生受体漂白现象的分子);(c) 与 (a) 图一样为化学计量与 FRET 效率直方图(上半图:同(b)图一样,选择 $|T_{GG+GR}-T_{RR}|<0.2ms$ 的分子后的直方图,显示了纯供体分子与双重标记分子之间的拖尾减小,中图:用化学计量值 $0.2<S<0.8$ 挑选完荧光事件后的直方图,下半图:利用双通道荧光事件搜索(Dual Channel Burst Search,DCBS)获取的荧光事件直方图(只有在两种不同光谱探测通道内放射光子的分子才能用这种算法)。

5. 双通道荧光事件搜索

在另一种方法中，使用双通道荧光事件搜索（dual-channel burst search，DCBS）算法可在早期荧光事件搜索的环节中完成荧光事件搜索[11]。供受体分别激发后，对光子流执行全光子荧光事件搜索，纯供体分子和纯受体分子会被优先过滤出来。另外，发生漂白现象的数据不会被全部弃用，两种荧光团都活跃的时间将被留作分析。单个通道的荧光事件搜索标准要根据其亮度进行调整。一旦确定校准因子，DCBS 就成为荧光事件选择的一种快速替代方法。选择方法的对比见图 7.2(c)。

7.2.4 高级参数

一旦选出单分子荧光事件，并确定不同通道中探测到的单个荧光事件的光子数，就能通过 MFD-PIE 数据分析出更多的参数。

1. 荧光各向异性

通过偏振激发和探测，可以测算出单个分子在荧光事件期间的稳态各向异性（图 7.3(a)）。当吸收偶极子与入射光偏振共线时，荧光团最易激发。如果荧光取向在其生命期内发生改变，那么放射光偏振度会减小。根据信号在平行和垂直探测信道的强度，可计算出荧光各向异性，即

$$r = \frac{GF_{/\!/} - F_\perp}{(1-3k_2)GF_{/\!/} + (2-3k_1)F_\perp} \tag{7.12}$$

式中：G 为在平行和垂直通道中不同探测效率下的校正因子；k_1 和 k_2 为由物镜镜头引起的偏振混合的校正因子[13]。由荧光各向异性可知旋转移动性，从而得知分子的大小。稳态各向异性的关系是荧光寿命 τ 的函数，用佩兰方程表示为

$$r(\tau) = \frac{r_0}{1 + \dfrac{\tau}{\rho}} \tag{7.13}$$

式中：r_0 为荧光基本各向异性；ρ 为旋转相关时间。

图 7.3(a) 给出了游离染料和 DNA 结合染料的佩兰方程拟合。在 MFD-PIE 试验中，通过对供受体荧光团各向异性的调查可以判断 $\kappa^2 = 2/3$ 假设的合理性，该假设在荧光团定向完全平均时是正确的。

另外，PIE 的时间分辨各向异性衰减可用来提取有助于荧光团移动的不同成分的信息，例如，染料自身的运动和附着在其上的分子的旋转。

2. 荧光寿命

通过脉冲激发，可以得到供体和受体分子的荧光寿命（图 7.3）。荧光寿命是通过假设荧光强度的单指数衰减与仪器响应函数卷积来确定的。由于单分

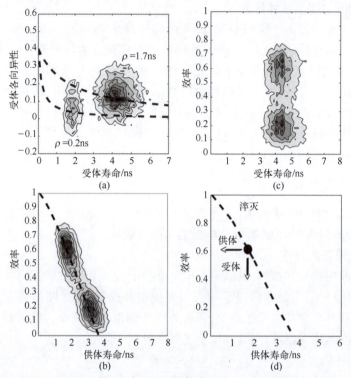

图 7.3 双标记 DNA 进行 MFD-PIE 试验荧光寿命信息二维直方图
(a) 受体各向异性与受体荧光寿命直方图(样品为双标记 DNA-Atto532-Atto647N 与 Atto655 荧光团混合体。游离染料具有不同的荧光寿命,不同 ρ 值的佩兰方程所描述的旋转移动性不同);(b) FRET 效率与双重标记分子的供体荧光寿命直方图(虚线对应各类分子静态理论 FRET 曲线。这条曲线上发现了两组具有不同 FRET 效率的 DNA);(c) 受体激发后 FRET 效率与受体荧光寿命的直方图显示受体荧光无明显的淬灭;(d) 供/受体荧光团淬灭对确定的 FRET 效率和供体荧光寿命的影响示意图(静态 FRET 曲线用虚线标出)。

子发射的光子数有限,因此荧光寿命数据无法拟合更复杂的模型。拟合的质量由极大似然估值量来判断[9,14],该估值量返回荧光寿命的强度加权平均值。静态时,FRET 效率与供体荧光寿命相关,即

$$E_{\text{static}} = 1 - \frac{\tau_D}{\tau_{D(0)}} \tag{7.14}$$

静态 FRET 构型的分子产生的脉冲总会归入这条线,而光物理伪影或者动态迁移将表现出相对于"静态 FRET 线"的系统性偏离(图 7.3(b) 和(d))。一般来说,由于荧光与相关分子之间的关系非常灵活,静态 FRET 线根据经验用 3 次多项式表示[15]。

环境变化引起的荧光团淬灭会导致数据偏离静态 FRET 曲线。供体淬灭时,供体荧光寿命缩短,而强度衍生出的 FRET 效率本质上保持不变,导致 E-τ_D

二维图上的曲线横向偏移。受体淬灭时,供体寿命不受影响,但FRET效率取决于强度降低(图7.3(d))。在MFD-PIE试验中,可直观地看到直接激发后受体荧光寿命缩短造成的受体淬灭。

以剪接体亚基U2AF65的RNA结合形式的MFD-PIE的测量结果为例进行探讨(图7.4)。显然,不同的构象状态清晰可见。计算未校正的FRET效率和化学计量就能对双荧光团标记分子进行选择(图7.4(a))。比较不同FRET状态下受体荧光团荧光寿命长度就能看出RNA结合导致的较低FRET物质的荧光淬灭(图7.4(b))。这些荧光受体淬灭效应通过样品总数依赖于校正系数γ(图7.4(c)),因而很容易被识别和修正,这也显示出PIE与MFD法相结合的优势。

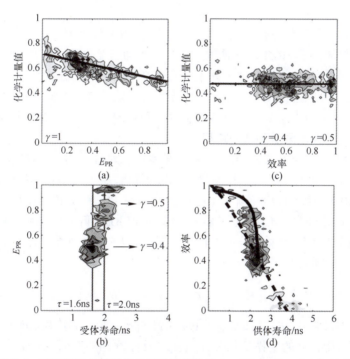

图7.4 MFD-PIE分析图显示了通过测量用Atto532和Alexa647标记的剪接体辅助因子U2AF65而得出的受体荧光淬灭

(a)化学计量与FRET效率的邻近比率直方图显示了不同FRET总体的受体淬灭效应;(b) FRET效率与受体荧光寿命直方图显示了淬灭对受体荧光寿命的影响;(c) 在(a)图基础上对低FRET总体应用$\gamma=0.4$的校正因子、对高FRET效率的两组应用$\gamma=0.5$的校正因子后得到的直方图;(d) 应用所有校正因子后的FRET效率与供体荧光寿命直方图(借助数据偏离静态FRET曲线可知蛋白质分子在两种FRET状态下构象的动态特征。构象运动的动态描述是可能的(黑色曲线))。

除了光物理效应外,构象动力学也能导致数据偏离静态 FRET 线。考虑一分子经过焦点扩散时在不同 FRET 状态间来回变化。通过光子数计算的 FRET 效率是不同于 FRET 效率时间均值的。然而,由于只能确定单一脉冲的平均寿命,因此供体荧光寿命取强度均值。供体荧光团的亮度在低 FRET 态时较高,从而使荧光寿命值更长[15]。因此,静态 FRET 曲线的偏移表明存在动态行为。为了提取量化动态信息,需要进一步分析(2.5 节)。

双态 FRET 系统的动态 FRET 曲线计算公式为

$$E_{\text{dyn}} = 1 - \frac{\tau_1 \tau_2}{\tau_{D(0)}(\tau_1 + \tau_2 - \langle \tau \rangle_f)} \quad (7.15)$$

式中:τ_1 和 τ_2 为不同 FRET 状态各自的荧光寿命;$\tau_{D(0)}$ 为纯供体分子总体的荧光寿命。

当观测对象的状态转换期比稳定期短时,FRET 效率取均值,并且可以看到一个单一总体位于 FRET 动态曲线上。当发生动态变化的时间大于粒子通过探测体的时间时,只能探测到两个处于静态 FRET 效率的子种群。但是在散射光过焦点时,一点微小的变化就足以使荧光事件曲线变成"动态 FRET 曲线"。因此,假如在转变时大量分子正在发生至少一种构象变化,即使是缓慢变化,也能在两个静态总体之间看到动态连接。

在上述 RNA 结合 U2AF65 中可观察到构象动态变化。经过适当校正后(7.2.3 节),效率作为供体荧光寿命的函数可以表示荧光事件曲线偏离理论预测静态 FRET 曲线的程度(图 7.4(d))。介于高 FRET 效率与低 FRET 效率之间的总体可用 FRET 动态模型来描述。因为高 FRET、低 FRET 和中 FRET 总体都可从 FRET 效率-供体荧光寿命图中看出,所以 FRET 两种状态之间的相互转换时间与通过被测体的时间相对应。

7.2.5 进一步分析

利用 MFD-PIE 法获得的数据可以作进一步分析。FRET 效率直方图变宽归因于试验中样品的生物学相关异质性以及探测到的有限光子数所引起的散粒噪声。光子分布分析(Photon Distribution Analysis,PDA)可以为 FRET 效率分布宽度提供详细定量分析[16],将潜在的距离分布宽度与统计噪声分离开来。不同 FRET 效率之间的动态转变也可以通过 PDA 进行量化[15]。相关分析是量化 FRET 效率波动动态的另一种方法。最近,为了利用 MFD 的所有可用信息(过滤的 FCS)[18],荧光寿命过滤 FCS 这一概念(FLCS,见 7.3.5 节)[17]被扩展。MFD-PIE 的应用使我们能够基于所有可用通道中不同的微时间模式针对特定的观测样品生成高度特化的过滤机制,同步得出荧光寿命、各向异性、化学计量以及

FRET 效率的差异。根据得出的种类关联函数,可以精确量化系统的动力学。

7.2.6 增加光子数量

通过荧光事件分析法探测出的单个分子产生的光子数限制了分析。除了选用最好的探测器和光学器件、光物理性能良好的荧光团以及较高的激发能外,还可通过延长观测时间提高光子产率。方法有很多,观测时长由粒子在表面的静止时长决定,只受荧光团光稳定性的限制。但是表面附着对分子的特性也有很大的影响。在溶液中,增加周边环境介质的黏性可以减缓扩散,不过这也可能影响到想要测量的动态情况。更考究的方法是将分子包裹进脂质囊泡中,只要分子与脂质双分子层不发生相互作用,就能在不影响其功能的前提下减缓其有效扩散[19]。图 7.5(a)是溶剂中自由扩散分子与有囊泡包裹的分子的脉冲时间对比图。与之类似的方法还有用油封住溶有分子的亲水纳米液滴,从而避免表面对分子的吸附,延长观测时间[20]。

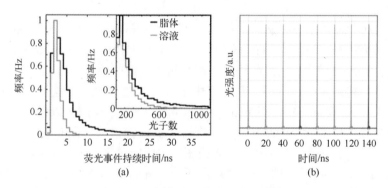

图 7.5 提高被测光子数量的进展

(a) 溶液中自由扩散的 U2AF65 与液封于 200nm 油脂泡的 U2AF65 分别进行 MFD-PIE 试验的对比图(有脂质体包裹的扩散更慢,荧光事件持续时间(外圈)的图)更长,探测到的光子总数(小图)更多);(b) 双色 PIE 显微镜经占空比优化后的脉冲序列图。

因为 spFRET 测量法的大部分信息都包含在绿光激发后的光子中,因此可通过控制激发周期来增加激发供体荧光团的时间。Zarrabi 等[21]优化了 ALEX 占空比,并且将其应用于配有 TCSCP 电子器件的脉冲激光器。图 7.5(b)展示的是优化占空比后的双色 FRET 试验激发案例。

7.2.7 MFD-PIE 的总结与展望

MFD 与 PIE 的结合提升了单对 FRET 分析的可靠性。受体直接探测为分离单、双标记的类群提供了另一个维度。通过仔细分析两种染料的荧光寿命和各向异性可以排除荧光伪影。此外,像漂白或闪光类光物理效应也可以通过动态 FRET 变化辨别出来。

当 FRET 系统测量两个以上的荧光团时,ALEX 或 PIE 的实现对完整的量化描述至关重要。对一个由蓝、绿、红 3 种荧光团组成的系统,蓝光荧光团激发后只产生两个独立的信号比,不足以区分 3 种 FRET 效率。试验中需额外的激发绿色荧光团来获取与距离相关的 FRET 效率。基于微秒 ALEX[22-24] 的多色 FRET 系统已经能成功提取量化距离信息。再加上 PIE 提供的其他可用信息,我们坚信多色 MFD-PIE 将会成为用来量化 3 色或 4 色 FRET 系统[25]的优良工具。对多色 FRET 试验来说,脉冲周期的优化有着特殊的重要性。

7.3 脉冲交互激发波动成像

7.3.1 简介

研究荧光涨落谱(fluorescence fluctuation spectroscopy,FFS)的各项技术中,最突出的方法是 FCS[26-27]。在 FCS 中,分析共焦显微镜的少量探测体的强度波动,能得到分析物的浓度、扩散特性及相互作用。近些年来,FFS 方法在生物物理科学领域得到了广泛应用。其中应用于活细胞测量的一个值得关注的例子是成像关联光谱(image correlation spectroscopy,ICS),该应用可以根据成像的波动提取量化信息。ICS 方法中包括时空图像关联能谱法(spatio-temporal image correlation spectroscopy,STICS)[28]、光栅图像关联能谱法(raster image correlation spectroscopy,RICS)[29]、数量亮度分析法(number and brightness method,N&B)[30]。遗憾的是,这些方法扩展成双色时,探测通道之间会发生光谱串扰,出现残余互相关。因此,谨慎地采取控制方法是必要的,量化分析是个难题。

将 PIE 与这些方法结合(脉冲交互激发波动成像,pulsed interleaved excitation fluctuation imaging,PIE-FI),通过交互激发可以很好地消除分析中的光谱串扰[31]。接下来讨论 RICS 法,此法可以从共焦激光扫描显微镜(Confocal Laser Scanning Microscopy,CLSM)的时空信息中提取扩散分子的扩散系数和浓度。此外,还会讨论这一方法如何与 PIE 结合。另外,PIE 中的荧光寿命信息可以进一步得到利用,成为寿命加权 RICS 法(lifetime-weighted RICS,LRICS)。适当修正 TCPSC 系统的终止时间后,RICS 法中搜集的图像数据也可以用于 N&B 分析。

7.3.2 光栅图像关联光谱的基本理论

在 CLSM 中,通过连续逐行扫描生成图像,从而得出样品的空间信息

(图 7.6(a))。逐行扫描决定了光栅图像中包含了空间和时间信息。图像序列中的像素不仅在空间上被分开,同时根据像素停留时间、行时间、帧像周期携带时间信息而分开。因此,对扩散进行测量时,光栅扫描的应用范围很大,可从微秒到秒。

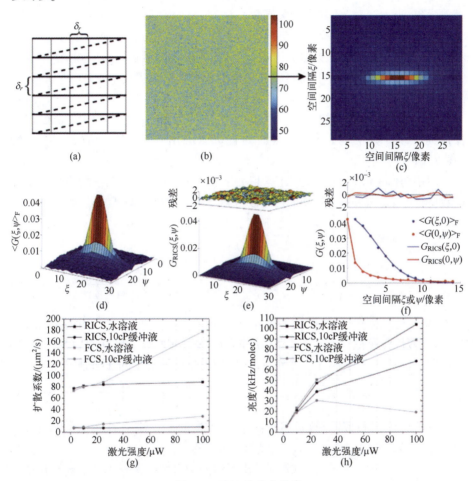

图 7.6 RICS 的基本要素

(a) 光栅扫描原理:连续逐行扫描生成样品图像(δ_r 代表像素尺寸);(b) 维纳斯 FP 在溶液中自由扩散的平均宏观图像;(c) 是(b)中数据的平均空间 ACF 的二维图;(d) 是(b)中数据平均空间 ACF 的三维图;(e) 是(d)中数据与 ACF 函数模型的拟合(上半图是拟合残差);(f) ACF 的 ε 交叉和 ψ 交叉部分及具象拟合;(g) 在 RICS 和点 FCS 测量法中维纳斯 FP 的表观扩散系数(g)与激光强度的函数关系;(h) 在 RICS 和点 FCS 测量法中分子亮度与激光强度的函数关系。

RICS 法建立在帧间相关函数基础之上,定义为

$$G_{ij}(\xi,\psi,f) = \frac{\langle I_i(x,y,f)I_j(x+\xi,y+\psi,f)\rangle_{XY}}{\langle I_i(x,y,f)\rangle_{XY}\langle I_j(x,y,f)\rangle_{XY}} - 1 \qquad (7.16)$$

式中：$I_i(x,y,f)$ 为 i 通道中 x、y 处像素的亮度；f 为帧数；ξ 和 ψ 为像素在 X 轴和 Y 轴上的空间延迟；尖括号表示在整个图像取平均。当 $i=j$ 时，G_{ii} 为 i 通道的自相关函数；当 $i \neq j$ 时，G_{ij} 是互相关函数。

这种相关性可以解释为在空间延迟坐标为 ξd_r 和 ψd_r，时间延迟为 $\xi \tau_p + \psi \tau_1$ 时，探测到同一分子的可能性，相关性的衰减取决于荧光扩散性质和扫描参数。

对于已知的图像序列，将每帧相关函数取平均可以提高信噪比，即

$$G_{ij}(\xi,\psi) = \langle G_{ij}(\xi,\psi,f)\rangle_f \qquad (7.17)$$

图 7.6(b) 中给出的是维纳斯荧光蛋白溶液的平均亮度图像。根据图像序列可以计算平均自相关函数，并且可以画出二维（图 7.6(c)）或三维（图 7.6(d)）图。

用快速傅里叶变换算法来计算相关函数[32]。设定一个三维的高斯点扩散函数（point-spread function，PSF），可以得到自由扩散分子的 ACF 分析式[33]，即

$$G_{\text{RICS},D}(\xi,\psi) = \frac{\gamma}{N}\left(1 + \frac{4D(\tau_p \xi + \tau_1 \psi)}{\omega_r^2}\right)^{-1}$$

$$\cdot \left(1 + \frac{4D(\tau_p \xi + \tau_1 \psi)}{\omega_z^2}\right)^{-\frac{1}{2}} \exp\left(-\frac{\delta r^2(\xi^2+\psi^2)}{\omega_r^2 + 4D(\tau_p \xi + \tau_1 \psi)}\right) \qquad (7.18)$$

式中：γ 为几何系数（三维高斯 PSF 的系数是 $2^{-\frac{3}{2}}$）[34]；N 为 PSF 中的平均分子数量；D 为扩散系数；τ_p 为像素停留时间；τ_1 为行时间；ω_r 和 ω_z 为 PSF 的径向和轴向坐标；δ 为像素尺寸。另外，可为模型函数添加一个闪光项，即

$$G_{\text{RICS}}(\xi,\psi) = \left[1 + \frac{F_b}{1-F_b}\exp\left(\frac{\tau_p \xi + \tau_1 \psi}{\tau_b}\right)\right]G_{\text{RICS},D}(\xi,\psi) \qquad (7.19)$$

式中：F_b 为闪光过程的分数阶振幅；τ_b 为弛豫时间。在使用荧光蛋白（FP）标记以及在大多数细胞测量时，这一点尤为重要。

图 7.6(c) 和图 7.6(d) 中分别给出了溶液中自由扩散维纳斯荧光蛋白的自相关函数的二维图和三维图。图 7.6(e) 中给出的是三维自相关函数拟合，其中上半图是残差。为了便于观察，通常会将数据和对应的拟合曲线沿两个延迟坐标绘制成一维片段，如图 7.6(f) 所示。

7.3.3 FCS 与 RICS 之比较

FCS 和 RICS 两种方法衡量相同的信息，即目标分子的扩散系数和浓度。另外，PSF[34-36] 中心的分子亮度 ε 由平均计数率与观测体中平均粒子数 N 的比

值来决定,有

$$\varepsilon = \frac{\langle I \rangle}{N} \tag{7.20}$$

RICS 的一个主要优势是扫描时的曝光时间较短,从而使得荧光蛋白的闪光和漂白都减少。如果目标区域十分均匀,更倾向用 RICS 法来量化细胞内扩散[37-38]。

为了说明 RICS 法相对于点 FCS 法的优势,测定了缓冲溶液中自由扩散的维纳斯荧光 FP 的表观扩散系数和分子亮度,并将其定义为激光能量的函数。使用 RICS 法测量时,扩散系数更加稳定,特别是在高激光能量时,当用高黏性缓冲液模拟细胞扩散时,扩散系数更加稳定(图 7.6(g))。另外,用 RICS 可以得到较高的分子亮度(图 7.6(h))。但是,由于用 RICS 得到的参数是取样区的平均值,因此点 FCS 法的空间分辨率更有优势,尤其是当空间分辨率很重要或细胞内的分布高度不均匀时。

7.3.4 PIE 对 RICS 的贡献

多色 FCS 和 RICS 法能够利用相关分析阐明分子间的相互作用[39]。但是光谱串扰影响了红色 ACF 和 CCF 的振幅,使定量分析难以完成,导致即使没有相互作用,振幅也会显示为正相关。通过在纳秒时间尺度上对不同荧光团利用脉冲激光交互激发,使量化和直接相关分析成为可能(图 7.7(a)和图 7.7(b))。

即使荧光团间发生严重的串扰和 FRET,用 PIE 也可以恢复无伪影互相关振幅。对细胞溶质中同时表达 eGFP 扩散和 mCherry 扩散的细胞来说(图 7.7(c)),不用 PIE 通道(F_{GR+RR})时能观测到伪正相关振幅。当只应用 PIE 通道 F_{GG} 和 F_{RR} 时,在分析中去除光谱串扰后,相关性也随之消失。对 eGFP-mCherry 的串联结构(图 7.7(d)),能观察到显著的振幅相关性 $G_{GG \times RR}$,证实了两种蛋白的联合扩散。但在不用 PIE 时,由于振幅取决于 FRET 效率和标记程度,很难进行量化分析。假如绿光对红色荧光团没有显著直接激发(即直接激发),可以用 PIE 进行 FRET 定量相关试验(即使用 PIE,也无法将 FRET 与直接激发区分开)。将绿色荧光团在绿光激发后产生的所有光子进行组合(F_{GG+GR}),来自于 PIE 通道 F_{GR} 的红色荧光团亮度增大就能够补偿与 FRET 相关的绿色荧光团亮度的降低。这种情形下,互相关函数的振幅等同无 FRET 时振幅,有

$$G_{(GG+GR) \times RR}(0,0) = \frac{N_{GR}}{N_{GT} N_{RT}} \tag{7.21}$$

式中:N_{GT}、N_{RT} 和 N_{GR} 分别为共焦探测体中绿色、红色以及双色标记分子的数量。

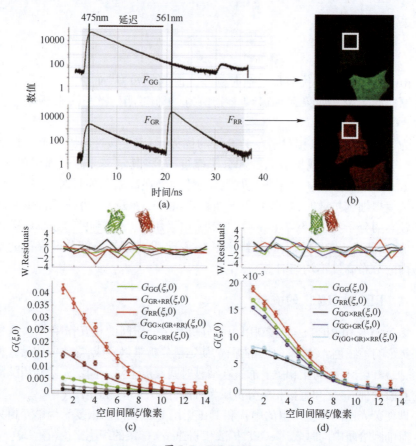

图 7.7 PIE-RICS

(a) 根据表达 eGFP 和 mCherryFPs 的细胞测得的微时直方图(用于相关性分析的不同 PIE 通道用灰色突出显示);(b) 根据箭头所示 PIE 通道中探测到的光子构建的细胞图像;(c) 和 (d) ACF (自相关函数)和 CCF(互相关函数)沿空间坐标 ξ 和 ψ 的一维片段,取决于细胞溶质中分别表达 eGFP 扩散和 mCherry 扩散的不同 PIE 通道和拟合(c)以及表达 eGFP-mCherry 串联结构的不同 PIE 通道和拟合(d)(光谱串扰和 FRET 产生的影响可通过不同相关函数的振幅来观察,这些振幅取决于光子的相关性)。

当大量的串扰从绿色荧光团进入红光探测通道时,红色 ACF 的振幅将失真。本质上,红光通道中有两种不同分子亮度的物质影响着相关函数。在 PIE 中,仅使用 F_{RR} PIE 通道就可以完全避免串扰,从而重建无伪影振幅,有

$$G_{RR}(0,0) = \frac{1}{N_{RT}} \tag{7.22}$$

在细胞试验中,当同时表达 eGFP 和 mCherry 时,可观测到串扰对红光自相

关函数振幅的影响(图 7.7(c))。消除串扰后,发现红光 ACF 振幅显著增加,从而确定正确的 mCherry 浓度。

当系统发生 FRET 时,绿光 ACF 的振幅也会出现类似问题。因为光敏受体分子的标记效率不可能达到 100%,所以绿光通道中的自相关函数是由两种类型贡献的,即纯供体分子和正在进行 FRET 的供体分子。假设在 F_{GG} 通道因 FRET 而产生的亮度降低可通过 F_{GR} 通道因 FRET 产生的亮度增高来补偿,绿光激发后两个探测通道的亮度总和与纯供体分子和正发生 FRET 物质的亮度是一样的。因此,绿色荧光团的准确浓度可由 F_{GG+GR} 直接得到,即

$$G_{GG+GR}(0,0) = \frac{1}{N_{GT}} \tag{7.23}$$

对于 eGFP-mCherry 的串联结构,由于存在 FRET,可以观测到 G_{GG} 振幅与无伪影相关函数 G_{GG+GR} 的振幅相偏离(图 7.7(d))。

对上述方程加以调整,就可以利用 PIE 法直接凭借各种相关函数的振幅来量化分子相互作用,即

$$N_{GR} = \frac{G_{(GG+GR) \times RR}(0,0)}{G_{(GG+GR)}(0,0) G_{RR}(0,0)} \tag{7.24}$$

7.3.5 光栅寿命成像关联光谱

为了利用 PIE 提供的荧光寿命信息,将荧光寿命关联光谱(Fluorescence Lifetime Correlation Spectroscopy,FLCS)与 RICS 相结合[17]。在 FLCS 中,基于不同物质对荧光衰减直方图贡献的滤波器是由单个物质的微时间模式生成的。这些滤波器可以解释为特定微时间探测到的光子属于相应物质的概率量度。通过加权光子的微观到达时间,来区分不同贡献的相关性。同样的原理可应用到光栅寿命成像关联光谱(raster lifetime image correlation spectroscopy,RLICS)。根据微时间到达时间,通过相应的滤波值对宏时间图像的像素中每个光子进行加权。加权像素的亮度被用来计算物质相关函数。因为这个过程可以产生接近于零甚至是等于零的加权像素亮度,使 ACF 的振幅失真,因此在计算相关函数之前,要缩放像素亮度。

$$I(x,y,f)_{scaled} = I(x,y,f) + \min(I) \tag{7.25}$$

式中:$\min(I)$ 为图像序列中的最低像素亮度。然后确定其自相关函数,并将其调整为原始振幅[40],即

$$G(\xi,\psi) = \left(\frac{\langle I \rangle_{XYF} + \min(I)}{\langle I \rangle_{XYF}} \right)^2 G_{scaled}(\xi,\psi) \tag{7.26}$$

式中:I_{XYF} 为整个图像序列的平均像素亮度。

RLICS 能以多种方式来提升 RICS 效果。一种是利用 RLICS 提升浓度测量的灵敏度,在低浓度下激光和拉曼散射会干扰 ACF 的振幅;另一种方法是利用荧光寿命信息形成 ACF-类和 CCF-类(像在滤波 FCS 中一样[18]),可以同步分析多种不同荧光寿命的物质并量化他们之间的相互作用。

为了证明 RLICS 的能力,测量了一系列 Atto488 水溶液,浓度从 100nM 到 6.1pM。不相干噪声(拉曼散射、激光反射、探测器暗计数,背景光)或相干噪声(探测器寄生脉冲)对微时间直方图的影响随着浓度的降低而增大(图 7.8(a))。不相干噪声的影响系统性地降低了 ACF 的振幅,导致测定浓度低于 1nM 时失真。基于噪声和荧光衰减的微时间图构建寿命加权滤波器(图 7.8(b)),就可以过滤掉噪声,因此,可精确测量的浓度范围扩大到皮摩尔浓度(图 7.8(c))。低浓度时的偏差很可能和稀释伪影有关。

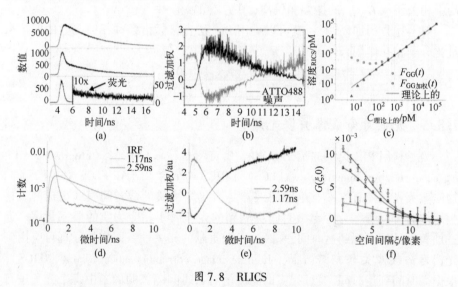

图 7.8 RLICS

(a) 浓度为 100nM(上)、0.195nM(中)、0.006nM(下)的稀释液中 Atto488 的微时直方图;(b) 根据纯 Atto488 样品和散射激光计算的寿命加权滤波器;(c) 根据 RICS ACF 的振幅计算出的浓度与经过和未经过寿命滤波得出的溶解序列的理论浓度对比;(d) 仪器响应函数(IRF)的微时间图及经 IRF 卷积的未淬灭(2.59ns)和 FRET-淬灭(1.17ns)eGFP 的荧光衰减图;(e) 用于纯供体类型及 FRET 淬灭类型的寿命加权滤波器;(f) 未滤波的 $G_{GG \times RR}(\xi,0)$ 相关函数(三角形)、滤波后的 FRET 类型的 $G_{GG \times RR}(\xi,0)$ 相关函数(圆形)和滤波后的非 FRET 类型的 $G_{GG \times RR}(\xi,0)$ 相关函数(方形)。

细胞内测量 eGFP-mCherry 串联结构的试验已经证明了 RLICS 具备区分不同寿命分子的能力。经测算无 FRET 时,eGFP 的荧光寿命是 2.59ns,在异质二聚体中发生 FRET 淬灭的 eGFP,其荧光寿命为 1.17ns。寿命加权滤波器是基于两种荧光衰变值的计算结果构建的(图 7.8(d) 和 (e))。相关函数 $G_{GG\times RR}(\xi,\psi)$ 是根据加权的宏时间图像计算的。与未加权时相比,对 FRET 淬灭组进行 FGG PIE 通道加权,FRET 淬灭组与 mCherry 直接激发组的振幅相关性增大。同样,对未淬灭 eGFP 的荧光寿命进行 FGG 加权,振幅相关性降低。然而,互相关振幅并未降低到零,这表明滤波器并不完美。这是因为一定程度上滤波器只是近似情况,eGFP 的荧光衰变是多指数的,所以仅凭单指数滤波器是不够的。此外,两种荧光寿命间的差异并不足以将不同相关函数对给定数据质量的影响完全区分出来。但是,观测到的趋势表明可以利用 RLICS 对物质相关性进行分析。

7.3.6 利用 PIE 分析数量和亮度

数量亮度分析(N&B)是图像序列亮度波动的一种补充方法,它基于对单一像素随时间的亮度波动的矩阵分析。利用 N&B 可以得到每个像素 (x,y) 中的分子平均数量 $n(x,y)$ 和它们的亮度 $\varepsilon(x,y)$[30],即

$$n(x,y) = \frac{\langle k(x,y,f)\rangle_f^2}{\sigma^2(x,y)-\langle k(x,y,f)\rangle_f}$$
$$\varepsilon(x,y) = \frac{\sigma^2(x,y)-\langle k(x,y,f)\rangle_f}{\langle k(x,y,f)\rangle_f} \qquad (7.27)$$

式中:$\langle k \rangle$ 为平均计数值;σ^2 为整个图像序列上像素亮度的方差。

要正确进行 N&B 分析,必须准确确定每个时刻的像素方差。此时,在 PIE 中使用 TCSPC 电子器件是不利的,其停滞时间较高会导致高计数率下的光子损失,从而导致在低计数率下对方差值的低估[41]。幸运的是,校正停滞时间可以用来恢复正确的像素亮度[42]。

$$I_C(x,y,f) = \frac{I_{M(x,y,f)}}{1-I_{M(x,y,f)}\dfrac{\tau_{dead}}{\tau_p}}, \qquad (7.28)$$

式中:$I_C(x,y,f)$ 为校正后的像素计数;$I_M(x,y,f)$ 为测得的像素计数;τ_{dead} 为探测器和电子器件的停滞时间;τ_p 为像素驻留时间。TCSPC 设置中,100ns 停滞时间对计数率约为 75kHz 时像素计数分布的影响如图 7.9(a) 所示。校正电子器件的 100ns 停滞时间时发现,在溶液中自由扩散的 Atto488 的分子亮度与浓度无关(图 7.9(b))。如前所述,低浓度时的偏移与稀释伪影有关。

最近科技的发展成功地将 TCSPC 系统的停滞时间进一步缩短。如果 TCSPC 的停滞时间为 25ns 或者更短,那么限制因素就变成了探测器的停滞时

间而非 TCSPC 电子器件的停滞时间[43]。

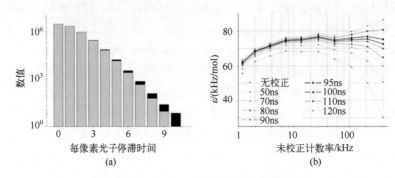

图 7.9 利用 TCSPC 探测的 N&B 分析

(a) Atto488 溶液停滞时间校正之前(灰)和之后(黑)像素计数的光子计数直方图(平均计数率约为 75kHz);(b)(假设电子探测设备的停滞时间不同)在有停滞时间校正和无停滞时间校正的情况下得出的不同浓度 Atto488 溶液的亮度(停滞时间为 100ns 时校正后的 3kHz 左右的亮度结果最佳,符合对电子器件的预期)。

7.3.7 PIE-FI 的总结与展望

本章阐明了 PIE 在很大程度上提升了 RICS 的能力,并且即使在系统发生 FRET 时也能直接进行定量相关性分析。RICS 与 FLCS 的结合为 RICS 添加了新的可能,从而将寿命信息加入到分析中。另外,PIE-FI 提供的寿命信息可用于同步荧光寿命成像(fluorescence lifetime imaging,FLIM)。本章介绍的双色互相关分析也可以扩展到多色成像。这即使在发射光谱高度重叠的情况下也是可以完成的,当可用的荧光蛋白很少时就是这种情况。最后,必须强调的是,只需要扫描和探测模块就可以进行同步[6],因此任何光栅扫描显微镜,甚至商业系统,都可以轻松地升级来实现 PIE-FI。可根据需要来配置分析 PIE-MFD 和 PIE-FI 数据的软件。

致谢

感谢 Jelle Hendrix 博士提供 PIE-FI 数据,感谢卡罗莱纳州的 Sanchez Rico、Lisa Warner 博士、Michael Sattler 教授提供 U2AF65 蛋白的信息。感谢德意志研究联合会通过慕尼黑纳米系统创新卓越联合体(NIM)、协作研究中心(SFB1035)、慕尼黑大学(慕尼黑大学创新生物显像网络)提供的资金支持。

参 考 文 献

[1] Kapanidis AN, Lee NK, Laurence TA et al (2004) Fluorescence-aided molecule sorting: analysis of structure and interactions by alternating-laser excitation of single molecules. Proc Natl Acad Sci U S A 101: 8936-8941.

[2] Kapanidis AN, Laurence TA, Lee NK et al (2005) Alternating-laser excitation of single molecules. Acc Chem Res 38: 523-533.

[3] Laurence TA, Kong X, Jäger M, Weiss S (2005) Probing structural heterogeneities and fluctuations of nucleic acids and denatured proteins. Proc Natl Acad Sci U S A 102: 17348-17353.

[4] Müller BK, Zaychikov E, Bräuchle C, Lamb DC (2005) Pulsed interleaved excitation. Biophys J 89: 3508-3522.

[5] Lamb DC, Müller BK, Bräuchle C (2005) Enhancing the sensitivity of fluorescence correlation spectroscopy by using time-correlated single photon counting. Curr Pharm Biotechnol 6: 405-414.

[6] Hendrix J, Lamb DC (2013) Implementation and application of pulsed interleaved excitation for dual-color FCS and RICS. In: Engelborghs Y, Visser AJWG (eds) Fluorescence spectroscopy and microscopy. Humana, Totowa, pp 653-682.

[7] Olofsson L, Margeat E (2013) Pulsed interleaved excitation fluorescence spectroscopy with a supercontinuum source. Opt Express 21: 3370-3378.

[8] Eggeling C, Berger S, Brand L, Fries JR (2001) Data registration and selective single-molecule analysis using multi-parameter fluorescence detection. J Biotechnol 86(3): 163-180.

[9] Kudryavtsev V, Sikor M, Kalinin S et al (2012) Combining MFD and PIE for accurate single-pair Förster resonance energy transfer measurements. ChemPhysChem 13: 1060-1078.

[10] Förster T (1948) Zwischenmolekulare energiewanderung und fluoreszenz. Ann Phys 437: 55-75.

[11] Nir E, Michalet X, Hamadani KM et al (2006) Shot-noise limited single-molecule FRET histograms: comparison between theory and experiments. J Phys Chem B 110: 22103-22124.

[12] Lee NK, Kapanidis AN, Wang Y et al (2005) Accurate FRET measurements within single diffusing biomolecules using alternating-laser excitation. Biophys J 88: 2939-2953.

[13] Koshioka M, Sasaki K, Masuhara H (1995) Time-dependent fluorescence depolarization analysis in three-dimensional microspectroscopy. Appl Spectrosc 1-5.

[14] Maus M, Cotlet M, Hofkens J et al (2001) An experimental comparison of the maximum likelihood estimation and nonlinear least-squares fluorescence lifetime analysis of single molecules. Anal Chem 73: 2078-2086.

[15] Kalinin S, Valeri A, Antonik M et al (2010) Detection of structural dynamics by FRET: a photon distribution and fluorescence lifetime analysis of systems with multiple states. J Phys Chem B 114: 7983-7995.

[16] Antonik M, Felekyan S, Gaiduk A, Seidel CAM (2006) Separating structural heterogeneities from stochas-

tic variations in fluorescence resonance energy transfer distributions via photon distribution analysis. J Phys Chem B 110:6970-6978.

[17] Böhmer M,Wahl M,Rahn HJ et al (2002) Time-resolved fluorescence correlation spectroscopy. Chem Phys Lett 353:439-445.

[18] Felekyan S,Kalinin S,Sanabria H et al(2012) Filtered FCS:species auto-and cross-correlation functions highlight binding and dynamics in biomolecules. ChemPhysChem 13:1036-1053.

[19] Goldner LS,Jofre AM,Tang J(2010) Droplet confinement and fluorescence measurement of single molecules. Methods Enzymol 472:61-88.

[20] Milas P,Rahmanseresht S,Ben D Gamari,Goldner LS(2013) Single molecule sensitive fret in Attoliter droplets. arXiv:1312.0854 [physic.bio-ph].

[21] Zarrabi N,Ernst S,Dueser MG et al(2009) Simultaneous monitoring of the two coupled motors of a single FoF1-ATP synthase by three-color FRET using duty cycle-optimized triple-ALEX. arXiv:0902.1292 [q-bio.BM].

[22] Lee NK,Kapanidis AN,Koh HR et al(2007) Three-color alternating-laser excitation of single molecules:monitoring multiple interactions and distances. Biophys J 92:303-312.

[23] Lee J,Lee S,Ragunathan K et al(2010) Single-molecule four-color FRET. Angew Chem Int Ed Engl 49:9922-9925.

[24] Stein IH,Steinhauer C,Tinnefeld P(2011) Single-molecule four-color fret visualizes energy-transfer paths on DNA origami. J Am Chem Soc 133:4193-4195.

[25] Milles S,Koehler C,Gambin Y et al(2012) Intramolecular three-colour single pair FRET of intrinsically disordered proteins with increased dynamic range. Mol Biosyst 8:2531.

[26] Elson EL,Magde D(1974) Fluorescence correlation spectroscopy I. Conceptual basis and theory. Biopolymers 13:1-27.

[27] Rigler R,Mets Ü,Widengren J,Kask P (1993) Fluorescence correlation spectroscopy with high count rate and low background:analysis of translational diffusion. Eur Biophys J 22:169-175.

[28] Hebert B,Costantino S,Wiseman PW(2005) Spatiotemporal image correlation spectroscopy (STICS) theory,verification,and application to protein velocity mapping in living CHO cells. Biophys J 88:3601-3614.

[29] Digman MA,Brown CM,Sengupta P et al(2005) Measuring fast dynamics in solutions and cells with a laser scanning microscope. Biophys J 89:1317-1327.

[30] Digman MA,Dalal R,Horwitz AF,Gratton E(2008) Mapping the number of molecules and brightness in the laser scanning microscope. Biophys J 94:2320-2332.

[31] Hendrix J,Schrimpf W,Höller M,Lamb DC (2013) Pulsed interleaved excitation fluctuation imaging. Biophys J 105:848-861.

[32] Petersen NO,Höddelius PL,Wiseman PW,Seger O (1993) Quantitation of membrane receptor distributions by image correlation spectroscopy:concept and application. Biophys J 65:1135-1146.

[33] Digman MA,Wiseman PW,Horwitz AR,Gratton E(2009) Detecting protein complexes in living cells from laser scanning confocal image sequences by the cross correlation raster image spectroscopy method. Biophys J 96:707-716.

[34] Thompson NL(1999) Fluorescence correlation spectroscopy. Topics in fluorescence spectroscopy 1:337-

378.

[35] Ivanchenko S, Lamb DC(2011) Fluorescence correlation spectroscopy: principles and developments. Supramolecular Struct Funct 10:1-30.

[36] Hendrix J, Lamb DC(2013) Pulsed interleaved excitation: principles and applications. Methods Enzymol 518:205-243.

[37] Schwille P, Kummer S, Heikal AA et al(2000) Fluorescence correlation spectroscopy reveals fast optical excitation-driven intramolecular dynamics of yellow fluorescent proteins. Proc Natl Acad Sci U S A 97: 151-156.

[38] Hendrix J, Flors C, Dedecker P et al(2008) Dark states in monomeric red fluorescent proteins studied by fluorescence correlation and single molecule spectroscopy. Biophys J 94:4103-4113.

[39] Digman MA, Gratton E(2009) Fluorescence correlation spectroscopy and fluorescence cross-correlation spectroscopy. WIREs Syst Biol Med 1:273-282.

[40] Schwille P, Korlach J, Webb WW(1999) Fluorescence correlation spectroscopy with single-molecule sensitivity on cell and model membranes. Cytometry 36:176-182.

[41] Hillesheim LN, Müller JD (2003) The photon counting histogram in fluorescence fluctuation spectroscopy with non-ideal photodetectors. Biophys J 85:1948-1958.

[42] Becker W(2005) Advanced time-correlated single photon counting techniques. Springer, Heidelberg.

[43] Wahl M, Röhlicke T, Rahn H-J et al (2013) Integrated multichannel photon timing instrument with very short dead time and high throughput. Rev Sci Instrum 84:043102.

第8章 单分子荧光光谱中的光子反聚束

Kristin S, Grußmayer, Dirk-Peter Herten

摘　要　单分子荧光光谱(single molecule fluorescence spectroscopy, SMFS)为研究一定环境条件下单个量子系统的性质开辟了一条重要的途径。它有一个基于单发射器只能发射单光子这一事实,这就引发了反聚束现象,即若缩短探测时间窗口使之小于激发态寿命,则探测到多光子的概率趋于零。在过去的10年中,光子反聚束重新引起了SMFS领域众多研究人员的兴趣,原因有二。首先,通过计算光子相关性观察到的反聚束可以很容易地转化成观察到单荧光分子的唯一直接证据。这对量子信息处理、量子密码学和度量衡学都是至关重要的。其次,它的光子统计特性可以用来估计共焦荧光显微镜下独立发射分子的数量。近来的应用目标在于了解多色分子和光系统的能量转移机制以及确定蛋白质复合体的复制数目。本章重点介绍在SMFS试验中计算光子反聚束的不同方法。除了技术方面外,还将考虑用于数据分析的基础理论。在每个方法的最后都会介绍如何应用光子反聚束。

关键词　符合分析　光子统计计数　HBT干涉仪　光子相关性　时间关联单光子计数

8.1 引言

现代量子力学提出的波粒二象性为描述光及其与物质的相互作用提供了两个根本不同的观点[1]。观察者的视角决定着相关的特性及可观察到的效果。通常,光的波动特性被用来描述干扰和偏振等现象。与之相反,当光被看作一束单独粒子流也就是光子时,这些粒子的时间分布就会发生另一个有趣的现象,它们的时间分布取决于光源的基本性质。相干光源(如理想单模激光器)的光束强度恒定。单纯的观察者会以为,如果以高时间分辨率采样光子流时,就能够在均匀间隔时间内观察到一系列个体光子。然而,即使在无限短的时间间隔内,一个或多个光子出现的概率也是随机的。换句话说,入射光束的光子通量的涨落是随机的、统计学的,光子数的分布服从泊松统计。其他有时变强度的经典光源,如放电灯光源,其光子数分布是超泊松分布,这代表着相同的平均下,光子数的方差将高于泊松分布[2]。以上光源发射出时间间隔不规则的光子的原因很简单,因为它们是由多个相等却独立的发射源组成的。由于每个处于电子激发态的独立发射源本质上是随机的,所以按时间观察到的是光子的这种随机分布。早在1956年,Hanbury Brown和Twiss就通过试验证实了这一点[3],被称为HBT效应,尽管最初的试验在之后一段时间里引起了争议[4]。Hanbury Brown和Twiss通过测量二次相关函数,即光强自相关函数研究了光束的相干性。有趣的是,这个重要的发现竟然是他们寻找确定恒星直径方法过程中的意外发现[5]。时间相干光源的强度恒定,其光强自相关函数$G^{(2)}(\tau)=1$也是一定的。很容易发现随着时间的推移,经典光源的强度变化符合$G^{(2)}(\tau) \geq 1$。这表明后续的光子更有可能是按较短而不是较长的时间间隔发射出来的,说明光子成束出现了[2]。

本章将探讨该现象的反面,即光子反聚束,一种单纯的量子力学效应。接下来会谈到,这一现象使我们能够确定一束光的发射源的数量。反聚束的意思是光子之间总有一个有限的时间分隔。如果是多个独立的发射源共同参与,就不会产生这种效果。发射源必须是纠缠的,这是量子光学中研究的内容。或者只有一个单独发射源,这是本章接下来论述的基础。光子反聚束的结果是,由于时间强度自相关与规定时间间隔内探测到两个光子的可能性成正比,所以在较短时间间隔内,它接近于零。简而言之,经历类似自发荧光辐射这一跃迁后,一个单独双态量子系统不能同时发射两个光子。因此,规律的荧光团以一系列的个体发光。这一行为的试验证据最早由Kimble等在1977年给出[6],而早在一年前,Kimble和Mandel[7]及Walls和Carmichael[8]分别对此做出了预测。

如上所述,本书中要讨论的是,单个荧光染料分子发射光子比相干光源甚至热光源发射光子的时间间隔更均匀。这种光子间隔的规律性可以用统计的方法来定义,通常可以发现这样的单独量子系统带来的光子数分布是窄于泊松分布的。尽管这些效应经常同时发生,但事实表明,光子反聚束也可以在不遵从亚泊松光子数分布的情况下发生[9]。

在过去的10年里,光子反聚束效应在单分子荧光光谱(single molecule fluorescence spectroscopy,SMFS)领域被研究者们重新发现,其原因有二。首先,

HBT类试验可以很容易地转化为使用荧光显微镜观察单分子的唯一直接证据[10];其次,它可以进一步发展为利用共焦荧光显微镜来估计独立发射分子的数目[11-14]。光子反聚束是目前SMFS中应用较多的一种方法[15-16]。最近涉及的课题有多色分子[11,14,17-18]和光系统[19-20]中的能量转移以及生物学中蛋白质的定量研究[21-22]。

根据这一点和最近的发展,本书将会按照出现顺序依次介绍在SMFS试验中测量光子反聚束的不同方法。除了技术方面外,本书也会介绍用于数据分析的基础理论。每一个方法之后都有一节介绍其在SMFS中的应用。

8.2 光子反聚束印证单分子荧光

前文已经简要说明,单荧光团与多个独立发射源集合的荧光发射特征存在显著差异。可利用这些差异识别孤立的单个发射源。单分子有确定的吸收和发射偶极矩,因此了解与偏振相关的激发和荧光探测可以提供有价值的信息。而且,光谱波动不会发生在系统测量中。我们所观察到的毫秒到秒级强度瞬变中的各个独立事件,如闪烁和单步光漂白,也表明了单发射源的存在。然而,单荧光团发射光子的时间分布有另一个显著的特点,在较短的纳秒尺度上光子到达的时间间隔是均匀的,从而导致了上述亚泊松分布。孤立的双态量子系统简化图就能解释这一特点。处于基态的单分子可以被激光激发,然后它处于激发态,其平均停留时长为激发态寿命,直到发射一个光子才会回到基态。接着,该分子可能会进入下一个激励发射周期。很明显,在这一过程中,一次只能发射一个光子。也就是说,随着两个光子之间的时间间隔接近于零,探测到一个光子之后不可能再探测到另外一个。这个纯粹的量子力学现象称为光子反聚束。该效应首先在SMFS领域中使用连续波(Continuous Wave,CW)激发进行研究,8.3节将介绍这一点,然后将转向随后开发的更高效的脉冲探测方案。

8.3 利用连续波激光激发测量光子反聚束

通过计算光子相关性可以探测到光子反聚束效应,即在时间t探测到第一个光子后,在时间$t+\tau$探测到另一个光子的条件概率。传统的研究方法是,在共焦显微镜中使用连续波激光器激发,被探测到的光被分到两个光子敏感探测器中(图8.1)。使用时间关联单光子计数(time-correlated single photon-counting,TCSPC)电子元件或快速光子计数卡来测量两个探测器相继探测到光子的时间间隔,这种探测手段称为HBT-干涉仪。

第8章　单分子荧光光谱中的光子反聚束　　141

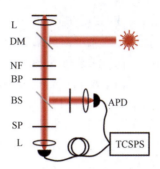

图 8.1　利用连续波激光激发计算光子反聚束所需的显微镜装置(连续波激发的共焦显微镜和 HBT-干涉仪探测方案;一个非偏振分束器(beam splitter,BS)将荧光光子向两个雪崩光电二极管(avalanche photon diodes,APD)按 50∶50 分开。时间关联单光子计数(time-correlated single photon-counting,TCSPC)有一个"开始"通道和"结束"通道,可以确定光子到达时间的直方图)
DM—分色镜;BP—带通滤波器;SP—短通滤波器;L—镜头。

若要测量荧光信号中的光子反聚束,也就是计算较短(ns)延迟时间内的光强自相关函数,通常使用常规共焦显微镜方案来激发样品(图 8.1)。将连续波激光聚焦到衍射极限点,用照明时所用的物镜采集样品的荧光。分色镜(Dichroic Mirror,DM)将激光和荧光光子分离。用陷波滤波器(Notch Filter,NF)或长通滤波器进一步抑制波长,使其与激光光子的波长相等。此外,如果探测器亮度充足,可以用带通滤波器(Bandpass Filter,BP)进一步缩小探测波长范围。然后探测通道被一个 50∶50 非偏振分束器平分,形成一个经典的带有两个单光子灵敏探测器的 HBT-干涉仪[23-24],如雪崩光电二极管或光电倍增管[4]。在一些试验中,用分色镜代替分束器对光子探测通道进行频谱分割。这个过程需要两个探测器,因为探测器的停滞时间(约 50ns)长于小的有机荧光团的一般荧光寿命,而它们决定了试验的时间尺度。测量两个光子相继被探测到的延迟时间的方法是,用其中一个探测器当作时间关联单光子计数板的"开始"信号,另一个当作"停止"信号,这个方法无论在过去还是现在都被广泛应用。其中一个探测器的信号被推迟以便探测到"负"光子对延迟时间。在这种情况下,第一个光子是在"停止"通道探测到的,而不是"开始"通道。现今可以由带有皮秒级的 TCSPC 或有多个输入通道且分辨率为纳秒级的快速光子计数卡来直接测量单个光子的到达时间[25]。通常,需要记录许多光子(约 105 个)以采集足够多的数据,从而建立起光子间到达时间差的直方图。光子反聚束是通过在延迟时间接近于零时探测光子对的能力消失来反映的。由于盖革模式下运行的 APD 每探测到一个光子就有可能发射出一个红外光子,所以可以在每一个探测器前使用短通滤波器(Shortpass Filters, SP)或足够多个 BP 滤波器。这可以防止红外光子对应的"停止"信号在该光子对的第二个光子真正到达前就传入到另一个探测器内[15]。用 HBT-干涉仪进行观察可以得到光子间到达时间延迟的直方图。当探测到光子的整体概率过低时,这种测量方法得到的结果能够非常接近强度自相关函数 $G^{(2)}(\tau)$ [等式(8.1)][10]。如上文所述,光子反聚束表现为短延迟时间时二次相关函数的下降。在理想的试验中, $G^{(2)}(\tau)=0$ 适用于单分子。共焦体积中的分子越多,背景光子越多,倾斜的幅度就越小。

归一化光子相关性公式为

$$G^{(2)}(\tau) = \frac{\langle n_1(t) n_2(t+\tau) \rangle}{\langle n_1(t) \rangle \langle n_2(t+\tau) \rangle} = \frac{\langle I_1(t) I_2(t+\tau) \rangle}{\langle I_1(t) \rangle \langle I_2(t+\tau) \rangle} = \frac{\langle I(t) I(t+\tau) \rangle}{\langle I(t) \rangle^2} \quad (8.1)$$

式中:n_m 为探测器 m 探测到的光子数量。显示的数量和强度 I_m 成正比。假定光强平均值与时间不相关,并将两个 APD 作为相同的探测器。此外,认为 N 个相同但不相干的发射源的发射强度 i 与其在激光聚焦中的位置无关,并忽略背景光子。

$$\langle I(t) \rangle = N \langle i \rangle \quad (8.2)$$

$$\langle I(t) I(t+\tau) \rangle = \left\langle \sum_{j=1}^{N} i_j(t) \sum_{k=1}^{N} i_k(t+\tau) \right\rangle = (N^2 - N)\langle i \rangle^2 + N \langle i(t) i(t+\tau) \rangle \quad (8.3)$$

综上所述,归一化的二次相关函数是由分子的数目 N 和分子在 t 时刻(使处在基态 g 中的发射源做好准备)发射一个光子之后被重新激发,在时间点 $t+\tau$ 发射出第二个光子的条件概率来表示的,即

$$G^2(\tau) = \frac{N(N-1)}{N^2} + \frac{1}{N} \frac{\langle p(t) p(t+\tau) \rangle}{\langle p(t) \rangle^2} \quad (8.4)$$

对于一个稳定的双态发射源的简化模型来说,该条件概率可由激发、发射和初始条件的速率公式计算得出。对具有两个以上状态的扩散分子一般情况下强度相关函数的更详细推导可参见文献[10,21,26]等。时段尺度较短时,恢复了由于光子反聚束(式(8.5))导致的 $G^{(2)}(\tau)$ 的初始上升,有

$$G^2(\tau) = 1 - \frac{1}{N} e^{-\left|\frac{\tau}{T}\right|} \quad (8.5)$$

$$T = \frac{1}{k_{ex} + k_s} \quad (8.6)$$

反聚束下陷的宽度取决于激发泵速率 k_{ex} 和自发辐射速率 k_s。将通过试验得到的光子间到达时间差的直方图与等式(8.5)拟合能够估算出这些光物理参数和共体积中的分子数。事实上,与背景光子的不相关性降低了反聚束下陷的

对比度。为了准确地计算反聚束,应优化显微镜探测效率以避免信号光子损失;应使用高纯度基质和合适的滤波器来抑制样品的瑞利散射光和拉曼散射光。

8.3.1 光子反聚束效应在单分子荧光光谱中的早期应用

文献[10]在低温下观察固体中的单染料分子时首次发现了荧光分子的光子反聚束。研究人员在对三联苯晶体宿主中研究了并五苯。晶体小板被安装在一个 $T=1.5K$ 的光学恒温低温器中 $\lambda=593.4nm$ 的 CW 激光器的焦点处。荧光由 LP 滤波器分离,光子间到达时间差的直方图由 HBT 阵列和时间间隔约为 1h,作为"开始"和"结束"通道的两个光电倍增管测量得出。短延迟时间出现反聚束凹陷是单分子的一个指标,详见图 8.2。嵌入的对联三苯分子的拉曼散射形成的背景由于激光功率提高,使得 $N(\tau)$(未归一化的 $G^{(2)}(\tau)$)的推导结果相比图 8.2(a)~(c)中的 0 有所增加。相应地,反聚束凹陷的宽度也在减小。激光功率达到最高时(图 8.2(c)),相关函数会呈现 Rabi 振荡,但在其他测量情况下,其振荡被阻尼消除掉了。

第一次在室温下用荧光分子的 CW 激发测量光子反聚束是在空气中[27]、溶液中[28-29]、晶体宿主中[30]和聚合物薄膜中[31]的表面进行的。图 8.3 是(a)罗丹明 6G(R6G)分子的集合和(b)暴露在空气中的二氧化硅表面上固定的单 R6G 分子的光子间到达时间差的直方图。为了获取足够多的事件以重建光子相关性,Patrick Ambrose 等[27]累加了表面上很多点的符合测量结果。这个试验还使用了 HBT 阵列,并以两个 APD 作为"开始"和"结束"通道。尽管用声光可调滤波器(acoustic optical tunable filters,AOTF)调节 514.5nmCW 激光的激发以防止其在探测器停滞时间内曝光,但由于过早的光漂白,仍然不可能用单分子进行研究。延迟时间为零时的反聚束凹陷表明图 8.2(b)中直方图的大部分是由单分子组成,而约 200 个分子的集合的反聚束是没有凹陷的。图 8.2 中直方图的整体形状是由调制激光激发的自相关决定的。图 8.2(b)中的凹陷符合采用其他试验中获得的 R6G 物理参数的单分子模型。

CW 激发的一个严重的局限是,由于光裂解前单分子中的荧光光子数量有限,不能在周围环境下用单有机分子进行反聚束计算。例如,在低温条件下,或者当它们在固态或聚合物基质中受到活性氧保护时,单分子的光漂白会被抑制[27-28]。近来,一种还原剂和氧化剂结合清除酶氧的体系可用来大大延长缓冲盐水中有机染料的寿命[32]。

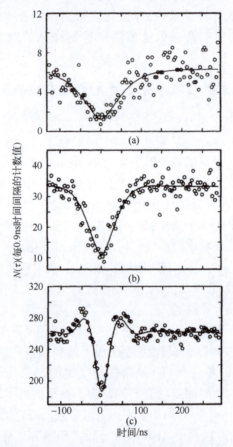

图 8.2 嵌入对三联苯晶体的单并五苯分子的光子间到达时间差直方图(可以看到延迟时间接近零时的反聚束凹陷。随着激光功率增加,λ=593.4nm 的激光被激发,分别对应(a)(b)(c)中的 Rabi 频率 Ω=11.2MHz、26.2MHz 和 86.9MHz。实线表示与 Ω=(a)1~10MHz、(b)25.5MHz 和(c)71.3MHz 的数据拟合。经 Basché 等许可使用[10]。1992 版权归美国物理协会所有)

光子反聚束测量也被用来证明抗漂白量子点的单光子发射[33-35]和金刚石中的氮-空位中心[36-37]。这两种发射源和基质中的常规有机荧光团对制备单光子旋转闸门装置起到重要的作用,该装置可按需发射光子。引发单光子发射的激发方式有光学激发[38-41]、电激发[42-43]和电子束激发[44]。纯单光子态的产生对量子信息处理[45-47]、量子密码学的安全通信[48-49]和量子计量学[50]十分重要。

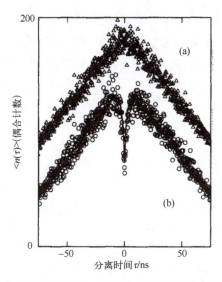

图 8.3 硼硅酸盐玻璃上罗丹明 6G 的光子间到达时间差的直方图(运用 $\lambda=514.5$nm 的调制激光激发,像素驻留时间为 20ms,对 $10\times10\mu m^2$ 的视野成像;(a)中的最高强度和覆盖面积为 30W/cm^2 和约 10^{11}R6G/cm^2,(b)中为 60×10^3W/cm^2 和约 10^8R6G/cm^2。(a)直接将扫描表面得到的符合累积起来,(b)将 6 个不同表面上的约 300 个个体分子的符合累积起来。)[27]

8.3.2 运用 CW 激发实现独立荧光发射源计数

上述大多数试验都是通过反聚束特征来证明单发射源的存在。它们还用等式(8.5)中的 $G^{(2)}(\tau)$ 表达式对光子相关函数建模并通过拟合得出光物理速率常数。由于凹陷振幅与独立发射源的数目 N 成反比,反聚束测量结果也可用于计算分子复合体中的组分数。例如,Hui 等[51]确定了纳米金刚石中色心的数量,并发现可以通过进一步提高氮-空位中心浓度来提高光子亮度。Hollars 等[11]研究了链构象如何影响多色共轭聚合物的光物理特质。他们测定了甲苯溶液中聚[2-甲氧基-5-(2-乙基-己氧基)对苯乙烯](2-methoxy,5-(2-ethyl-hexyloxy)-p-phenylene-vinylene],MEH-PPV)的单分子在玻璃上的独立发射源的平均数量接近于 2($N=2.4$)。取而代之的,氯仿的加工处理使单链中的许多发射源活跃起来,反聚束直方图中没有明显的凹陷。这表明在之前的试验中分子内能量只能有效地转移到两个或 3 个发色团单位。结合其他光谱学测量结果,Hollars 等认为 MEH-PPV 采用了紧密的结构以促进甲苯中发色团的相互作用,但聚合物链在偏振溶剂氯仿中更松弛。Kumar 等[18]不久后证明在甲苯中加工时,具有多个发光单位的单 z 定向氰基取代聚对苯乙烯(cyano-substituted polyphenylene vinylene,CN-PPV)链中存在单发射点。这些测量可以完成是因为CN-PPV 比 MEH-PPV 的光稳定性强。生物多发色团系统也通过光子相关测量进行了研究。藻红蛋白(B-phycoerythrin,B-PE)是一种包含 34 种胆红素色素高荧光性的藻胆蛋白,存在于红藻和蓝藻的光捕获结构中。Wu 等[20]对在溶液中的许多藻红蛋白分子进行了成像,发现它们表现为单量子系统。在 B-PE 的晶体结构中,它和最近邻的红藻的距离范围为 1.9~3.5nm,高效率的分子间能量转移解释了观察到的结果[52]。

最初所有的光子反聚束试验都是用上述"开始"-"结束"通道记录进行连续波激光器激发的。然而,CW 激发有一个严重的局限,在环境条件下,单(探针)分子的光子数据通常太少,不足以在光漂白之前建立一个合适的光子间到达时间差的直方图。除非光漂白被抑制,如在低温下测量[10]或使用超稳定发色团以及量子点[33-34,39],因此反聚束只能由测量众多分子的光子统计来描述。所以,由 CW 反聚束试验可以得出分子集合的平均性质。统计量不足的主要原因在于 CW 激发造成的光子发射只是随机的,由于探测器的停滞时间导致部分光子丢失而无法被探测到。此外,这种双探测器设置需要安排一个任意但固定的"开始"-"结束"通道。除了丢失符合事件即光子对的两个光子都被导向同一个 APD(50%),第一个光子到达上述电子延迟窗口外的"停止"通道也没有被记录下来。而且,一旦触发"开始"通道,任何导向该通道的其他光子都会被忽略,直到电子设备复位,这将导致真正光子对的损失。现代示踪电子设备可以帮助缓解这个问题[25]。

8.4 脉冲激光激发测量光子反聚束

前面曾经介绍了在 CW 激光照明条件下测量光子反聚束。可利用脉冲激发源从光子统计角度对光子对进行更高效地测量。通常选择宽度为皮秒(≤100ps)的激光脉冲,在单个激光脉冲中仅激发一次分子[53]。光子在被荧光寿命延迟的预定的激发周期内到达,而不是随机光子发射事件。如果激光重复速率足够低,在探测器和 TCSPC 电子器件的停滞时间内就不会遗漏光子。而且每个时间间隔内分子经历的激发-发射周期会减少,引起了光化学稳定时间的延长。除了激发过程(图 8.4(a))外,使用脉冲激光激发进行光子反聚束试验需要的装置与上文描述的连续波试验的装置相同。常见的装置使用反向 TCSPC,"开始"信号由探测器发出,"结束"信号则由激光同步器(即控制激光脉冲的时间)发出作为参照。对于每个光子,从获取数据开始,到达时间(宏时间)是以纳秒分辨率记录的,探测到光子和下一个激光脉冲的时间差(微时间)是以皮秒分辨率记录的,同时每个监测器有一个 ID 便于辨别。使用路由 TCSPC 电子器件时,TCSPC 卡在通道间引入了停滞时间(约 100ns),因为路由器的作用是识别由同一个 TCSPC 单元处理的输入通道。为了防止在一个激光周期内的两个 APD 中错过多个密集探测事件(multiple closely spaced detection events,mDE),其中一个探测器会使信号延迟。与把脉冲激光激发测量和作为固定的"开始"-"结束"通道的两个探测器设置相比,TCSPC 方法能够使遗漏事件更少。

上面已经解释过,使用脉冲激光激发,每个时间间隔中的分子激发周期更短、荧光寿命更长。最终研究者能够收集足够的数据来测量单分子的光子反聚束[12,38]。Lounis 和 Moerner[38] 用单分子作为单光子源首次证明了这一点。他们使用的是 HBT 阵列和传统的"开始"-"结束"TCSPC 电子设备。与 CW 激发获取的光子间到达时间差的连续分布不同,直方图的峰值根据激光重复频率等间隔分布,形状反映了荧光团的荧光寿命(图 8.4(b))。延迟时间为零时的峰值对应的是在同一激发周期内记录的光子对,但是伴随峰值对应的是不同激光周期中的光子对。单分子反聚束信号仍对应零延迟时间前后光子相关性的消失,即中心峰值被抑制。

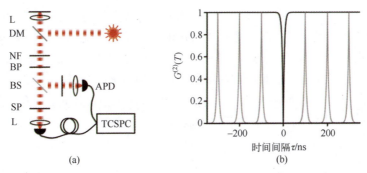

图 8.4 用于光子反聚束测量脉冲激光激发和模拟光子间时间直方图所需的显微镜装置
(a) 脉冲激发共焦显微镜和 HBT-干涉仪探测方案(一个非偏振分束器将荧光光子向两个 APD 按 50:50 分开。TCSPC 有一个"开始"通道和"结束"通道,可得出光子间到达时间直方图);(b) 模拟光子间时间直方图(黑线表示单分子在连续波激光器激发下的光子相关性。灰线代表重复频率为 10MHz 的脉冲激光激发。不同的峰可以反映不同时间点(每 100ns)的激发状态,峰宽受荧光寿命影响)。
DM—分色镜;BP—带通滤波器;SP—短通滤波器;L—镜头;BS—非偏振分束器。

在反向 TCSPC 测量中,光子反聚束可以通过后期处理数据来量化,或者计算光子间到达时间差的直方图,也可用两个探测器的信号执行互相关算法。除了可以测量反聚束的符合率,即中心峰值中符合计数 N_c 与侧峰中的平均计数

$\overline{N_1}$ 的比值,也可同步监控单分子的荧光强度和荧光寿命等几个光物理参数,甚至能够记录它们的瞬态变化[12-13]。实际上,确定独立发射的荧光团数量并不需要分辨率达到皮秒。宏时间足以确定在哪个激光周期中探测到光子。反过来,如果忽略荧光寿命耗尽时光子发射的不确定性导致的峰间距,可以按光子间到达时间直方图的不连续峰将分子对分类(见下文及文献[13])。

更精密的单分子计数电子设备的输入通道完全独立,分辨率为皮秒级,消除了通道间的停滞时间。这就可以直接计算精确到皮秒级的强度自相干函数。然而,探测器和电子设备造成的约为 100ns 的停滞时间仍然存在于各个通道中[54-57]。

记录探测器发出的所有光子时,APD 跟随脉冲可能会导致反聚束测量出现错误的事件。对 APD 来说,在探测到一个光子而尚未探测到另外一个时,有一定的可能会产生额外的次级信号输出。这是由 APD 固有的信号放大过程导致的;该事件发生的概率取决于光电二极管的材质,并随着时间的推移迅速减弱[23-24]。不同探测器的光子对和探测器间合适的延迟时间可以高效地消除跟随脉冲。

对于 CW 激光激发测量,可以通过脉冲激光激发反聚束试验来估算独立发射源的数量,比如可以用组合学顺利导出符合率 $N_c/\overline{N_1}$ 和焦点中分子数间的关系。同样,考虑 N 个相同但不相干的荧光分子,其发射与在激光焦点中的位置无关,并忽略背景分子。对于理想的 50:50 的分束器和总体光子探测概率为 p 的装置,在其中一个探测器探测到一个光子的可能性是 $0.5p$。在任何一个激光周期中,当分子 i 和 j 同时发射时,都可以探测到两个光子,除非 $i=j$,也就是说 i 和 j 是同一分子。在同一个激光脉冲的两个 APD 中获取到光子对的概率 P_c 是由从不同分子中探测到光子的所有可能的组合描述的。

$$P_c = \sum_{i=1}^{N} \sum_{j=1, j\neq i}^{N} (0.5p)^2 \tag{8.7}$$

在不同的激光周期中连续探测到光子对的概率可以用相似的方法计算,包括 $i=j$ 的情况。

$$\overline{P_1} = \sum_{i=1}^{N} \sum_{j=1}^{N} (0.5p)^2 \tag{8.8}$$

符合率就是这两个概率的比值(式(8.9))。单分子时 $N_c/\overline{N_1}=0$,两个分子时 $N_c/\overline{N_1}=0.5$,3 个分子时 $N_c/\overline{N_1}=0.67$。而且为确保荧光团数量估算结果可靠,必须针对和背景光子不相干的符合进行校正。

$$\frac{N_c}{\overline{N_1}} = \frac{P_c}{\overline{P_1}} = \frac{N(N-1)0.25p^2}{N^2 0.25p^2} = 1 - \frac{1}{N} \tag{8.9}$$

根据试验开始后的时间(宏时间,纳秒分辨率)、探测到光子与后续激光脉冲

第 8 章　单分子荧光光谱中的光子反聚束　　149

之间的时间(微时间,皮秒分辨率)以及通道数量,可以用单 TCSPC 卡来记录绝对到达时间[13]。这是通过两个和 APD 相连的通道作为"开始"信号和同步激光作为"结束"信号实现的,并与图像采集同步。这些电子器件提高了反聚束测量的效率,因为可以省去 APD 中的人工设置"开始"-"结束"通道。已经证明,总荧光强度、其中一个 APD 中的部分强度 F_2、荧光寿命、中央峰上重合计数的数量以及重合率可以从一连串光子瞬态中恢复。然后采用多参数方法在玻璃盖玻片上、单分子密度下研究了有两个 Cy5 荧光团的 DNA 样品。HBT 阵列用分色镜在 $\lambda \approx 570 \text{nm}$(约 50:50)将发射过程分开。测量部分强度使荧光团的光谱涨落得以观察。图 8.5 显示了一个最初使用两种 Cy5 燃料后进行光漂白的瞬态示例。在 1s 左右,符合率从 0.39±0.06 下降到 0.14±0.04,明确证明了光强的逐步减小不只是单 Cy5 分子发射强度的起伏,而是荧光团的数量由 2 减小至 1。图 8.5(g) 和图 8.5(h) 分别是漂白前后光子对的到达时间差的直方图。部分强度和荧光寿命在瞬态过程中波动是常见的现象。部分强度偏离 0.5、两个 APD 的探测概率不相等,或者发生背景符合事件,都会导致与符合率的相关性不为 $1-1/N$。

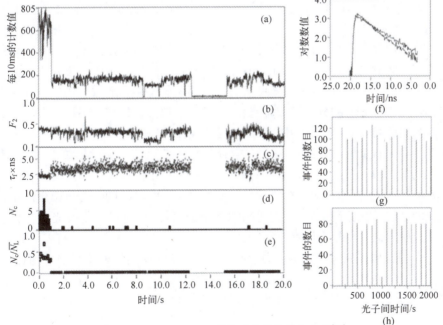

图 8.5　Cy5-DNA-Cy5 结构的多参数荧光采集[13]

(a) 总强度;(b) 部分强度 F_2;(c) 荧光寿命 τ_f;(d) 符合计数 N_c;(e) 功率为 4kW/cm², 频率为 10MHz、波长为 635nm 的激光激发的单探针的符合率 $N_c/\bar{N_1}$;

(f) (a)中的箭头表示光漂白前和光漂白后荧光的减弱;(g)和(h)是相应的光子间到达时间差直方图(记录时间分辨率是宏时间,符合率分别对应 0.39±0.06 和后来的 0.14±0.04)。

利用带有一个、两个或 3 个荧光染料分子的 DNA 发夹形探针,以类似的方法研究了符合测量中的变化[58]。这些试验表明,光子反聚束方法可被用来在单分子水平上研究分子复合体和生命科学过程。

8.4.1 试验中的独立发射源计数

后来,Fore 及其同事[22]用光子反聚束来确定高密度脂蛋白(high density lipoprotein,HDL)粒子中载脂蛋白质(apolipoprotein A-I,apo A-I)分子的数量。Apo A-I 在 HDL 粒子的结构和新陈代谢中发挥着核心的作用,而 HDL 粒子则负责胆固醇的运输。研究过程中,他们用 apo A-I 的一个半胱氨酸突变体重建了 HDL 粒子,该突变体位点被 Alexa647 染料和脂囊泡定点标记。使用带 APDs 的 HBT 阵列记录扩散粒子的光子关联并记录每个光子的到达时间。最终得出结论,每个重组的 HDL 粒子里有两个 apo A-I,并用该结论在更为自然的环境下进行了研究,验证了生物化学实验。Fore 等[22]还利用光子计数直方图(photon-counting histogram,PCH)分析了荧光强度变化,得出了数量估值[59]。PCH 证实了光子反聚束测量,但是需要一个单独标记的对照样品才能发挥作用。

当使用光子统计来计算复合体中的单体数量时,需要注意避免用于标记的荧光团之间的能量转移。例如,Sánchez-Mosteiro 等[19]发现红色荧光蛋白大都作为单发射源出现,这可用纳米尺度上的发色团间发生了高效率的能量转移来解释。另一个著名的分子扩散研究表明,只有一部分被研究的系统的荧光团数量是与预测相符的[21]。利用单体染料、荧光蛋白(EGFP)和染料标记的低聚物杂交探针进行反聚束测量时,每个复合体根据预期返回一个、两个或 3 个标记。相比之下,平均来说,EGFP 标记的配体门控离子通道 P2X1(三同聚体)和 α1 甘氨酸受体(五同聚体)以 2.52±0.09 和 2.06±0.06 单体的复合体出现。估值偏低的原因,除临近 EGFP 标记之间的激子配对外,还有可能是荧光蛋白没有完全成熟或低聚物复合体不稳定所致。

光子反聚束测量可以区分复合体中活跃的、独立的发射源和分子,但并不直接促成荧光发射。符合分析的这一能力被广泛应用于设计的多载色体系单分子中[60-66]和共轭聚合体模型系统中[15,17]的能量转移研究。

8.5 利用脉冲激光激发测量更多光子数据

前面已经讨论过,反聚束的程度可用来估算活跃的独立发射源的数量。在上面提到的试验中,用连续波激光器或脉冲激光激发 HBT 阵列中的两个探测器,从而测量光子对的出现和它们的时间分布。但是,随着发射源数目增加,零延迟时间处(CW 激光器)或中央峰(脉冲激光器)的光强自相干函数的振幅,也就是相应的反聚束测量值,会快速地接近长延迟时间(CW 激光器)或侧峰(脉冲激光器)处的对应值,而这是无限个发射源的极限状态。理论上 N 个 HBT 型干涉仪中的发射源的信号与 $1-1/N$ 成正比(图 8.6(a))。而事实上,对于 3 个或 4 个发射源,这个函数就会快速饱和,因此它估算分子数目的功能十分有限。

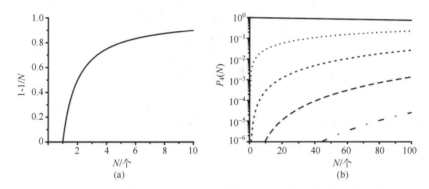

图 8.6 两个和 4 个探测器脉冲激光反聚束测量中的可观测光子统计量[67]
(a) 理想的双探测器装置中,和发射源数量 N 相关的符合率 $N_c/\overline{N_1}$ 的
理论值;(b) 理想的四探测器装置中,和发射源数量 N 相关的同时发生 i 个探测事件
(mDE)的概率分布 $P_4(N;p;i)$($i=0$,实线;$i=1$,点线;$i=2$,虚线;$i=3$,长虚线;$i=4$ 点画线)。

在过去的几年里,已经从理论上和试验两方面均证实,如果考虑三重光子和四重光子,就可以克服这个限制。只需用脉冲激发方法把发射的荧光团分离到 4 个同等的探测器中,就可以测量 3 个或 4 个符合光子[56-57]。除了 HBT-干涉仪扩展了 3 个 50∶50 分束器外,该试验的实现与脉冲激光器激发类似(图 8.7)。同样地,用脉冲宽度为皮秒的激光器来避免单分子被多次激发。要将激光重复频率保持在低水平,使所有被激发的分子返回到基态,使 TCSPC 系统能够准备好在下一个激发周期中记录新光子。该方法保证了在每一个激发周期内,激光焦点中的每个荧光标记最多只能发射一个光子。通过使用 4 个同步独立通道的 TSPC 系统,每个探测器都能独立记录光子的绝对到达时间。4 个探测器的设置使研究者可以计算 4 个通道的相关函数并测定 4 个多探测事件(mDE),也就是每个激光周期中探测到的光子数量可达到 4 个。然而,如果光子在信号处理的停滞时间内到达 APD,仍有可能错过事件。一般来说,4 个光子对同步探测器设置的效率是两个探测器的 1.5 倍(见下文)。要通过发射源的光子统计量和忽略荧光寿命信息来测定 mDE 的频率,同样只需要宏时。事实上,要测定一个激光周期中探测到的光子数,简单且经济有效的光子计数卡就足够了。

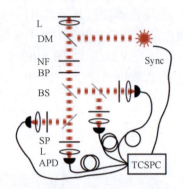

图 8.7 利用扩展的类 HBT 干涉仪进行脉冲激光激发的光子反聚束测量的显微镜装置
(脉冲激发的共焦显微镜;一个 BS 将荧光光子向两个 APD 按 50∶50 分开。
有 4 个同步独立通道的 TCSPC 记录光子到达每个 APD 的绝对时间)

8.5.1 理论和首次试验实现

扩展的 HBT 型干涉仪不再通过测定光子间到达时间来计算光子对相关性,而是计算不同探测器同步记录到的光子数据(mDE-多探测事件)以扩大光子反聚束试验的计数范围[67]。试验结果和使用脉冲激光激发进行的传统符合分析结果基本一致。mDE 发生就说明不止有一个发射源存在。

在统计分析中,将完整的 mDE 概率建模为 $P_m(N,p;i)$。同样假设使用 50∶50 的分束器进行理想化试验,考虑 N 个独立发射的荧光团。此外,假定每个激光脉冲的平均光子探测概率和显微镜设置的标记 P 对所有的发射源都是相同的(简称为探测概率 P,见式(8.11))。m 代表探测器的数量(这里 $m=4$),i 是 mDE 的数量。该模型还考虑到了随机的光子激发、发射和探测过程,包括探测路径的几何形状。值得注意的是,一定要考虑到探测停滞时间,即在一个激光周期内,尽管可能有多个光子同时接近同一探测器,但是每个通道里只能探测到一个光子。mDE 概率可以根据多项式分布构建。式(8.10)中描述的递归公式的第一部分是 i 个探测事件的概率,第二部分是少于 i 个探测事件的概率之和。

然后通过模型 $P_m(N,p;i)$ 用标准 Levenberg-Marguardt 算法对一定数量激光周期中积累的 mDE 数据进行非线性回归估算独立发射源的数量 N 及其探测概

率 p。值得一提的是，这 4 个探测器模型中只有 4 个 mDE 概率分布彼此独立。然而，假定所有 5 个概率分布式(8.12)~(8.16)都彼此独立，且协方差小于 10^{-3}，这就更方便了。

$$P_m(n,p;i) = \binom{m}{i} \left[\left(1 - \left(\frac{m-i}{m}\right)p\right)^n - \sum_{\substack{k>0 \\ k=0}}^{i=1} \frac{\binom{i}{k}}{\binom{m}{k}} P_m(n,p;k) \right] \quad (8.10)$$

$$p = \frac{I_{laser}}{f_{rep} h\nu} \sigma_{abs} Q_f \eta_{det} = \frac{\varepsilon_{MB}}{f_{rep}} \quad (8.11)$$

探测概率 p 取决于光子通量，也就是平均激光强度 I_{laser} 除以光子能 $h\nu$、激光重复频率 f_{rep}、吸收截面 σ_{abs} 以及显微镜装置的整体探测效率 η_{det}。探测概率 p 乘以激光重复频率得出分子的亮度 ε_{MB}。在 $m=4$ 的四探测器装置中同时探测到 i 个光子的概率可以由式(8.12)~式(8.15)表述，即

$$P_4(n,p;i=0) = (1-p)^n \quad (8.12)$$

$$P_4(n,p;i=1) = 4\left(1-\frac{3}{4}p\right)^n - 4(1-p)^n \quad (8.13)$$

$$P_4(n,p;i=2) = 6\left(1-\frac{1}{2}p\right)^n - 12\left(1-\frac{3}{4}p\right)^n + 6(1-p)^n \quad (8.14)$$

$$P_4(n,p;i=3) = 4\left(1-\frac{1}{4}p\right)^n - 12\left(1-\frac{1}{2}p\right)^n + 12\left(1-\frac{3}{4}p\right)^n - 4(1-p)^n \quad (8.15)$$

$$P_4(n,p;i=4) = 1 - 4\left(1-\frac{1}{4}p\right)^n + 6\left(1-\frac{1}{2}p\right)^n - 4\left(1-\frac{3}{4}p\right)^n - (1-p)^n \quad (8.16)$$

图 8.6(b)给出了有机染料试验中典型探测概率的 mDE 概率 $P_4(N,p;i)$。$N_p \ll 1$ 时式(8.17)可接近上述关系式。

$$P_4(N,p;1 \leq i \leq 4) = \prod_{k=0}^{i=1}(N-k)p^i \quad (8.17)$$

只有当明亮荧光团的数量较多时才会发生显著的 3 个和 4 个光子探测事件。假设荧光团和装置探测效率 η 都不变，四探测器装置和双探测器装置在逼近小的 N_p 时采集到一个分子探测事件的数量相同。但是，四探测器装置采集到的两个分子探测事件是双探测器装置的 1.5 倍。$P_4(N,p;i=2) = 1.5P_2(N,p;i=2)$。此外，4 个独立探测通道的最大光子计数率是两个通道的 2 倍。4 个通道使我们能够在短时间内从更多的荧光团中收集光子，同时又不使 APD 和数据采集卡饱和。

通常称这种新方法为光子统计计数(counting of photon statistics, CoPS)，只

有当其能够更精确地估计较少量分子或与前述双探测器法相比能够明显扩大估计范围时,这个方法才能展现出优势。所以,最开始的时候,对它的极限很感兴趣,并用蒙特卡罗仿真法进行了测试[67]。在 $p=2.5\times 10^{-3}$ 和 $N=1\sim 50$ 的情况下,模拟了大量的多光子探测事件。值得注意的是,p 的值是根据真实数据估计的,并使其尽可能接近于试验值。每个荧光团中每个光子的目标 APD 是通过产生一个随机数来确定的。多光子探测事件被记录和总结,直到获得一定数量的平均光子。使 $n_{tot}=1\sim 4\times 10^4$ 对应于 $4\sim 16\times 10^6$ 的激光周期,这大体反映了标准条件下的单分子试验。但是,如果使用稳定缓冲系统,如 ROXS[32],在光漂白之前单分子的光子产量可以更高。

从图 8.8(a)可以看出,发射源的估算数量 N_{CoPS} 随着发射源的模拟数量 N_{sim} 的增加而线性增长,而且 3 种模拟的光子产量并没有显著差异。然而在 $n_{tot}=1\sim 4\times 10^4$ 的情况下,积累的光子越多,数目估算的相对标准差就会对应地由 20%~30%下降为 10%~15%和 5%~8%(图 8.8(b))。这些模拟表明,即便在更大的分子组合中,用 4 个探测器分析光子数据,然后进行独立发射源计数也是可行的。受到这些结果的鼓舞,开始通过试验测试 CoPS 方法。

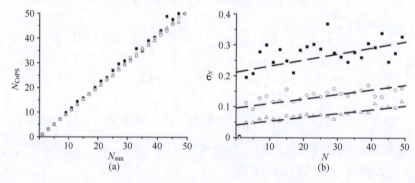

图 8.8 用后续 CoPS 算法模拟多光子探测事件对每个分子平均探测光子数的影响[67]
($n_{tot}=10000$,实心正方形;$n_{tot}=20000$,空心圆;$n_{tot}=40000$,空心三角形)
(a)独立发射源的估算数量 N_{CoPS} 与模拟发射源数量 N_{sim};
(b)模拟发射源的数量与对应的相对标准差。

在第一个试验中,选择标记了 5 个荧光 Atto647N 染料的双链 DNA 探针。该探针由一个长荧光团、4 个重复组成的生物素标记的单链(称为 REP4)和短荧光团标记的聚合苷酸(称为 REP′)组成,其中最多可能有 4 个 REP′ 和 REP4 杂交。用高亲和力的生物素-链霉亲和素将杂交探针以单分子密度固定在玻璃表面上,玻璃表面上涂有掺杂生物素化的牛血清蛋白(Bovine Serum Albumin,

BSA)(图 8.9(a))。试验中为提高染料的光稳定性和亮度,使用了光稳定的 ROXS 缓冲液和酶耗氧,详见文献[56]。为了根据漂白步骤分析(bleaching step analysis,BSA)校对估算的 CoPS 数,选用个体探针分子并记录强度瞬态,直到背景光子全部完成光漂白(波长为 635nm、重复频率为 10MHz、功率为 8kW/cm² 的激光激发)。采用了一个带扩展的四 APD HBT 阵列的新光子计数体系进行数据采集[54-57]。

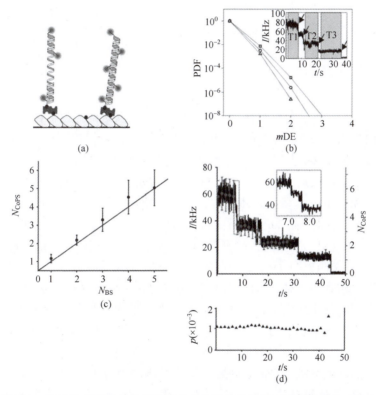

图 8.9 对 DNA 样品上 5 个荧光团的光子统计计数(CoPS)[56](利用功率为 8kW/cm²、波长为 635nm、重复频率为 10MHz 的激光激发进行测量)

(a) 由 4 个重复组成的被标记的单链(称为 REP4)和最多 4 个短荧光团标记的聚合苷酸 (称为 REP')组成的 DNA 杂交探针(用生物素(蓝色)-链霉亲和素(绿色)将该探针固定 在涂有 BSA 的玻璃表面上);(b) 典型荧光瞬态的归一化 mDE(瞬态由插图中的强度累积而来。 T1—正方形;T2—圆形;T3—三角形);(c) 具有 188 个独立时间间隔的 DNA 杂交探针漂白试验 中估算的标签数量 N_{CoPS} 与漂白步骤的数量 N_{BS} 的关系;(d) 滑动分析窗口为 1.5s 的时间分辨 CoPS 数量估算(其探测概率估计值 p 几乎恒定,符合荧光瞬态中的强度衰减)。

对每一个荧光瞬态,通过后续漂白步骤手动选取并累积 mDE(图 8.9(b))。考虑到实际的试验条件,一定要将信号光子和背景光子随机同时出现而引发的 mDE 考虑在内。由于从样品散射和电子噪声中探测到背景光子的概率为 $p_b = 0.1 \sim 5 \times 10^{-4}$,所以多背景光子的出现可以忽略不计。于是光子概率分布中的背景光子被建模成一个额外的微弱荧光团,其固定的探测概率 p_b 是根据试验数据估算得出的[56]。式(8.10)修正为式(8.18),即

$$P_{m,b}(N,p;i) = \binom{m}{i}\left[\left(1-\left(\frac{m-i}{m}\right)p\right)^N\left(1-\left(\frac{m-i}{m}\right)p_b\right) - \sum_{k\geq 0}^{i-1}\frac{\binom{i}{k}}{\binom{m}{k}}P_m(N,p;k)\right]$$

(8.18)

为检测这一方法的可靠性,将 188 个强度恒定区域的标记估算数目 N_{CoPS} 与后续漂白步骤数目 N_{BS} 相关联。从图 8.9(c)可以看出,与漂白步骤分析相比,CoPS 略微高估了标记的数目。原因可能是背景光子数被低估,或者漂白步骤分析错过了一些快速漂白事件导致标记数量被稍微低估。N_{CoPS} 的相对标准差推导结果和上述仿真结果大体一致,大约为 20%。即使分析周期缩短至 1.5s 时,也可以从时间分辨 CoPS 分析中得出估算数据,因为该数据和强度的逐步减小相关(图 8.9(d))。对应的探测概率估算值在整个瞬态中保持相对恒定。在这些试验中,探测概率 $p \approx 1.3 \times 10^{-3}$ 时,每个标记的平均计数率为 13kHz。

无论是仿真还是试验验证都说明了用 CoPS 量化荧光样品是可行的,因此激发了人们将其应用到生命科学领域的兴趣。形成高阶分子簇是实现许多层次结构过程中一个重要的力学组成部分。尤其在细胞中,经常通过将单个蛋白质组合到固定数量蛋白质的同质异构体和异质异构体中来调控生物功能[68]。导致疾病的原因可能是不需要的或者不受控制的聚合引起的[69]。为了研究这一领域,首先想通过试验验证对更多荧光团的计数,然后测定这个方法的精确性,我们将在下一部分进行介绍。还应用了 CoPS 来研究不同荧光标记的标记数,这些标记常用于标记细胞中的蛋白质。

8.5.2 CoPS 应用到 DNA 折纸术和荧光标记物的试验表征

用带有 6~36 个 Atto647N 染料的 DNA 折纸来试验表征带有更多荧光标记的 CoPS。图 8.10(a)是 70nm×100nm 矩形的亚光学分辨率折叠 DNA 结构的示意图。可以通过调整对应的 DNA 链将染料和其他小标记在固定的位置结合。通过 ROXS 缓冲液中的生物素-链霉亲和素将单 DNA 折纸结构固定在涂有

BSA 的盖玻片上,并将其成像(详见文献[71])。当标记的数量较多时,就不能再用漂白步骤分析来比较估算数目。单个漂白步骤无法被分解,尤其在初始强度瞬态,它几乎像是一个指数式衰减的分子集合(图 8.10(b))。相比之下,CoPS 通过分析几百万个激光周期中的光子统计数据来估算标记数量,而且这些数据与强度瞬态相符。我们对 75% 的激光周期进行了迭代随机重采样,并拟合相应的 mDE 概率,优化了 CoPS 算法,使其在一定的分析周期内实现更可靠的标记数量估值。这样重复引导 100 次之后,可由结果的中值和估值分布的四分位数得出 N_{CoPS} 估值和对应的单次测量的误差。

接下来收集了 4 种不同 DNA 折纸样品的大量荧光瞬态。为了评估 CoPS 数量估值的质量,研究了在不同试验和分析参数下其数量估值和额定标记数量的方差和偏差。首先,采用了不同的激发功率($2\mu W$、$5\mu W$、$7\mu W$ 和 $10\mu W$)来观察估算结果会受到何种影响。CoPS 的估值,即每一个强度瞬态的第一个分析周期中引导程序结果的中值被输入概率分布函数(probability distribution function,PDF)。数据显示,只要激光功率超过一个特定的最小值(此处是指所选的标记和条件超过 $2\mu W$),估算结果基本上就与使用的激光功率无关。激光功率为 $5\mu W$、$7\mu W$ 和 $10\mu W$ 时,用来计算的综合 PDF 向右倾斜,可以被建模为一个对数正态分布(图 8.10(c))。可以发现,PDF 的形状是 CoPS 估值的固有方差与 DNA 折纸的标记数量差异的卷积。根据仿真数据得出的 CoPS 估值的 PDF 也是向右倾斜的。标记数量为 6、12 和 18 时,拟合对数正态分布模式能够很好地估算标记的标称值(表 8.1)。对应的中值和标准差(中值附近函数曲线下面积的 68% 处的数据的一半)和根据数据直接计算得出的参数极为相近。我们用描述性统计方法计算出了相对中值 μ_{rel} 和标准差 σ_{rel},然后就可以量化偏差和精度(见式(8.19)和式(8.20))。

表 8.1 对数正态参数估值与图 10 数据描述性统计计算所得值的对比[71]

$N_{Origami}$	根据对数正态分布			描述性统计	
	模式	μ	σ	μ	σ
6	6	7	3	7	2
12	10	13	6	14	6
18	19	22	8	22	9
36	26	30	10	32	9

注:根据对数正态分布参数计算出的模式、中值 μ 及标准偏差 σ 以及根据数据直接计算出的中值 μ 和标准差 σ(中值附近函数曲线面积的 68% 处的数据的 1/2)。

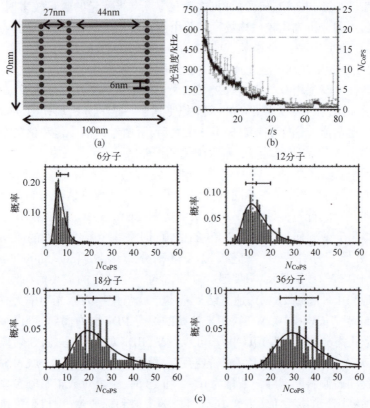

图 8.10 用 CoPS 方法对 DNA 折纸上的荧光标记进行计数[71]

(a) 36 个 Atto647N 染料标记的矩形 DNA 折纸结构方案(用点表示);(b) 时间分辨 CoPS 数量估值(灰色)(采用的滑动分析窗口为 t_{acq}=500ms(=10^7激光周期),符合用 18 个 Atto647N 染料定位标记的 DNA 折纸荧光瞬态(黑色)的强度衰减。通过引导程序得出的误差条形图。虚线表示名义上的定位标记为 18);(c) 含 6、12、18 或 36 个 Atto647N 染料因变量的 DNA 折纸的概率密度函数(PDF);(5μW、7μW 和 10μW 时,每个试验瞬态第一个 250ms(=5×10^6 激光周期)中的累积发射源数量估值,共有 520、1199、439 和 346 个直方图条目。对数正态 PDF 将数据建模(黑色),水平虚线表示定位标记的个数,箱线图表示中值和标记数量估算中心的 68%)。

$$\mu_{rel} = \frac{N_{CoPS, median} - N_{Origami}}{N_{Origami}} \quad (8.19)$$

$$\sigma_{rel} = \frac{N_{CoPS, Q(0.84)} - N_{CoPS, Q(0.16)}}{2N_{Origami}} \quad (8.20)$$

分析周期 t_{acq}(即用来累积 mDE 的激光周期数的数量)的差异表明,当 t_{acq}≥3×10^6 个激光周期时,初始相对中值增大,在 10%~20% 区间达到饱和,对应的相关标准差约为 50%,并随着 t_{acq} 的增加而略微下降。从图 8.10(c) 中可明显看出,只有带有 36 个名义定位标记的 DNA 折纸的估算数量有偏差且偏小。把这种不一致的现象归因为 CoPS 数量估值出现错误,因为 DNA 折纸技术已被证明可提供可靠的样品[70-72]。将含有 4 个 Atto647N 名义定位标记的 DNA 样品用共价键附在一个 DNA 链上,用该样品进行的试验证实了改变 mDE 积累时间的试验。随着分析周期变长和激光功率由约 30% 减小至不到 20%,标记数量估值的方差减少,相对标准差的衰减更加明显。总地来说,激光重复率为 20MHz 时,发射源数量在 1~20 范围内,这可以在短至约 150ms 的时间内得到可靠的 CoPS 数量估值。此方法仍然给出了 20 个以上发射源的数量估值,但其结果存在潜在的偏差和精度损失。

由于 ATTO647N 在 ROXS 缓冲液中有极高的亮度和光稳定性,所以之前的试验都是用它进行的。然而它还有另一个优势,即可以选择多种不同的荧光团。这样就能够根据激发和发射波长、荧光寿命或疏水性等为特定的计数应用选择染料。要求备选染料的消光系数和量子产率高且具有光稳定性,这样的染料才更有可能在红光区发射,而不像其附属物那样会在可见光谱的蓝端发射。尽管如此,仍然设想在绿色和黄色波长范围内的染料也适用于 CoPS。有些具有很高的消光系数和能与远红色荧光团媲美的光稳定性,如 Cy3B。如果亮度足以引发 mDE,且荧光的光稳定性高,则 CoPS 或者任何以光子反聚束为基础的计数方法都可以被使用而不受激发/发射波长的影响。

为此探测了红色发射范围中的更多荧光团以确定是否可以扩大 CoPS 的应用范围[73-74]。即我们的研究还涉及了 Atto633、Cy5、AlexaFluor647(又称为 Alexa647)以及 AbberiorStar635,从而与 Atto647N 进行对比。为了便于使用,又使用了第一批试验中用到的 DNA 杂交探针。分别在 5μW 和 10μW 两个不同的激发功率、重复率为 20MHz 的 636nm 激光激发状态下研究了 CoPS 标记估值数量分布、估值的 CoPS 探测概率分布以及染料的光稳定性。所有的染料都具备进行 CoPS 估值所需的亮度,$p_{median} \geqslant 1.8 \times 10^{-3}$,超过了最初试验的探测概率。不同染料中的探测概率随着由荧光参数计算出的亮度变化而变化,也随着激发功率加倍而相应增加。漂白步骤分析测定了 ROXS 缓冲液中染料的光稳定性,它们按以下次序依次增加,Alexa647<Cy5<Atto633<AbberiorSta≤Atto647N(详见文献[74])。只有在更高的激发功率使用 Alexa647 时,光稳定性才构成限制条件。根据单指数拟合得出的光稳定性时间常数估值至少比其他所有测量值的分析周期 125ms 高出一个数量级。这也说明了标记数量分布不受激光激发功率的影响而具有稳定的中值。图 8.11 中具有代表性的荧光瞬态表明,无论使用什么染料,CoPS 都可以动态地获取活跃的独立发射源的数量。

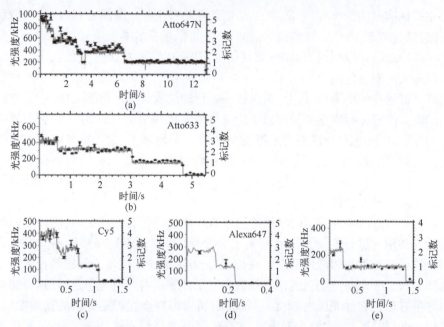

图 8.11 红光区中染料的动态 CoPS 分析[74]（时间分辨率为 125ms（2.5×10^6 个激光周期）时的标记数量估值与 DNA 杂交探针荧光瞬态中的强度漂白步骤同时发生。黑色是根据引导程序得出的带误差条的标记数；灰色是用波长 $\lambda=635nm$ 的脉冲激光以 20MHz 激发的强度，视场扫描：5mW）

(a) Atto637N；(b) Atto633；(c) Cy5；(d) Alexa647；(e) AbberiorStar635。

在最新的研究中解决了不同荧光标记的数量分布。至今已有大量不同的荧光标记体系可用于观察相关蛋白质[75-80]。要想测定分子复合体中的蛋白质数量，必须准确地了解标记化学计量学。此外，除了需要小的标记体积和高的标记密度外，超分辨方法还要求有明确的标记化学计量方法[81]。我们将琥珀酰亚胺（常作 NHS-ester）活性染料与蛋白中的游离氨基随机共价耦合，来标记传统的绿色荧光蛋白抗体和同一结构内体积比它们小很多的纳米抗体[82-83]。免疫荧光仍然是观察细胞内源性蛋白质最常用的技术。我们还研究了 NHS-ester 染料标记的共轭链霉亲和素，它常被用作生物素标记化合物的标记。最后，添加了 SNAP 标签，它可以与我们感兴趣的蛋白质进行基因融合，并提供了一种通过修饰 SNAP 标签衬底引入一种有机染料的好方式。

我们标记了所有的标记物，去除剩余的游离染料将它们净化，并将它们固定在涂有 BSA 的盖玻片上，然后掺杂上它们的结合靶标。anti-His6 抗体把与 6 个组氨酸融合的 SNAP 标签附着在表面（方法见图 8.12(a)~(d)）。选择 Atto647N5 染料是因为它有出色的光谱特性(浅灰色条),而选择 Alexa647(深灰色条)是因为它在生物学中的应用广泛。不出所料,大部分 SNAP 标签接合物只

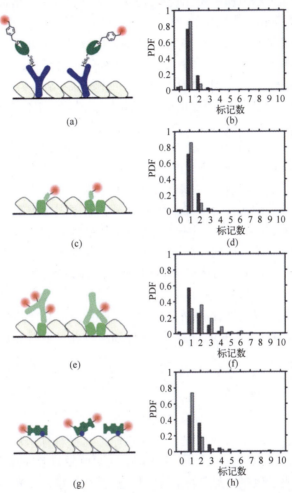

图 8.12 荧光标签的标记数量分布[74](运用相应的 CoPS 标记数量估值概率分布函数的标记方案(浅灰:Atto647N 标记,深灰:Alexa647 标记)。计算时,激光激发功率为 5μW,激光波长为 640nm,重复率为 20MHz,CoPS 分析周期 t_{acq} =125ms(2.5×10^6 个激光周期))

(a)和(b) anti-His6 抗体(蓝色)将 BG-染料(红色)标记的 SNAP-tag(深绿)固定在 BSA 钝化的玻璃表面上;(c)和(d) eGFP(绿色)将被标记的 anti-GFP 纳米抗体(绿色-红色)固定;(e)和(f) eGFP(绿色)将被标记的 anti-GFP 抗体(绿色-红色,染料蛋白质比 10∶1(Atto647N)和 3∶1(Alexa647))固定;

(g)和(h) BSA-生物素(浅黄色-蓝色)将被标记的链霉亲和素(深绿色-红色,染料蛋白质比 6∶1)固定。

有一个标签。估值结果不同的原因是 CoPS 估值方法的不确定性,或两个 SNAP 蛋白质不太可能和一个 anti-His6 抗体结合。在标记反应中,抗体和链霉亲和素的标记数量分布形状有所扩展,随着标记反应中染料数量的增加向着更高的数量移动(抗体中染料与蛋白质的比值 3:1 与 10:1,比值为 3:1 的 Atto633 标记抗体的数据没有提供)。被标记的纳米抗体的估值数量在 1 处达到最高,与 SNAP 标记的分布相似。这样的结果令人惊讶,因为在标记反应过程中使用了高达 40:1 的染料,染料过量。原因可能是在使用 NHS-ester 活性染料的反应中,小蛋白质 N-端的 4 个赖氨酸和氨酸的功能可用率低;或者,对于带有更多标记的纳米抗体,与增强绿色荧光靶蛋白的结合能力可能受到损害。

值得注意的是,尽管在 DNA 探针试验中使用了同样的稳定缓冲条件,但是观察到所有被标记蛋白都有不同的光物理参数(详见文献[74])。光稳定性略微降低和快速闪烁并没有严重影响估值结果。我们的试验为不同的荧光标记提供了与目标结合的活性独立发射源的数量分布图。如果不同染料间的能量转移和随后的单态-单态湮灭靠得很近,就不能排除它们。像其他基于荧光的方法一样,CoPS 只评估标记的部分。不能完全避免不完整标记和偶然的光漂白发生。在量化蛋白质复合体时,需要同时考虑标记物的标记数分布和标记-目标的结合效率。

从这些试验可以明确看出,光子反聚束适用于开发用于生物和材料科学的新型量化方法,而且一次 CoPS 测量仅需 125ms,因此可以对光物理动力学进行时间分辨研究。

8.6 结论

总地来说,上述试验展示了光子反聚束原理在材料科学和生命科学中的多种应用。就目前来说,光子反聚束不局限于证明单发射源的存在,扩展的 HBT 干涉仪捕捉的光子数据中蕴含着丰富的信息,打开了量化荧光显微技术的新视野。而且,最近人们在半导体量子点上发现,反聚束原则上还可以用于提高光学显微镜的分辨率,因为光子发射统计量的空间分布也反映了点扩展函数的空间分布[84-85]。这个领域仍在发展,其应用潜力是巨大的。特别是新型光子数分辨探测器[86],它将为单分子检测及其在材料和生命科学以及量子光学领域中的应用提供新的机会。

参 考 文 献

[1] Paul H (2004) Introduction to quantum optics: from light quanta to quantum teleportation. Cambridge University Press, Cambridge.

[2] Fox M (2006) Quantum optics: an introduction. Oxford University Press, Oxford.

[3] Hanbury Brown R, Twiss RQ (1956) Correlation between photons in two coherent beams of light. Nature 177:27-29.

[4] Hanbury Brown R, Twiss RQ (1956) The question of correlation between photons in coherent light rays. Nature 178:1447-1448.

[5] Hanbury Brown R, Twiss RQ (1956) A test of a new type of stellar interferometer on Sirius. Nature 178:1046-1048.

[6] Kimble HJ, Dagenais M, Mandel L (1977) Photon antibunching in resonance fluorescence. Phys Rev Lett 39:691-695.

[7] Kimble H, Mandel L (1976) Theory of resonance fluorescence. Phys Rev A 13:2123-2144.

[8] Carmichael HJ, Walls DF (1976) A quantum-mechanical master equation treatment of the dynamical Stark effect. J Phys B At Mol Phys 9:1199.

[9] Singh S (1983) Antibunching, sub-poissonian photon statistics and finite bandwidth effects in resonance fluorescence. Opt Commun 44:254-258.

[10] Basché T, Moerner WE, Orrit M, Talon H (1992) Photon antibunching in the fluorescence of a single dye molecule trapped in a solid. Phys Rev Lett 69:1516-1519.

[11] Hollars CW, Lane SM, Huser T (2003) Controlled non-classical photon emission from single conjugated polymer molecules. Chem Phys Lett 370:393-398.

[12] Tinnefeld P (2001) Time-varying photon probability distribution of individual molecules at room temperature. Chem Phys Lett 345:252-258. doi:10.1016/S0009-2614(01)00883-1.

[13] Weston KD, Dyck M, Tinnefeld P et al (2002) Measuring the number of independent emitters in single-molecule fluorescence images and trajectories using coincident photons. Anal Chem 74:5342-5349. doi:10.1021/ac025730z.

[14] De Schryver FC, Vosch T, Cotlet M et al (2005) Energy dissipation in multichromophoric single dendrimers. Acc Chem Res 38:514-522.

[15] Fore S, Laurence TA, Hollars C, Huser T (2007) Counting constituents in molecular complexes by fluorescence photon antibunching. IEEE J Sel Top Quantum Electron 13:996-1005.

[16] Brunel C, Tamarat P, Lounis B, Orrit M (2001) Triggered Emission of Single Photons by a Single Molecule. Single molecule spectroscopy. Springer, Heidelberg, pp 99-113.

[17] Thiessen A, Vogelsang J, Adachi T et al (2013) Unraveling the chromophoric disorder of poly(3-hexylthiophene). Proc Natl Acad Sci U S A 110(38):E3550-E3556.

[18] Kumar P, Lee T-H, Mehta A et al (2004) Photon antibunching from oriented semiconducting polymer nanostructures. J Am Chem Soc 126:3376-3377.

[19] Sánchez-Mosteiro G, Koopman M, van Dijk EMHP et al (2004) Photon antibunching proves emission from a single subunit in the autofluorescent protein DsRed. Chemphyschem 5:1782-1785.

[20] Wu M, Goodwin PM, Patrick Ambrose W, Keller RA (1996) Photochemistry and fluorescence emission dynamics of single molecules in solution: B-phycoerythrin. J Phys Chem 100:17406-17409.

[21] Sýkora J, Kaiser K, Gregor I et al (2007) Exploring fluorescence antibunching in solution to determine the stoichiometry of molecular complexes. Anal Chem 79:4040-4049.

[22] Ly S, Petrlova J, Huser T et al (2011) Stoichiometry of reconstituted high-density lipoproteins in the hydrated state determined by photon antibunching. Biophys J 101:970-975.

[23] Bülter A (2014) Single-photon counting detectorsfor the visible range between 300 and 1,000nm. Springer Ser Fluoresc. doi:10.1007/4243_2014_63.

[24] Buller GS, Collins RJ (2014) Single-photon detectors for infrared wavelengths in the range 1-1.7μm. Springer Ser Fluoresc. doi:10.1007/4243_2014_64.

[25] Wahl M (2014) Modern TCSPC electronics: principles and acquisition modes. Springer Ser Fluoresc. doi:10.1007/4243_2014_62.

[26] Kitson SC, Jonsson P, Rarity JG, Tapster PR (1998) Intensity fluctuation spectroscopy of small numbers of dye molecules in a microcavity. Phys Rev A 58:620.

[27] Patrick Ambrose W, Goodwin PM, Enderlein J et al (1997) Fluorescence photon antibunching from single molecules on a surface. Chem Phys Lett 269:365-370.

[28] Kask P, Piksarv P, Mets Ü (1985) Fluorescence correlation spectroscopy in the nanosecond time range: photon antibunching in dye fluorescence. Eur Biophys J 12:163-166.

[29] Mets Ü, Widengren J, Rigler R (1997) Application of the antibunching in dye fluorescence: measuring the excitation rates in solution. Chem Phys 218:191-198.

[30] Fleury L, Segura J, Zumofen G et al (2000) Nonclassical photon statistics in single-molecule fluorescence at room temperature. Phys Rev Lett 84:1148-1151.

[31] Treussart F, Clouqueur A, Grossman C, Roch J-F (2001) Photon antibunching in the fluorescence of a single dye molecule embedded in a thin polymer film. Opt Lett 26:1504-1506.

[32] Vogelsang J, Kasper R, Steinhauer C et al (2008) A reducing and oxidizing system minimizes photobleaching and blinking of fluorescent dyes. Angew Chem Int Ed 47:5465-5469. doi:10.1002/anie.200801518.

[33] Michler P, Imamoglu A, Mason MD et al (2000) Quantum correlation among photons from a single quantum dot at room temperature. Nature 406:968-970.

[34] Lounis B, Bechtel HA, Gerion D et al (2000) Photon antibunching in single CdSe/ZnS quantum dot fluorescence. Chem Phys Lett 329:399-404.

[35] Messin G, Hermier JP, Giacobino E et al (2001) Bunching and antibunching in the fluorescence of semiconductor nanocrystals. Opt Lett 26:1891-1893.

[36] Brouri R, Beveratos A, Poizat J-P, Grangier P (2000) Photon antibunching in the fluorescence of individual color centers in diamond. Opt Lett 25:1294-1296.

[37] Kurtsiefer C, Mayer S, Zarda P, Weinfurter H (2000) Stable solid-state source of single photons. Phys

Rev Lett 85:290-293.

[38] Lounis B, Moerner WE (2000) Single photons on demand from a single molecule at room temperature. Nature 407:491-493.

[39] Michler P, Kiraz A, Becher C et al (2000) A quantum dot single-photon turnstile device. Science 290:2282-2285.

[40] Babinec TM, Hausmann BJM, Khan M et al (2010) A diamond nanowire single-photon source. Nat Nanotechnol 5:195-199.

[41] Claudon J, Bleuse J, Malik NS et al (2010) A highly efficient single-photon source based on a quantum dot in a photonic nanowire. Nat Photonics 4:174-177.

[42] Nothaft M, Höhla S, Jelezko F et al (2012) Electrically driven photon antibunching from a single molecule at room temperature. Nat Commun 3:626-628.

[43] Mizuochi N, Makino T, Kato H et al (2012) Electrically driven single-photon source at room temperature in diamond. Nat Photonics 6:299-303.

[44] Tizei LHG, Kociak M (2013) Spatially resolved quantum nano-optics of single photons using an electron microscope. Phys Rev Lett 110(15):153504. arXiv. org cond-mat. m.

[45] Nielsen M, Chuang I (2004) Quantum computation and quantum information (Cambridge series on information and the natural sciences). Cambridge University Press, Cambridge.

[46] Rarity JG, Owens PCM, Tapster PR (1994) Quantum random-number generation and key sharing. J Mod Opt 41:2435-2444.

[47] Feynman RP (1982) Simulating physics with computers. Int J Theor Phys 21:467-488.

[48] Beveratos A, Brouri R, Gacoin T et al (2002) Single photon quantum cryptography. Phys Rev Lett 89:187901.

[49] Waks E, Inoue K, Santori C et al (2002) Secure communication: quantum cryptography with a photon turnstile. Nature 420:762.

[50] Giovannetti V, Lloyd S, Maccone L (2011) Advances in quantum metrology. Nat Photonics 5:222-229.

[51] Hui YY, Chang Y-R, Lim T-S et al (2009) Quantifying the number of color centers in single fluorescent nanodiamonds by photon correlation spectroscopy and Monte Carlo simulation. Appl Phys Lett 94:13104.

[52] Ficner R, Lobeck K, Schmidt G, Huber R (1992) Isolation, crystallization, crystal structure analysis and refinement of B-phycoerythrin from the red alga *Porphyridium sordidum* at 2.2Å resolution. J Mol Biol 228:935-950.

[53] Lauritsen K, Riecke S, Bülter A, Schönau T (2014) Modern pulsed diode laser sources for time-correlated photon counting. Springer Ser Fluoresc. doi:10.1007/4243_2014_76.

[54] Wahl M, Rahn H-J, Gregor I et al (2007) Dead-time optimized time-correlated photon counting instrument with synchronized, independent timing channels. Rev Sci Instrum 78:33106.

[55] Wahl M, Rahn H-J, Röhlicke T et al (2008) Scalable time-correlated photon counting system with multiple independent input channels. Rev Sci Instrum 79:123113.

[56] Ta H, Kiel A, Wahl M, Herten D-P (2010) Experimental approach to extend the range for counting fluorescent molecules based on photon-antibunching. Phys Chem Chem Phys 12:10295-10300. doi:10.1039/c0cp00363h.

[57] Koberling F, Kraemer B, Buschmann V et al (2009) Recent advances in photon coincidence measure-

ments for photon antibunching and full correlation analysis. SPIE BiOS Biomed Opt 71850Q-71850Q-8.

[58] Fore S, Laurence TA, Yeh Y et al (2005) Distribution analysis of the photon correlation spectroscopy of discrete numbers of dye molecules conjugated to DNA. IEEE J Sel Top Quantum Electron 11:873-880.

[59] Chen Y, Müller JD, So PT, Gratton E (1999) The photon counting histogram in fluorescence fluctuation spectroscopy. Biophys J 77:553-567. doi:10.1016/S0006-3495(99)76912-2.

[60] Tinnefeld P, Weston KD, Vosch T et al (2002) Antibunching in the emission of a single tetrachromophoric dendritic system. J Am Chem Soc 124:14310-14311.

[61] Tinnefeld P, Hofkens J, Herten D-P et al (2004) Higher-excited-state photophysical pathways in multichromophoric systems revealed by single-molecule fluorescence spectroscopy. Chemphyschem 5:1786-1790. doi:10.1002/cphc.200400325.

[62] Hübner C, Zumofen G, Renn A et al (2003) Photon antibunching and collective effects in the fluorescence of single bichromophoric molecules. Phys Rev Lett 91:93903.

[63] Berglund AJ, Doherty AC, Mabuchi H (2002) Photon statistics and dynamics of fluorescence resonance energy transfer. Phys Rev Lett 89:68101.

[64] Vosch T, Cotlet M, Hofkens J et al (2003) Probing Förster type energy pathways in a first generation rigid dendrimer bearing two perylene imide chromophores. J Phys Chem A 107:6920-6931.

[65] Fückel B, Hinze G, Nolde F et al (2010) Quantification of the singlet-singlet annihilation times of individual bichromophoric molecules by photon coincidence measurements. J Phys Chem A 114:7671-7676.

[66] Hofkens J, Cotlet M, Vosch T et al (2003) Revealing competitive Forster-type resonance energy-transfer pathways in single bichromophoric molecules. Proc Natl Acad Sci U S A 100:13146-13151.

[67] Ta H, Wolfrum J, Herten D-P (2009) An extended scheme for counting fluorescent molecules by photon-antibunching. Laser Phys 20:119-124.

[68] Matthews JM, Sunde M (2012) Dimers, oligomers, everywhere. Adv Exp Med Biol 747:1-18.

[69] Chiti F, Dobson CM (2006) Protein misfolding, functional amyloid, and human disease. Annu Rev Biochem 75:333-366.

[70] Rothemund PWK (2006) Folding DNA to create nanoscale shapes and patterns. Nature 440:297-302.

[71] Kurz A, Schmied JJ, Grußmayer KS et al (2013) Counting fluorescent dye molecules on DNA Origami by means of photon statistics. Small 9(23):4061-4068.

[72] Schmied JJ, Gietl A, Holzmeister P et al (2012) Fluorescence and super-resolution standards based on DNA Origami. Nat Methods 9:1133-1134.

[73] Kurz A, Schwering M, Herten D-P (2012) Quantification of fluorescent samples by photonantibunching. Proceedings of SPIE 8228, Single Mol. Spectrosc. Superresolution Imaging V. 82280K. doi:10.1117/12.909099.

[74] Grußmayer KS, Kurz A, Herten D-P (2014) Single-molecule studies on the label number distribution of fluorescent markers. Chemphyschem 15:734-742.

[75] Shaner NC, Steinbach PA, Tsien RY (2005) A guide to choosing fluorescent proteins. Nat Methods 2:905-909.

[76] Giepmans BNG, Adams SR, Ellisman MH, Tsien RY (2006) The fluorescent toolbox for assessing protein location and function. Science 312:217-224. doi:10.1126/science.1124618.

[77] Wombacher R, Cornish VW (2011) Chemical tags: applications in live cell fluorescence imaging. J Biophotonics 4:391-402.
[78] Johnsson N, Johnsson K (2007) Chemical tools for biomolecular imaging. ACS Chem Biol 2:31-38.
[79] Boyce M, Bertozzi CR (2011) Bringing chemistry to life. Nat Methods 8:638-642.
[80] Szent-Gyorgyi C, Schmidt BA, Creeger Y et al (2007) Fluorogen-activating single-chain antibodies for imaging cell surface proteins. Nat Biotechnol 26:235-240.
[81] Van de Linde S, Heilemann M, Sauer M (2012) Live-cell super-resolution imaging with synthetic fluorophores. Annu Rev Phys Chem 63:519-540.
[82] Kirchhofer A, Helma J, Schmidthals K et al (2009) Modulation of protein properties in living cells using nanobodies. Nat Struct Mol Biol 17:133-138.
[83] Ries J, Kaplan C, Platonova E et al (2012) A simple, versatile method for GFP-based superresolution microscopy via nanobodies. Nat Methods 9:582-584.
[84] Schwartz O, Levitt JM, Tenne R et al (2013) Superresolution microscopy with quantum emitters. Nano Lett 13:5832-5836.
[85] Schwartz O, Oron D (2012) Improved resolution in fluorescence microscopy using quantum correlations. Phys Rev A 85:33812.
[86] Thomas O, Yuan ZL, Shields AJ (2012) Practical photon number detection with electric field-modulated silicon avalanche photodiodes. Nat Commun 2:1-5.

第9章 用于细胞内感知的荧光寿命成像显微术——作为一种量化感兴趣分析物工具的荧光寿命成像技术

[1]Maria J. Ruedas-Rama, [1]Jose M. Alvarez-Pez, [1]Luis Crovetto,
[2]Jose M. Paredes, and [1]Angel Orte

[1]西班牙格拉纳达大学物理化学系药学院
[2]意大利布鲁诺·凯斯勒基金会生物物理研究所

摘 要 从显微术问世的最初几年至今,科学家们一直致力于追求观察活体细胞活动的能力,以便实时探测在细胞内发生的一些过程。目前荧光显微术已经成为一种十分有效的工具,揭示了无数与理解细胞生理学相关的细胞过程和相互作用。对特定分析物进行细胞内感知,对于理解其中一些过程至关重要,如细胞 pH 值与代谢状态之间的关系或特定离子在信号传导路径中的作用。然而,从细胞内部获取定量信息存在很大的挑战。比率型和强度型荧光显微术都是很常用的方法,但它们受到了许多系统方面的限制,并不适合于定量感知。荧光寿命成像显微术(fluorescence lifetime imaging microscopy,FLIM)通过探测荧光发射的持续时间,可以利用光子发射的多维特性。基于 FLIM 的细胞内感知方法,特别是在单光子计时(single-photon timing,SPT)模式中的时域探测方法,已经克服了许多荧光强度方法的局限性。本章将回顾关于局部 pH 值、离子浓度和生物分子相互作用的 FLIM 细胞内感知方法。首先,将论证染料光物理特性的深层知识是如何在 FLIM 传感器发展中发挥重要作用的。然后,将综述基于纳米颗粒的 FLIM 传感器的发展领域。最后,将讨论荧光共振能量转移(fluorescence resonance energy transfer,FRET)的扩展检测能力以及 FLIM 在对组织进行大尺度分析中的应用。

关键词 荧光蛋白 荧光共振能量转移 寿命成像 非侵入式组织成像 量子点 氧杂蒽染料

9.1 时域中的细胞内 FLIM：优势及总体策略

多年来,生物学相关分析物的细胞内水平的定量化在许多研究领域都面临不小的挑战。了解细胞在代谢、DNA 复制、细胞分化、细胞取向、蛋白质合成或膜反应等重要生物学过程中的活动以及确定结构信息,是当前研究的热点,其中一些过程可能会受到某些疾病的强烈影响。例如,在一些神经退行性疾病(如阿尔茨海默氏症和帕金森氏症)中,细胞水平上的小蛋白质聚集物会显著增强神经元毒性[1]。类似地,癌组织也会表现出重要的代谢变化,导致某些代谢产物的浓度发生显著变化[2]。因此,在细胞水平上理解疾病及其对正常细胞功能的影响是一个充满活力的研究领域,有望为目前许多重大科学挑战提供新的治疗工具。

从显微术问世的最初几年直至当下[3],科学家都一直致力于追求观察细胞内部过程的能力。Heimstädt 和 Lehmann[4] 的开创性工作报告了利用紫外线观察细菌和组织自发荧光的方法,相比于传统光学显微术,该方法可以获得更高的分辨率。在这一里程碑之后不久,有人开始尝试向研究的样品中添加荧光团,组织染色技术从此诞生[5-6]。同时,光学滤光片的使用也促进了该技术的发展。而在 20 世纪 40 年代早期,免疫荧光(含有外源性荧光团的抗体)的发展[7]显著增强了细胞特定和定向部分的可视化,并开创了细胞内感知的研究领域。从这些早期的研究阶段到现在的超分辨率显微镜时代[8-10],荧光显微术为探索和研究动态细胞的内部情况提供了一种极为宝贵的方法。

光子荧光发射包含多种信息,可以通过探测其中任意一种的变化来实现细胞内的荧光感知。例如,某些分析物的存在可能导致荧光强度的变化,并且许多荧光传感器已经据此被开发出来。然而,荧光强度作为细胞内的分析信号非常不可靠,因为无法控制极有可能由扩散和光漂白导致的局部探针附近的浓度变化。这意味着信号强度只能用于采集空间信息(即定位),而不能用于定量分析。就量化细胞内的分析物而言,最广泛接受的方法均以比率测量法为基础,即利用两个(或更多)不同波长(激发或发射)的荧光强度比。这些方法能够探测与浓度无关的信号。目前存在许多成熟的细胞内比率感知方法,如 Ca^{2+} 和 pH 值传感器[11]。然而,比率测量法也会受到许多复杂情况的影响,并导致出现有问题的数据。一个很典型的例子就是 2',7'-二-(2-羧乙基)-5(6)-羧基荧光素(2',7'-bis-(2-carboxyethyl)-5-(and-6)-carboxyfluorescein,BCECF),

一种被广泛使用的细胞内 pH 值传感器[12]。使用 BCECF 测量 pH 值需要两种不同的激发源。这是因为需要测量在两种不同的激发波长下信号的荧光比率[11]。此外，BCECF 的 pK_a 值（定义 pH 值响应程度的参数）高度依赖于介质的总离子强度[13]。因此，细胞环境可能会导致校准曲线出现系统性误差，阻碍可靠的 pH 值测定。这使得该应用通常依赖于 pH 值的校正方法[14]变得至关重要。然而，由于 BCECF 是一种相对廉价的商业级别解决方案，它现在依然被广泛用于测定细胞内的 pH 值。此外，比率测量法还会受到一个更严重的系统性复杂情况的影响，这种情况主要是由于细胞自发荧光的存在。这种自发荧光在所有的光谱范围中，主要影响其中一个光谱区域。这显著地改变了信号比，并导致在测量中出现系统性误差（图 9.1）。因此，开发更可靠、更鲁棒的细胞内感知方法成为了近年来非常活跃的研究领域。

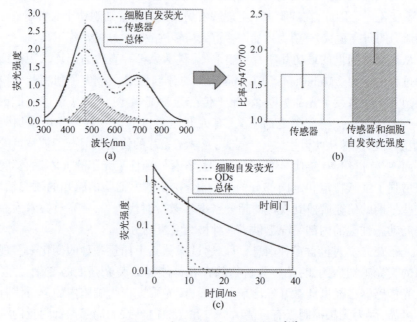

图 9.1　自发荧光的光谱的影响[15]

（a）荧光传感器的比率信号（点画线）由于细胞自发荧光（阴影部分）的存在发生了显著的改变（实线代表传感器和细胞自体荧光的两个信号之和）；（b）传感器的单个信号与两个信号的感知信号比；（c）长寿命量子点（Quantum Dot, QD）的指数衰减曲线（点画线）与细胞自发荧光的指数衰减曲线（虚线）。可以为整个衰减曲线（实线）设置一个时间选通门，来探测仅来自于量子点的荧光。

比率荧光探测法的一个强有力的替代方法是利用荧光寿命进行感知。由有限光脉冲激发的分子发射的荧光表现出指数衰减动力学特点，荧光寿命通常只有几纳秒。荧光寿命可以通过试验，在频域[16]或时域中使用单光子计时

(single-photon timing,SPT)方法进行测量,这也是本书所致力介绍的内容。通过对荧光显微镜进行合理的改进,荧光寿命成像显微术(Fluorescence Lifetime Imaging Microscopy,FLIM)便可以实现。利用门控像增强模块或通过 SPT 方法[17-18],FLIM 可以在频域或时域内完成测量。其中,后一种方法利用了到达探测器的所有光子。SPT 模式下的 FLIM 显微术需要对样品进行光栅扫描,并采集图像每个像素中的单个荧光衰减曲线。在共聚焦模式中,激发激光聚焦于样品上的不同位置,脉冲激光直接照射样品,并使用点探测器(如雪崩光电二极管)探测收集到的荧光。随后使用专用硬件找到 SPT 模式下每个光子的到达时间与其他参数的关系,这些硬件包括恒定系数鉴别器、时间-幅度转换器、延迟线以及模/数转换器等。多波长 FLIM[19]可以通过使用不同的探测通道来实现。通过使用合适的滤波器或波长选择光栅,这些探测通道可以根据光子在光谱上的分布来探测光子。随后,每个被探测到的光子都将被标记上多条信息,包括光子在探测器处的到达时间、扫描图像中的 $x-y$ 位置以及用于多波长 FLIM 的探测通道数[19]。这个设定过程需要容量大且存储速度快的条带型内存,来对每个光子携带的所有信息进行分类。因此,由于 FLIM 图像包含强度(即光子总数)和寿命信息(图9.2),FLIM 技术本质上是多维的。FLIM 技术的主要优点是荧光团的寿命不依赖于局部探针浓度或激发源的功率[20]。另一个优点是可以通过设置时间门,来区分激发脉冲之后的不同到达时间的光子。这种能力特别有助于区分细胞自体荧光发射的光子和具有与之不同且更长寿命的荧光染料发射的光子(图9.1(c))[21-22]。因此,这种区分方法作为一种滤波工具,可以专门用来获取荧光传感器中的信号,从而避免了来自细胞的干扰。

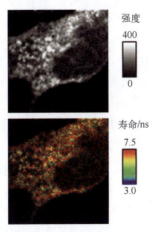

图 9.2 多维 FLIM 图像的示例[15](FLIM 图像包含总强度信息(上图)和寿命信息(下图))

尽管 FLIM 方法在定量的生物成像方面具有明显的优势[23]，但相比用于细胞内感知的比率荧光成像方法，FLIM 方法并未被充分利用。在一些利用 FLIM 进行细胞内感知的研究中，人们已经开始使用基因编码的荧光蛋白作为传感器。例如，Tantama 及其同事根据红色荧光蛋白 mKeima 的突变，设计了一种名为"pHred"的细胞内 pH 值传感器[24]。能表达 pHRed 的小鼠神经母细胞瘤（mouse neuroblastoma N2A, Neuro2A）的细胞内 pH 值，可用于进行细胞内的校准。该传感器探测的荧光寿命具有良好的 pH 值响应，在生理 pH 值的范围内变化约 0.4ns，该响应可以用于通过双光子激发 FLIM 测定细胞内 pH 值。有机荧光团也可以直接用作细胞内的 FLIM 传感器。细胞内的钙是一种许多细胞过程中都涉及的重要分析物。Sagolla 及其同事[25]选用 Oregon Green Bapta-1 作为钙离子荧光探针，通过 FLIM 测定细胞内的 Ca^{2+}。通过使用有机荧光团，如 SNAFL-1[26]或 BCECF[27]，研究人员也实现了利用时域 FLIM 进行细胞内 pH 值的感知，尽管目前更多的研究集中在频域 FLIM 中[28-29]。FLIM 还可以用来测量离子浓度以外的其他性质。例如，Kuimova 及其同事[30]开发了一种多功能传感器，它基于中心改进的氟硼二吡咯（BODIPY）荧光团的荧光寿命，可以用于测量细胞内的微黏度。染料在甲醇或甘油溶液中的荧光寿命随介质黏度变化。据此，本章作者在荧光团的环境下孵育人卵巢癌细胞（SK-OV-3 细胞），并使用从该细胞的细胞内 FLIM 图像获得的荧光寿命，根据在溶液中所进行校准的插值来确定细胞内黏度。然而，尽管这种方法看起来令人满意，但为了得到准确的估计，在细胞内其他元素可能导致额外淬灭弛豫的情况下，染料的荧光寿命必须保持不变。此外，细胞内自发荧光对荧光衰减的贡献也在考虑范围内；否则，FLIM 的输出可能表现出系统误差，使校准图失效。事实上，本章作者发现，通过 FLIM 估计的细胞内黏度与通过荧光各向异性估计的细胞内黏度有 40% 以上的差异。这种差异就可能由上述影响引起。以上的方法也被用于测量细菌内部的微黏度[31]。van Manen 及其同事[32]也采用了类似的概念，开发了一种利用绿色荧光蛋白（green fluorescent protein, GFP）的寿命来测定细胞内折射率的方法。也有其他的方法通过使用 FLIM 来增加对比度，并确定活细胞内各个结构的位置。例如，FLIM 生物传感器派洛宁 Y（Pyronin Y）可以用于双链 RNA 的成像[33]，染料 o-BMVC 可以用于活细胞中 G-四链体（G-quadruplex）的成像[34]。其他过程可以通过 FLIM 在活细胞内进行跟踪，如重要物质的主动运输。例如，Bochaway 及其同事[35]使用双光子激发的 FLIM 显微镜来跟踪神经递质血清素和 5-羟基色氨酸的细胞摄取动力学。在部分研究中，还原型烟酰胺腺嘌呤二核苷酸（nicotinamide adenine dinucleotide, NADH）的荧光寿命被用作探测细凋亡的非侵入性FLIM方法的基础[36]。细胞和组织中的氧分子水平也可以通过长寿命荧光和磷光的淬灭进行探测，使用方法一般为时间门控FLIM[37-40]。

除以上几个例子外，本章还将从不同的角度重点介绍FLIM在细胞内感知中的应用。在9.2节中首先介绍染料的光物理深层知识对于开发FLIM传感器的重要性；随后，综述细胞内FLIM纳米传感器（即基于纳米颗粒的传感器）的发展领域；最后，还将讨论荧光共振能量转移（fluorescence resonance energy transfer，FRET）的扩展感知能力以及FLIM在大尺度组织研究中的应用。

9.2 基于激发态质子转移反应的细胞内磷酸盐感知

磷酸根离子的识别与感知是一项热门的研究课题。磷酸根阴离子在生物系统的信号转导和能量储存中起着重要的作用。此外，磷酸盐也参与骨矿化过程。在成骨细胞内，磷酸盐是骨矿物的重要组成部分，也是重要的信号分子。细胞内磷酸盐的增加会引发一系列细胞和分子的变化，从而使细胞和细胞外基质进入矿化能力态[41]。本节将以FLIM方法的发展为例，介绍细胞内总磷酸盐浓度的量化过程。这种FLIM方法建立在特定激发态质子转移（excited-state proton-transfer，ESPT）反应的基础上，该反应由磷酸根离子（当环境酸碱度处在生理pH值附近时，存在的质子转移磷酸盐种类为$H_2PO_4^-$和HPO_4^{2-}）起促进作用。氧杂蒽荧光团中的ESPT反应为利用FLIM实时感知活细胞内磷酸根离子浓度提供了独特的基础。

自从Förster[42]和Weller[43]的开创性工作以来，对ESPT反应的研究已经有过多次的综述报道。然而，这些综述大多集中于光致酸（或光致碱），来描述水溶液中可能正在进行可逆ESPT过程的染料[44-45]，很少有人考虑到反应的进行需要合适的质子供体或受体。已经由两篇开创性的论文展示了荧光素的磷酸介导ESPT反应。结果表明，在pH值接近中性的1M磷酸盐缓冲液的环境中，处于激发态的荧光素在两种质子转移形式（一价阴离子和二价阴离子）之间发生了非常有效的质子转移反应，并且荧光素的荧光衰减是相互耦合的。然而，在低浓度缓冲液（5mM磷酸盐缓冲液或更低浓度）中，激发的一价和二价阴离子并不通过ESPT耦合，因此它们的衰减彼此独立[46-47]。由于激发态和基态的pK_a值非常相似，并且这两种阴离子的吸收光谱和发射光谱有很严重的光谱重叠，所以研究荧光素一价和二价阴离子之间的ESPT反应极具挑战性。因此，对ESPT反应进行全面的特性描述需要采用先进的分析方法。全局分段分析法（global compartment analysis，GCA）就是一种可供选择的方法，它可以确定整个

ESPT 动力学体系中的速率常数(图 9.3)以及相关的吸收和发射光谱参数[48]，并允许研究人员为试验条件建立合理的设计方案，以确保动力学系统的完整特性[49]。一旦全部的速率常数集已知，通过模型方程便可以预测两个作为 pH 值和总缓冲液浓度函数的荧光衰减时间，并将这些预测值与试验值进行比较。事实上，由磷酸盐介导的 ESPT 反应产生的两个荧光衰减时间对 pH 值已给定的总磷酸盐浓度非常敏感[48-49]。用于描述荧光素的 ESPT 反应也是其他荧光素衍生物的特征，如 BCECF 和 Oregon Green 488 染料[13,50-51]。然而，在 pH 值接近中性时，只有磷酸盐缓冲液能够充分加速 ESPT 反应，使其能够达到荧光发射的强度。相反，其他缓冲液，如三(羟甲基)氨基甲烷(Tris (hydroxymethyl) aminomethane, Tris)缓冲液或 4-羟乙基哌嗪乙磺酸(2-[4-(2-hydroxyethyl) piperazin-1-yl] ethanesulfonic acid, HEPES)缓冲液，在一般试验浓度下不会促进 ESPT 反应[52-53]。磷酸盐缓冲液的这一特性为基于荧光寿命的磷酸盐定量分析奠定了基础。

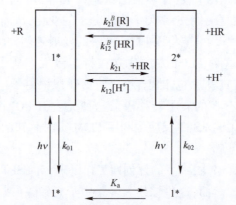

图 9.3　缓冲液介导 ESPT 反应的动力学框架[15]（种类 1、2 分别是荧光素在接近生理 pH 值时的一价和二价阴离子形式。光激发产生的激发态种类 1^*、2^* 可以通过荧光 (fluorescence, F)和非辐射(non-radiative, NR)过程衰减。这些过程的复合速率常数用 k_{01} ($=k_{F1}+k_{NR1}$)和 k_{02}($=k_{F2}+k_{NR2}$)表示。k_{12} 和 k_{21} 分别代表激发态的去质子化和质子化速率常数。在接近中性的 pH 值时，[H^+]很少，因此质子化速率 k_{12} 通常可以忽略。缓冲酸和碱的种类分别用 HR 和 R 表示，它们可以作为缓冲介导激发态质子化(k_{12}^B)和去质子化(k_{21}^B)的合适质子供体或受体)

然而，在 ESPT 反应中荧光素及在前文提到过的它的衍生物的荧光衰减是双指数型的。这种特性不利于设计 FLIM 传感器，因为它会使结果的分析和理解复杂化。一个好的 FLIM 传感器染料的荧光衰减应该表现出单指数型，衰减时间取决于感兴趣的试验参数。在这方面，Urano 及其同事[54]研制出一种名为东京绿(Tokyo green,TG)的染料。TG 作为一种新型合成荧光素衍生物,具有相当重要的意义。在这类染料中,甲基或甲氧基被引入苯的一部分中(其中一个取代羧基,另一个位于苯环 4 或 5 的位置)。在 TG 衍生物中,9-[1-(2-甲氧基-5-甲苯基)]-6-羟基-3 氢-氧杂蒽-3-酮(9-[1-(2-methoxy-5-methylphenyl)]-6-hydroxy-3H-xanthen-3-one,2-OMe-5-MeTG)和 9-[1-(2-甲基-4-甲氧苯基)]-6-羟基-3 氢-氧杂蒽-3-酮(甲氧苯,2-Me-4-OMe TG)是最有趣的,因为它们的阴离子形式是具有高量子产率和约 4ns 寿命的荧光态,而中性形式只有轻微的荧光,量子产率低,寿命短于 1ns[55-56]。更有意思的是,这两种染料会发生一个特有的 ESPT 反应,其中来自质子转移形式的荧光表现出对磷酸盐敏感的衰减时间,数量级在纳秒量级,而其他的衰减时间在亚纳秒量级[55-56]。事实上,2-Me-4-OMe-TG 的这种"开/关"特性使其磷酸盐缓冲介导的基态质子转移反应可以通过荧光相关光谱(fluorescence correlation spectroscopy,FCS)和荧光寿命相关光谱(fluorescence lifetime correlation spectroscopy,FLCS)来研究。有趣的是,由此获得的速率常数与先前使用大块荧光技术测定的,由磷酸盐缓冲液介导的同一染料的 ESPT 反应速率常数相似[52]。这些结果证明了反应过程在基态和激发态中是均匀的,并且需要足够的缓冲物来促进激发态的反应[53]。因此可以得出结论,只有当合适的缓冲液的浓度足够高时,反应才能发生得足够快,并足以与辐射衰变相抗衡。此时 ESPT 反应才能得到促进。因此,质子转移可以在激发态的寿命内发生。2-Me-4-OMe TG 在整个系统和单分子水平上都表现出一个长的、依赖于磷酸盐的衰减时间。这些衰变时间可以通过动力学模型的理论方程,和利用 GCA 估算的速率常数进行非常准确的预测[56]。模拟曲线的对应关系包含了用两种不同荧光方法测得的衰变时间及其对磷酸盐缓冲液浓度的敏感性,这使得 2-Me-4-OMe-TG 成为测量生理 pH 值时磷酸根阴离子浓度的合适染料。

在这个背景下,2-Me-4-OMe TG 已经用于开发基于 FLIM,并使用 ESPT 反应作为传感机制的细胞内磷酸盐传感器[57]。该染料在 α-毒素渗透的细胞中进行测试。其中 α-毒素造成了 1.5nm 的膜孔,允许低分子化合物(包括 2-Me-4-OMe TG 和磷酸盐阴离子)的扩散,而不会造成细胞质中的蛋白或高分子化合物的损失[58]。测试使用了两种细胞系,分别是缺乏磷酸运输系统的野生型中国仓鼠卵巢细胞(Chinese hamster ovary,CHO-k1)和小鼠胚胎成骨细胞前体细胞(MC3T3-E1)(一种成骨细胞分化物的成熟模型)。从 FLIM 图像中恢复的 2-Me-4-OMe TG 的衰减时间对渗透细胞中的总磷酸盐浓度十分敏感(图 9.4(a))。有趣的是,这种衰变时间的依赖性也可以使用通过 GCA 获得的 ESPT 速率常数(图 9.4(a)中的实线)来预测。理论值与试验值可以极好地吻合,使细胞内磷酸盐浓度的计算结果具有极高的精度。从两种类型的渗透性细胞(CHO-k1 和 MC3T3-E1)中获得的结果相似。这一发现表明,2-Me-4-OMe TG 染料的衰变时间对细胞内磷酸盐的存在始终敏感,与细胞的类型无关。

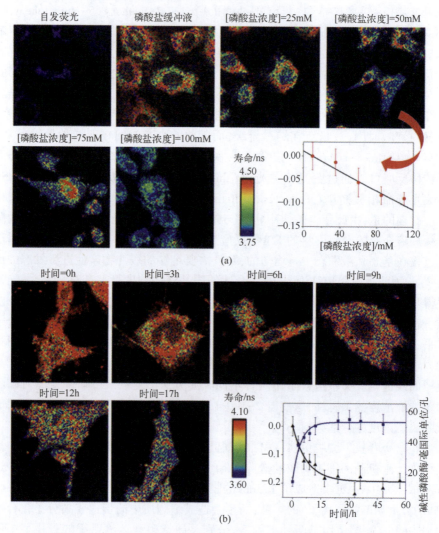

图 9.4 不同磷酸盐浓度中 2-Me-4-OMe TG 染料的 FLIM 图像[57]
(a) 不同磷酸盐浓度的磷酸盐缓冲液(Phosphate Buffered Saline,PBS)培养基中使用 α-毒素处理的成骨细胞中 2-Me-4-OMe TG 染料的 FLIM 图像(可以看到,由 FLIM 图像得到的 τ 值在减小);(b) PBS 培养基中不同分化时期的 MC3T3-E1 前成骨细胞中 2-Me-4-OMe TG 染料的 FLIM 图像(图中展示了通过图像确定的衰减时间的变化(黑色曲线),以及在 MC3T3-E1 细胞分化过程中,细胞外碱性磷酸酶的水平(蓝色曲线))(版权归属美国化学学会)。

确定了 2-Me-4-OMe-TG 可用于细胞内磷酸盐浓度的定量分析后，FLIM 传感器很快便被用于探测生物相关过程中的活性磷酸盐运输。使用 MC3T3-E1 细胞系对细胞外培养液中的磷酸盐摄取时间演变进行研究，其中，MC3T3-E1 细胞的特异性磷酸盐转运蛋白在分化过程开始时被诱导表达[60]。MC3T3-E1 细胞在不同分化阶段中的 2-Me-4-OMe TG 的 FLIM 图像(图9.4(b))显示，由于成骨细胞系在发展过程中的细胞分化，荧光团的衰减时间明显缩短[57]。这些结果反映了磷酸根阴离子通过成骨细胞膜的主动运输，以及随后在细胞内的磷酸盐积累过程。该恢复的衰变时间使活性磷酸盐摄入过程中的表观一级动力学速率常数被确定为$(3.1\pm0.7)\times 10^{-5}/s$。细胞外膜结合酶碱性磷酸酶在细胞外水平的相关增强，证实了细胞内磷酸根离子浓度正在增加(如图9.4(b)中的圆点所示)。这种酶的含量在 MC3T3-E1 细胞分化过程中达到最高值[41,59]。此外，当使用不被渗透(即缺乏磷酸盐运输系统)的 CHO-k1 细胞进行相同方法的试验时，2-Me-4-OMe TG 的 FLIM 图像表明染料的衰减时间不受影响，这可以从恒定且可忽略的细胞内磷酸盐浓度中看出[57]。

随着基于 ESPT 的 FLIM 传感器的发展，人们开始了进一步的研究，期望提高该方法的灵敏度。在最近的一项研究中，研究人员制备了具有不同脂肪族侧基的9-烷基黄嘌呤[61]。惊人的是，这种物质保留了与荧光素类似的荧光特性，包括特征性的磷酸介导 ESPT 反应。这项工作表明，要获得较高的荧光量子产率，黄嘌呤 C-9 上可以不存在芳基。该发现拓宽了开发具有 FLIM 功能的新型荧光传感器的可能性。以 6-羟基-9-异丙基-3 氢-黄嘌呤-3-酮(6-hydroxy-9-isopropyl-3H-xanthen-3-one)为例，在活细胞中对其进行的研究发现，该物质在细胞溶质中具有良好的渗透性，并能够进行有效的积累[62]。

9.3 细胞内 FLIM 纳米颗粒传感器

近10年来，基于荧光纳米粒子(Nanoparticle, NP)的纳米传感器一直是一个研究热点。通常，荧光 NPs 具有独特的化学和光学性质。例如，与传统有机荧光染料相比，荧光 NPs 具有更亮的荧光、更高的光稳定性和更强的生物相容性。此外，荧光 NPs 具有很高的表面体积比，这为实现多种感知方案提供了一个通用的综合平台。然而，FLIM 与荧光 NPs 的应用还未被完全开发。目前只有很少的研究报道了碳 NPs 在 FLIM 技术中的应用。这些研究主要是利用 FLIM 产生对比，以探测细胞内介质中的颗粒[62-63]，而并非用于真正的感知。在另一项研究中，FLIM 被用于探测金 NPs 与 4',6-二脒基-2-苯基吲哚(4',6-

diamidino-2-phenylindole，DAPI）染料之间的细胞内相互作用。研究人员根据能量转移引起的 DAPI 荧光寿命降低，对这些相互作用进行探测[64]。最近，研究人员还将 FLIM 与聚合物 NPs 结合，发明了荧光聚合物温度计。通过测量这些聚合物 NPs 的温度敏感荧光寿命，人们可以绘制细胞内的温度分布图。这种方法还可以用于研究温度与特定细胞器功能之间的关系[65]。

在所有荧光 NPs 中，半导体量子点可能会表现出与有机荧光团相比最为独特的光致发光寿命特性。一般来说，有机染料会表现出单指数性的衰减动力学，这使得对它们进行基于荧光寿命的识别过程十分简单。然而，这种染料的荧光寿命通常在 1~5ns 之间。该寿命时间过短，以至于无法在短寿命荧光干扰和散射激发光中对其进行有效的时间分辨[66]。虽然量子点会表现出多指数性的荧光衰减[67]，但量子点的平均寿命明显长于细胞自发荧光的衰减时间尺度（1~2ns）以及大多数传统染料的荧光寿命，尽管后者足以维持高速光子流[66]。因此，这些性质表明量子点是用于 FLIM 的理想细胞内探针，并且在选择性和灵敏度增强的光谱复用的时间选通细胞探测领域具有相当大的潜力。2001 年，Dahan 等[68]报道了 FLIM 与量子点纳米粒子在固定细胞成像中的首次应用。他们论证了量子点可以通过显著且有选择性地降低自发荧光对整体图像的贡献，来增强荧光生物成像的对比度和灵敏度。在另一项研究中，FLIM 与量子点被用于检测 DNA 微阵列点中的 DNA 杂交过程[69]。随后，一些使用 FLIM 探测量子点到能量受体的能量转移的案例被相继提出。例如，使用表面结合了 TdTomato 蛋白，且被量子点覆盖的缬草杂交 NPs[70]，或使用反式激活蛋白（Transactivator，Tat）结合的聚乙二醇（polyethylene glycol，PEGylated）量子点和酞菁感光剂[71]。然而，在以上的所有系统中，目标分子的探测方法都得到了报道，但针对它们的定量分析方法并未被提出。

当这些 NPs 用于细胞内感知时，FLIM 和量子点结合的主要优点就显现出来了。例如，巯基丙酸覆盖的量子点纳米粒子（mercaptopropionic-acid-capped QD nanoparticle，QD-MPA）表现出很长的衰减时间，容易与固有的细胞自发荧光区分开。这种性质可以提高感知方面应用的灵敏度和选择性。因此，由于 QD-MPAs 的平均光致发光寿命随着环境 pH 值的增加（由量子点表面羧酸质子化程度的变化导致）而增长[72]，QD-MPAs 可以作为合适的基于寿命的 pH 值传感器，应用于时间分辨荧光法中[73]。在文献[73-74]中，研究人员首次对这种 pH 值的灵敏度进行了测量。测量过程中使用了缓冲溶液中的 QD-MPAs，以及用于模拟不同 pH 值下细胞内环境的溶液。此外，文献[21]也通过分析悬浮在缓冲溶液中，以及沉积在玻璃制显微镜载玻片表面的 QD-MPAs 的 FLIM 图像，实现了 pH 值的量化。对 FLIM 图像的分析表明，QDMPAs

表现出多指数性的衰减动力学特征,并且从这些缓冲悬浮液中获得的校准曲线与之前在大量水溶液中获得的曲线能够很好地吻合[73]。在对细胞内 FLIM 使用纳米传感器之前,由于细胞内环境可能影响纳米传感器的响应,所以需要进行一项预备步骤,即必须使用模拟细胞质的溶液(包括盐、蛋白质和其他拥挤试剂的存在)进行适当的校准[21]。例如,对 QD-MPA 的 pH 值纳米传感器进行 FLIM 校准得到了图 9.5(a)所示的频率直方图。像素平均寿命的算术平均值组成了校准曲线,其线性响应的 pH 值范围在 6~7.5 之间(图 9.5(a))。纳米传感器的平均寿命从 pH<5 时的 8.7ns±0.3ns,增加到 pH>9 时的 15.4ns±0.2ns。这代表纳米传感器比用于 FLIM 的其他类型荧光染料(包括寿命变化有时小到 0.01ns 的荧光 pH 值探针[24,27])具有更高的灵敏度[75,30]。这些 QD-MPA 纳米传感器可被用于测量不同类型的细胞内 pH 值的变化[21]。考虑在 QD-MPA 溶液中培养的 MC3T3-E1 和 CHO-k1 细胞,这些细胞通过细胞内吞作用将纳米颗粒内化。在没有量子点的情况下,细胞表现出最小的发射强度以及在整个细胞内均匀分布的自发荧光寿命,其中荧光寿命在 1.5~2.4ns 之间。在摄取 QD-MPAs 后,细胞的 FLIM 图像显示,QD-MPAs 的寿命与属于自发荧光的寿命有很强的对比。能够轻松地分辨传感器信号和细胞的固有荧光是量子点与 FLIM 相结合的最大优点之一,这是因为信号背景比可以因此得到提高。通过将细胞培养基的 pH 值从 4.7 变为 8.2,研究人员评估了 QD-MPA 纳米颗粒对细胞内 pH 值感知的有效程度。改变细胞培养基 pH 值的方法是将细胞暴露于离子载体尼日利亚菌素中。该步骤使氢离子(H^+)和钾离子(K^+)的浓度在细胞膜上保持平衡,从而使细胞内的 pH 值接近细胞。图 9.5(b)展示了在不同 pH 值的缓冲细胞外培养基中,经尼日利亚菌素处理的 CHO-k1 细胞质中 QD-MPAs 荧光寿命的变化。细胞质中 QD-MPAs 的荧光衰减依然呈现出多指数性动力学特性,从探测到量子点发射的像素中获得的光致发光(photo luminescence,PL)寿命分布表现出良好的 pH 响应(图 9.5(b))。因此,该体系可以进行细胞内 pH 值的量化,并且理应可以监测重要的细胞过程中细胞质 pH 值的变化。

有趣的是,这种在细胞内使用基于量子点的敏感纳米传感器的 FLIM 方法是可以进行扩展的。通过对纳米传感器的设计进行适当的修改和裁剪,可以将这种方法扩展应用到测定细胞内受到严重生物影响的大范围分子中。

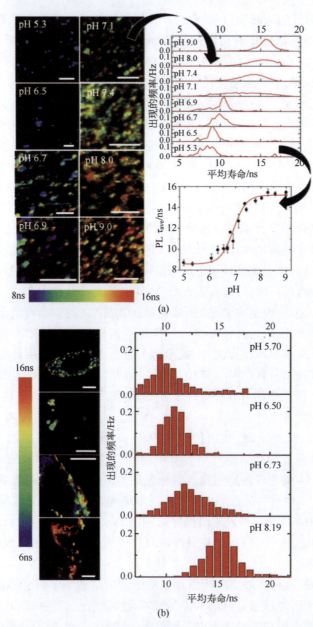

图 9.5 不同 pH 值时 FLIM 图像[21]

(a) 在模拟不同 pH 值的细胞内环境溶液中悬浮的 QD-MPAs 的 FLIM 图像、光致发光寿命直方示例图以及根据 FLIM 图像获得的 pH 响应图；(b) 在不同 pH 值缓冲液和尼日利亚菌素的环境中培养的 CHO-k1 细胞质中 QD-MPAs 的 FLIM 图像和恢复的寿命直方图（刻度条（白色短线）代表 10μm）（版权归属美国化学学会）。

9.4 通过 FLIM-FRET 进行感知

FRET 是在细胞水平上探测双分子相互作用的最常用方法之一。在双分子的相互作用过程中,施主荧光团的激发能会通过库仑定律的偶极-偶极耦合,以非辐射的方式传递给受主分子。因此,施主荧光团的荧光发射强度、量子产率和荧光寿命会逐渐降低。并且如果受主是荧光团,则受激发的受主随后可以通过发射荧光的方式回到基态。这种能量转移的效率虽然不仅仅取决于施主和受主染料之间分开的距离,但前者强烈依赖于后者。这一现象最初由 Theodore Förster 提出,后来由 Wilchek[76] 以及 Stryer 和 Haugland 两人通过试验证明[77-78]。目前该现象已被广泛用于研究与距离相关的生物分子相互作用、构象动力学和结构信息。随着单分子荧光方法学的发展,FRET 的应用也经历了一次有趣的复兴,使得单个分子中的 FRET 过程能够可视化[79-82]。

如上所述,当发生了有效的 FRET 时,施主染料的荧光寿命会降低。实际上,在没有受主的情况下,施主寿命(τ_D)由式(9.1)给出,即

$$\tau_D = \frac{1}{k_F + k_{NR}} \tag{9.1}$$

式中:k_F 为荧光发射的速率常数;k_{NR} 为非辐射失活过程的所有速率常数之和。而当能量受体存在有效的 FRET 时,施主荧光寿命(τ_{DA})由式(9.2)给出,即

$$\tau_{DA} = \frac{1}{k_F + k_{NR} + k_{FRET}} \tag{9.2}$$

式中:k_{FRET} 为 FRET 过程的速率常数。由此可见,荧光寿命取决于 k_{FRET} 的相对大小。事实上,能量转移的效率(E)可以通过式(9.3)得到,即

$$E = 1 - \frac{\tau_{DA}}{\tau_D} \tag{9.3}$$

因此,供体染料荧光寿命的降低可以为 FLIM 方法的发展提供方向。在这一部分中,将综述基于 FRET 的细胞内感知方法。

也许在细胞内 FLIM 中,最为人们充分利用的 FRET 能力就是探测生物分子间的相互作用,如蛋白质与蛋白质或蛋白质与核酸的相互作用。人们已经通过这种类型的试验,在理解结构上和生理上的众多细胞过程方面取得了重大突破。相关的文章十分广泛,其中在许多优秀的研究中,人们通过使用 FLIM-FRET 来理解细胞水平上的分子相互作用。在一些优秀的综述[17,23,83-85]和对试验方案的描述[86-87]中,该领域的一些最重要的工作也已经得到了总结。然而,严格来讲,这些研究并未涉及感知本身的主题,因此我们仅举几个有趣的例子

来预览 FLIM-FRET 在时域中的能力。在其中的一些研究项目中,人们研究了重要受体的同或异寡聚化、转录因子以及用于调节细胞信号通道的激酶[86-92],膜蛋白[93-95]、膜脂[96]和类肌动蛋白的结构相互作用[97],病毒感染因子[98-99],以及蛋白质聚集[100-101]。其中,在一项有趣的研究中,Jose 及其同事研究了突触前膜活性区的结构排布,以便更好地理解神经递质释放的膜运输过程[94]。在另一项与神经退行性疾病相关的研究中,Berezovska 及其同事展示了淀粉样前体蛋白(amyloid precursor protein,APP)和 preselin 之间的细胞内相互作用,其中 preselin 是一种涉及 γ-分泌酶功能的蛋白质,这种酶负责从 APP 中切割出 β-淀粉样肽[100]。重要的是,preselin 基因的突变与早发性常染色体的显性阿尔茨海默病有关。FLIM 图像显示,APP 和 preselin 靠得很近,特别是在靠近细胞膜的区域。这证明了这种相互作用不会因为 preselin 的突变或 γ-分泌酶抑制剂的存在而受到抑制。Tavares 及其同事同样利用 FLIM-FRET,研究了朊病毒聚集对神经母细胞瘤的细胞膜的影响[102],以探究融合到荧光供体和受体蛋白的朊病毒结构域。文章作者同时发现了朊病毒在细胞膜中最初聚集的有利证据,这种聚集可能引发朊病毒疾病的传染性。

在细胞内感知方面,可以将融合的供体-受体荧光蛋白(fluorescent proteins,FPs)视为一个著名的 FLIM-FRET 传感器家族。包含两个 FP 结构域的基因编码蛋白质(一个作为能量供体,另一个作为受体)能够作为一个典型的系统范例。在这个系统中,分子内的 FRET 很容易被识别。被感知的分析物应引起 FRET 过程的变化,如供体-受体距离的变化或其中一个结构域的荧光发射的变化。例如,Esposito 及其同事[103]设计了一个荧光蛋白家族,利用 FLIM 显示出 FRET,并以此测定细胞内的 pH 值。另一个例子是氯离子传感器 Clomeleon,它由青色荧光蛋白(cyan fluorescent protein,CFP)结构域和黄色荧光蛋白(yellow fluorescent protein,YFP)亚基组成。氯离子(Cl^-)在两个 FP 发色团的微分效应调节了 FRET 效率。Jose 及其同事将这种传感器应用于 FLIM 显微镜,用于研究神经元生长的各个阶段[104]。另一个典型的基因编码传感器是 Cameleon 钙离子(Ca^+)传感器,它由一个融合的荧光蛋白 FRET 对以及一个钙离子结合域组成。钙离子的结合诱导了构象的变化,并导致从供体到受体的 FRET 效率发生变化[11,105]。Laine 及其同事[106]最近通过 FLIM-FRET 测试了其中一些钙离子传感器的性能,并分析了与供体荧光团相关的问题。在每一年中,人们都会设计基于 FRET 的新型基因编码氯化物[107-108]以及钙探针[109]。例如,SuperClomeleon 探针就是一种基于氯离子的改进了的 FRET 的传感器,其设计用到了无细胞的自动化蛋白质工程技术[108]。其中受控突变的引入使传感器的荧光特性和卤化物亲和力得到了改善。然而,以上所有的新型 FRET 生物传感器都主要在比率荧光强度显微镜中进行测试。因此,在 FLIM-FRET 应用中测试它们的性能将十分有趣。

设计如上文所述的基于 FRET 的生物传感器有一种常见的思路,就是使用一种在目标分析物结合时发生构象变化的连接物。利用这种方法,Caron 及其同事开发了一种用于时域 FLIM-FRET 的 FRET 生物传感器,以探测活细胞内转谷氨酰胺酶 2(一种在亨廷顿病中变得异常活跃的酶[110])的亚细胞位置和构象变化[111]。类似地,Harvey 及其同事开发了一种基因编码的且基于 FLIM-FRET 的细胞外调节蛋白激酶(extracellular regulated protein kinases,ERK)的活性传感器,也即细胞外信号调节激酶活性报告器(the extracellular signal-regulated kinase activity reporter,EKAR)[112]。表皮生长因子刺激人胚胎肾细胞 293(human embryonic kidney 293,HEK293)后的 ERK 活动被发现可以导致传感器荧光寿命发生改变。这项技术也被用于经 θ 脉冲刺激的,或反向传播动作电位序列后的脑切片中树突和海马锥体神经元的细胞核。然而,这种传感器的缺点是它的灵敏度很低,荧光寿命的最大变化约为 0.06ns。其他的生物传感器则利用两条不同的链,一条与供体 FP 融合,另一条与受体 FP 融合。基于这一理念,Oliveira 和 Yasuda 在近期改进了可用于检测大鼠肉瘤-三磷酸鸟苷酸酶(rat sarcoma-guanosinetriphosphate,Ras-GTPase)的生物传感器[113-114]。在基于 FRET 的生物传感器的设计中,使用非荧光受体可能是 FLIM-FRET 的一个优势,这是因为由直接激发导致的受体发射贡献能被消除。Ganesan 及其同事已经研究了这种情况可能性。他们提出了使用绿色荧光蛋白(green fluorescent protein,GFP)标记的泛素化衬底,以及与黄色荧光蛋白(yellow fluorescent protein,YFP)的非荧光变异体融合的泛素,作为探测细胞内泛素化的方法[115]。Murakoshi 及其同事[116]也就非辐射 YFP 变异体进行了改进和应用,以通过 FLIM-FRET 探测脊椎和树突中的丝状肌动蛋白单体。

使用融合供体-受体荧光蛋白结构是测试和验证新型 FLIM 仪器性能和技术进展的最常用思路之一。CFP-YFP 融合结构经常被用于改进 SPT 模式下的 FLIM 系统,而无需时间选通技术[117-119],如多波长 FLIM 系统[19,117,120]和双光子 FLIM-FRET 仪器[121]。由能量转移引起的供体寿命缩短为验证 FLIM 仪器的能力提供了一种简单的方法。

虽然通过 FLIM-FRET 对生物分子间的相互作用进行定位和探测的技术已经相当成熟,但在实际上,细胞内定量传感器的例子还很少。可以通过改进分析方法,增强利用 FLIM-FRET 进行定量感知的能力。例如,全局分析方法[122-123]可以增加单像素衰减拟合的统计显著性,尽管必须考虑一些方法上的预防措施[124]。计算更快速且密集度更低的分析算法的发展也有助于改进全局分析法的应用[125]。其中一个例子是就是在全局分析中使用受体的上升时间作为补充信息,以更精确地测量 FRET 效率[126]。得益于以上以及本章将在最后一节讨论的其他进展,利用 FLIM-FRET 进行细胞内的定量感知方法将在不久的将来得到惊人的发展。

9.5 组织中的 FLIM 感知

FLIM 技术也可以用于表征组织中发生的物理和化学变化。其中基于光的诊断系统十分令人关注,一是因为它们的微创性,二是因为它们容易应用于光可以到达(直接照射或通过内窥镜)的任何人体部位[127]。这种技术由于其非破坏性和非侵入性的特征,使得样品可以被连续并长时间地探测[128]。这种荧光方法背后的物理基础是组织的化学成分和细胞结构会对荧光衰减时间产生影响,使得荧光强度伪影拥有高特异度和最低敏感性,扩充了该方法的优点[129]。此性质可用于扫描共聚焦显微镜或多光子显微镜,以及宽视场显微镜和内窥镜。一般来说,利用 FLIM 方法研究基本生理过程和肿瘤的诊断一直是研究的重点,包括寻找肿瘤标志物,评估肿瘤的组织学结构以及从正常组织到肿瘤组织的变异过程。

大多数对组织进行的 FLIM 研究都是通过测量生物组织中固有荧光团(如色氨酸、酪氨酸、苯丙氨酸、胶原蛋白、弹性蛋白和还原型烟酰胺腺嘌呤二核苷酸(磷酸)(nicotinamide adenine dinucleotide (phosphate),NAD(P)H))的自发荧光信号来完成的,因为这些物质反映了组织的氧化还原状态[130-131]。由此,组织自体荧光的 FLIM 图像揭露了组织内不同类型和状态的细胞之间存在的固有差异,这为无创的功能或鉴别成像模式提供了依据。事实上,细胞代谢的变化会导致 NAD(P)H 浓度出现异常,因此,NAD(P)H 的自体荧光图像可以用来区分癌组织和非癌组织。例如,对人肺癌细胞和细支气管上皮细胞的时间分辨荧光研究结果一致表明,转移性癌细胞中的 NADH 平均寿命低于非转移性癌细胞。然而,提高自由和束缚态 NAD(P)H 的分辨率是 FLIM 方法的一项挑战,这是因为它们衰减时间通常在亚纳秒量级[132-133]。文献[134]指出,激发波长大于400nm 的自发荧光在未染色的大块组织中有较强的 FLIM 对比度。Papour 等也提出了一种自发荧光寿命宽视场成像系统,能够在正常和恶性的脑组织样本结构之间产生较高的对比度,并且成像速度快、处理时间短[135]。文献[136]用色氨酸荧光作为对照,使用同时激发两个荧光团的双光子自荧光寿命成像系统,将 NADH 信号与色氨酸信号之比用于区分正常细胞与癌细胞。FLIM 也可以用于分析多种荧光头发成分。Ehlers 及其同事利用多光子成像技术,获得了头发荧光结构的四维(4-dimensional,4D)图像,该图像具有亚微米的空间分辨率和皮秒范围内的时间分辨率。这项技术允许在不破坏样品的条件下分析头发的天然成分和人造成分[137]。最近,Nie 等开发了一种能够获得固有及外来荧光团的空间、光谱和时间等多维信息的 FLIM 仪器,该仪器对于生物组织研究以及作为光学活检工具都有重要的应用价值[138]。将多光子激光断层扫描与固有荧光团的 FLIM 结合,可以从形态学和定量的角度辅助黑色素瘤的特征识别,从而提高诊断的准确性(图 9.6)[139]。

测量自发荧光并不是进行组织中 FLIM 研究的唯一途径,外源性荧光团也可以用作荧光标记物,以提高肿瘤特异性,方便检测。通过这种方式,人们可以根据标记物与多种组织成分发生相互作用时的荧光特性变化,或标记物在组织中特定成分的选择性位置来获取信息[140]。基因编码的荧光指示剂,如与过氧化氢敏感蛋白 OxyR 的结构域结合的循环排列的 YFP(circularly permuted YFP,cpYFP)[141-142],已经被用于检测活性氧类物质,以监测细胞和生物体中的动态过程。由于这些物质高选择性地积聚在癌组织中,因此人们也集中了很大的精力,来开发使用光动力疗法治疗肿瘤的光敏剂[143]。例如,原卟啉 IX 已被用于区分良性病变和基底细胞癌[144]。由于在皮肤自体荧光的 FLIM 图像中,恶性皮肤癌组织与周围的正常皮肤之间有较强的对比[145],因此通过结合使用外源性和内源性荧光的 FLIM 技术,可以获得一种优秀的肿瘤检测方法。

FLIM 的感知方法被证明对于监测组织的生理过程十分有效。例如,文献[146]使用多光子激发的 FLIM,测量了与信号传导相关的嗅树突中氯离子的流出量。作者利用氯离子导致的 6-甲氧基-喹啉乙酰乙酯的动态淬灭,探测了嗅上皮中氯离子的浓度。文献[147]也利用 FLIM 成像研究了植物组织对铜离子的吸收,作者通过测量阳离子引起的 GFP 荧光的动态淬灭进行分析。

活体组织 FLIM 的一项基本要求是快速获取,通常需要在几十或几百毫秒的时间范围内进行。随着关键技术性部分越来越简单,未来将出现许多适合特定应用的各种商用实施方法,并且时间分辨荧光成像的应用也将更加广泛。

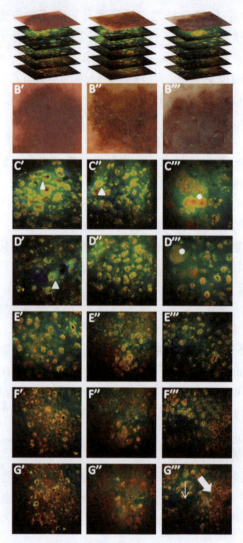

图 9.6 不同深度黑色素瘤的 FLIM 图像[139](图中展示了在黑色素瘤上层不规则分布的非典型短寿命细胞(atypical short-lifetime cells, ASLCs)。ASLCs 更多在较深的黑色素瘤层中繁殖和聚集)

9.6 总结与展望

FLIM 显微术对于生物应用和细胞内感知的重要性日益增加。虽然进行

FLIM 试验需要专门的仪器和经验丰富的操作人员,但 FLIM 在感知方面的优势补偿了其增加的复杂度。本章简要介绍了细胞内 FLIM 感知的一些案例。例如,使用荧光素衍生物开发基于 ESPT 反应的磷酸盐传感器;使用对 pH 值敏感的细胞内量子点;FLIM-FRET 相比于传统比率 FRET 的优势;使用 FLIM 进行组织诊断。此外,FLIM 仍有很大的发展空间,它在生物和生物医学研究领域(图 9.7)的重要性也会因此得到进一步提高。例如,通过开发更快的激发激光源[148];使用仪器反应剖面较窄,但在可见光谱中具有良好灵敏度的探测器[149];或对计数率采用更少的时间漂移[150],FLIM 可以得到许多技术方面的改进。图像采集时间是时域 FLIM 的缺点之一。为了能在每像素中收集到足够数量的光子,为拟合组成足够的统计数据,停留时间和总扫描时间必须足够长。通过最大似然估计,可以利用大约 100 个光子精确地确定单指数衰减的参数[151-152],尽管双指数或三指数衰减需要更多的光子。这意味着采集 FLIM 图像可能需要几分钟的时间。宽视场 FLIM 显微术是一种可以减少采集时间的有趣方法,它使用电荷耦合元件(charge-coupled device,CCD)摄像机在整个视场中进行采集。然而,在这种技术中,探测器的响应时间是一个更为关键的问题。这些多维摄像机探测器必须足够快,以进行速度极快的空间和时间信息处理,目前人们已经开始对这一方向进行工程方面的研究。现在已经出现了具有 1ns 时间分辨率的多通道设备[153]。它能够收集来自单分子的光子,并在宽视场的配置下提取寿命信息[154-155]。将光谱成像与 FLIM 相结合(即多光谱 FLIM)也是一种扩展显微镜多维性以及获得尽可能多的关于细胞系统知识的有趣方法。例如,文献[156]基于光谱仪和多通道光电倍增管头的新型组合,开发了相关荧光寿命成像和光谱成像(spectral imaging,SLiM)的检测单元。Owen 及其同事使用超连续谱激发源,开发了一种高光谱的 FLIM 技术,可以快速提取寿命以及光谱的激发和发射信息[157]。一些其他的仪器和技术改进[158-159],如检测器死区时间的优化,可以进一步拓宽细胞内 FLIM 感知的应用。

另一个潜在的改进领域是开发新的数据分析方法和快速计算算法[160-161,125,162],以及分析 FLIM 图像的非拟合替代方法,如矩量法[163]和相量法[164]。其中相量法是将每个像素的时间延迟直方图转换为一对正余弦极坐标(即相量),然后在二维相量空间(相量图)中绘制每个像素。相量图可以帮助识别具有特定寿命的像素集团,或绘制两个或多个荧光团的发射区域,甚至可以确定这些荧光团的相对浓度[164]。相量分析不需要数据拟合,因此无需假设特定的荧光衰减模型。相量法已被成功地用于利用细胞自体荧光识别各种细胞代谢状态[165-166],以及利用荧光蛋白测量细胞内 pH 值[167]中。有趣的是,由于该方法允许基于 FRET 寿命的变化来区分荧光团的混合物,

Hinde 等据此证明了相量法也适用于基于 FRET 的生物传感器[168]（图 9.8）。通过将 FLIM-FRET 的相量法与交叉线对的相关函数相结合，Hinde 及其同事得以确定 GTPasesRho 蛋白（Ras homolog gene family，member A，RhoA）和 Rac1（Ras-related C3 botulinum toxin substrate 1，Rac1）的局部活性和动态细胞内迁移率[168-169]。

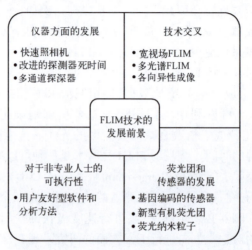

图 9.7　在细胞内进行 FLIM 定量感知的潜在发展领域[15]

FLIM 领域潜在的技术进步前景广阔。一旦潜在的错误根源被明确地指出，并且分析方法对于非专业人士来讲更加容易时，生物领域的课题组就会开始对 FLIM 试验表现出越来越大的兴趣。可以预见，通过这种方法可以获得影响力很高的结果，这些结果将激励其他课题组在他们的研究中探索使用其他的方法。因此，FLIM 显微术是一种非常宝贵的工具，能够为许多科学挑战带来重大突破。

致谢　作者 Angel Orte 感谢来自科学与商业创新部（安达卢西亚军政府）的资金支持（项目编号：P10-FQM-6154）。作者 Jose M. Paredes 感谢来自欧盟联合 RESTATE 计划（FP7 玛丽·居里行动计划，项目编号：267224）的资金支持。

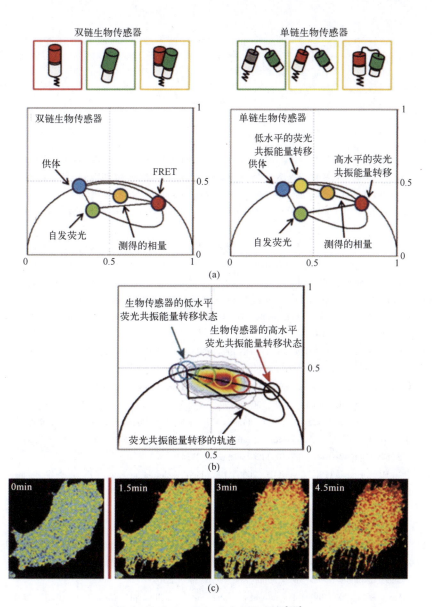

图 9.8 基于 FRET 的生物传感器[168]
(a) 对双链和单链生物传感器的 FRET 信号进行相量图分析的结果;(b) 和 (c) COS7 细胞在传染了受体结合区-柠檬色-1L-增强型青色荧光蛋白-Rho 蛋白((receptor binding domain-Citrine)-1L-(enhanced cyan fluorescence protein-RhoA),(RBD-Citrine)-1L-(ECFP-RhoA)),RhoA-GTPase,单链生物传感器,以及在溶血磷脂酸刺激后的相量图和 FLIM 图像
(版权归属 Wiley 出版社)。

参 考 文 献

[1] Cremades N, Cohen SIA, Deas E, Abramov AY, Chen AY, Orte A, Sandal M, Clarke RW, Dunne P, Aprile FA, Bertoncini CW, Wood NW, Knowles TPJ, Dobson CM, Klenerman D(2012) Direct observation of the interconversion of normal and toxic forms of α-synuclein. Cell 149(5):1048-1059.

[2] Vazquez A, Liu J, Zhou Y, Oltvai ZN (2010) Catabolic efficiency of aerobic glycolysis: the Warburg effect revisited. BMC Syst Biol 4:58.

[3] Rusk N (2009) Milestone 4 (1911,1929,1967). First fluorescence microscope, first epifluorescence microscope, the dichroic mirror. In: Evanko D, Heinrichs A, Karlsson Rosenthal C (eds) Nature milestones in light microscopy. Macmillan.

[4] Heimstädt O (1911) Das Fluoreszenzmikroskop. Z Wiss Mikrosk 28:330-337.

[5] Prowazek S (1914) Zur Kenntuis der Giemsafärbung vom Standpunkte der Cytologie. Z Wiss Mikrosk Mikrosk Tech 31:1-16.

[6] Ellinger P, Hirt A (1929) Mikroskopische Beobachtungen an lebenden Organen mit Demonstrationen (Intravitalmikroskopie). Arch Exp Pathol Phar 147:63.

[7] Coons AH, Creech HJ, Jones RN (1974) Immunological properties of an antibody containinga fluorescent group. Proc Soc Exp Biol Med 47:200-202.

[8] Betzig E, Patterson GH, Sougrat R, Lindwasser OW, Olenych S, Bonifacino JS, Davidson MW, Lippincott-Schwartz J, Hess HF (2006) Imaging intracellular fluorescent proteins at nanometer resolution. Science 313(5793):1642-1645. doi:10.1126/science.1127344.

[9] Hess ST, Girirajan TPK, Mason MD (2006) Ultra-high resolution imaging by fluorescence photoactivation localization microscopy. Biophys J 91(11):4258-4272.

[10] Rust MJ, Bates M, Zhuang X (2006) Sub-diffraction-limit imaging by stochastic optical reconstruction microscopy (STORM). Nat Methods 3(10):793-796.

[11] The Molecular Probes ® (2010) Handbook—a guide to fluorescent probes and labeling technologies, 11th edn. Life Technologies Corporation. http://www.lifetechnologies.com/es/en/home/references/molecular-probes-the-handbook.html. Accessed October 2014.

[12] Han J, Burgess K (2009) Fluorescent indicators for intracellular pH. Chem Rev 110(5):2709-2728. doi:10.1021/cr900249z.

[13] Boens N, Qin W, Basaric N, Orte A, Talavera EM, Alvarez-Pez JM (2006) Photophysics of the fluorescent pH indicator BCECF. J Phys Chem A 110(30):9334-9343. doi:10.1021/jp0615712.

[14] Boyarsky G, Hanssen C, Clyne LA (1996) Inadequacy of high K+/nigericin for calibrating BCECF. II. Intracellular pH dependence of the correction. Am J Physiol 271(4):C1146-C1156.

[15] Maria JR, Jose MA, Luis C et al (2015) FLIM Strategies for Intracellular Sensing. Chapter 9. Advanced photon counting by Peter Kapusta (ed), Michael Wahl (ed), and Rainer Erdmann (ed).

[16] Lakowicz JR, Szmacinski H, Nowaczyk K, Berndt KW, Johnson M (1992) Fluorescence lifetime imaging. Anal Biochem 202(2):316-330. doi:http://dx.doi.org/10.1016/0003-2697(92)90112-K.

[17] van Munster E, Gadella TJ (2005) Fluorescence lifetime imaging microscopy (FLIM). In: Rietdorf J (ed) Microscopy techniques, vol 95. Advances in biochemical engineering. Springer, Heidelberg, pp 143-175. doi:10.1007/b102213.

[18] Lakowicz JR (2006) Principles of fluorescence spectroscopy, 3rd edn. Springer.

[19] Becker W, Bergmann A, Biskup C, Zimmer T, Klöcker N, Benndorf K (2002) Multiwavelength TCSPC lifetime imaging. Proc SPIE 4620:79-84.

[20] Ruedas-Rama MJ, Orte A, Hall EAH, Alvarez-Pez JM, Talavera EM (2011) Effect of surface modification on semiconductor nanocrystal fluorescence lifetime. ChemPhysChem 12(5):919-929. doi:10.1002/cphc.201000935.

[21] Orte A, Alvarez-Pez JM, Ruedas-Rama MJ (2013) Fluorescence lifetime imaging microscopy for the detection of intracellular pH with quantum dot nanosensors. ACS Nano 7(7):6387-6395. doi:10.1021/nn402581q.

[22] Baggaley E, Gill MR, Green NH, Turton D, Sazanovich IV, Botchway SW, Smythe C, Haycock JW, Weinstein JA, Thomas JA (2014) Dinuclear ruthenium(II) complexes as two-photon, time-resolved emission microscopy probes for cellular DNA. Angew Chem Int Ed 53:3367-3371. doi:10.1002/anie.201309427.

[23] Chen L-C, Lloyd WR III, Chang C-W, Sud D, Mycek M-A (2013) Chapter 20-fluorescence lifetime imaging microscopy for quantitative biological imaging. In: Greenfield S, David EW (eds) Methods in cell biology, vol 114. Academic, pp 457-488. doi:http://dx.doi.org/10.1016/B978-0-12-407761-4.00020-8.

[24] Tantama M, Hung YP, Yellen G (2011) Imaging intracellular pH in live cells with a genetically encoded red fluorescent protein sensor. J Am Chem Soc 133(26):10034-10037. doi:10.1021/ja202902d.

[25] Sagolla K, Löhmannsröben H-G, Hille C (2013) Time-resolved fluorescence microscopy for quantitative Ca^{2+} imaging in living cells. Anal Bioanal Chem 405(26):8525-8537. doi:10.1007/s00216-013-7290-6.

[26] Sanders R, Draaijer A, Gerritsen HC, Houpt PM, Levine YK (1995) Quantitative pH imaging in cells using confocal fluorescence lifetime imaging microscopy. Anal Biochem 227(2):302-308. doi:http://dx.doi.org/10.1006/abio.1995.1285.

[27] Hille C, Berg M, Bressel L, Munzke D, Primus P, Löhmannsröben H-G, Dosche C (2008) Time-domain fluorescence lifetime imaging for intracellular pH sensing in living tissues. Anal Bioanal Chem 391(5):1871-1879. doi:10.1007/s00216-008-2147-0.

[28] Lin H-J, Herman P, Kang JS, Lakowicz JR (2001) Fluorescence lifetime characterization of novel low-pH probes. Anal Biochem 294(2):118-125. doi:http://dx.doi.org/10.1006/abio.2001.5155.

[29] Hanson KM, Behne MJ, Barry NP, Mauro TM, Gratton E, Clegg RM (2002) Two-photon fluorescence lifetime imaging of the skin stratum corneum pH gradient. Biophys J 83(3):1682-1690. doi:http://dx.doi.org/10.1016/S0006-3495(02)73936-2.

[30] Kuimova MK, Yahioglu G, Levitt JA, Suhling K (2008) Molecular rotor measures viscosity of live cells via fluorescence lifetime imaging. J Am Chem Soc 130(21):6672-6673. doi:10.1021/ja800570d.

[31] Loison P, Hosny NA, Gervais P, Champion D, Kuimova MK, Perrier-Cornet J-M (2013) Direct investigation of viscosity of an atypical inner membrane of Bacillus spores: a molecular rotor/FLIM study. Biochim Biophys Acta 1828(11):2436-2443. doi:http://dx.doi.org/10.1016/j.bbamem.2013.06.028.

[32] van Manen H-J, Verkuijlen P, Wittendorp P, Subramaniam V, van den Berg TK, Roos D, Otto C (2008) Refractive index sensing of green fluorescent proteins in living cells using fluorescence lifetime imaging microscopy. Biophys J 94(8):L67-L69. doi:http://dx.doi.org/10.1529/biophysj.107.127837.

[33] Andrews LM, Jones MR, Digman MA, Gratton E (2013) Detecting Pyronin Y labeled RNA transcripts in live cell microenvironments by phasor-FLIM analysis. Methods Appl Fluoresc1(1):015001. doi:10.1088/2050-6120/1/1/015001.

[34] Tseng T-Y, Chien C-H, Chu J-F, Huang W-C, Lin M-Y, Chang C-C, Chang T-C (2013) Fluorescent probe for visualizing guanine-quadruplex DNA by fluorescence lifetime imaging microscopy. J Biomed Opt 18(10):101309.

[35] Botchway SW, Parker AW, Bisby RH, Crisostomo AG (2008) Real-time cellular uptake of serotonin using fluorescence lifetime imaging with two-photon excitation. Microsc Res Tech71(4):267-273. doi:10.1002/jemt.20548.

[36] Wang H-W, Chen C-T, Guo H-W, Yu J-S, Wei Y-H, Gukassyan V, Kao F-J (2008) Differentiation of apoptosis from necrosis by dynamic changes of reduced nicotinamide adenine dinucleotide fluorescence lifetime in live cells. J Biomed Opt 13(5):054011.

[37] Gerritsen HC, Sanders R, Draaijer A, Ince C, Levine YK (1997) Fluorescence lifetime imaging of oxygen in living cells. J Fluoresc 7(1):11-15. doi:10.1007/bf02764572.

[38] Sud D, Zhong W, Beer DG, Mycek M-A (2006) Time-resolved optical imaging provides a molecular snapshot of altered metabolic function in living human cancer cell models. Opt Express 14(10):4412-4426. doi:10.1364/oe.14.004412.

[39] Sud D, Mycek M-A (2009) Calibration and validation of an optical sensor for intracellula roxygen measurements. J Biomed Opt 14(2):020506.

[40] Fercher A, O'Riordan TC, Zhdanov AV, Dmitriev RI, Papkovsky DB (2010) Imaging of cellular oxygen and analysis of metabolic responses of mammalian cells. Methods Mol Biol591:257-273. doi:10.1007/978-1-60761-404-3_16.

[41] Beck GR, Zerler B, Moran E (2000) Phosphate is a specific signal for induction of osteopontin gene expression. Proc Natl Acad Sci U S A 97:8352-8357.

[42] Förster T (1949) Fluoreszenzspektrum und Wasserstoffionenkonzentration. Naturwissenschaften 36:186-187.

[43] Weller A (1961) Fast reactions of excited molecules. Prog React Kinet 1:189-214.

[44] Tolbert LM, Solntsev KM (2002) Excited-state proton transfer:from constrained systems to "super" photoacids to superfast proton transfer. Acc Chem Res 35:19-27.

[45] Agmon N (2005) Elementary steps in excited-state proton transfer. J Phys Chem A 109:13-35.

[46] Yguerabide J, Talavera EM, Alvarez-Pez JM, Quintero B (1994) Steady-state fluorescence method for evaluating excited state proton reactions:application to fluorescein. Photochem Photobiol 60:435-441.

[47] Alvarez-Pez JM, Ballesteros L, Talavera E, Yguerabide J (2001) Fluorescein excited-state proton exchange reactions:nanosecond emission kinetics and correlation with steady-state fluorescence intensity.

J Phys Chem A 105:6320-6332.

[48] Crovetto L, Orte A, Talavera EM, Alvarez-Pez JM, Cotlet M, Thielemans J, De Schryver FC, Boens N (2004) Global compartmental analysis of the excited-state reaction between fluorescein and (±)-N-acetyl aspartic acid. J Phys Chem B 108:6082-6092.

[49] Boens N, Basaric N, Novikov E, Crovetto L, Orte A, Talavera EM, Alvarez-Pez JM (2004) Identifiability of the model of the intermolecular excited-state proton exchange reaction in the presence of pH buffer. J Phys Chem A 108(40):8180-8189. doi:10.1021/jp0402941.

[50] Orte A, Crovetto L, Talavera EM, Boens N, Alvarez-Pez JM (2005) Absorption and emission study of 20,70-difluorofluorescein and its excited-state buffer-mediated proton exchange reactions. J Phys Chem A 109:734-747. doi:10.1021/jp046786v.

[51] Orte A, Bermejo R, Talavera EM, Crovetto L, Alvarez-Pez JM (2005) 20,70-Difluorofluorescein excited-state proton reactions: correlation between time-resolved emission and steady-state fluorescence intensity. J Phys Chem A 109:2840-2846. doi:10.1021/jp044681m.

[52] Paredes JM, Orte A, Crovetto L, Alvarez-Pez JM, Rios R, Ruedas-Rama MJ, Talavera EM (2010) Similarity between the kinetic parameters of the buffer-mediated proton exchange reaction of a xanthenic derivative in its ground-and excited-state. Phys Chem Chem Phys 12:323-327. doi:10.1039/b917333c.

[53] Paredes JM, Crovetto L, Orte A, Alvarez-Pez JM, Talavera EM (2011) Influence of the solvent on the ground-and excited-state buffer-mediated proton-transfer reactions of axanthenic dye. Phys Chem Chem Phys 13(4):1685-1694.

[54] Urano Y, Kamiya M, Kanda K, Ueno T, Hirose K, Nagano T (2005) Evolution of fluoresceinas a platform for finely tunable fluorescence probes. J Am Chem Soc 127(13):4888-4894. doi:10.1021/ja043919h.

[55] Crovetto L, Paredes JM, Rios R, Talavera EM, Alvarez-Pez JM (2007) Photophysics of axanthenic derivative dye useful as an 'on/off' fluorescence probe. J Phys Chem A 111(51):13311-13320. doi:10.1021/jp077249o.

[56] Paredes JM, Crovetto L, Rios R, Orte A, Alvarez-Pez JM, Talavera EM (2009) Tuned lifetime, at the ensemble and single molecule level, of a xanthenic fluorescent dye by means of a buffer-mediated excited-state proton exchange reaction. Phys Chem Chem Phys 11(26):5400-5407.

[57] Paredes JM, Giron MD, Ruedas-Rama MJ, Orte A, Crovetto L, Talavera EM, Salto R, Alvarez-Pez JM (2013) Real-time phosphate sensing in living cells using fluorescence lifetime imaging microscopy (FLIM). J Phys Chem B 117(27):8143-8149. doi:10.1021/jp405041c.

[58] Giron MD, Havel CM, Watson JA (1999) Mevalonate-mediated suppression of 3-hydroxy-3-methylglutaryl coenzyme A reductase function in alpha-toxin-perforated cells. Proc Natl Acad Sci U S A 91:6398-6402.

[59] Sudo H, Kodama H, Amagi Y, Yamamoto S, Kasai S (1983) In vitro differentiation and calcification in a new clonal osteogenic cell line derived from newborn mouse calvaria. J CellBiol 96:191-198.

[60] Suzuki A, Ghayor C, Guicheux J, Magne D, Quillard S, Kakita A, Ono Y, Miura Y, Oiso Y, Itoh M, Caverzasio J (2006) Enhanced expression of the inorganic phosphate transporter Pit-1is involved in BMP-2-induced matrix mineralization in osteoblast-like cells. J Bone Miner Res 21:674-683.

[61] Martínez-Peragón A, Miguel D, Jurado R, Justicia J, Alvarez-Pez JM, Cuerva JM, Crovetto L (2014) Synthesis and photophysics of a new family of fluorescent 9-alkyl substituted xanthenones. Chem Eur J 20:

447-455.

[62] Yaron P, Holt B, Short P, Lösche M, Islam M, Dahl K (2011) Single wall carbon nanotubes enter cells by endocytosis and not membrane penetration. J Nanobiotechnol 9(1):45. doi:10.1186/1477-3155-9-45.

[63] Hu Z, Pantos, GD, Kuganathan N, Arrowsmith RL, Jacobs RMJ, Kociok-Köhn G, O'Byrne J, Jurkschat K, Burgos P, Tyrrell RM, Botchway SW, Sanders JKM, Pascu SI (2012) Interactions between amino acid-tagged naphthalenediimide and single walled carbon nanotubes for the design and construction of new bio-imaging probes. Adv Funct Mater 22(3):503-518. doi:10.1002/adfm.201101932.

[64] Zhang Y, Birch DJS, Chen Y (2011) Two-photon excited surface plasmon enhanced energy transfer between DAPI and gold nanoparticles: opportunities in intra-cellular imaging and sensing. Appl Phys Lett 99(10). doi:http://dx.doi.org/10.1063/1.3633066.

[65] Okabe K, Inada N, Gota C, Harada Y, Funatsu T, Uchiyama S (2012) Intracellular temperature mapping with a fluorescent polymeric thermometer and fluorescence lifetime imaging microscopy. Nat Commun 3: 705. doi:10.1038/ncomms1714.

[66] Resch-Genger U, Grabolle M, Cavaliere-Jaricot S, Nitschke R, Nann T (2008) Quantum dots versus organic dyes as fluorescent labels. Nat Methods 5(9):763-775. doi:10.1038/nmeth.1248.

[67] Ruedas-Rama MJ, Orte A, Hall EAH, Alvarez-Pez JM, Talavera EM (2012) A chloride ion nanosensor for time-resolved fluorimetry and fluorescence lifetime imaging. Analyst 137:1500-1508.

[68] Dahan M, Laurence T, Pinaud F, Chemla DS, Alivisatos AP, Sauer M, Weiss S (2001) Timegated biological imaging by use of colloidal quantum dots. Opt Lett 26(11):825-827. doi:10.1364/ol.26.000825.

[69] Giraud G, Schulze H, Bachmann T, Campbell C, Mount A, Ghazal P, Khondoker M, Ross A, Ember S, Ciani I, Tlili C, Walton A, Terry J, Crain J (2009) Fluorescence lifetime imaging of quantum dot labeled DNA microarrays. Int J Mol Sci 10(4):1930-1941.

[70] Pai RK, Cotlet M (2011) Highly stable, water-soluble, intrinsic fluorescent hybrid scaffolds for imaging and biosensing. J Phys Chem C 115(5):1674-1681. doi:10.1021/jp109589h.

[71] Yaghini E, Giuntini F, Eggleston IM, Suhling K, Seifalian AM, MacRobert AJ (2014) Fluorescence lifetime imaging and FRET-induced intracellular redistribution of Tat-conjugated quantum dot nanoparticles through interaction with a phthalocyanine photosensitiser. Small 10(4):782-792. doi:10.1002/smll.201301459.

[72] Liu Y-S, Sun Y, Vernier PT, Liang C-H, Chong SYC, Gundersen MA (2007) pH-sensitive photoluminescence of CdSe/ZnSe/ZnS quantum dots in human ovarian cancer cells. J Phys Chem C 111(7):2872-2878. doi:10.1021/jp0654718.

[73] Ruedas-Rama MJ, Orte A, Hall EAH, Alvarez-Pez JM, Talavera EM (2011) Quantum dot photoluminescence lifetime-based pH nanosensor. Chem Commun 47(10):2898-2900. doi:10.1039/c0cc05252c.

[74] Wang X, Boschetti C, Ruedas-Rama MJ, Tunnacliffe A, Hall EAH (2010) Ratiometric pH-dot ANSors. Analyst 135(7):1585-1591. doi:10.1039/b922751b.

[75] Despa S, Steels P, Ameloot M (2000) Fluorescence lifetime microscopy of the sodium indicator sodium-binding benzofuran isophthalate in HeLa cells. Anal Biochem 280 (2): 227 - 241. doi: http://dx.doi.org/10.1006/abio.2000.4505.

[76] Edelhoch H, Brand L, Wilchek M (1967) Fluorescence studies with tryptophyl peptides. Biochemistry 6 (2):547-559. doi:10.1021/bi00854a024.

[77] Stryer L, Haugland RP (1967) Energy transfer: a spectroscopic ruler. Proc Natl Acad Sci U S A 58(2): 719-726.

[78] Stryer L (1978) Fluorescence energy transfer as a spectroscopic ruler. Annu Rev Biochem 47:819-846.

[79] Joo C, Balci H, Ishitsuka Y, Buranachai C, Ha T (2008) Advances in single-molecule fluorescence methods for molecular biology. Annu Rev Biochem 77:51-76. doi:10.1146/annurev.biochem.77.070606.101543.

[80] Kapanidis AN, Strick T (2009) Biology, one molecule at a time. Trends Biochem Sci 34(5):234-243.

[81] Orte A, Clarke RW, Klenerman D (2011) Single-molecule fluorescence coincidence spectroscopy and its application to resonance energy transfer. ChemPhysChem 12(3): 491-499. doi: 10.1002/cphc.201000636.

[82] Ruedas-Rama MJ, Alvarez-Pez JM, Orte A (2013) Solving single biomolecules by advanced FRET-based single-molecule fluorescence techniques. Biophys Rev Lett 08 (03n04): 161-190. doi: 10.1142/S1793048013300041.

[83] Wallrabe H, Periasamy A (2005) Imaging protein molecules using FRET and FLIM microscopy. Curr Opin Biotechnol 16(1):19-27. doi:http://dx.doi.org/10.1016/j.copbio.2004.12.002.

[84] Borst JW, Visser AJWG (2010) Fluorescence lifetime imaging microscopy in life sciences. Meas Sci Technol 21(10):102002.

[85] Becker W (2012) Fluorescence lifetime imaging-techniques and applications. J Microsc 247(2):119-136. doi:10.1111/j.1365-2818.2012.03618.x.

[86] Sun Y, Day RN, Periasamy A (2011) Investigating protein-protein interactions in living cells using fluorescence lifetime imaging microscopy. Nat Protoc 6(9):1324-1340.

[87] Broussard JA, Rappaz B, Webb DJ, Brown CM (2013) Fluorescence resonance energy transfer microscopy as demonstrated by measuring the activation of the serine/threonine kinase Akt. Nat Protoc 8(2):265-281.

[88] Chen Y, Mills JD, Periasamy A (2003) Protein localization in living cells and tissues using FRET and FLIM. Differentiation 71 (9-10): 528-541. doi: http://dx.doi.org/10.1111/j.1432-0436.2003.07109007.x.

[89] Russinova E, Borst J-W, Kwaaitaal M, Caño-Delgado A, Yin Y, Chory J, de Vries SC (2004) Heterodimerization and endocytosis of Arabidopsis brassinosteroid receptors BRI1 and AtSERK3 (BAK1). Plant Cell 16(12):3216-3229. doi:10.1105/tpc.104.025387.

[90] Peter M, Ameer-Beg SM, Hughes MKY, Keppler MD, Prag S, Marsh M, Vojnovic B, Ng T (2005) Multiphoton-FLIM quantification of the EGFP-mRFP1 FRET pair for localization of membrane receptor-kinase interactions. Biophys J 88 (2): 1224-1237. doi: http://dx.doi.org/10.1529/biophysj.104.050153.

[91] Bayle V, Nussaume L, Bhat RA (2008) Combination of novel green fluorescent protein mutant TSapphire and DsRed variant mOrange to set up a versatile in planta FRET-FLIM assay. Plant Physiol 148(1):51-60. doi:10.1104/pp.108.117358.

[92] Liu Q, Leber B, Andrews DW (2012) Interactions of pro-apoptotic BH3 proteins with antiapoptotic Bcl-2 family proteins measured in live MCF-7 cells using FLIM FRET. Cell Cycle 11(19):3536-3542.

[93] Zelazny E, Borst JW, Muylaert M, Batoko H, Hemminga MA, Chaumont F (2007) FRET imaging in living maize cells reveals that plasma membrane aquaporins interact to regulate their subcellular localization.

Proc Natl Acad Sci U S A 104(30):12359-12364. doi:10. 1073/pnas. 0701180104.

[94] Jose M, Nair DK, Altrock WD, Dresbach T, Gundelfinger ED, Zuschratter W (2008) Investigating interactions mediated by the presynaptic protein bassoon in living cells by Foerster's resonance energy transfer and fluorescence lifetime imaging microscopy. Biophys J 94:1483-1496.

[95] Guzmán C, Šolman M, Ligabue A, Blaževitš O, Andrade DM, Reymond L, Eggeling C, Abankwa D (2014) The efficacy of Raf kinase recruitment to the GTPase H-ras depends on H-ras membrane conformer specific nanoclustering. J Biol Chem. doi:10. 1074/jbc. M113. 537001.

[96] Castro BM, Fedorov A, Hornillos V, Delgado J, Acuña AU, Mollinedo F, Prieto M (2013) Edelfosine and miltefosine effects on lipid raft properties:membrane biophysics in cell deathby antitumor lipids. J Phys Chem B 117(26):7929-7940. doi:10. 1021/jp401407d.

[97] Carillo MA, Bennet M, Faivre D (2013) Interaction of proteins associated with the magnetosome assembly in magnetotactic bacteria as revealed by two-hybrid two-photon excitation fluorescence lifetime imaging microscopy Förster resonance energy transfer. J Phys Chem B 117 (47): 14642 - 14648. doi:10. 1021/jp4086987.

[98] Scolari S, Engel S, Krebs N, Plazzo AP, De Almeida RFM, Prieto M, Veit M, Herrmann A(2009) Lateral distribution of the transmembrane domain of influenza virus hemagglutinin revealed by time-resolved fluorescence imaging. J Biol Chem 284(23):15708-15716. doi:10. 1074/jbc. M900437200.

[99] Batisse J, Guerrero SX, Bernacchi S, Richert L, Godet J, Goldschmidt V, Mély Y, Marquet R, de Rocquigny H, Paillart J-C (2013) APOBEC3G impairs the multimerization of the HIV-1Vif protein in living cells. J Virol 87(11):6492-6506. doi:10. 1128/jvi. 03494-12.

[100] Berezovska O, Ramdya P, Skoch J, Wolfe MS, Bacskai BJ, Hyman BT (2003) Amyloid precursor protein associates with a nicastrin-dependent docking site on the presenilin 1-γ-secretase complex in cells demonstrated by fluorescence lifetime imaging. J Neurosci 23(11):4560-4566.

[101] Bacskai BJ, Skoch J, Hickey GA, Allen R, Hyman BT (2003) Fluorescence resonance energy transfer determinations using multiphoton fluorescence lifetime imaging microscopy to characterize amyloid-beta plaques. J Biomed Opt 8(3):368-375.

[102] Tavares E, Macedo JA, Paulo PMR, Tavares C, Lopes C, Melo EP (2014) Live-cell FRET imaging reveals clustering of the prion protein at the cell surface induced by infectious prions. Biochim Biophys Acta 1842:981-991.

[103] Esposito A, Gralle M, Dani MAC, Lange D, Wouters FS (2008) pHlameleons:a family of FRET-based protein sensors for quantitative pH imaging. Biochemistry 47 (49): 13115 - 13126. doi:10. 1021/bi8009482.

[104] Jose M, Nair DK, Reissner C, Hartig R, ZuschratterW(2007) Photophysics of Clomeleon by FLIM:discriminating excited state reactions along neuronal development. Biophys J 92(6):2237-2254. doi:http://dx. doi. org/10. 1529/biophysj. 106. 092841.

[105] Palmer AE, Qin Y, Park JG, McCombs JE (2011) Design and application of genetically encoded biosensors. Trends Biotechnol 29(3):144-152. doi:http://dx. doi. org/10. 1016/j. tibtech. 2010. 12. 004.

[106] Laine R, Stuckey DW, Manning H, Warren SC, Kennedy G, Carling D, Dunsby C, Sardini A, French PMW (2012) Fluorescence lifetime readouts of troponin-C-based calcium FRET sensors:a quantitative comparison of CFP and mTFP1 as donor fluorophores. PLoS One 7(11):e49200.

[107] Markova O, Mukhtarov M, Real E, Jacob Y, Bregestovski P (2008) Genetically encoded chloride indicator with improved sensitivity. J Neurosci Methods 170(1):67-76. doi:http://dx.doi.org/10.1016/j.jneumeth.2007.12.016.

[108] Grimley JS, Li L, Wang W, Wen L, Beese LS, Hellinga HW, Augustine GJ (2013) Visualization of synaptic inhibition with an optogenetic sensor developed by cell-free protein engineering automation. J Neurosci 33(41):16297-16309. doi:10.1523/jneurosci.4616-11.2013.

[109] Thestrup T, Litzlbauer J, Bartholomaus I, Mues M, Russo L, Dana H, Kovalchuk Y, Liang Y, Kalamakis G, Laukat Y, Becker S, Witte G, Geiger A, Allen T, Rome LC, Chen T-W, Kim DS, Garaschuk O, Griesinger C, Griesbeck O (2014) Optimized ratiometric calcium sensors for functional in vivo imaging of neurons and T lymphocytes. Nat Methods 11(2):175-182. doi:10.1038/nmeth.2773.

[110] Munsie L, Caron N, Atwal RS, Marsden I, Wild EJ, Bamburg JR, Tabrizi SJ, Truant R (2011) Mutant huntingtin causes defective actin remodeling during stress:defining a new role for transglutaminase 2 in neurodegenerative disease. Hum Mol Genet 20(10):1937-1951. doi:10.1093/hmg/ddr075.

[111] Caron NS, Munsie LN, Keillor JW, Truant R (2012) Using FLIM-FRET to measure conformationalchanges of transglutaminase type 2 in live cells. PLoS One 7(8):e44781.

[112] Harvey CD, Ehrhardt AG, Cellurale C, Zhong H, Yasuda R, Davis RJ, Svoboda K (2008) A genetically encoded fluorescent sensor of ERK activity. Proc Natl Acad Sci U S A 105(49):19264-19269. doi:10.1073/pnas.0804598105.

[113] Yasuda R, Harvey CD, Zhong H, Sobczyk A, van Aelst L, Svoboda K (2006) Supersensitive Ras activation in dendrites and spines revealed by two-photon fluorescence lifetime imaging. Nat Neurosci 9(2):283-291.

[114] Oliveira AF, Yasuda R (2013) An improved Ras sensor for highly sensitive and quantitative FRET-FLIM imaging. PLoS One 8(1):e52874.

[115] Ganesan S, Ameer-beg SM, Ng TTC, Vojnovic B, Wouters FS (2006) A dark yellow fluorescent protein (YFP)-based resonance energy-accepting chromoprotein (REACh) for Förster resonance energy transfer with GFP. Proc Natl Acad Sci U S A 103(11):4089-4094. doi:10.1073/pnas.0509922103.

[116] Murakoshi H, Lee S-J, Yasuda R (2008) Highly sensitive and quantitative FRET-FLIM imaging in single dendritic spines using improved non-radiative YFP. Brain Cell Biol 36(1-4):31-42. doi:10.1007/s11068-008-9024-9.

[117] Duncan RR, Bergmann A, Cousin MA, Apps DK, Shipston MJ (2004) Multi-dimensional time-correlated single photon counting (TCSPC) fluorescence lifetime imaging microscopy(FLIM) to detect FRET in cells. J Microsc 215(1):1-12. doi:10.1111/j.0022-2720.2004.01343.x.

[118] Becker W, Bergmann A, Hink MA, König K, Benndorf K, Biskup C (2004) Fluorescence lifetime imaging by time-correlated single-photon counting. Microsc Res Tech 63(1):58-66. doi:10.1002/jemt.10421.

[119] Millington M, Grindlay GJ, Altenbach K, Neely RK, Kolch W, Benčina M, Read ND, Jones AC, Dryden DTF, Magennis SW (2007) High-precision FLIM-FRET in fixed and living cells reveals heterogeneity in a simple CFP-YFP fusion protein. Biophys Chem 127(3):155-164. doi:http://dx.doi.org/10.1016/j.bpc.2007.01.008.

[120] Becker W, Bergmann A, Biskup C (2007) Multi-spectral fluorescence lifetime imaging by TCSPC. Mi-

crosc Res Tech 70:403-409.

[121] Xu L,Wang L,Zhang Z,Huang Z-L (2013) A feasible add-on upgrade on a commercial two-photon FLIM microscope for optimal FLIM-FRET imaging of CFP-YFP pairs. J Fluoresc 23(3):543-549. doi: 10.1007/s10895-013-1188-8.

[122] Grecco HE,Roda-Navarro P,Verveer PJ (2009) Global analysis of time correlated single photon counting FRET-FLIM data. Opt Express 17(8):6493-6508. doi:10.1364/oe.17.006493.

[123] Laptenok S,Snellenburg J,Bücherl C,Konrad K,Borst J (2014) Global analysis of FRET-FLIM data in live plant cells. In:Engelborghs Y,Visser AJWG (eds) Fluorescence spectroscopy and microscopy,vol 1076. Methods in molecular biology. Humana,pp 481-502. doi:10.1007/978-1-62703-649-8_21.

[124] Adbul Rahim NA,Pelet S,Kamm RD,So PTC (2012) Methodological considerations for global analysis of cellular FLIM/FRET measurements. J Biomed Opt 17(2):0260131-02601313.

[125] Warren SC,Margineanu A,Alibhai D,Kelly DJ,Talbot C,Alexandrov Y,Munro I,Katan M,Dunsby C, French PMW (2013) Rapid global fitting of large fluorescence lifetime imag ingmicroscopy datasets. PLoS One 8(8):e70687.

[126] Laptenok SP,Borst JW,Mullen KM,van Stokkum IHM,Visser AJWG,van Amerongen H(2010) Global analysis of Förster resonance energy transfer in live cells measured by fluorescence lifetime imaging microscopy exploiting the rise time of acceptor fluorescence. Phys Chem Chem Phys 12(27):7593-7602. doi:10.1039/b919700a.

[127] Wagnieres GA,Star WM,Wilson BC (1998) In vivo fluorescence spectroscopy and imaging for oncological applications. Photochem Photobiol 68(5):603-632. doi:10.1111/j.1751-1097.1998.tb02521.x.

[128] König K,Ehlers A,Stracke F,Riemann I (2006) In vivo drug screening in human skin using femtosecond laser multiphoton tomography. Skin Pharmacol Appl Skin Physiol 19:78-88.

[129] Elson D,Requejo-Isidro J,Munro I,Reavell F,Siegel J,Suhling K,Tadrous P,Benninger R,Lanigan P, McGinty J,Talbot C,Treanor B,Webb S,Sandison A,Wallace A,Davis D,Lever J,Neil M,Phillips D, Stamp G,French P (2004) Time-domain fluorescence lifetime imaging applied to biological tissue. Photochem Photobiol Sci 3(8):795-801. doi:10.1039/b316456j.

[130] Salmon J-M,Kohen E,Viallet P,Hirschberg JG,Wouters AW,Kohen C,Thorell B (1982) Microspectrofluorometric approach to the study of free/bound NAD(P)H ratio as metabolic indicator in various cell types. Photochem Photobiol 36(5):585-593. doi:10.1111/j.1751-1097.1982.tb04420.x.

[131] Koretsky AP,Katz LA,Balaban RS (1987) Determination of pyridine nucleotide fluorescence from the perfused heart using an internal standard. Am J Physiol 253(4):H856-H862.

[132] Scott TG,Spencer RD,Leonard NJ,Weber GJ (1970) Synthetic spectroscopic models related to coenzymes and base pairs. V. Emission properties of NADH. Studies of fluorescence lifetimes and quantum efficiencies of NADH, AcPyADH, [reduced acetylpyridineadenine dinucleotide] and simplified synthetic models. J Am Chem Soc 92:687-695.

[133] Lakowicz JR,Szmacinski H,Nowaczyk K,Johnson ML (1992) Fluorescence lifetime imaging of free and protein-bound NADH. Proc Natl Acad Sci U S A 89(4):1271-1275.

[134] Lee KCB,Siegel J,Webb SED,Lévêque-Fort S,Cole MJ,Jones R,Dowling K,Lever MJ,French PMW (2001) Application of the stretched exponential function to fluorescence lifetime imaging. Biophys J 81 (3):1265-1274.

[135] Papour A, Taylor Z, Sherman A, Sanchez D, Lucey G, Liau L, Stafsudd O, Yong W, Grundfest W (2013) Optical imaging for brain tissue characterization using relative fluorescence lifetime imaging. J Biomed Opt 18(6):060504. doi:10.1117/1.JBO.18.6.060504.

[136] Li D, Zheng W, Qu JY (2009) Two-photon autofluorescence microscopy of multicolor excitation. Opt Lett 34(2):202-204. doi:10.1364/ol.34.000202.

[137] Ehlers A, Riemann I, Stark M, König K (2007) Multiphoton fluorescence lifetime imaging of human hair. Microsc Res Tech 70(2):154-161. doi:10.1002/jemt.20395.

[138] Nie Z, An R, Hayward JE, Farrell TJ, Fang Q (2013) Hyperspectral fluorescence lifetime imaging for optical biopsy. J Biomed Opt 18(9):096001.

[139] Seidenari S, Arginelli F, Dunsby C, French PMW, König K, Magnoni C, Talbot C, Ponti G (2013) Multiphoton laser tomography and fluorescence lifetime imaging of melanoma: morphologic features and quantitative data for sensitive and specific non-invasive diagnostics. PLoS One 8(7):e70682.

[140] Siegel J, Elson DS, Webb SED, Lee KCB, Vlandas A, Gambaruto GL, Lévêque-Fort S, Lever MJ, Tadrous PJ, Stamp GWH, Wallace AL, Sandison A, Watson TF, Alvarez F, French PMW (2003) Studying biological tissue with fluorescence lifetime imaging: microscopy, endoscopy, and complex decay profiles. Appl Opt 42(16):2995-3004. doi:10.1364/ao.42.002995.

[141] Markvicheva KN, Bilan DS, Mishina NM, Gorokhovatsky AY, Vinokurov LM, Lukyanov S, Belousov VV (2011) A genetically encoded sensor for H2O2 with expanded dynamic range. Bioorg Med Chem 19(3):1079-1084. doi:http://dx.doi.org/10.1016/j.bmc.2010.07.014.

[142] Bilan DS, Pase L, Joosen L, Gorokhovatsky AY, Ermakova YG, Gadella TWJ, Grabher C, Schultz C, Lukyanov S, Belousov VV (2012) HyPer-3: a genetically encoded H2O2 probe with improved performance for ratiometric and fluorescence lifetime imaging. ACS Chem Biol 8(3):535-542. doi:10.1021/cb300625g.

[143] Ackroyd R, Kelty C, Brown N, Reed M (2001) The history of photodetection and photodynamic therapy. Photochem Photobiol 74(5):656-669. doi:10.1562/0031-8655(2001)0740656thopap2.0.co2.

[144] Cubeddu R, Comelli D, D'Andrea C, Taroni P, Valentini G (2002) Time-resolved fluorescence imaging in biology and medicine. J Phys D Appl Phys 35(9):R61.

[145] Galletly NP, McGinty J, Dunsby C, Teixeira F, Requejo-Isidro J, Munro I, Elson DS, Neil MAA, Chu AC, French PMW, Stamp GW (2008) Fluorescence lifetime imaging distinguishes basal cell carcinoma from surrounding uninvolved skin. Br J Dermatol 159(1):152-161. doi:10.1111/j.1365-2133.2008.08577.x.

[146] Kaneko H, Putzier I, Frings S, Kaupp UB, Gensch T (2004) Chloride accumulation in mammalian olfactory sensory neurons. J Neurosci 24:7931-7938.

[147] Hötzer B, Ivanov R, Brumbarova T, Bauer P, Jung G (2012) Visualization of Cu2+ uptake and release in plant cells by fluorescence lifetime imaging microscopy. FEBS J 279(3):410-419. doi:10.1111/j.1742-4658.2011.08434.x.

[148] McLoskey D, Campbell D, Allison A, Hungerford G (2011) Fast time-correlated singlephoton counting fluorescence lifetime acquisition using a 100 MHz semiconductor excitationsource. Meas Sci Technol 22(6):067001.

[149] Ghioni M, Gulinatti A, Rech I, Zappa F, Cova S (2007) Progress in silicon single-photon avalanche di-

odes. IEEE J Quantum Electron 47:151-159.

[150] Michalet X, Colyer RA, Scalia G, Ingargiola A, Lin R, Millaud JE, Weiss S, Siegmund OHW, Tremsin AS, Vallerga JV, Cheng A, Levi M, Aharoni D, Arisaka K, Villa F, Guerrieri F, Panzeri F, Rech I, Gulinatti A, Zappa F, Ghioni M, Cova S (2013) Development of new photon-counting detectors for single-molecule fluorescence microscopy. Philos Trans R Soc B 368(1611). doi:10.1098/rstb.2012.0035.

[151] Köllner M, Wolfrum J (1992) How many photons are necessary for fluorescence-lifetime measurements? Chem Phys Lett 200(1-2):199-204. doi:http://dx.doi.org/10.1016/0009-2614(92)87068-Z.

[152] Maus M, Cotlet M, Hofkens J, Gensch T, De Schryver FC, Schaffer J, Seidel CAM (2001) An experimental comparison of the maximum likelihood estimation and nonlinear least-squares fluorescence lifetime analysis of single molecules. Anal Chem 73(9):2078-2086. doi:10.1021/ac000877g.

[153] Tremsin AS, Siegmund OHW, Vallerga JV, Raffanti R, Weiss S, Michalet X (2009) Highs peed multichannel charge sensitive data acquisition system with self-triggered event timing. IEEE Trans Nucl Sci 56(3):1148-1152. doi:10.1109/tns.2009.2015302.

[154] Colyer RA, Lee C, Gratton E (2008) A novel fluorescence lifetime imaging system that optimizes photon efficiency. Microsc Res Tech 71(3):201-213. doi:10.1002/jemt.20540.

[155] Colyer RA, Siegmund OHW, Tremsin AS, Vallerga JV, Weiss S, Michalet X (2012) Phasor imaging with a widefield photon-counting detector. J Biomed Opt 17(1):016008.

[156] Spriet C, Trinel D, Waharte F, Deslee D, Vandenbunder B, Barbillat J, Héliot L (2007) Correlated fluorescence lifetime and spectral measurements in living cells. Microsc Res Tech70(2):85-94. doi:10.1002/jemt.20385.

[157] Owen DM, Auksorius E, Manning HB, Talbot CB, de Beule PAA, Dunsby C, Neil MAA, French PMW (2007) Excitation-resolved hyperspectral fluorescence lifetime imaging using a UV-extended supercontinuum source. Opt Lett 32(23):3408-3410. doi:10.1364/ol.32.003408.

[158] Turgeman L, Fixler D (2013) The influence of dead time related distortions on live cell fluorescence lifetime imaging (FLIM) experiments. J Biophotonics. doi:10.1002/jbio.201300018.

[159] Turgeman L, Fixler D (2013) Photon efficiency optimization in time-correlated single photon counting technique for fluorescence lifetime imaging systems. IEEE Trans Biomed Eng 60(6):1571-1579. doi:10.1109/tbme.2013.2238671.

[160] Laptenok S, Mullen KM, Borst JW, van Stokkum IHM, Apanasovich VV, Visser AJWG (2007) Fluorescence lifetime imaging microscopy (FLIM) data analysis with TIMP. J StatSoft 18:1-20.

[161] Padilla-Parra S, Audugé N, Coppey-Moisan M, Tramier M (2008) Quantitative FRET analysis by fast acquisition time domain FLIM at high spatial resolution in living cells. Biophys J 95(6):2976-2988. doi:http://dx.doi.org/10.1529/biophysj.108.131276.

[162] Hu D, Sarder P, Ronhovde P, Orthaus S, Achilefu S, Nussinov Z (2014) Automatic segmentation of fluorescence lifetime microscopy images of cells using multiresolution community detection—a first study. J Microsc 253(1):54-64. doi:10.1111/jmi.12097.

[163] Leray A, Padilla-Parra S, Roul J, Héliot L, Tramier M (2013) Spatio-temporal quantification of FRET in living cells by fast time-domain FLIM: a comparative study of non-fitting methods. PLoS One 8(7):e69335.

[164] Digman MA, Caiolfa VR, Zamai M, Gratton E (2008) The phasor approach to fluorescence lifetime ima-

ging analysis. Biophys J 94(2):L14-L16. doi:http://dx. doi. org/10. 1529/biophysj. 107. 120154.

[165] Stringari C, Cinquin A, Cinquin O, Digman MA, Donovan PJ, Gratton E (2011) Phaso rapproach to fluorescence lifetime microscopy distinguishes different metabolic states of germ cells in a live tissue. Proc Natl Acad Sci U S A 108(33):13582-13587. doi:10. 1073/pnas. 1108161108.

[166] Torno K, Wright B, Jones M, Digman M, Gratton E, Phillips M (2013) Real-time analysis of metabolic activity within Lactobacillus acidophilus by phasor fluorescence lifetime imaging microscopy of NADH. Curr Microbiol 66(4):365-367. doi:10. 1007/s00284-012-0285-2.

[167] Battisti A, Digman MA, Gratton E, Storti B, Beltram F, Bizzarri R (2012) Intracellular pH measurements made simple by fluorescent protein probes and the phasor approach to fluorescence lifetime imaging. Chem Commun 48(42):5127-5129. doi:10. 1039/c2cc30373f.

[168] Hinde E, Digman MA, Welch C, Hahn KM, Gratton E (2012) Biosensor Förster resonance energy transfer detection by the phasor approach to fluorescence lifetime imaging microscopy. Microsc Res Tech 75 (3):271-281. doi:10. 1002/jemt. 21054.

[169] Hinde E, Digman MA, Hahn KM, Gratton E (2013) Millisecond spatiotemporal dynamics of FRET biosensors by the pair correlation function and the phasor approach to FLIM. Proc Natl Acad Sci U S A 110 (1):135-140. doi:10. 1073/pnas. 1211882110.

第10章　利用多脉冲泵浦的时间选通探测技术增强细胞和组织中的荧光成像

Rafal Fudala[1], Ryan M. Rich[1], Joe Kimball[2], Ignacy Gryczynski[1],
Sangram Raut[1], Julian Borejdo[1], Dorota L. Stankowska[1],
Raghu R. Krishnamoorthy[1], Karol Gryczynski[1],
Badri P. Maliwal[1], and Zygmunt Gryczynski[1,2]

[1]美国北德克萨斯大学斯沃堡健康科学中心荧光技术与纳米医学中心细胞生物学与免疫学系　[2]美国德克萨斯基督教大学物理与天文系

摘　要　基于荧光的传感及成像试验会受到样品中产生的背景信号的限制。除了溶剂激发的直接散射和拉曼散射外,背景信号的主要来源也包括样品的自发荧光和准备样品时使用的添加剂。这些有害信号通常来自内源性发色团和固色剂,它们与探测信号有广泛的频谱重叠,因此成为敏感探测和定量成像的主要限制因素。由于大多数天然存在的发色团荧光寿命相对较短,长寿命的荧光团可通过时间选通探测技术进行背景识别。不幸的是,长寿命的红色荧光探针具备的固有亮度非常低,限制了它在许多方面的应用。最近我们报道了一种简单的新方法,即用密集排列的激光激发脉冲进行激发(多脉冲激发)。这种方法可以使背景信号中长寿命的荧光探针的强度成倍增加。该技术易被应用于生物医学诊断及成像,以显著增强背景信号中的长寿命探针的信号。本章将讨论一种由西格玛奥德里奇公司生产的三联钌基染料(2,2'-联吡啶)二氯化钌(Ⅱ)六水合物(钌)(西格玛-奥德里奇)(量子生成率约2%,荧光寿命约为350ns)。当该染料和多脉冲方法以及时间选通探测技术一起使用时,可以实现高质量的成像,且与传统方法(采用典型荧光显微术的成像方法)相比,成像质量能被轻松地提升两个数量级。

关键词 长寿命探针 多脉冲激发 时间选通探测

10.1 引言

当探测灵敏度到达单分子级别时,发现许多实际应用的主要限制因素是样品中产生的背景信号。大多数生物样品含有少量天然发色团(色氨酸、烟酰胺腺嘌呤二核苷酸(nicotinamide adenine dinucleotide, NADH)、黄素及卟啉副产物),在准备样品的必要过程中也会混入一些杂质。通常情况下,背景信号覆盖的波长范围很宽,仅在远红外光谱的范围内衰减。因此,研究人员多年以来都在尝试研发可在近红外(near infra-red, NIR)光谱范围内发射的探针[1-7]。尽管内源性成分的亮度通常较低,但是它压倒性的丰度使其对组织和细胞中观测到的信号有所贡献。在不改变生物系统性质的条件下,很难减少自体荧光的影响[8-12]。通常唯一的选择就是将染料的浓度增加到可以使荧光探针强度强过整体信号的水平。然而寻找低丰度的生物标志物并不容易,甚至可以说是不可能的。因此,这种探针在生理学方面的可接受度较低,需要提高激发强度,这反过来也会增加背景信号。

长期以来,人们致力于寻找高亮度、红色发光的探针,这催生出许多新颖的化学方法,也引发了许多新型探针的发展[13-18]。实际上,许多最近提出的高亮度(高消光系数和高量子产率)荧光团可以用于非常敏感的成像以及单分子的研究。不幸的是,这些高亮度荧光团固有表现出的荧光寿命较短,并且发射的信号很容易与背景成分重叠。

通过引入长寿命荧光团和时间选通探测技术,探测灵敏度有望得到显著的进步[19-21]。在激发脉冲后发射的短时间内打开探测器可显著提高信背比。特别是在使用长寿命微秒级探针时,样品的背景信号可以得到很好的抑制,并且可以实现低(接近于零的)背景信号水平的探测。这种微秒级探针的主要局限性是光子通量低和探测时间过长。其中后者严重限制了成像速度,在某些情况下甚至阻碍了发生于样品中快速过程的动力学探测。

时间选通探测技术的潜在优势促进了荧光寿命在几百纳秒范围内的荧光探针的发展,比如人们已经研发出基于金属配体复合物(metal-ligand complexes, MLC)的探针以及如三联钌基染料 (2,2'-联吡啶)二氯化钌(Ⅱ)六水合物(Ruthenium-based dye tris (2,2'-bipyridyl) dichlororuthenium(Ⅱ) hexahydrate(Ru))的探针,可以提供超过 300ns 的荧光寿命和极大的斯托克斯平移

(Stoke's shift)[13,22]。此外,某些新型量子点所表现出的发射寿命在 50~100ns 之间,并且已被成功应用于成像领域[23-24]。100~500ns 量级的荧光寿命长度足以将时间选通探测技术合理地应用于区分最普遍的背景信号,同时也可用于具有合理扫描时间的商用脉冲激光系统。

最近我们成功地使用了一种具有 370ns 荧光寿命的金属配体探针,完成了利用多脉冲激发技术[12]的眼组织成像,展示了显著的信背比提升。通过使用 10~20 个脉冲,能够将信背比提高近一个数量级。我们现在认识到,通过结合多脉冲激发与时间选通探测技术,可以轻松地将信背比提高 100 倍。并且与传统的单脉冲激发相比,初始探针信号的强度明显更高,即在传统试验中,只有使用比原来亮 100 倍的探针才能达到这种探针与背景的信号比。由于开发高亮度、长寿命的红光探针所进行的大量工作仅取得了有限的成果,这种新方法为利用现有的长寿命探针进行生物医学诊断和成像提供了巨大的机会。本章提出了相关的理论模型和试验数据,证明了低亮度、长寿命探针可以提供与高亮度探针相当的信号,却可产生更好的信背比。

10.2 理论模型

10.2.1 时间选通探测

金属配体探针和许多量子点可以提供较长的荧光寿命(超过 100ns),但它们的亮度较低(消光系数小,并且量子产率低)[13,22-24]。只有在荧光寿命更短(即低于 10ns)的组织和细胞所产生的主要典型背景信号成分下探测到有效信号时,这种长寿命探针才具有巨大的潜力[25]。

时间选通探测技术已被成功应用于提高长寿命探针信号和短寿命荧光背景信号的比值。为讨论时间选通探测技术的优势,我们所考虑的探针荧光寿命为 350ns,背景信号的平均荧光寿命为 10ns,这是比典型组织或细胞中背景信号的荧光寿命更高的估计值[25]。在理想的探测系统中,长寿命探针与短寿命背景信号之比随时间选通开启时间的增加而增大。为简单起见,假设背景与探针的初始稳态强度相等,即在不使用时间选通技术的情况下,探针信号与背景信号强度相等。通常如此大的背景信号贡献会导致成像或传感试验的失败。图 10.1(a)展示了探针信号和背景信号的时间相关强度衰减情况。我们调整了相对初始强度,使这两种信号随时间累积的积分强度(稳态强度)相同。由于探针的荧光寿命远长于背景信号,因此前者的时间相关峰值强度远低于后者图中也给出了放大 20 倍的探针信号强度衰减曲线。

图 10.1(b)展示了在每次激发脉冲后立即采集强度时(未使用时间选通),探针和背景信号相对强度的条形图。图 10.1(c)展示了在每次激发脉冲 20ns 后采集强度时的探针和背景相对信号(已在图 10.1(a)中标出)。由于这 20ns 的延迟,探针的总信号强度的衰减不到 5%,而背景信号强度的衰减将近 87%,导致探针有用信号与背景信号之间的巨大差异。虽然探针的初始信号强度只占全部信号强度的 50%,但在 20ns 之后探测,探针的初始强度占全部信号将近 88%。在这种时间选通的方法中,探针信号和背景信号强度均有所衰减,其唯一的优点是背景信号强度的衰减远快于前者。背景中的短寿命信号将很快衰减到接近零的值,并且长寿命探针信号与背景信号强度之比呈指数增长。显然,在时间选通技术时,信背比取决于时间选通的延迟时间。理论上,使用较长的时间延迟可以获得很高的信背比。然而需要注意的是,在这种情况下,限制因素变成了探测系统中的暗信号,以及如何测量暗计数条件下衰减信号的精确度。在实际操作中,这将很大程度上取决于所使用的探测系统。出于模拟的目的,直接假设探针和背景的累积(积分)信号具有相等的初始稳态强度,并且两者均比探测器的暗计数水平大 10 倍。为找到最优的时间选通方法,考虑以下的信噪比,即

$$R_{gt} = \frac{Ip_{gt}}{Ib_{gt} + Id_{gt}} \quad (10.1)$$

式中:Ip_{gt}、Ib_{gt} 和 Id_{gt} 分别为从时间选通延时开始测量的探针信号、背景信号以及暗电流的稳态强度。三者的定义为

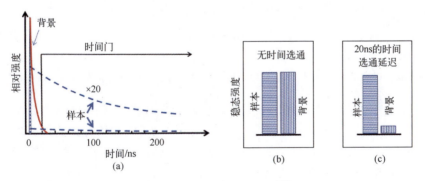

图 10.1 激发脉冲后的变化[26]

(a) 脉冲激发后长寿命荧光样品信号(虚线)与短寿命背景信号(实线)强度随时间的衰减曲线;
(b) 脉冲激发后立即采集的样品和背景信号的相对稳态强度占比;(c) 脉冲激发 20ns
(时间选通延时 20ns)后采集的样品和背景信号的相对稳态强度占比。

$$\begin{cases} \mathrm{Ip}_{\mathrm{gt}} = \int_{\mathrm{gt}}^{T} \mathrm{Ip}(t)\,\mathrm{d}t \\ \mathrm{Ib}_{\mathrm{gt}} = \int_{\mathrm{gt}}^{T} \mathrm{Ib}(t)\,\mathrm{d}t \\ \mathrm{Id}_{\mathrm{gt}} = \int_{\mathrm{gt}}^{T} \mathrm{Id}(t)\,\mathrm{d}t \end{cases} \quad (10.2)$$

式中:gt 为时间选通门的开启时间;T 为两个连续脉冲之间的时间间隔($T=1/\mathrm{RR}$)。图 10.2 展示了信背比与时间选通开启时间之间的函数关系。在初始时间,gt = 0(无时间选通)时,样品和背景信号强度相同,暗计数分别占样品计数的 10%、20% 和 50%。随着选通时间的增加,信背比迅速提高,有利于探测信号的测量。对于暗读数占比为 10% 的情况,当延迟时间为 60ns 时信背比达到最大值,随后缓慢下降。

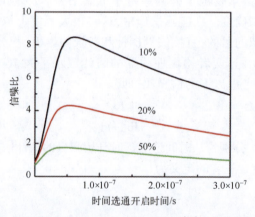

图 10.2 信噪比与时间选通开启时间之间的函数关系[26](假设暗信号强度分别是样品初始信号强度的 10%、20% 和 50% 时,总信号强度比(样品背景比)作为时间选通延迟时间的函数。假定不使用时间选通(时间选通开启时间为零)时,样本和背景信号强度相等)

通过这种方法,可以优化时间选通门的开启时间,使任意荧光寿命的探针和背景的信号强度比最大化。选通门开启的延迟时间和信背比的最大值在极大程度上受暗电流的影响。在本示例中,最大信背比提高了约 8.5 倍。然而,如果暗探测器的读数是假设值的 5 倍,最大增强效果就只能达到 1.75 倍。如果读数是假设值的 1/5,则最大增强效果将超过 40 倍。很明显,在实际的试验中,信号通常很小(即不比背景信号高很多),使用时间选通探测技术所能达到的增强效果有限。这在使用亮度低、长荧光寿命的 MLC 时是一个常见的问题。特别是在无法进行充分的标记,或者长寿探针的使用改变了组织细胞生理状况,导致无法提高探针的浓度时,问题将更为显著。

10.2.2 多脉冲方法

最近提出了一种基于脉冲群的新方法,可以显著增加短寿命背景信号中的长寿命荧光探针的初始信号强度[12,27]。理解多脉冲试验的概念十分重要。我们在一个典型的时间分辨系统中采用脉冲激发,来采集信号随时间的强度衰减情况。采集了包含激发脉冲的全部实时跟踪,并使用重卷积分析来分辨脉冲和强度的衰减情况[28]。如果荧光寿命远大于激发脉冲的持续时间,可以使用尾部拟合方法,只考虑强度的衰减,而不用进行脉冲重卷积分析。事实上,在大多数系统中,可以很容易地在触发脉冲后开始任意延迟时间的数据采集。对于荧光寿命为350ns的探针而言,为了使信号在两次连续脉冲内完全衰减,应当选取低重复频率(repetition rate,RR)(通常为500kHz或更低)的激光,所产生的脉冲间隔为2000ns。在这种情况下,由于大多数典型的脉冲源发射出的脉冲持续时间小于1ns,因此脉冲形状和持续时间被认为是可以忽略的。现在考虑由高重复频率、皮秒级短脉冲群进行激发的情况。一般商用激光二极管的重复频率可以达到80MHz,所产生的脉冲间隔为12.5ns。可以很容易地通过降低重复频率或者发射几个脉冲,使系统休息一段固定的时间,如2μs。这样就得到了重复频率为500kHz的脉冲群。每个脉冲群都可以包含我们所需要任意数目的、具有更高内部重复频率的脉冲。图10.3展示了此概念的示意图。图10.3(a)代表脉冲重复频率为500kHz时的单脉冲试验,其中数据在脉冲之间采集。图10.3(b)展示了由3个脉冲组成的脉冲群,其中内部高重复频率为80MHz,并在较低的500kHz脉冲群重复频率之间反复。数据在前一个脉冲群的最后一个脉冲到下一个脉冲群的第一个脉冲之间采集。相比于脉冲群间的时间间隔(2000ns),脉冲群的持续时间非常短(37.5ns)。

需要特别注意的是,单个δ脉冲、宽脉冲和δ脉冲群的激发有着本质上的区别。比如一个内部重复频率为80MHz,三脉冲群的时间为37.5ns。与之类似,可以使用37.5ns的宽激发脉冲来激发相同数量的分子。图10.4展示了该概念的示意图。在脉冲持续时间内,被激发的长寿命分子的数量逐渐增加,最后达到由单个短脉冲所激发的分子数量。在测量稳态强度时,相对强度将取决于一个单脉冲、宽脉冲和三脉冲群所激发的分子数量。如果通过调整脉冲强度,使单脉冲、三脉冲群和37.5ns宽脉冲的光子数相同,那么在一切情况下测量的稳态强度都将相同。如果采集整个持续时间的数据并进行脉冲重卷积分析,就会得到相同的单脉冲、宽脉冲和三脉冲群的稳态强度结果,该稳态强度与探针荧光寿命无关。这是因为强度衰减是探针的一个特性,它不取决于激发脉冲的波形。但是,如果在图 10.4 中箭头所示的 37.5ns(脉冲群最后一个脉冲结束或宽脉冲结束)时开始数据采集,那么在比较长寿命(比脉冲群内的脉冲间隔长得多)和短寿命(比脉冲群内的脉冲间隔短)的荧光信号时,就会得到完全不同的结果。对于每一种配置,由单脉冲、宽脉冲和三脉冲群激发的激发分子总数目是恒定的(假设本书的工作远未达到饱和条件)。然而当使用三脉冲群进行激发时,在脉冲群的最后一个脉冲后,仍处于激发态的长寿命分子数量远多于单脉冲和宽脉冲。处于激发态的长寿命分子数量会在脉冲群的脉冲之间增加(只有少量的分子在脉冲之间衰减)。而短寿命分子的数量会很快衰减,并在每次脉冲后相等(短寿命分子在两个连续脉冲之间完全衰减到基态)。在最后一个脉冲后开始测量,可以为长寿命分子创造有利的条件。换言之,这 3 个脉冲中的每一个脉冲都会激发相同数量的短寿命分子和长寿命分子,但大部分短寿命分子会在下一个脉冲前衰减,这导致受激发的长寿命分子数量相对增多。

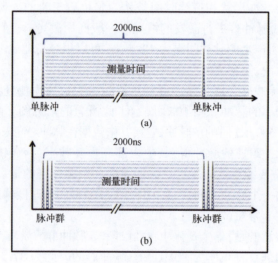

图 10.3　探测脉冲的示意图[26]
(a) 单脉冲;(b) 脉冲群。

对于大多数的传感和成像试验,单个脉冲所激发的分子数量远小于激发体积内有效的发色团总数。这种情况下,由脉冲群中 n 个连续激发脉冲激发的分子数量可以用文献[12,28]中的公式表示,即

$$N(\tau, n, \mathrm{RR}) = N_e \frac{1 - e^{-n/\tau \cdot \mathrm{RR}}}{1 - e^{-1/\tau \cdot \mathrm{RR}}} \tag{10.3}$$

第10章　利用多脉冲泵浦的时间选通探测技术增强细胞和组织中的荧光成像　　209

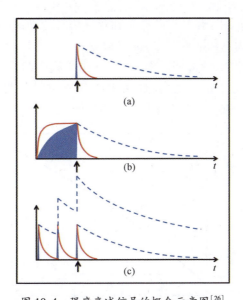

图 10.4　强度衰减信号的概念示意图[26]
(a) 单脉冲；(b) 37.5ns 宽脉冲；(c) 在 37.5ns 内等间隔排列、内部重复频率
80MHz 的三脉冲群(箭头标记是探测开始时间点(37.5ns))。

式中：τ 为荧光寿命；RR 为脉冲群的重复频率；N_e 为单个脉冲激发的分子数量。对于低重复频率(与每个脉冲后的荧光寿命(RR≪1/τ)相比)的脉冲群，其激发的分子数目是恒定的(每个脉冲后所有荧光团都会衰减)，并与 N_e 相等。随着重复频率的增加，并不是所有的荧光团都会衰减至基态。每个脉冲都会激发新的分子，导致观测到的荧光信号明显增加。图 10.5 展示了使用 RR 为 80MHz 的脉冲(脉冲群中最多 20 个脉冲)激发时，不同荧光寿命的分子处在激发态的数量。短荧光寿命的分子在每个脉冲后衰减，并且每个脉冲后处于激发态的分子数量恒定。随着荧光寿命的增加，可以观察到在每个连续脉冲后，处于激发态的分子数量在增加，并最终达到平衡，即被激发的分子数量等于两个连续脉冲之间衰减的分子数量。对于长荧光寿命(超过 200ns)的分子，在使用重复频率高于 20MHz 的 10 脉冲群激发时，被激发分子的数量几乎随脉冲群内连续脉冲的数量呈线性增长。

由于处于激发态的分子数量取决于荧光寿命和脉冲群内的重复频率，因此有以下两点值得考虑：一是样品信号(荧光寿命为 350ns)与背景信号(荧光寿命为 10ns)之间的比值；二是脉冲群内的脉冲数量和内部重复频率之间的函数关系[12,27]。图 10.6 展示了对于不同的脉冲群内脉冲数，探针(荧光寿命为 350ns)与背景(荧光寿命为 10ns)的强度之比与脉冲群的内部重复频率之间的函数关系。对于单脉冲,由于假设样品和背景信号的稳态强度完全相等,比值为 1。随着脉冲群内脉冲数量的增加,可以观察到一个明显的极大值。当脉冲群的内部脉冲数量为 2、脉冲间隔约为 25ns(重复频率约为 40MHz)时,探针信号强度就已经增加近 1 倍。而当脉冲群的内部脉冲数量为 10、重复频率约为 40MHz 时,探针信号强度几乎比背景信号高 7 倍。

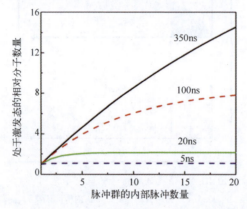

图 10.5　处于激发态的相对分子数量与脉冲群内脉冲的数量之间的函数关系[26](脉冲群的内部重复频率为 80MHz)

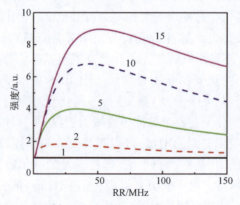

图 10.6　在不同的脉冲群内脉冲数量下探针强度(荧光寿命为 350ns)和背景强度(荧光寿命为 10ns)之比与脉冲群的内部重复频率之间的函数关系[26]

从以上的模拟试验中可以清楚地看出,只需使用 5~10 个脉冲组成的脉冲群,就可以将信背比提高 4~7 倍。文献[12]中提到,这种大幅度提高对图像分辨率和图像质量都有很大影响。同时也发现,将多脉冲激发时间选通探测技术,以与上文提到过的类似方式用于单脉冲试验也十分有效。下面回顾一下之前的试验,探针荧光寿命为 350ns,背景平均荧光寿命为 10ns,这两种信号的稳态强度相同。每个初始信号(探针或背景信号)中有 10% 为暗电流。在单脉冲试验中,约 60ns 的时间选通延迟时间可将信背比提升约 8 倍。使用 10 脉冲群可将探针的初始信号强度提升约 7 倍。图 10.7 展示了信背比与时间选通延迟时间的函数关系。时间选通延迟时间为 60ns 时,信背比可提高约 60 倍。这意味着图像质量得到了极大的提高。在更差的初始条件下开始模拟试验,通过使用更小的暗电流(或者相对更高的探针强度),图像质量还是会显著提升,并且远大于两个数量级。

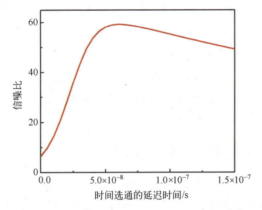

图 10.7　信噪比与时间选通延迟时间之间的函数关系[26](其中样本的荧光寿命为 350ns、背景的荧光寿命为 10ns、脉冲群的内部脉冲数目为 10)

10.3　试验

10.3.1　试验设备

激光的激发由发射波长为 470nm 的脉冲激光二极管(LDH-P-C470B)提供,并且由 PDL828"Sepia Ⅱ"激光驱动器进行驱动。该驱动器在 40MHz 的频率下工作并以特定形式进行配置,使脉冲序列由内部重复频率为 40MHz 的激光脉冲群组成,在序列的最后是一系列"空脉冲"。在传统单脉冲激发过程中,470nm 二极管激光器发射出的一个脉冲后面会跟 124 个空脉冲,以 320kHz 的有效重复频率激发样品。当使用内部脉冲数目为 n 的脉冲群进行激发时,脉冲群后会跟 $125-n$ 个空脉冲,所以整个脉冲序列仍然是 125 个脉冲,即脉冲的长度为 3.125μs。由于基极振荡器在 40MHz 的频率下工作,所以每个激发脉冲的间隔为25ns。为了将长寿命染料的优势泵浦与仅由激发源重复频率的增加引起的信号强度增加区分开,只分析最后一个激发脉冲后紧随的荧光信号。例如,当使用10脉冲群时,最后一个脉冲在激光驱动器同步脉冲的250ns后到达。所以,只分析在251ns后同步阶段结束,即2100ns之前进入的光子。有效同步时间也因此为1849ns,这在所有的激发过程中保持恒定,但从有效的同步阶段转移到激发脉冲群的最后一个脉冲峰值时开始。

我们使用PicoQuant公司的MicroTime 200时间分辨共聚焦显微镜进行测量,并采用奥林巴斯IX71显微镜中,60×1.2数值孔径(numerical aperture,NA)的奥林巴斯物镜聚焦激发和发射光,其中发射光经488nm的长波通滤光片滤光后,穿过50μm的小孔,使用混合光电倍增管集成进行探测。设定时间相关单光子计数(time correlated single photon counting,TCSPC)模块为512ps/段,以方便探测长寿命的钌染料,并生成长度约为1.2μs的测量窗口。所有数据分析均使用SymPhoTime 5.3.2版本完成。所有的试验设备以及SymPhoTime软件属于MicroTime 200系统,由PicoQuant股份有限公司提供。

10.3.2 制备:用钌染料标记免疫球蛋白G

将驴抗小鼠免疫球蛋白G(anti-mouse immunoglobulin G,amIgG)与新调配的100 mmol/L碳酸氢盐溶液(0.1~0.4mL)混合,并向混合物中添加少量二(2,2'-联吡啶)-4,4'-二羧基二联吡啶-钌(N-琥珀酰亚胺酯)二(六氟磷酸盐)的二甲基甲酰胺(dimethylformamide,DMF)溶液(Bis(2,20-bipyridine)-4,40-dicarboxybipyridine-ruthenium di(N-succinimidyl ester) bis(hexafluoro-phosphate)(active Ru dye)(Sigma-Aldrich) in DMF (less than 5% by volume))。前者是一种活性钌染料,由西格玛奥德里奇公司生产。在二甲基甲酰胺溶液中,该染料的容积占比少于5%。轻微晃动18h以后,将混合物通过葡聚糖凝胶G-25去盐柱(美国通用电气公司生产),来从标记的amIgG中分离出多余的游离染料。

10.3.3 动物

试验中所有涉及动物的步骤均已获北德克萨斯大学健康科学中心(University of North Texas Health Science Center,UNTHSC)试验动物管理与使用委员会(Institutional Animal Care and Use Committee,IACUC)批准,并且遵从视觉与眼科学研究协会(Association for Research in Vision and Ophthalmology,ARVO)关于在视觉与眼科研究中使用动物方面的声明。

10.3.4 组织学、石蜡切片

使用过量的戊巴比妥(pentabarbitol)杀死过巅峰繁殖期的挪威棕色大鼠(褐家鼠),之后将其眼睛摘除,并浸泡在4%磷酸盐缓冲的福尔马林中,处理后进行石蜡包埋。将位于视神经头部的矢状视网膜石蜡进行切片(厚度为5mm)并将其置于二甲苯(美国新泽西州 Fisher Scientific 公司生产)中脱蜡。使用浓度逐渐降低的乙醇洗涤切片来完成复水过程,并随后进行免疫组织化学染色。脱蜡和复水后的视网膜切片被封装于5%驴血清和5%牛血清白蛋白(albumin from bovine serum,BSA)的磷酸盐缓冲溶液(phosphate buffer saline,PBS)中。随后使用一种第一抗体处理样品,也就是使用鼠类抗微管蛋白Ⅲ抗体(西格玛奥德里奇公司生产)将样品按1:500稀释后,在4℃条件下培养一夜。第二阶段的培养时间为1h,将含钌染料的第二抗体(驴抗小鼠IgG)按1:1000(1μg/mL)比例稀释,再将组织放入其中培养。最后,使用PicoQuant公司生产的MicroTime 200时间分辨共聚焦显微镜分析样本。

10.4 结果与讨论

为证明多脉冲激发的时间选通探测的效果,选取了存在严重自体荧光问题的眼组织样品。使用由钌染料标记IgG染色的褐家鼠视网膜组织来探测β-微管蛋白Ⅲ。β-微管蛋白Ⅲ是视网膜神经节细胞(retinal ganglion cells,RGC)的一种标记物,用它来对褐家鼠的RGC进行免疫染色。除了可以作为RGC的标记物外,β-微管蛋白Ⅲ还会在轴突结构中发挥重要的作用,有助于神经元胞体和轴突中微管的稳定性[29]。此外,β-微管蛋白Ⅲ还对轴突导向和稳定性起着至关重要的作用[30]。

尽管样品已经被钌标记的IgG充分染色,但是它的亮度仍然有限,而且背景信号的干扰显著。图10.8自上至下分别展示了由单脉冲、5脉冲群和20脉冲群激发所获得的结果。其中脉冲群的内部重复频率为40MHz,也就是在理论上预测的使图像质量增强的最优频率值,外部重复频率为300kHz。300kHz重复频率的单脉冲试验结果图像非常暗淡(图10.8中第一行、第一列)。而采用了时间选通技术后(图10.8中第一行、第二列及以后),可以看到标记结构的轮廓。图中的第二行和第三行分别展示了5脉冲和20脉冲群的试验结果。可以看到,使用5脉冲群便已经显著提高了标记物的亮度,而使用20脉冲群可以获得极佳的图像质量。采用10ns、50ns和100ns的时间选通延时可以极大地提升图像质量,并且标记的结构可以不受背景信号的干扰而得到清晰的显示。观察图像可以看出,50~100ns 是通过时间选通技术,来获得清晰高强度图像的最佳延长时间。可以得出结论,我们已经证明了一种可以显著降低成像和共聚焦显微术中大量背景荧光干扰的方法。使用时间选通探测技术多脉冲方法,并采用长寿命钉探针可以获得很好的结果,并且这种方法可用于自体荧光特别强的组织样品中。该方法不需要过长的采集时间和过多的标记,因此特别适合激光扫描的高分辨率共聚焦显微术。在详细分析这类图像后,可以对标记效率进行充分的定量测量,并以此来探测各类瞬时细胞生理过程或疾病的阶段。

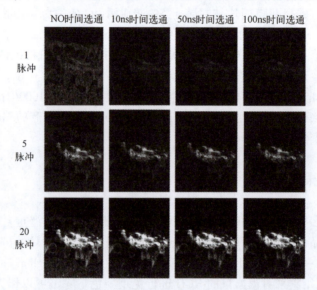

图 10.8 使用钉标记 IgG 探测褐家鼠视网膜组织中 β-微管蛋白Ⅲ的荧光强度图像[26](自上而下分别是时间选通时延迟时间为 0、10ns、50ns 和 100ns 时,使用单脉冲、10 脉冲群及 20 脉冲群的探测结果)

致谢 感谢美国国立卫生研究院所通过项目 NIH-5R01 EB012003NIH-R21EB017985-01A1 (Z. G)和 NSF-CBET 1264608 (I. G)所提供的支持。

参 考 文 献

[1] Lakowicz J. R. ,Principles of fluorescence spectroscopy,3rd edn,*Springer*,New York,(2006).
[2] Valeur B. and Berberan-Santos M. , Molecular fluorescence:principles and applications, 2nd edn, *Wiley-*

第 10 章　利用多脉冲泵浦的时间选通探测技术增强细胞和组织中的荧光成像

VCH,*Weinheim*,(2012).

［3］　Jameson D. M. ,Introduction to fluorescence,*CRC/Taylor and Francis Group*,Boca Raton,(2014).

［4］　Haugland R. B. ,Handbook of fluorescent probes,*Molecular Probes Incorporated*,Eugene,(1996).

［5］　Nolting D. D. ,Gore J. C. ,and Pham W. ,Near-infrared dyes:probe development and applications in optical molecular imaging,*Current Organic Synthesis*,**8**,521-534,(2011).

［6］　Fischer G. M. ,Isomaki-Krondahl M. ,Gottker-Schnetmann I. ,*et al.* ,Pyrrolopyrrole cyanine dyes:a new class of near-infrared dyes and fluorophores,*Chemistry-A European Journal*,**15**,4857-4864,(2009).

［7］　Achilefu S. ,The insatiable quest for near-infrared fluorescent probes for molecular imaging,*Angewandte Chemie-International Edition*,**49**,9816-9818,(2010).

［8］　Schnell S. A. ,Staines W. A. ,and Wessendorf M. W. ,Reduction of lipofuscin-like autofluorescence in fluorescently labeled tissue,*Journal of Histochemistry & Cytochemistry*,**47**,719-730,(1999).

［9］　Clancy B. and Cauller L. ,Reduction of background autofluorescence in brain sections following immersion in sodium borohydride,*Journal of Neuroscience Methods*,**8**,97-102,(1998).

［10］　Cowen T. ,Haven A. J. ,and Burnstock G. ,Pontamine sky blue:a counterstain for background autofluorescence in fluorescence and immunofluorescence histochemistry,*Histochemistry*,**82**,205-208,(1985).

［11］　Schneckenburger H. ,Wagner M. ,Weber P. ,*et al.* ,Autofluorescence lifetime imaging of cultivated cells using a UV picosecond laser diode,*Journal of Fluorescence*,**14**,649-654,(2004).

［12］　Rich R. M. ,Gryczynski I. ,Fudala R. ,*et al.* ,Multiple-pulse pumping for enhanced fluorescence detection and molecular imaging in tissue,*Methods*,**66**(2),292-298,(2013).

［13］　Damas J. N. and DeGraff B. A. ,Design and applications of highly luminescent transition metal complexes,*Analytical Chemistry*,**17**,829-837,(1991).

［14］　Laursen B. W. and Krebs F. C. ,Synthesis,structure,and properties of azatriangulenium salts,*Chemistry-A European Journal*,**7**,1773-1783,(2001).

［15］　Maliwal B. P. ,Fudala R. ,Raut S. ,*et al.* ,Long-lived bright red emitting azaoxa-triangulenium fluorophores,*PLoS One*,**8**(5),e63043,(2013).

［16］　Kelloff G. J. ,Krohn K. A. ,Larson S. M. *et al.* ,The progress and promise of molecular imaging probes in oncologic drug development,*Clinical Cancer Research*,**11**,7967-7985,(2005).

［17］　Jaffer F. A. and Weissleder R. ,Molecular imaging in the clinical arena,*Jama*,**293**,855-862,(2005).

［18］　Achilefu S. (ed),Concept and strategies for molecular imaging,*Chemical Reviews*,**110**,2575-2755,(2010).

［19］　Cubeddu R. ,Ramponi R. ,Taroni P. ,*et al.* ,Time-gated fluorescence spectroscopy of porphyrin derivatives incorporated into cells,*Journal of Photochemistry and Photobiology B-Biology*,**6**,39-48,(1990).

［20］　Periasamy A. ,Siadat-Pajouh M. ,Wodnicki P. ,Wang X. ,and Herman B. ,Time-gated fluorescence microscopy in clinical imaging,*Micros Anal* (March),33-35 (1995).

［21］　Dahan M. ,Laurence T. ,and Pinaud F. ,Time-gated biological imaging by use of colloidal quantum dots,*Optics Letters*,**26**,825-827,(2001).

［22］　Terpetschnig E. ,Szmacinski H. ,Malak H. ,*et al.* ,Metal-ligand complexes as new class of long-lived fluorophores for protein hydrodynamics,*Biophysical Journal*,**68**,342-350,(1995).

［23］　Resch-Genger U. ,Grabolle M. ,Cavaliere-Jaricot S. ,*et al.* ,Quantum dots versus organic dyes as fluorescent labels, *Nature Methods*, **5**(9), 763-775, (2008).

[24] Seo J., Raut S., Abdel-Fattah M., *et al.*, Time-resolved and temperature-dependent photoluminescence of ternary and quaternary nanocrystals of $CuInS_2$ with ZnS capping and cation exchange, *Journal of Applied Physics*, **114**, 094310.1-094310.8, (2013).

[25] Rich R. M., Stankowska D. L., Maliwal B. P., *et al.*, Elimination of autofluorescence background from fluorescence tissue images by use of time-gated detection and the AzaDiOxaTriAngulenium (ADOTA) fluorophore, *Analytical & Bioanalytical Chemistry*, **405**, 2065-2075, (2013).

[26] Rafal F., *et al.*, Multiple-pulse pumping with time-gated detection for enhanced fluorescence imaging in cells and tissue, in Peter K., Michael W., and Rainer E. (eds), *Advanced Photon Counting*, Springer, Berlin, **15**, 265-281, (2015).

[27] Shumilov D., Rich R. M., Gryczynski I., *et al.*, Generating multiple-pulse bursts for enhanced fluorescence detection, *Methods & Applications in Fluorescence*, **2**, 024009, (2014).

[28] Gryczynski I., Luchowski R., Bharill S., *et al.*, Nonlinear curve-fitting methods for timeresolved data analysis, *FLIM microscopy in biology and medicine* (Hardcover) by Ammasi Periasamy (ed), Robert M. Clegg (ed), **12**, (2009).

[29] Niwa S., Takahashi H., and Hirokawa N., β-Tubulin mutations that cause severe neuropathies disrupt axonal transport, *EMBO Journal*, **32**, 1352-1364, (2013).

[30] Tischfield M. A., Baris H. N., and Wu C., *et al.*, Human TUBB3 mutations perturb microtubule dynamics, kinesin interactions, and axon guidance, *Cell*, **140**, 74-87, (2010).

第 11 章 利用基于模式的线性分解技术对多组分 TCSPC 数据进行高效可靠的分析

Ingo Gregor, Matthias Patting

摘 要 本章提出了一种可靠的荧光寿命成像显微(fluorescence lifetime imaging microscopy,FLIM)数据定量分析方法。该方法基于选定参照模式,完成对强度衰减的线性分解。这种方法可以在使用非单指数的衰减时,不会增加分析的复杂度。这在研究带标记生物分子或者使用自荧光细胞发色团时极具优势。该方法操作简单快捷,结果直观明了。此外,根据参照模式以及记录的光子数量,可以很容易地确定结果的可信度。我们已经证明对于分解为 3 种普通发色团的模式,在每个像素只有 1000 个光子时,可以获得优于 10% 的标准差。其中由于散粒噪声,信号总振幅会有 3% 的误差。实际上,这个结果的精度已非常接近最大似然估计量,也即此类问题所能达到的绝对极限。

关键词 荧光寿命成像显微法(FLIM) 线性分解 光谱分辨成像 时间分辨成像 时间相关单光子计数(time-correlated single-photon counting,TCSPC)

11.1 引言

荧光寿命是一种被人们熟知并广泛用于反映荧光分子物理或化学状态的概念。常见的例子有 NAD/NADH$^+$ 或 FAD/FADH$^+$ 的氧化态、色氨酸的亲水性、钙离子或氯离子浓度以及发生荧光共振能量转移(fluorescence resonance energy transfer,FRET)的结构中受体分子的距离等。以上这些参数为解决生物、医学研究及诊断领域中的重要问题提供了答案。荧光寿命成像显微术(fluorescence lifetime imaging microscopy,FLIM)能够以亚细胞级的分辨率和高时间动态观察这些过程[1-4],因此,FLIM 已成为生物物理及生物化学研究中一种有价值的方法。然而，尽管该方法具有卓越的能力，但尚未成为生物学或临床研究中的常规工具，并且被认为需要专业知识才能掌握。自20世纪90年代这项技术问世以来，高精度、高分辨率的数据记录技术和设备得到了长足的发展，但其适用性并没有跟上步伐。设备成本可能是其中的一个原因，但更重要的是目前还无法通过一种常用并且合适的方法来直接解读数据。

处理和分析FLIM图像时，最常用的方法是首先计算单位像素的平均荧光寿命，即激发脉冲后荧光光子的平均到达时间。随后可以将这些数据作为选择相似类型的像素（即感兴趣区域，regions of interest，ROI）的依据，以采集足够的数据，使指数衰减模型得以对光子数据进行拟合。此过程需要一位训练有素的科学家的监督，以便选择有效的 ROI 并判断模型拟合的质量。相量法[5-7]的引入是分析 FLIM 图像的一项重大进展，该方法能够使分析过程更加直观，并使研究人员能够快速地深刻理解数据。然而，这种方法同样未能作为标准工具被广泛应用于生物医学研究中。

本章所述的研究旨在为基于 TCSPC 的 FLIM 数据分析提供一个通用的直观量化方法。这种方法的概念相对简单。其中的算法会选择一些代表实际像素数据的固定衰减模式，并寻找其最佳线性组合。不过该方法并未就分析中应该包含模式的种类和数目给出建议。但是对于大多数实际情况，由于用来标记的荧光物种类的数量是已知的，因此这并不会成为分析中的问题。必要的模式可以在合理的对照样品中获取和测试。

11.2 理论

本节描述了该方法的基本思想和必要的数学框架，旨在针对所提出问题寻找最佳的解决方案。

11.2.1 问题表述

荧光通常会在数纳秒内衰减完毕。这种短暂的衰减是荧光体在特定环境中的典型特征。当尝试对一种类型荧光体的均匀样品进行重复短脉冲激发以测量其荧光衰减时，可以获得仪器响应函数（instrument response function，IRF）的卷积和衰减模式。测量得到的函数在经过归一化后，即可得到概率密度分布函数 $p(t)dt$，即单位时间间隔 dt 中荧光体发射的荧光光子数量。将此函数称为荧光体的模式。

当测量含有多个荧光体样品时，可以得到单个模式的叠加 $I(t)dt$。根据文献[8]，有

$$I(t)\mathrm{d}t = \sum_i n_i p_i \mathrm{d}t \tag{11.1}$$

式中：n_i 为荧光团 i 的数量。在对非均匀样本进行逐像素采样测量的过程中，一个通常的目标就是找到每个像素中相应的 n_i。光谱分辨测量中同样有与之类似的工作，其中的 $p_i(\lambda)\mathrm{d}\lambda$ 类似于光谱探测概率。虽然该过程的数学推导并不复杂，但是它的数值计算极具挑战性。其主要难点在于以下几点。

① 模式呈指数衰减，因此它们是自相似的，并且即使找到近似的直角坐标也显得十分困难。

② 呈泊松分布的光子发射会导致最高的相对噪声。此时模式之间的最明显差异会随之出现，并且阻碍基于寻找最小平方算法的成功应用。

③ 式(11.1)中变量的全部有意义的值均被限定为正数，这会导致在使用经典矩阵因子分解方法时出现问题。

本章将介绍一种可靠性高的定量区分方法。

11.3 算法描述

11.3.1 原始数据准备

通常情况下，TCSPC 仪器使用的组距在数皮秒量级，在线性的时间跨度下对荧光衰减进行采样。当光子数量在每像素 1000 个的数量级时，原始数据中组的数量通常会多于光子数量，而这在定量评估中是不允许的。因此，通过几个步骤将原始数据转换为一致的格式。

在第一步中，TCSPC 数据将被分组，每组的组距为 32ps。由于探测器计时的不确定性，IRF 的宽度通常在 50～100ps 的范围内。因此，上述分组后的分辨率能为衰减分析提供足够的信息。

在第二步中，通过移动数据使 IRF 的重心落在第 33 组（约 1ns 处）。如果后续的数据分析使用的是从不同试验中获得的模式函数，那么此步骤将至关重要。在激光源和 TCSPC 电子设备之间的同步过程中可能发生定时变化，这会导致 IRF 在时间上的具体位置发生移动。如果不对这种情况进行补偿，分析结果就会丧失精确性。

最后一个步骤是可以选择的。在该步骤中，数据将被重新分入尺度为 τ 的多个组中。其中 τ 的取值规则为

$$\tau_j = \delta \begin{cases} 1, & j<33 \\ 2^{[j-33]/8}, & \text{其他} \end{cases} \tag{11.2}$$

式中基础分辨率 $\delta=32$ps。重新分组遵从了以下原理,即在时间 t(约为 $8\tau_j$)后,时间常数为 k(约为 $1/\tau_j$)的衰减分量的强度将会下降至0.1%以下。因此,这种数据表示形式会保留大部分的原始信息,但其占用的内存会减少 5~10 倍。具体减少多少取决于仪器的重复频率和基础分辨率。这种分组方式的第二点好处是大幅降低了远离脉冲激发点的时间组中的光子噪声。由于式(11.4)中的鉴别器对光子数较少的组灵敏度较低,因此该方法有助于提高算法的收敛性,并求出式(11.4)的最小值。

数据在记录后只能进行一次上述的处理过程。因此,有必要对 IRF 的时间重心进行合理估计。所以,如果条件允许,除对测量感兴趣样品的衰减进行测量外,还应该对 IRF 的时间重心进行测量。在条件不允许的情况下如果无法测量,则可以另外采用参考文献(如文献[9])中所述算法,求出 IRF 该函数一个合适的恰当估计值作为替代。而在通常情况下,这些算法的估计值已经足够用来实现本书所述方法。

11.3.2 模式分析的优化及数据准备

为了能够对较小的强度数据进行快速、可靠的计算,将根据所选择的,所有与记录的像素数据拥有相同数据表示的模式 $P_i(\tau)\mathrm{d}\tau$,对预处理的数据继续进行处理。进一步降低数据处理量(即时间组的数量)的首要目标是降低噪声,其次是加快评估速度。对于数据中的噪声取决于信号本身,而不由采样带宽决定的情况,降噪对数据分析十分关键。不过,该步骤也不是必需的。若使所述的方法依然有效,只需使用已在时间轴上相应移动后的原始数据。

在第二步中,数据会根据为分析选择的模式进行第二次分组。重新分组的方法如下:首先定义一个向量 $\boldsymbol{k}=\{1,17,33,k_4,\cdots,k_l\}$。从 $m=4$ 和组 $b=34$ 开始,根据强度为组 b 确定各模式的顺序。当相比于组 $b'=b-1$ 中的顺序,组 b 中 3 个最大强度的顺序发生变化时,令 $k_m=b$,随后使 $m=m+1$。对每一组 b 重复进行该操作,直到最后一组 $b=b_{\mathrm{end}}$。向量 $\boldsymbol{k}$ 的最后一个元素 k_l 则由最后一组模式的组标号给出,即 $k_l=b_{\mathrm{end}}+1$。

根据向量 $\boldsymbol{k}$,可以得到模式 $P_i(\tau)\mathrm{d}\tau$ 的紧凑表达式 $T_i(m)\mathrm{d}m$,即

$$T_i(m)\mathrm{d}m = \sum_{\tau=k_m}^{k_{m+1}-1} P_i(\tau)\mathrm{d}\tau \quad m \in \{1,2,\cdots,l-1\} \tag{11.3}$$

在不同光谱通道中或者在不同的激发脉冲(在进行脉冲交错激发试验(pulsed interleaved excitation,PIE))之后记录的数据会被做相同的处理。

剩下的任务就是求解式(11.1),获得任一像素点的 n_i。该问题的数值解可

以通过最小化 Kullback-Leiber 差异 Δ_{KL} 获得[10]，即

$$\Delta_{KL} = \sum_b \tilde{I} - \hat{I} + \hat{I}(\ln\hat{I} - \ln\tilde{I}) \tag{11.4}$$

式中：$\hat{I}$ 为衰减的测量值；$\tilde{I}$ 为通过式(11.5)得到的近似值，即

$$\hat{I} = T\hat{n} \tag{11.5}$$

容易看出，式(11.4)的最小值与反映泊松噪声系数数据的最大似然值相等。Lee 和 Seung 在文献[11]中描述了一种有效的算法，该算法利用乘法更新规则来找到该问题的一个正定的解。目前这种算法已被成功用于求解类似的问题[12-13]。简而言之，该算法首先选择一个合适的(限定为正的)初始向量 $\hat{n}_0$，再求出局部梯度。通过选择步长，以使坐标向量的增量可以表示为与一个正限定尺度向量 γ 的乘积，即 $\hat{n}_{i+1} = \gamma \hat{n}_i$。

11.4 优值

11.4.1 方法验证

通过测量标记的二次抗体与不同化合物所形成混合物的均匀溶液，完成所述方法的定量和试验验证。选择的荧光标记物为 Cy3、四甲基异硫氰酸罗丹明(tetramethyl rhodamine isothiocynate, TRITC)和德克萨斯红。在分别使用这3种荧光标记物时，探针的衰减模式如图 11.1 所示。各个复合物的储备溶液均被稀释至大致相同的浓度。然后，按照指定的配额，将各复合物混合，形成样品溶液。将一滴最终的样品溶液置于盖玻片上，并用双光子显微镜(奥林巴斯公司生产的 FV1000 激光共聚焦显微镜，配有相干公司生产的 Chameleon 光参量振荡器和 PicoQuant 公司生产的 TCSPC 升级套件(TCSPC 网址：http://www.picoquant.com/products/category/fluorescence-microscopes/lsm-upgrade-kit-com))在单个探测通道(λ_{em} = 500~540nm)中记录此溶液的 FLIM 图像。根据所述方法分析记录得到的图像，并进一步分析所获得各成分的强度。由于在移液时，这种少量的液体可能会造成极大的体积误差，首先对数据进行了全面分析，即汇总图像中的所有光子，以获得相应染料的高精确比例。在下一步中，将逐像素分析数据并确定所获染料比例的分布。

当然，上述的3个纯样品拥有不同的分子亮度。但是，上述分析是基于按单位面积归一化后的模式进行的。为了得到准确的量，必须将强度除以相应的分子亮度。

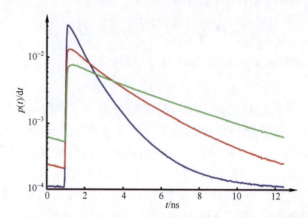

图 11.1 3 种不同探针的相应荧光衰减模式[14]（蓝色、红色和绿色曲线分别代表由 Cy3、TRITC 和德克萨斯红标记的探针荧光衰减模式。三者都不是单指数型衰减，显示出的平均寿命分别为 1.12ns、2.30ns 和 3.36ns）。

11.4.2 误差分析

所述算法的可靠性受到很多参数的影响，并且这些影响是高度非线性的，因此无法给出该方法误差的解析表达式。其中受试验人员影响的主要参数有采集的光子数目（通过改变积分的时间来影响）和待分离的模式形状（通过选择不同的染料来影响）。基于这点进行了一项模拟研究。对于 3 种通过试验得出的模式，对其进行了不同含量的相加操作，并对 6 种不同的光子总数（ph_{tot} = 200、400、800、1600、2400 和 3600）进行仿真，得到了一定数量（N = 400）的像素衰减结果。根据这个给定的数据集，用所述方法求出每个像素中染料的相对强度 n_i。计算结果展现出的第一个特点是该算法不存在偏差。这能从所得强度平均值的误差中看出。即使在光子数量很少时，计算结果与正确数值的偏差也很小。第二个特点是结果的方差。由于光子统计数据具有泊松特性，所以很明显，即使是对于这些"受控混合物"，每个模式的强度也会有 $\sqrt{n_i ph_{tot}}$ 的标准差。将仿真结果的标准差作为置信水平。为了对仿真结果有总体的认识，可以通过绘图来反映给定光子数量在给定配比时的置信水平。图 11.2 中的仿真结果表明，即使在光子总数只有 1000 个时，也能保证很高的精度。

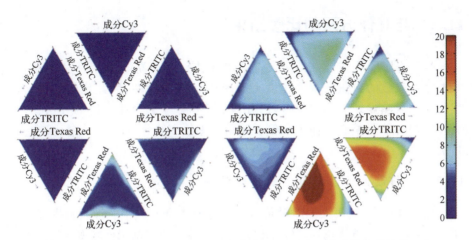

图 11.2 Cy3、TRITC 和 Texas Red 混合物中 Texas Red 强度的平均值误差以及标准差的误差[14]（两张仿真图中的光子数从底部开始，沿逆时针方向依次为 200、400、800、1600、2400 和 3600。右侧的色条表示相应的误差和标准差在单位像素光子总数中的百分比）

11.4.3 所述方法的局限性

根据前几节可以得出结论，所述方法能够以很高的精度确定 3 个成分的强度，这在真实的光子数量条件下依然成立。要把所述方法扩展到第 4 个成分，那么考虑到真实情况下光子数量的影响，如果不附加诸如第二条颜色通道和激发波长等信息，这种直接的扩展不太可能实现。其原因在于，两个模式的特定线性组合可能会十分接近于某个中间的荧光寿命模式。不过 11.7 节将说明如何利用附加的频谱信息来突破所述局限。

所述方法的第 2 个重要局限是即使所选模式无法描述数据的衰减情况，所述算法原则上也会对所有光子进行"分配"。例如，考虑一个经过（如 Cy3、德克萨斯红和 TRITC）染色的样品，现只用代表 Cy3 和德克萨斯红衰减规律的模式进行分析。由于采用错误的模式会最大程度地减少差异，因此这种算法实际上会在两种模式之间分割所有光子。所以，十分有必要提供一套完整的模式，来表示样本中所有可能的成分。

11.5 与其他方法的比较结果

本节将比较所述方法与其他方法的性能,以判断其适用性和准确性。由于此处参数的数量在很大程度上取决于衰减的特性,因此比较的内容不涉及所获衰减显式表达式的拟合;相反,仅考虑基于线性分解的方法,包括十分相同的参照模式。作为示例,选择了只有一种分量的例子来比较它们的误差。

11.5.1 与最大似然估计法的比较结果

文献[15]指出,最大似然量是最适合分析本项研究中所涉及数据集的标准。然而,并不能直接找到该标准的绝对最优值。任何基于梯度搜索的算法都容易陷入局部最优值。为评价本书所述方法的结果,创建了一个完整的测试模式集,对不同数目光子,n_i 的分辨率为 0.5%,并为每个像素确定了测试模式,并给出了数据的最大似然量。这样可以确定现有支撑点的全局最优解,并防止分析因为局部极大值而出现误差。然而,所选栅格的分辨率总归是有限的,这限制了极大值的精度。

对全部 3 个成分的模式匹配进行对比的总体结果表明,采用最大似然估计量的方法所给出的结果稍好,与预期一致。意味着所述算法十分可靠,但在某些情况下无法达到绝对最小值。然而,直接得出最大似然函数的计算量远高于其他所有的方法。对于分析两种或 3 种成分的情况,最大似然函数方法依然可行。一旦需要分析的成分扩展到 4 种甚至更多时,这种方法就无法实行了。

11.5.2 与非负最小二乘法比较的结果

非负最小二乘法(non-negative least squares, NNLS)由 Lawson 和 Hanson 提出[16]。这是一种针对振幅被定义为正的矩阵,求解其分解问题的快速有效算法。由于当数据误差不服从高斯分布时,最小二乘法的极小化结果不会收敛到真正的最小值,因此对该算法效率的预期是较低的。

图 11.3(c)和 11.3(d)展示了预期的输出结果。然而,尽管非负最小二乘法的结果质量稍低,但考虑到算法速度和效率所导致的较低计算成本,该结果还是完全可以接受的。

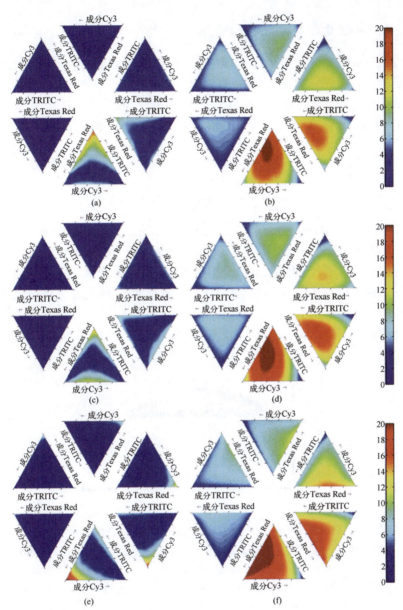

图 11.3 分别由最大似然估计法(a 和 b)、非负最小二乘法(c 和 d)以及相量分析法(e 和 f)得出的 Cy3、TRITC 和 Texax Red 合物中，Texax Red 强度的平均值误差(a、c 和 e)以及标准差的误差(b、d 和 f)[14](仿真图中的光子数从底部开始，沿逆时针方向依次为 200、400、800、1600、2400 和 3600。右侧的色条表示相应的误差和标准差在单位像素光子总数中的百分比)

11.5.3 与相量分析法比较的结果

目前存在更加快速的方法来描述 TCSPC 数据的特性。由 Gratton 及其他研究人员提出的相量分析法[5-7]就是其中的一种。相量是一种用向量的模和相位角来表示向量的方法。在对一个 TCSPC 直方图进行相量分析时,该方法会对直方图 $I(k)$ 进行余弦和正弦求和,以计算出相量的笛卡儿坐标。计算公式为

$$g = \frac{1}{N} \sum_{k=1}^{k_{max}} I(k) \cos(2\pi f_{rep}(k-\delta)) \tag{11.6}$$

$$s = \frac{1}{N} \sum_{k=1}^{k_{max}} I(k) \sin(2\pi f_{rep}(k-\delta)) \tag{11.7}$$

式中:k 为第 k 组 TCSPC 直方图;N 为光子总数;f_{rep} 为激光的重复频率;δ 为针对 IRF 重心的修正量。可以很容易地证明,一种混合物的相量等于该混合物中各成分相量的线性组合。因此,相量分析本身具有提取样本成分信息的能力。

对 3 种成分的混合物进行相量分析是有困难的,其问题在于单一成分所显示出的相量值接近图 11.4 中用红色标出的单位圆。这样会导致单一成分相量坐标所形成的三角形纵横比很大,从而使其中一个成分的精度明显下降。

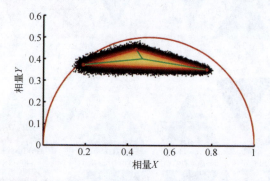

图 11.4 模拟像素包含 1600 个光子时计算得出的 Cy3、TRITC 和 Texas Red 混合物的相量图[14](其中的红圈表示单一成分的相量坐标。混合物的组成可以通过两个单一成分与混合物的相量坐标形成的三角形区域的相对面积获得。图中 3 条绿线分别代表两个单一成分和混合物的值)

相量分析的结果如图 11.3(e)和图 11.3(f)所示。该方法的精度比非负最小二乘法稍差,计算成本则比其他方法低。在原则上,可将该方法扩展到更多成分的情况。但是由于单一成分在参数空间中的特殊分布,它们在 $n>3$ 时不一定会形成一个凸多边形。所以,无法在这种情况下进行一般的分析。此外,也无法直接将相量分析和附加的频谱信息结合起来。

11.6 在 FLIM 中的应用

本节主要描述如何将所述方法用于定量分析 FLIM 图像的方法,以便提取每一种染料在图像各个像素中相应的贡献。该方法对于寻找集中分布于小片点状区域(如黏着斑中)的分子,或者只伴随其他分子出现的感兴趣分子是十分有效的。在这些情况下,不能进行基于感兴趣区域的分析。此时,模式分析方法可以给出量化的结果。

对 FLIM 图像进行模式分析可以简便地提取出多种染料相应的贡献。当各种染料的衰减行为足够区分时,即使最简单的方法也可以分离多达 3 种染剂的相对浓度图,而不需要额外的频谱信息。

上面提到的衰减行为,也即染料的模式,仅仅起到了指纹的作用。与多指数拟合不同,各种有效染料衰减模式的复杂度不会影响分析过程的复杂度。这是因为只需估计每个像素中模式的强度即可。相比于至少需要两个参数(振幅和寿命)的单指数衰减的拟合,多指数拟合只需要一个参数。

降低复杂度对分析低信噪比的灰暗图像区域十分有利。在一个仅有数百个光子的图像像素中,分解两个双指数染料所需的四指数模型几乎是无法应用的,不过这两种模式各自的贡献仍然可以被高精度地区分。

11.6.1 模式的选择

本书涵盖的所有方法都涉及一个基本问题,即如何找到或选择分析所需的模式集。诸如独立分量分析法(independent component analysis,ICA)或主分量分析法(principal component analysis,PCA)的全盲法,试图在需要分析的数据集内找到一个完整的分量集。这些方法对于一些特定情况的指数衰减模式往往是无效的。因此,需要手动选择分析所需的模式集。对于大部分给定情形而言,由于样品都被不同的标记物染色,所以这种选择方法基本上还是很简便的。通过这种方式,可以从逐一标记的对照样品中得到所需的模式集。

然而在某些情况下,很难逐一获得标记好的对照样品。这些情况包括分析自发荧光体、NAD/NADH$^+$、FAD/FADH$^+$以及色氨酸这种细胞内的固有发色体。在这些情况下,或者一般来说只要缺少预定义的可用模式集,就必须从数据本身提取出分析所需模式。

如果图像中包含仅显示一种染料的大片单连通区域,就可以将其选作感兴趣区域,用以求出该染料的模式。但是,如果各模式之间甚至不是部分分离,或者其空间分布很复杂,就不可能做到手动选择感兴趣区域,或者说这种做法至少是不可行的。

一种简便且实用的方法是将像素的关键值绘制成二维散点图或相关图。关键值的参数不仅可以是平均寿命和 TCSPC 直方图的简化二阶矩,也可以是像素的相量值。可分离的染料在散点图中表现为聚集的点,而在相关图中表现为最大值。

一旦获得了完整的模式集,就可以方便而快速地对图像进行模式分解。不过在某些情况下,找到这样一组模式比直接应用多指数拟合要复杂得多。

11.6.2 时间中的矩

尽管衰减曲线的任一特征数字都足以用于区分不同的染料,但是一般情况下,人们更倾向于使用易于理解的参数来进行分析。其中,统计矩可用于提取多指数模型中的寿命,这一点已得到很好的证实[17]。然而单个像素中的光子数太少,以至于无法提取多寿命数据,而在图像的灰暗区域,这种情况尤其严重。

可以根据(经过归一化的)衰减曲线 $I(t)$ 的一阶矩提取一个光子相对于前一次激发脉冲的平均到达时间。可将此一阶矩理解为荧光体的平均寿命 τ_{Av},有

$$m_1 = \frac{\int_0^\infty t I(t) \mathrm{d}t}{\int_0^\infty I(t) \mathrm{d}t} = \tau_{Av} \tag{11.8}$$

衰减曲线的二阶矩为

$$m_2 = \frac{\int_0^\infty t^2 I(t) \mathrm{d}t}{\int_0^\infty I(t) \mathrm{d}t} \tag{11.9}$$

为了方便理解二阶矩,将衰减曲线表示为寿命分布的形式,即

$$I(t) = \int \frac{\alpha(\tau)}{\tau} \mathrm{e}^{-t/\tau} \mathrm{d}\tau \tag{11.10}$$

其中

$$\int \alpha(\tau) \mathrm{d}\tau = 1 \tag{11.11}$$

随后,二阶矩被转换为

$$m_2 = \int \tau^2 \alpha(\tau) \mathrm{d}\tau = \left[\int (\tau - \tau_{Av})^2 \alpha(\tau) \mathrm{d}\tau + \tau_{Av}^2 \right] = (\sigma_\tau^2 + \tau_{Av}^2) \tag{11.12}$$

其中

$$\sigma_\tau^2 = \int (\tau - \tau_{Av})^2 \alpha(\tau) d\tau \tag{11.13}$$

式中：σ_τ 为寿命分布 $\alpha(\tau)$ 的宽度。这样，能够很自然地选择以下参数来直观地描述衰减情况，即

$$\tau_{Av} = m_1 \tag{11.14}$$

$$\sigma_\tau = \sqrt{m_2 - m_1^2} \tag{11.15}$$

对于单指数衰减，σ_τ 恒趋近于零。更加直接地，可以称 σ_τ 为衰减的"多指数程度"。

11.6.3 衰减多样性图

图 11.5 展示了平均寿命 τ_{Av} 的强度图和假彩色图。只根据一张图确定样品中存在的荧光物种类是很困难的。τ_{Av} 相对于 σ_τ 的散点图或相关图（或被称为衰减多样性图）不仅可以帮助区分荧光物的种类，还会给出给定像素的衰减复杂程度。当衰减多差异图中，最大值的明显程度类似于图 11.6 时，就可以在衰减多样性图中选择感兴趣区域，并集合对感兴趣区域有贡献的图像像素来生成模式。

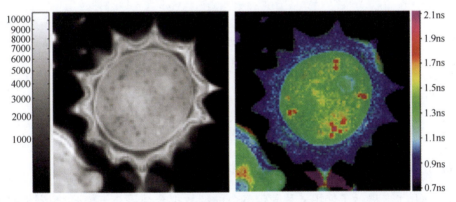

图 11.5 菊花花粉细胞（自体荧光）的平均寿命强度图（左）和假彩色图（右）[14]

图 11.7 展示了从衰减多样性图的区域 1、2 和 3 中（图 11.6）的像素提取出的模式。图中的黑线表示 3 种模式与对所有像素求和得到的整体衰减的拟合结果。需要注意的是，这 3 种模式都呈现出非常明显的多指数特征。而在进行多指数分析时，必须至少使用 6 个指数函数才能适当地对这种情况进行模拟。

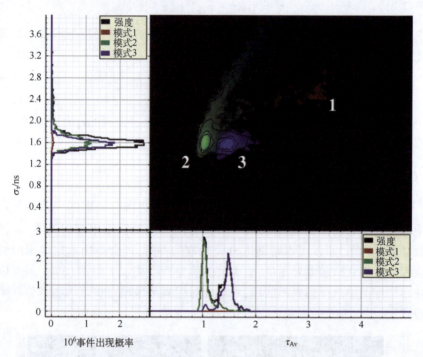

图 11.6　图 11.5 中菊花花粉细胞的衰减多样性图[14]（图中的 3 个最大值说明存在 3 种相互独立的荧光物质。尽管 1.0ns 和 1.5ns 处的两种荧光物质占据了图像的大部分，但可以在 3.0ns 处发现第三种荧光物质。可以看到，这 3 种荧光物质都表现出多指数性。最大值之间的细线呈混合状，染料在 1.0ns 处的彗星状尾巴来源于背景效应）

11.6.4　指数拟合方法与模式分析方法的对比

图 11.8 展示了使用 4 种固定寿命的指数拟合结果与三模式分析结果的对比情况。我们将最强烈的 3 种寿命与模式的指前因子作比较。虽然从定性的角度来讲，两种方法的结果比较相似，但模式分析可以更好地区别每种模式的贡献。在指数拟合的结果中，图中品红和青色部分的指数相互混合。而在模式分析的结果中，不同模式各自的贡献基本没有混合在一起，并呈现出清晰可见的"纯"绿色、蓝色和红色。此外，模式分析结果的噪声水平明显较低。

第11章 利用基于模式的线性分解技术对多组分 TCSPC 数据进行高效可靠的分析

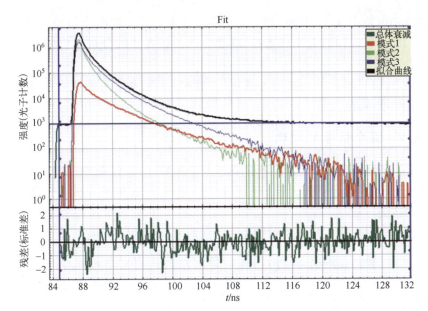

图 11.7 提取出来的雏菊花粉细胞荧光衰减模式[14]（在图中用红色、绿色和蓝色的线标出。图中上半部分的深绿色的线表示通过将所有像素相加获得的总体衰减，下半部分的深绿线表示使用 3 种模式对该衰减进行拟合的残差。可以看到黑线所代表的拟合结果无法从数据中区分出来）

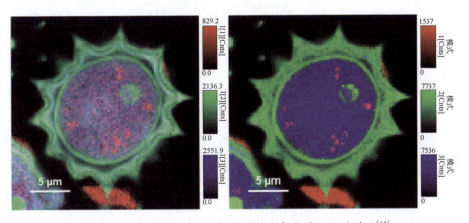

图 11.8 四指数拟合结果（左）与模式分析结果（右）的对比[14]

由于图 11.8 中的结果源于图 11.7 所讨论的同一幅图，因此可以很容易地看出多指数方法的劣势所在。由于所有相关的样品都表现出明显的多指数特征，所以不止一种染料会与数个甚至所有的指数有关系。除非寿命之间的区别过于明显，即使对于所有图像像素的整体衰减曲线而言，也无法在衰减曲线中解析出 6 个指数。因此,如果这 3 种染料表现出多指数的特征,那么它们的一些寿命就会出现重叠,或者至少在该方法的分辨率极限范围内出现重叠。

总之,荧光样品的衰减行为越复杂,模式分析就越有可能成为能够提取有用信息的唯一方法。

11.6.5 混合信号的处理

衰减多样性图中数据点组成的圆弧(如图 11.6 中连接红色与绿色最大值的圆弧)代表荧光重叠的区域。在接下来的内容中,将推导连接两个重叠荧光样品的轨迹。

按照式(11.16),定义两种荧光体的衰减 $I^A(t)$ 和 $I^B(t)$,有

$$I(t) = I^A(t) + I^B(t) = \int \left(a\frac{\alpha(\tau)}{\tau}e^{-t/\tau} + b\frac{\beta(\tau)}{\tau}e^{-t/\tau} \right) d\tau \quad (11.16)$$

其中

$$\int \alpha(\tau) d\tau = \int \beta(\tau) d\tau = 1 \quad (11.17)$$

$$a + b = 1 \quad (11.18)$$

平均寿命和寿命分布的宽度有以下关系,即

$$\tau_{Av} = a\tau_{Av}^A + b\tau_{Av}^B = a\tau_{Av}^A + (1-a)\tau_{Av}^B \quad (11.19)$$

$$\sigma_\tau^2 + \tau_{Av}^2 = am_2^A + bm_2^B = am_2^A + (1-a)m_2^B \quad (11.20)$$

将式(11.19)代入式(11.20)中以消去 a,得

$$\sigma_\tau^2 + \tau_{Av}^2 - \tau_{Av}\frac{\sigma_\tau^{A2} - \sigma_\tau^{B2} + \tau_{Av}^{A2} - \tau_{Av}^{B2}}{\tau_{Av}^A - \tau_{Av}^B} = \frac{\tau_{Av}^A \sigma_\tau^{B2} - \tau_{Av}^B \sigma_\tau^{A2}}{\tau_{Av}^A - \tau_{Av}^B} - \tau_{Av}^A \tau_{Av}^B \quad (11.21)$$

可以将式(11.21)写为

$$\sigma_\tau^2 + (\tau_{Av}^2 - C) = R^2 \quad (11.22)$$

此处引入的 R 和 C 分别有

$$C = \frac{1}{2} \frac{\sigma_\tau^{A2} - \sigma_\tau^{B2} + \tau_{Av}^{A2} - \tau_{Av}^{B2}}{\tau_{Av}^A - \tau_{Av}^B} \quad (11.23)$$

$$R^2 = \frac{\tau_{Av}^A \sigma_\tau^{B2} - \tau_{Av}^B \sigma_\tau^{A2}}{\tau_{Av}^A - \tau_{Av}^B} - \tau_{Av}^A \tau_{Av}^B + C^2 \quad (11.24)$$

因此,可以明显地看出,衰减多样性图中连接纯荧光样品的细线,是圆心在 τ_{Av} 轴上的圆弧。图 11.9 展示了先前所示衰减多样性图的处理结果。

对于 $\sigma_\tau^A = \sigma_\tau^B = \sigma_\tau^{AB}$ 的特殊情况,有

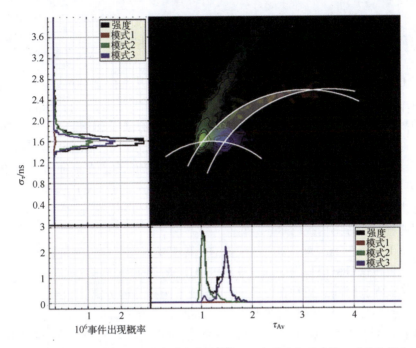

图 11.9　自荧光雏菊花粉细胞多样衰减图[14]（3 三个圆弧分别连接一对荧光样品，可以在所围区域中找到显示纯样品混合情况的图像像素。在这个特定的例子中，红色样品和绿色样品的混合对图像强度的贡献显著）

$$C = \frac{\tau_{Av}^A + \tau_{Av}^B}{2} \tag{11.25}$$

$$R^2 = \sigma_\tau^{AB2} + \frac{1}{4}(\tau_{Av}^A - \tau_{Av}^B)^2 \tag{11.26}$$

对于单指数的荧光样品，即 $\sigma_\tau^{AB} = 0$ 时，圆弧变为半圆，且圆心刚好位于纯荧光样品的寿命之间。当与其他荧光样品混合时，即使沿平均寿命方向没有明显的最大值，总可以在这个方向的极值点处找到纯荧光样品的模式。

11.6.6　后处理

在许多分析特定成分（如特定的亚细胞结构）的定量研究中，能够很容易地提高分析的准确性。在首先逐像素地标绘各个成分后，可以有针对性地选取具有相近成分含量比的像素，也可以使用其他的规则选取像素。所选像素集中的原始数据可以被整合起来，组成光子数的增加数倍的超级像素。可以对其使用相同的算法（或者其他方法）进行分析，从而获得有更高精确度的结果。

11.7 在光谱分辨 FLIM 中的推广应用

上述算法的一个主要优点是可以很容易地将其推广到分析不同类型数据的应用中。这些数据包括光谱分辨数据，使用不同激光波长进行交错激发记录到的数据，以及如偏振敏感数据等通过其他可行的激发和探测方案获得的数据。这类多维度模式的使用方法与简单 TCSPC 直方图十分相似。充分利用荧光探针的光谱和时间特性，能够显著提高分解的准确性。在单通道测量中，分解 3 种探针数据在某种程度上可能会限制该方法所能获得的准确度。而在光谱分辨测量中，最多可以同时分解 5 种光谱特点相似的探针数据。图 11.11 展示了这种两个分离情况的示例。

用于分析图 11.11 下方所示数据的 5 种模式的光谱和时间特性如图 11.10 所示。发现这些标记物光谱的重叠范围很广，阻碍了基于纯光谱信息的分解过程。然而在与时间衰减结合以后，便可实现不同样品的分离。如果只做分析的话，将使用单激发脉冲（激光波长分别为 488nm 或者 640nm）后的数据。容易发现，图 11.11（b）中 4 种用于分析的模式中，3 种模式中的荧光体是 Atto 488。由不同分子的共轭效应导致的光谱和时间特性变化足以实现清晰的分离。数据由改进型时间分辨共聚焦荧光显微镜（MicroTime 200，PicoQuant 股份有限公司生产）记录。该显微镜配有光谱仪，并使用 32 通道的多阳极光电倍增管（photo multiplier tube，PMT）（H7260-20，德国滨松光子股份有限公司生产）。每个探测

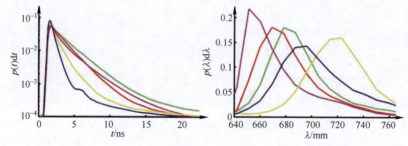

图 11.10 用 640nm 激光脉冲激发后 5 种荧光探针的时间特性（左）和光谱特性（右）[14]（数据取自相互分离且没有重叠的着色体。红色的线表示用 Alexa 647 直接染色的抗微管蛋白，绿色的线表示鬼笔环肽-Atto 655，蓝色的线表示 DNA 嵌入剂 DRAQ5，黄色的线表示用 Alexa 700s 抗体染色的 anti-Giantin 抗体，品红色的线表示用 Alexa 633s 抗体染色的抗纤维蛋白。数据由德国维尔茨堡大学生物技术和生物物理研究所，T. Niehörster，A. Loschberger 和 M. Sauer 等人提供）

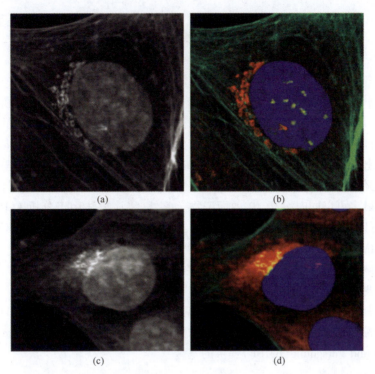

图 11.11 U2OS 细胞(用 Mowiol 封片固定)的强度图像(a)和(c)和模式分辨复合图像(b)和(d)[14]((b)图中的颜色分别对应下列物质:红色为用 Atto 488s 抗体染色的 anti-Giantin 抗体;绿色为鬼笔环肽-Atto 488,蓝色为 EdU 和 Atto 488 叠氮化物的耦合物标记的 DNA,黄色为用 Alexa 488s 抗体染色的抗纤维蛋白。(d)图中的颜色分别对应下列物质:红色为用 Alexa 647 直接染色的抗微管蛋白,绿色为鬼笔环肽-Atto 655,蓝色为 DNA 嵌入剂 DRAQ5,黄色为用 Alexa 700s 抗体染色的 anti-Giantin 抗体,品红色为用 Alexa 633s 抗体染色的抗纤维蛋白。数据由德国维尔茨堡大学生物技术和生物物理研究所,T. Niehörster、A. Loschberger 和 M. Sauer 等人提供)

通道的光谱宽度约为 9.4nm。使用定制的冷却和路由电路来分别记录每个探测通道的 TCSPC 数据。在对记录的信号进行光谱分辨 FLIM(spectrally resolved FLIM,sFLIM)分析时,通常使用可以覆盖染料荧光发射光谱的 10~12 个探测通道。

通过使用不同波长激光脉冲进行交错脉冲激发的扩展激发方案,可以很容易地将所述方法扩展应用到区分更多的染料中。例如,区分 3 种激发波段位于蓝色(450nm)的染料,3 种激发波段位于绿色(530nm)的染料,以及另外 3 种激发波段位于红色(640nm)的染料。

11.8 小结

本章介绍了分析 FLIM 数据的一种新思路。其中的方法精确、快速并且使用起来十分直观。通过使用一组固定荧光衰减模式集,可以定量地分析庞大的数据集。用于分析类似规模数据的传统方法需要很大工作量和必要的专业技术,而所述方法的这一特点可以显著减少这些负担。因此,这种方法向全自动分析迈出了一大步。尽管我们的方法在分离光谱分辨数据时的效果与其他方法相近,但在使用光谱分辨衰减模式时,它体现出了明显的优越性,预计在一个样品中最多可以同时分析 10 种标记物。此外,将该方法用于分析 FLIM-FRET 数据,可以提供一种快速而可靠的方法,来从细胞 FRET 研究中获得定量的结果。FLIM 或 sFLIM 试验所记录的大量数据均可通过该方法自动处理。这为使用 FLIM 作为标准工具进行更全面的研究开辟了前景。

致谢

作者在此感谢 Jörg Enderlein、Fred Wouters、Gertrude Bunt 及 Benedikt Krämer 所提供的宝贵建议,并特别感谢德国联邦教育及研究部(Bundesministerium für Bildung und Forschung, BMBF)提供的基金。

参 考 文 献

[1] Harvey C. D., Yasuda R., Zhong H., and Svoboda K., The spread of Ras activity triggered by activation of a single dendritic spine, *Science*, 321(5885), 136-140, (2008).

[2] Verveer P. J., Wouters F. S., Reynolds A. R., and Bastiaens P. I. H., Quantitative imaging of lateral ErbB1 receptor signal propagation in the plasma membrane, *Science*, 290, 1567-1570, (2000).

[3] Wouters F. S. and Bastiaens P. I. H., Fluorescence lifetime imaging of receptor tyrosine kinase activity in cells, *Current Biology Cb*, 9(19), 1127-1130, (1999).

[4] Yasuda R., Imaging spatiotemporal dynamics of neuronal signaling using fluorescence resonance energy transfer and fluorescence lifetime imaging microscopy, *Current Opinion in Neurobiology*, 16(5), 551-561, (2006).

[5] Clayton A. H. A., Hanley Q. S., and Verveer P. J., Graphical representation and multicomponent analysis of single-frequency fluorescence lifetime imaging microscopy data, *Journal of Microscopy*, 213(1), 1-5, (2004).

[6] Digman M. A., Caiolfa V. R., Zamai M., and Gratton E., The phasor approach to fluorescence lifetime

imaging analysis, *Biophysical Journal*, 94(2), L14–L16, (2008).

[7] Redford G. I. and Clegg R. M., Polar plot representation for frequency-domain analysis of fluorescence lifetimes, *Journal of Fluorescence*, 15(5), 805–815, (2005).

[8] Lakowicz J. R., Principles of fluorescence spectroscopy, 3rd edn, *Springer*, New York, (2006).

[9] Walther K. A., Papke B., Sinn M. B., Michel K., and Kinkhabwala A., Precise measurement of protein interacting fractions with fluorescence lifetime imaging microscopy, *Molecular Biosystems*, 7(2), 322–336, (2011)

[10] Kullback S. and Leibler R. A., On information and sufficiency, *Annals of Mathematical Statistics*, 22(1), 79–86, (1951).

[11] Lee D. D., Seung H. S., Algorithms for non-negative matrix factorization, In: Leen T. K., Dietterich T. G., and Tresp V. (eds), *Advances in neuronal image processing systems* 13, MIT, Cambridge, 556–562, (2000).

[12] Neher R. A. and Neher E., Applying spectral fingerprinting to the analysis of FRET images, *Microscopy Research and Technique*, 64(2), 185–195, (2004).

[13] Neher R. A. and Neher E., Optimizing imaging parameters for the separation of multiple labels in a fluorescence image, *Journal of Microscopy*, 213, 46–62, (2004).

[14] Gregor I. and Patting M., Pattern-based linear unmixing for efficient and reliable analysis of multicomponent TCSPC data, In: Kapusta P., Wahl M., and Erdmann R. (eds), Advanced Photon Counting, Springer Series on Fluorescence (Methods and Applications), 15, *Springer*, (2014).

[15] Enderlein J. and Sauer M., Optimal algorithm for single-molecule identification with timecorrelated single-photon counting, *Journal of Physical Chemistry A*, 105(1), 48–53, (2001).

[16] Lawson C. L. and Hanson R. J. Solving least squares problems, *Prentice Hall*, Englewood Cliffs, (1974).

[17] Isenberg I. and Dyson R. D., The analysis of fluorescence decay by a method of moments, *Biophysical Journal*, 9, 1337–1350, (1969).

第12章 金属诱导能量转移

Narain Karedla, Daja Ruhlandt, Anna M. Chizhik, Jörg Enderlein, and Alexey I. Chizhik[1]

[1]德国哥廷根大学物理研究所三处

摘 要 本章为近期提出的金属诱导能量转移概念及其两项应用的综述,将讨论该方法的基本原理及其在绘制活细胞膜图和精度为2~3nm的单分子轴向定位中的应用。

关键词 能量转移 荧光寿命成像 荧光团-金属相互作用 表面等离子体光子学

12.1 引言

在过去的20年里,超分辨率显微技术取得了长足发展,并且为荧光显微术在生命科学领域的应用中开辟了新的领域。然而,现有的各种方法或是存在技术上的挑战,要求在活细胞成像允许的范围内激发光强度尽可能高;或是进程过于缓慢且需要特定的标记物,而且环境条件也不一定适用于活细胞显微术。此外,这些方法都有一个共同的问题,即其轴向分辨率比横向分辨率差约一个数量级。

本章提出了一种新的基于荧光的方法,该方法利用了从光激发的施主分子到金属薄膜的能量转移,进而实现精度达到1nm的荧光团轴向定位。这远远超出了光学显微镜的衍射极限,并在精度上超过了所有已知的增强轴向分辨率的光学技术。

很久以前人们就已发现,将荧光分子置于金属附近会导致荧光发射的淬灭并缩短荧光寿命。1946年,Edward Purcell 在一篇有巨大影响的短文[1]中首次预测了这一现象。在物理学意义上,这一现象背后的原理与荧光共振能量转移(fluorescence resonance energy transfer,FRET)较为相似[2],即激发分子的能量通过电磁耦合传递至金属等离子体,随后消散或者以光的形式再辐射。这类荧光团与金属的反应在20世纪70—80年代得到了广泛研究[3],并在半经典量子光学的基础上发展出了一种定量理论[4-5],实现了极佳的试验测量与理论预测的定量一致性。

将在本章证明金属诱导能量转移(metal-induced energy transfer,MIET)可用作沿一维方向以纳米级的精度定位荧光分子的方法[6-7]。首次原理论证的研究已在文献[8]中给出,但是基本思想在当时没有得到太多关注。其核心思想是MIET会加快被激发荧光分子返回基态的过程,它表现为荧光寿命的缩短[9-11]。由于能量转移率取决于分子到金属层的距离,因此荧光寿命可直接转换成一个距离值,如图12.1所示。这一转换过程能够成功的理论依据是对MIET准确的定量理解[12]。需要强调的是,从分子到金属的能量转移由分子近场与金属的相互作用主导,这与FRET相似,完全属于近场效应。然而,鉴于作为受体的金属薄膜的平面几何结构,能量转移效率对距离的依赖性远低于距离的6次方,这导致在表面以上0到100~200nm的距离范围内,寿命与距离之间存在单调关系。该方法的一个关键优点就是无需对传统荧光寿命显微镜(fluorescence lifetime imaging microscope,FLIM)进行任何硬件调整,因此可以保留完整的横向分辨率。MIET的技术简单性与活细胞成像兼容性使其适用于广泛的研究领域。

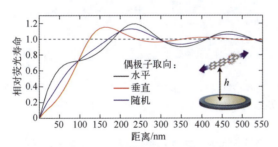

图12.1　荧光团寿命与其在金属薄膜上轴向位置依赖关系的计算结果[13](图中的曲线是发射波长为650nm、沉积于玻璃盖玻片上的金薄膜厚度为20nm时的计算结果)

本章旨在介绍该技术的细节,并讨论其优点、局限性以及未来与其他超分辨率方法结合来提高平面内分辨率的技术前景。此外,本章还将介绍其在活细胞成像以及单分子轴向定位研究方面的应用。

12.2　原理

为评估MIET的测量值,必须模拟金属化表面上一个荧光分子的发射特性。

图 12.2 给出了该模型情景的几何结构。考虑单分子发射的定向角为 (α,β)，其中 β 表示朝向垂直轴的倾斜角，α 表示绕轴角度。假设该分子是一个电偶极子发射源，那么它向 (θ,ϕ) 方向发射的电场强度可由下面的通式给出，即

$$E_{em} = e_p [A_\perp \cos\beta + A_P^c \sin\beta \cos(\phi-\alpha)] + e_S A_P^S \sin\beta \sin(\phi-\alpha) \quad (12.1)$$

式中：$A_\perp$、A_P^c 和 A_P^S 为发射角 θ 的函数，而非 α、β 或 ϕ 的函数。$A_\perp$、A_P^c 和 A_P^S 的显式表达式可通过一种标准方法求得，即将偶极子发射的电场展开为平面波叠加，并使用菲涅尔（Fresnel）关系追踪平面结构中的每个平面波分量。更多细节另见文献[12,14-16]。尤其需要注意的是，函数 $A_\perp$、A_P^c 和 A_P^S 同时依赖于波长。

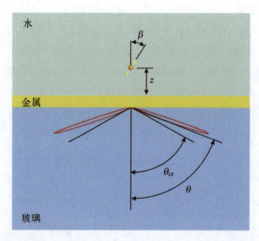

图 12.2 MIET 的几何结构[13]（荧光分子被置于沉积在玻璃的金属薄膜上方。荧光探测与荧光激发均从玻璃一侧，使用同一高数值孔径物镜完成。单个分子（电偶极子发射器）被置于距金属表面 z 的位置上，其方向由电偶极子轴和垂直轴（光轴）的夹角 β 表示。玻璃上的发射角度分布是 θ 的函数，在图中用红色曲线画出。图中同时标出了玻璃和水之间全内反射的临界角 θ_{cr}）

在得知给定方向为 (θ,ϕ) 的发射电场强度后，可计算出发射的总功率为

$$S_{total}(\beta,\alpha) \propto B_\perp \cos^2\beta + B_P \sin^2\beta \quad (12.2)$$

考虑到金属层对发射能量的吸收，引入了权重因子 $B_\perp$ 和 B_P。具体的计算过程见文献[12]。根据得到的总发射功率 S_{total}，可计算出分子的寿命为

$$\frac{\tau}{\tau_0} = \frac{S_0}{\phi S_{total} + 1 - \phi} \quad (12.3)$$

式中：ϕ 为量子产率；τ_0 为自由寿命；S_0 为发射体在自由空间（样品空间）内的总发射功率。

为最终计算真实的寿命-距离曲线,必须对所有可能的分子取向(假设样品中没有优先的分子取向)以及发射源的发射光谱(使用自由空间发射光谱作为权函数)的结果求平均。作为波长的函数,金属层的复折射率除了从公开数据中获得外,就必须使用椭圆偏振技术测量得出。

12.3 MIET-GUI 软件

我们已开发一种专用的基于 Matlab 的 MIET-GUI 软件,用以评估测得的 MIET 数据。MIET-GUI 软件采用图形用户界面,被设计用于多种不同类型的数据评估,包括将原始的 FLIM 数据转换成 MIET 图像。此软件的下载链接见 www.joergenderlein.de/MIET/MIETGUI.zip。MIET-GUI 软件可读取由时间相关单光子计数(time-correlated single-photon counting,TCSPC)硬件 HydraHarp 生成的 .ht3 文件,该硬件由柏林 PicoQuant GmbH 公司生产,产品链接见 http://www.picoquant.com/products/category/tcspc-and-time-taggingmodules/hydraharp-400-multichannel-picosecond-event-timer-tcspc-module。自 2014 年 10 月 30 日投入使用以来,该软件计算了单像素、椭圆关注区域(regions of interest,ROI)或使用激发光扫描单偶极子发射体所生成图案的寿命和强度。这些寿命数值随后通过 MIET 寿命相对高度的校准曲线转化为高度信息。

在使用软件的第一步中,用户必须选择评估的通用类型,包括逐像素点或者某一种更加详细的 ROI 或其他图案。在逐像素点的模式中,每个超过 25 个光子的像素的 TCSPC 直方图将被组合起来。这些直方图一开始急剧上升,随后到达一个峰值,最后出现指数衰减。通过设定一个截点,使其之后的曲线为纯指数分布,并计算截点后的光子平均到达时间,就可以得到该像素的寿命值。在 ROI 模式中,用户将指定被认为是属于相同寿命分子的椭圆关注区域。ROI 内所有像素的光子将被收集成单个直方图。与单像素直方图相比,它更不易出现噪声问题。因此,直方图可以用单个或多个指数衰减曲线进行拟合,从而确定 ROI 内分子的寿命。图案配准模式最为复杂,在该模式中,用户必须给定如波长、激光偏振模式、物镜的散焦及数值孔径等激发光参数。根据这些参数,可以计算出激发光束以不同角方位扫描分子所产生的图案。在此之后可以将 TCSPC 数据随时间积分获得的强度图像与模拟图形拟合,以确定每个单偶极子发射体的位置与方向。随后分配到分子图案的所有像素的光子将被组合为一个直方图,并与 ROI 模式一样进行拟合。

在第二步中,寿命信息将被转换为高度信息。为达到该目的,用户必须给定发射波长、量子产率、发射体激发状态的寿命以及样品中所有材料(如金属镀膜玻璃盖玻片、缓冲溶液等)的厚度和复折射率。如上所述,作为偶极子距界面上方的高度及其与光轴夹角度的函数,该数据可用于计算观测到的寿命。在逐像素点评估模式中,由于不知道粒子的方向,因此需要将其假设为随机方向,才能相应地计算出校准曲线。在图案匹配模式中,由于粒子的方向已知,因此可用正确的曲线进行评估。若荧光探针的发射光谱已知,所有能通过光学滤波器的波长校正曲线将根据光谱进行计算并取平均。一种复杂的情况是寿命高度曲线是振荡的,也就是说,某些寿命值不能与高度值明确匹配。第一种解决这一问题可能的方法是在最大且唯一的值处裁截校正曲线,并在高度图像中将所有更长的寿命标记为"非数值"。如果样品的一些先验知识明确了不存在比校准曲线中第一个峰值所对应数值更大的高度值,就可以在这个峰值处裁截校准曲线。通过这个过程得到的高度信息接下来可以进行可视化或被用于进一步的分析。

12.4 使用金属诱导能量转移的活细胞纳米显微术

通过对活细胞基底膜进行纳米级别的精确定位,证明了MIET在活细胞成像中的适用性。精确的细胞-基质距离作为时间与位置的函数,具有前所未有的分辨率。这种认知提供了一种量化细胞黏附和运动的新方法,这也是更深入地理解如细胞分化、肿瘤转移、细胞迁移等基本生物过程所必需的。

这里选择了3种贴壁细胞系作为生物模型系统,分别是MDA-MB-231人类乳腺癌细胞、能够在活有机体模型中形成转移瘤的A549人类肺癌细胞以及作为良性上皮细胞系的犬肾组织中的马丁达比狗肾(Madin-Darby canine kidney,MDCK)II细胞。图12.3展示了试验装置,包含一个装有数值孔径为1.49物镜的传统共聚焦显微镜、一个Fianium公司的脉冲激发光源(重复频率20MHz、脉冲宽度50ps、波长范围450~800nm、每纳米平均功率1mW)和一个HydraHarp PicoQuant公司的时间相关单光子计数(time-correlated single-photon counting,TCSPC)模块。与传统FLIM相比,MIET唯一的附加要求是需要在用来承载样品的玻璃盖玻片上沉积一层20nm厚的半透明金薄膜。

细胞由膜染色荧光团(Invitrogen公司的CellMask深红色质膜染色剂)染色。这种荧光团可在可见光谱的深红区域发射光子。荧光干涉对比(fluorescence interference contrast,FLIC)显微技术的测量结果表明,基底膜与基质之间的平均距离通常取决于细胞类型,并在20~100nm间浮动[18]。这远远低于共聚焦显微镜的衍射极限轴向分辨率。为了维持细胞的生理状态,为显微镜装配了一个恒温箱,使温度保持在37℃不变。细胞直接生长在镀金的玻璃基底上。设置视场为 70μm×70μm,扫描位置为 175×175,并每 5min 采集一次 FLIM 图像。由于顶端细胞膜距基底至少有 500nm,只有基底膜内的染料分子能被有效地激发并检测。更多试验方面的具体细节可参见文献[6]。

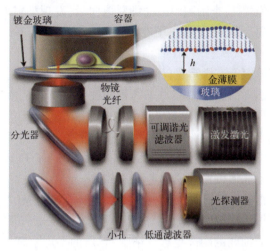

图 12.3 活细胞长通(long pass,LP)成像试验装置的结构[13]

图 12.4(a)和图 12.4(b)分别给出了采集到的 MDA-MB-231 细胞基膜荧光强度和寿命图像的示例。由于荧光强度的变化不仅取决于金属诱导的淬灭,还取决于标记的均匀性。因此,仅用寿命信息来重建基底膜的三维图像。如图 12.1 所示,通过在理论层面上计算荧光寿命与荧光团到金属膜距离的依赖关系,可以完成金薄膜之上,基底膜的局部高度计算。

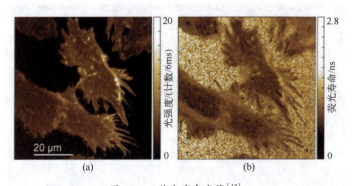

图 12.4 荧光寿命成像[13]

(a) MDA-MB-231 活细胞的荧光强度图像;(b) 寿命图像
(该细胞生长于金薄膜玻璃衬底上,两张图像由标准的共聚焦显微镜同时采集)。

该模型考虑了玻璃/金基底的所有光学特性细节,包括金属薄膜的厚度、波长依赖的复折射率、盖玻片的折射率。此外,还有所使用染色试剂的光物理学特性,如发射光谱和染料相对于基底的取向等。

通过散焦成像[19]检查细胞膜内的染料取向后,发现染料取向完全随机,不存在任何优先取向。图12.1给出了在本试验使用的条件下计算出的距离-寿命依赖关系。

鉴于细胞膜轮廓的三维重建仅仅根据样品的寿命图像来重新计算,因此利用强度分布来识别寿命图像中相对于背景的细胞膜荧光。由于寿命值在低信噪比的条件下变得极其分散,因此单从寿命图像很难识别无细胞的区域。通过去除荧光强度低于背景强度的区域来消除这些斑块。最后,为了确保试验过程中细胞膜染色剂没有在细胞内扩散,对细胞内间室进行了FLIM成像,结果表明这些结构没有产生任何可检测的荧光信号。

图12.5(a)展示了根据图12.4中寿命图像计算出的MDA-MB-231细胞基底膜三维重建结果。局部的细胞-基质距离在50~100nm范围内浮动,其中位于边缘的细胞与表面间的距离更远。细胞-基质的平均距离与Wegener及其同事们最近发布的报告结果非常一致。在他们的报告中,MDCK II 的平均距离为27nm,NIII 3T3 成纤维细胞为87nm[20]。不同细胞类型的细胞-基质距离会产生差异,这是由细胞自身的黏附强度及细胞外基质(extra-cellular matrix,ECM)蛋白质分泌的变化导致的。为了追踪细胞-基质距离的时间动态,每隔5min对荧光寿命和强度图像进行了一系列的延时拍摄。在细胞随时间变化运动的三维图像中,横向分辨率为200nm(由共聚焦显微镜定义),轴向分辨率为3nm。

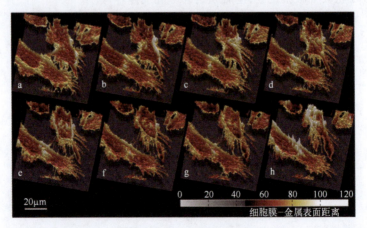

图12.5 基底膜的三维重建结果[13](该三维轮廓图由40min内所记录的荧光寿命图像计算得出,其中每张MDA-MB-231细胞图像的采集时间为90s)

尽管各横向位置的细胞-基质距离随时间变化,但在全部测量时间内,其平均距离保持不变。我们发现,边缘肿瘤细胞的细胞-基质距离比牢牢附着在金表面的中央肿瘤细胞更大。此外,还对比了 MDA-MB-231、A549 和 MDCK II 这3种细胞系的基底膜-金薄膜表面平均距离,图 12.6 展示了它们的 MIET 图像。可以发现,本试验与之前使用 FLIC 显微镜获得的数据,即 MDCK II 细胞与表面非常接近(大约 27nm)[19]的结果非常一致。需要注意的是,MDCK II 细胞是一种良性上皮细胞,而另外两种细胞系则是癌细胞,表现出更高的侵入性及活动性。该结论可以由它们更远的细胞-基质距离这一现象推测出,其中 MDA-MB-231 的细胞-基质距离为 54nm±8nm,A549 为 67nm±7nm。

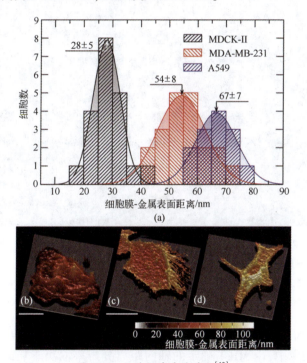

图 12.6　3 种细胞系的对比[13]

(a) MDA-MB-231、A549 和 MDCK II 细胞系的基底膜-金表面平均距离
(实线表示使用高斯函数对试验数据的拟合曲线,(b)~(d) 典型的细胞基底膜三维
重建结果);(b) MDA-MB-231 细胞;(c) A549 细胞;(d) MDCK II 细胞
(比例尺为 1∶20)。(为了便于比较,所有图像均标准化至同一比例)

还通过可视化由初始接触到板状伪足形成的各个黏附阶段,对单 MDCK II 细胞的扩散进行了监控。贴壁细胞的扩散过程在通常情况下可被划分为 3 个不同的时间阶段。第一阶段以黏附分子和 ECM 分子形成初步的结合为特征。

第二阶段紧接这个结合过程之后,包括由肌动蛋白聚合驱动的初始细胞扩散。这种聚合作用拉伸了折叠区域和储液囊内的膜,迫使细胞表面积增加。第三阶段包括从内部存储的膜缓冲液中补充额外的质膜,并扩大板状伪足以占据更大的面积。利用 MIET 成像技术,可以根据图 12.7 和图 12.8,将细胞-基质距离视为时间的函数来监控各个阶段。MIET 图像显示,细胞初始接触的标志是出现与表面的距离呈交替变化的同中心区域。被细胞占据的区域随着时间的推移而增加,最终板状伪足出现在与金表面密切接触的细胞边缘处。

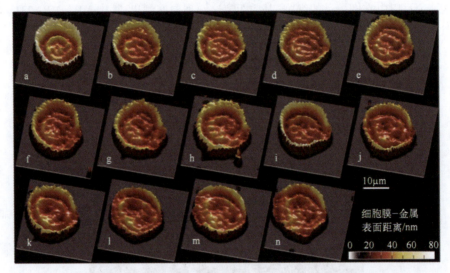

图 12.7　每隔 3min 记录的时间变化 MIET 图像[13](这些图像展示了 MDCK II 细胞在金表面扩散的早期阶段。最初,可以看到强与稍弱黏附的同心圆区域(根据细胞-基质距离判断)。更深的颜色代表该区域的细胞-基质距离较小。在靠后的阶段中(k~n),形成了首个细胞-基质距离较小的板状伪足)

为估计所记录图像的分辨率,计算了细胞-基质距离的标准差。在所采集的这一系列图像中,由 MIET 确定的轴向距离分辨率取决于局部信噪比,并在 3nm(每个像素为 $10×10^3 \sim 15×10^3$ 次光子计数)和 4nm(每个像素为 $5×10^3 \sim 10×10^3$ 次光子计数)之间变化。这远远超过了目前大多数用于轴向成像技术的精度。为了防止样品的快速光漂白,选择了合适的激发功率(为 $100 \sim 300 \text{ W/cm}^2$)和采集时间。然而,由于分辨率取决于记录的荧光衰减曲线的信噪比,因此可以通过增加采集时间或提高激发激光的功率来采集更多的荧光信号,从而进一步提高精度。

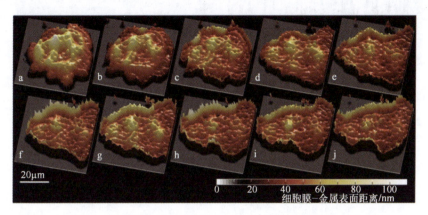

图 12.8　每隔 5min 记录的时间变化 MIET 图像[13]（这些图像展示了 MDCK II 细胞在金表面扩散的后期阶段。紧密连接的突起/板状伪足开始在远离细胞中央的区域形成。随着时间的推移，细胞占据了更大的面积，并且被压得更紧。更深的颜色代表该区域的细胞-基质距离较小）

12.5　光子统计对轴向分辨率的影响

为了研究光子统计对 MIET 轴向分辨率的影响，记录了测试样品的荧光寿命图像，如图 12.9(i)插图所示。玻璃盖玻片上覆盖了 20nm 的金薄膜和 50nm 的 SiO_2。在电介质隔片表面上，沉积了一层掺杂随机取向 CellMask 深红色分子的聚合物薄膜。在聚合物薄膜的顶部，滴了一滴折射率与玻璃相等的光学胶。以此使测试样品代表极其贴近金薄膜的细胞膜典型结构。

通过后续染色剂的漂白，记录了每单位像素计数在 30~1000 次的范围内样品同一区域的 FLIM 图像。图 12.9(a)~(d)分别展示了在 1000、10000、20000 和 30000 次每像素条件下记录的荧光寿命图像的典型横截面。利用当前试验条件下的距离-寿命依赖关系，重新将 FLIM 图像计算为染剂-金属薄膜的距离分布曲线，分别如图 12.9(e)~(h)所示。为了估计所记录图像的分辨率，计算了每张图像所获高度的标准差。图 12.9(i)中空心圆环表示通过试验获得的标准差值。根据单光子计数的泊松统计规律，预期平均荧光寿命值的精度与所探测光子数的平方根成比例。相应地，也期望能够看到，已确定高度值的精度与所探测光子数之间存在大致类似的依赖关系。这一点通过计数的平方根反函数(实曲线)与数据的拟合得到了极好的验证。

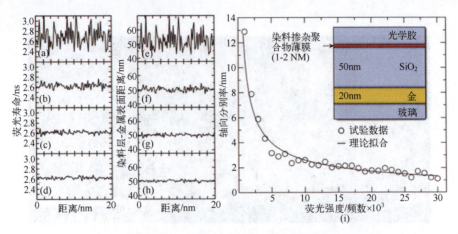

图 12.9 光子统计对轴向分辨率的影响[13]

(a)~(d)分别以每像素 1000、10000、20000 和 30000 次记录在同一样品区域的荧光寿命图像横截面;(e)~(h)分别根据图像(a)~(d)重新计算的染料层-金属薄膜距离分布;(i)在不同计数条件下计算的荧光团轴向定位分辨率的标准差

(其中开放的圆代表试验数据,实线代表理论的拟合结果。插图展示了测试样品的结构图)

12.6 求解单分子量级的纳米轴向距离

将在本章提出第一个使用 MIET 从表面轴向定位单分子的试验。试验结果表明,单分子 MIET(single-molecule MIET,smMIET)的确具备以纳米级精度测量单个分子与表面之间距离的能力。测量了沉积在电介质隔片上单个染料分子的荧光寿命,作为隔片厚度的函数。图 12.10 展示了分别沉积在厚度为 20nm、30nm、40nm、50nm SiO_2 层上的单染料分子的 4 个图像。其中 SiO_2 层位于覆有钛厚度为 2nm、金厚度为 10nm 的金属薄膜的玻璃盖玻片之上。图像使用标准共聚焦激光扫描显微镜拍摄。拍摄区域的面积为 30μm×30μm。图像中可见的背景由金的宽光致发光造成。不过由于光滑金表面的光致发光寿命低于 2ps,因此不会对测量结果造成影响。计算了不同隔片厚度中单分子寿命的分布,如图 12.11 所示。其中厚度为 20nm、30nm、40nm 和 50nm 隔片的寿命值计算结果分别为(0.50±0.06)ns、(0.81±0.07)ns、(1.19±0.08)ns 和(1.50±0.08)ns。

图 12.12 展示了完全水平和完全垂直的定向偶极子荧光寿命值的计算结果,以及其寿命调制曲线。两条曲线之间的阴影区域代表极化方向偶极子可能的寿命值。根据拟合结果发现,如果假设所有分子的取向几乎都是水平的,那么所观测到的寿命-距离状态就能得到最准确的表述。这可以通过散焦成像来

证实。

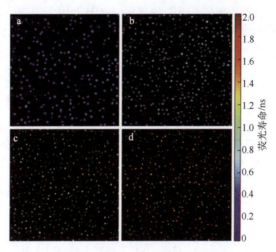

图 12.10 已识别单分子像素的不同厚度 SiO_2 隔片的寿命图像[13]

(a) 20nm；(b) 30nm；(c) 40nm；(d) 50nm。

(颜色条表示以纳秒为单位的寿命值颜色索引。每张图的尺寸为 $30\mu m \times 30\mu m$)

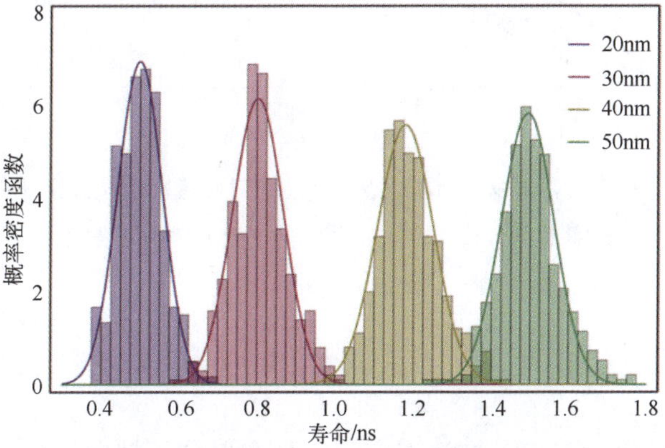

图 12.11 金属薄膜和沉积分子之间的寿命分布[13]

(SiO_2 隔片的厚度分别为 20nm、30nm、40nm、50nm)

观察到单分子寿命值的标准差小于 0.1ns，这相当于水平偶极子的轴向定位精度小于 2.5nm。通过增加每个分子采集到的光子数，如使用合适的氧清除试剂防止光漂白，可以进一步减少寿命分布的扩展[20]。在目前的试验中，分别在厚度为 20nm、30nm、40nm、50nm 的 SiO_2 隔片中，探测到被识别分子的平均光子数为 369、767、1.002 和 1.031。目前的测量方案所面临的根本局限是无法在测量分子取向(极角)的同时测量强度和寿命。如图 12.12 所示,距离和寿命的关系与分子的取向密切相关。所以如果将 smMIET 用于单分子的纳米级精确距离测量,那么必须知道分子的寿命和取向。目前存在很多实现这一目标的方法,包括散焦成像[18,21]、径向偏振光扫描[22]或分别检测亚临界和超临界荧光发射[23]。然而,这些方法全部需要对传统共聚焦激光扫描显微镜进行大幅度扩展和/或改进,并且必须通过进一步的研究,以确定哪种方法能够最鲁棒和有效地提取每个被探测光子的信息。

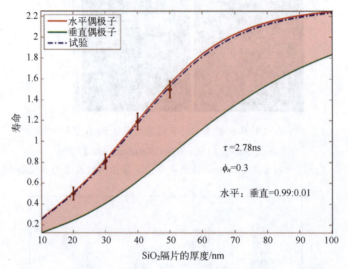

图 12.12　试验所得寿命值的拟合结果[13](得到的稳定寿命,也即拟合参数 τ_0 为 2.78ns,这一数值很好地吻合了处于空气中的玻璃上测得的 Atto655 寿命)

12.7　小结

虽然着重研究了 MIET 在活细胞膜定位和单分子轴向定位中的应用,展现了 MIET 多功能性、相对简单的技术性以及对于生命科学领域的适用性,但 MIET 潜在的应用范围更广。MIET 工作的尺寸范围很好桥接,并补充了传统 FRET 领域以及所有最近发展的超分辨率成像技术。尽管 MIET 建立在对完美的荧光团-金属相互作用的理解之上,使其必然比 FRET 更为复杂,但在当前强大的台式计算机时代,这不会成为严重的障碍。与 FRET 相比,由于只需要知道一种荧光分子相对于平面金属薄膜的取向,因此取向因素问题被显著地缓和。此外,与 FRET 相比,只需使用一种荧光团标记样品的一个点,无需将供体和受体分别标出。MIET 的安装极其简单,无需修改 FLIM 系统,也无需制备复杂的样品基质。唯一需要首先准备的是在玻璃盖玻片上覆以一层金属薄膜。因此,MIET 技术的简易性使其在需要纳米分辨率的广泛研究中得到了应用。

将 MIET 技术与基于光开关和单分子高精度定位的超分辨率显微技术相结合,能够以纳米级精度分辨分子间与分子内的距离。此技术的第一步是将 MIET 应用于单分子成像中,如本节内容所述。通过已有的非优化(从光漂白的角度)测量方法,可以估计出优于 2.5nm 的位置精度。尽管 smMIET 只能沿一个单轴实现这一分辨率,但这一方法将为结构生物学开启吸引人的新发展前景。例如,为确定大分子中两个荧光标记之间的分子内距离,可以设想使用 smMIET 来测量固定在表面上的大量大分子的两个标记间的绝对距离值。然后便可对获得的距离直方图进行统计分析,来获得标记之间的绝对距离值。

参 考 文 献

[1] Purcell E. M. ,Proceedings of the american physical society,*Phys Rev*,69(11-12),674,(1946).

[2] Förster T. , Zwischenmolekulare energiewanderung und fluoreszenz, *Annales de Physique*, 437, 55-75, (1948).

[3] Drexhage K. H. ,IV Interaction of light with monomolecular dye layers,*Progress in Optics*,12,163-232, (1974).

[4] Lukosz W. and Kunz R. E. ,Light emission by magnetic and electric dipoles close to a plane interface. I. Total radiated power,*Journal of the Optical Society of America*,67(12),1607-1615,(1977).

[5] Chance R. R. ,Prock A. ,and Silbey R. Molecular fluorescence and energy transfer nearinterfaces,in Prigogine I. and Rice S. A. (eds),*Advances in chemical physics*,*Wiley*,New York,1-65,(2007).

[6] Chizhik A. I. ,et al. ,Metal-induced energy transfer for live cell nanoscopy,*Nature Photonics*,8(2),124-127,(2014).

[7] Karedla N. , et al. , Single-molecule metal-induced energy transfer (smMIET): resolvingnanometer distances at thesingle-molecule level,*ChemPhysChem*,15(4),705-711,(2014).

[8] Colyer R. A. ,Lee C. ,and Gratton E. , A novel fluorescence lifetime imaging system thatoptimizes photon efficiency,*Microscopy Research and Technique*,71(3),201-213,(2008).

[9] Chizhik A. I. ,et al. ,Probing the radiative transition of single molecules with a tunablemicroresonator, *Nano Letters*,11(4),1700-1703,(2011).

[10] Chizhik A. I. ,Gregor I. ,and Enderlein J. ,Quantum yield measurement in a multicolorchromophore solution using a nanocavity,*Nano Letters*,13(3),1348-1351,(2013).

[11] Chizhik A. I. ,et al. ,Electrodynamic coupling of electric dipole emitters to a fluctuatingmode density

within a nanocavity, *Physical Review Letters*, 108(16), 163002, (2012).

[12] Enderlein J., Single-molecule fluorescence near a metal layer, *Chemical Physics*, 247(1), 1-9, (1999).

[13] Narain K., et al., Metal-Induced Energy Transfer, Peter K., Michael W., and Rainer E. (eds), *Advanced Photon Counting*, Springer, 15, 265-281, (2015).

[14] Enderlein J., Ruckstuhl T., and Seeger S., Highly efficient optical detection of surface-generated fluorescence., *Applied Optics*, 38(4), 724-732, (1999).

[15] Enderlein J. and Ruckstuhl T., The efficiency of surface-plasmon coupled emission forsensitive fluorescence detection, *Optics Express*, 13(22), 8855-8865, (2005).

[16] Enderlein J., A theoretical investigation of single-molecule fluorescence detection onthin metallic layers., *Biophysical Journal*, 78(4), 2151-2158, (2000).

[17] Braun D. and Fromherz P., Fluorescence interferometry of neuronal cell adhesion onmicrostructured silicon, *Physical Review Letters*, 81(23), 5241-5244, (1998).

[18] Patra D., Gregor I., and Enderlein J., Image analysis of defocused single-molecule images forthree-dimensional molecule orientation studies, *Journal of Physical Chemistry A*, 108(33), 6836-6841, (2004).

[19] Heitmann V., Reiß B., and Wegener J., The quartz crystal microbalance in cell biology: basicsand applications, in Steinem C. and Janshoff A. (eds), *Piezoelectric sensors*, Springer, Berlin, 303-338, (2007).

[20] Vogelsang J., et al., A reducing and oxidizing system minimizes photobleaching andblinking of fluorescent dyes, *Angewandte Cheme International Edition*, 47(29), 5465-5469, (2008).

[21] Böhmer M. and Enderlein J., Orientation imaging of single molecules by wide-fieldepifluorescence microscopy, *Optical Society of America Journal B*, 20(3), 554-559, (2003).

[22] Chizhik A. I., et al., Excitation isotropy of single CdSe/ZnS nanocrystals, *Nano Letters*, 11(3), 1131-1135, (2011).

[23] Hohlbein J. and Hübner C. G., Three-dimensional orientation determination of the emissiondipoles of single molecules: the shot-noise limit, *Journal of Chemical Physics*, 129(9), 094703, (2008).

第13章 受激发射损耗(STED)显微术中光子到达时间的重要性

Giuseppe Vicidomini, Ivàn Coto Hernàndez, Alberto
Diaspro, Silvia Galiani, Christian Eggeling

摘　要　基于透镜的荧光显微术(或称为远场荧光显微术)是研究活体细胞的常用技术。但是由于衍射的原因,传统远场荧光显微术的空间分辨率被限制在200nm左右,无法在更小的尺度上对分子进行集合成像。21世纪初,远场荧光超分辨率显微术或纳米显微术出现了。该技术的特点是空间分辨率可低至分子量级。受激发射损耗(stimulated emission depletion, STED)显微术是首个实现纳米量级的此类技术。但是,在很长一段时间里它曾被认为是非常复杂的,很难应用于日常生物研究。然而,近年来由于标记和激光技术的发展,STED纳米显微术取得了重大进步,其中包含选通连续波STED(gated continuous-wave STED, gCW-STED)显微术。gCW-STED显微术通过将工作在连续波的STED激光同脉冲激励与时间选通光子探测相结合,降低了STED纳米显微术的复杂性。本书讲述了gCW-STED的物理原理,构建了说明其主要优、缺点的理论架构并提供了试验数据。

13.1　引言

荧光显微镜是在研究如何提高光学显微镜的空间分辨率过程中产生的附带产物[1-2],受到人们多年的关注。1873年,Abbe[3]证实衍射会限制远场光学显微镜的空间分辨率;远场光学显微镜使用透镜和聚焦光线来观察与光学器件距离大于微米级的样本,这样就能进行非侵入性的、细胞内的研究工作。但是,使用聚焦光线会付出出现光线衍射的代价,这意味着人们无法使用远场显微镜分辨出任何距离小于 $d=\lambda/(2n\sin\alpha)$ 的物体,此距离可由显微镜的物镜数值孔径($n\sin\alpha$，其中 n 为嵌入介质的折射率，α 为聚焦角度)和使用光源的波长 λ 求出。由 Abbe 的研究结果可知，光的波长越短，其空间分辨率越高。KÖhler 受其启发，于 1904 年研制出第一台紫外线(ultra-violet，UV)透射式显微镜。KÖhler 在试验中发现，一些生物结构在 UV 光线的照射下会发出自体荧光。虽然自体荧光是进行最初的 UV 显微镜试验所面临的一个主要问题(因为其减小了最终图像中的样本对比度)，但是 KÖhler 很快意识到可以利用荧光来确定生物样本中特定结构的位置。1908 年，KÖhler 与 Siedentopf 共同开发出第一台荧光显微镜[4]。

自荧光显微术问世以来，相关仪器、技术、荧光探针合成以及标记技术等领域的进步也促进了它的持续广泛应用。20 世纪 90 年代初，现代远场荧光显微镜作为一种操作简便的仪器，具有极佳的对比度、单蛋白特异性、单分子敏感性和最小样本扰动。但是它仍然受 Abbe 的分辨率限制。在这种情况下，还需要注意的是 Abbe 的分辨率极限仅适用于光线传播距离远大于其波长的条件(即在远场中)。因此，在 1928 年 Synge 就预测，如果将照射和/或探测装置设置在距离样本几十纳米之内(即在近场中)，那么荧光显微镜的空间分辨率就可以达到远低于 Abbe 分辨率极限的水平。该预测在 20 世纪 80 年代得到证实[5-6]。然而，该特殊结构将近场显微术限制在对细胞表面结构的观测上，对细胞内部结构的观测尚是遥不可及的。

同其他科学领域的跨越式发展一样，远场荧光显微术衍射分辨率限制的突破并非源自一般意义上的相关技术的持续进步；在 20 世纪 90 年代早期，可以克服衍射障碍的新物理概念的出现，使得具有亚衍射分辨率(远小于 d)的荧光显微镜得到了快速而广泛应用[7-8]。这些显微镜通常被称为远场超分辨率技术或光学纳米显微技术[9-11]。

目前所有的超分辨率显微镜技术的独特之处在于，它们通过阻断相邻(小于 d)分子的同步信号传递(一般而言)，而对其按时间和/或空间顺序进行记录，从而突破了衍射限制[12-14]。此处，阻断信号传递是指荧光发射是通过光学驱动具有不同荧光发射特性的状态间标记实现的，如发光的 on-状态和暗的 off-状态。在此范围内，各种纳米显微术方法的不同之处在于其阻止信号的分子机制，以及状态间的驱动是在空间上的定向坐标还是随机的分子位置。受激发射损耗(stimulated emission depletion，STED)显微术是定向坐标技术中最具代表性的方法，同时它也是第一种远场纳米显微术方法[7,9,13,15-16]。

在 STED 显微镜中，受激发射(stimulated emission，SE)是一种光学驱动分子的机制，通过这种方式驱动 on-态和 off-态间的荧光标记会阻断(自体)荧光信号。具体而言，第二束激光(即 STED 激光)将被加入到显微镜的荧光激发激光中,以驱动被激发的(荧光的 on-态)分子进入它们的暗基态 off-态(图 13.1)。因此,STED 激光的特点是有一个或更多可以控制那些融入整体信号的分子坐标的零光强点。在最具代表性的 STED 显微术中,使用环形 STED 光束对常规高斯(Gaussian)激发光束进行校准。环形 STED 光束的特点是有一个接近"零光强"的点,其波长位于荧光标记辐射频谱的红边(图 13.1)。在这些条件下,STED 光束瞬时退激,从而抑制共焦激光光斑中除那些位于"零光强"点或最接近该点的分子外的所有分子的荧光发射。最重要的是,将 STED 的强度提高到某个确定阈值以上,基本上会将所有分子驱动到 off-态,并限制 on-态分子的区域,使得荧光发射仍然存在(有效荧光或观测点)(图 13.1)。对穿过样本的两束校准光束进行扫描,并只采集自发发射(使用合适的光谱滤波器过滤掉受激信号)以得出图像,其空间分辨率取决于有效荧光光斑的大小。从理论上说,通过提高 STED 光束的光强,可以将有效荧光斑点减小到无限小维度(从而使空间分辨率达到"无限大")。实际上,由于可能产生的光损伤和光毒性效应,使得能够聚焦在样本上的 STED 激光光线剂量受到限制,因而限制了 STED 显微镜的极限分辨率。

虽然 STED 显微术在 1994 年研发成功[7],并于 1999—2000 年首次被进行试验证实[17-18],但其实际应用在近几年才有了强劲的发展势头[9,14-15,19]:起初的 STED 系统虽然空间分辨率很高,但它非常复杂且造价昂贵。因此 STED 显微术的推广受到严重影响。由于传统荧光分子的激发态寿命 τ_{S1} 为 1~10ns,SE 横截面约 $10^{-17}cm^2$,只有让 STED 的光束强度 I_{STED} 达到几百兆瓦每平方厘米,才能使 SE 率 k_{STED} 远远高于自发辐射率 $k_{S1} = 1/\tau_{S1}$,从而实现对自发荧光的有效抑制。为使时间平均功率 P_{STED} 保持在较低的水平,最方便的解决办法是使用昂贵的脉冲锁模激光系统来达到所需的光强。该激光系统的脉冲需要与激发对象同步并进行时间校准:STED 光束脉冲必须在激发脉冲(全脉冲 STED)出现后近乎同时到达(几皮秒后)[18-19]。另外,由锁模激光产生的飞秒 STED 光束脉冲需要延展至 100~300ps,以将非线性光损伤[20-21]和 STED 光束的直接激发(单或双光子)降到最低[22-23]。虽然这类脉冲的准备可通常根据传统的激光光谱学来实现,但是这会给非专业的 STED 显微术操作者带来困难,还需要仔细操作和精心维护[19]。如果将 STED 显微术拓展到绿色/橙色的波谱段(即使用 GFP、Alexa488 或类似的荧光标记),其复杂性和成本会进一步增加。这需要将 STED 激光脉冲通过非线性光学仪器转换到 600~650nm 的波长范围内[24]。因此,为了使 STED 显微术得到进一步推广,需要找到一种可应用到 STED 显微镜中的替代性激光光源,以实现更低的成本并降低操作复杂度。

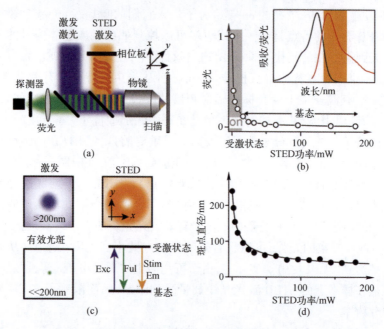

图 13.1 STED 显微术原理

(a) STED 显微镜构造示意图(其中包括显微镜物镜、STED 光束的相位板和相对激光光源移动样本的三维(x、y、z)扫描设备。显微镜物镜将激发激光(蓝色)和 STED 激光(橙色)聚焦,并收集荧光信号(绿色)进行探测);(b) 在 STED 中 STED 激光会诱导受激发射,而受激发射可以抑制记录的自发荧光(随着 STED 激光功率的增加,自发荧光量减少。当激光功率达到某一确定阈值,自发荧光基本消失。(插图)将 STED 激光(红色箭头)的波长选定在荧光团的荧光发射光谱红边(红色)上,而有选择地探测波长在荧光团的吸收光谱内(黑色)的激发激光(激发态,绿色箭头)所激发的自发荧光(荧光光子,橙色));(c) 该激发激光呈现的是普通的衍射限制的共焦散斑(蓝色),而 STED 激光穿过相位板,实现了一个局部为零的共焦光强分布,即环形区域(橙色),生成一个有效激发容积,各个维度远低于衍射限制(绿色)(右下图),当光子被激发时,STED 激光通过受激发射使荧光光子由受激状态(on-状态)回落到基态(off-状态),抑制荧光光子的自发发射。将 STED 激光的功率提高到某一临界值之上,便能有效地减小受激发光状态的占有率,进而抑制荧光光子的自发发射;(d)增加 STED 激光强度会产生亚衍射容积(它将会限制激发态占有率和由此产生的荧光发射。STED 激光功率越大,亚衍射容积(或斑点直径)越小)。

  稳定、强大且操作简便的超连续激光器出现以后,便不再需要首批 STED 设备所需的复杂脉冲准备了。实际上,这种激光源能够提供已经同步了的 STED 光束和激励光束[25-27],然而,目前商用的超连续激光源无法产生足够的光强来诱导低于 630nm 的有效 SE。反之,有一种通过光纤内的受激拉曼散射产生梳状光谱的光源,它被证明是可以在从 532nm[28]开始红移的多种波长范围内产生适合 STED 成像的光源。虽然基于光纤的激光设备易于维护,但由于半导体激光技术的复杂度更低,其具有更强的鲁棒性和更低的成本效率。如果放弃波长的可调谐性,使用更小型且更简单的 STED 激光源,也能保证实现高效的 STED 显微术[29-31]。

降低 STED 显微术的复杂度和成本的一个基础步骤就是要证明脉冲激光并非是强制必需的:也可以采用在连续波(continuous wave,CW)中运行的基于激光的 STED 显微镜[32]。利用 CW 激光 STED 显微术,不再需要准备激光脉冲,这极大地降低了成本,也提高了该技术的通用性。CW 激光中涵盖了几乎所有波段的波长[33-35]。然而,CW-STED 系统的分辨率低于脉冲 STED 系统[22]。

对于该情况的补救方法是使用脉冲激发光束、在 CW 中运行的 STED 光束和时间选通光子探测技术[36-37]。这种方法[表示为选通连续波 STED(gated CW-STED,gCW-STED)或选通 STED(gated STED,gSTED)]仍然不用进行激光脉冲准备,但其性能接近脉冲 STED。本章对 gCW-STED 实现的物理原理进行了阐述,构建了理论框架,对其主要优势与不足进行了详细阐述,同时提供了多组试验数据。

13.2 选通 CW-STED 显微术原理

CW-STED 显微镜(与脉冲 STED 显微镜相比)空间分辨率较低的主要原因是工作在 CW 中的 STED 光束的峰值强度低。与脉冲 STED 实现不同的是,在 CW-STED 中,光子分布在荧光团的整个激发态寿命中。而在 STED 中,(STED 脉冲的)所有光子在荧光标记(或荧光团)激发后,瞬间出现效果(即 on-态光子的群体)。因此,瞬间作用于激发态光子的 STED 光强普遍较低,使光子退激到基态 off-态的概率也相对较低(即 SE 的比率 k_{STED} 较低)。由于未暴露在足够的激发光子下,荧光团中仍有很大一部分在发射荧光。在 STED 光束强度较低的环状零光强点的斜面上,这种荧光现象尤为普遍,因此缩小了荧光的空间局限性,降低了空间分辨率[38]。

换言之,SE 对荧光的抑制作用很大程度上取决于荧光团在处于激发态时接触到的激发光子的数量。如果只在大于荧光团的激发时间(大于 T_g)后收集荧光光子,就可以确保收集到的荧光光子的荧光团处于激发态的时间至少大于 T_g,并保证这些收集到的荧光光子接触激发光子的时间至少相同。因此,记录的主要是荧光团的荧光发射,它们所接触的 STED 光线的能级很低,即在零光强中心或附近,这便进一步限制了有效光斑的大小(图 13.2)。实际上,有必要了解荧光团被激发的时间,它是通过使用一个脉冲激发激光来触发激发并同步进行光子探测实现的:荧光团是全部在同一时间被激发的,利用时间选通光子探测技术可以丢弃早期的荧光光子(小于 T_g)(图 13.2(a))。因此,当 STED 激光功率 P_{STED} 确定时,使荧光团回落到基态 off-状态的能力,或称荧光损耗曲线(图 13.2(b))就能得到极大的优化。尤其是荧光光子的激发和探测之间的时间延迟 T_g 越长,就越能保证被记录的荧光光子主要来自位于环状中心的荧光团,该中心位置的 STED 光束强度为"零"。

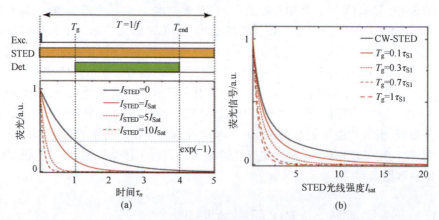

图 13.2　gCW-STED 中的激光定时和探测到的荧光信号

(a)(上图)试验中得到的激发激光脉冲(Exc.)、CW-STED 激光照射源(STED,橙色)和时间选通探测窗口(Det.,绿色)的时间序列草图。其中激发激光的脉冲重复频率为 f 并且脉冲间距为 T,时间选通的开始时间 T_g、结束时间 T_{end}(相对于激发脉冲),(图 13.3)理论上荧光光子发射概率随时间 0 点激发过程的演变情况(式(13.2),时间轴单位 τ_{S1}):无 CW-STED 光时($I_{STED}=0$,标记为黑色),有 CW-STED 光时($I_{STED}=I_{sat}$、$5I_{sat}$、$10I_{sat}$ 标记为红色);(b)计算得到的 gCW-STED 显微镜的损耗曲线(式(13.4)):增大时间延迟 T_g(单位为荧光寿命 τ_{S1}),探测的荧光信号作为 STED 激光强度(单位 I_{sat})的函数。在 CW-STED 实现过程中,丢弃了光子到达时间的信息,整个信号被记录下来。

对 gCW-STED 的实现原理的另一种解释主要依赖于 STED 光诱导产生的荧光团的激发态寿命的变化。SE 缩短了荧光团在激发态的平均时间;换言之,其有效激发态寿命 τ 与 SE 的退激比率成反比,也即与 STED 的激光强度成反比。因此,荧光团的有效激发态寿命 τ 会随其在环状中的位置发生变化。特别地,有效激发态寿命 τ 在环状的波峰时最小,在环状的中心时最大(图 13.3(b))。激发事件中在时间延迟 T_g 后收集荧光光子,可能会抑制位于激发点周围那些激发寿命较短的荧光团辐射的光子,并突出显示位于零光强点周围的那些激发态寿命较长的荧光团辐射的光子。因此,荧光信号标记的有效区域受到了进一步限制(图 13.3(c)和图 13.3(d))。

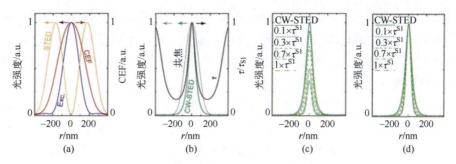

图13.3 gCW-STED 显微术的有效观测光斑

(a) 计算出的激发光束(Exc.，蓝色)、STED 光束(STED,橙色)的径向 r 聚焦强度分布以及收集效率函数的径向分布(CEF,红色;即样本空间中共焦针孔的投影);(b) 当环状波峰的强度 I_{STED}^m 比饱和强度 I_{sat}(绿色)高 5 倍时，共焦显微镜(灰色)和 CW-STED 显微镜计算的有效观测斑点或 E-PSF 的聚焦强度径向分布，以及计算的激发态寿命 τ 的分布(黑色);(c、d)对于不同的时间延迟 T_g(单位 τ_{S1})所计算出的 gCW-STED 显微镜的非归一化(c)和归一化(d)E-PSF 的径向强度分布剖面(激发光束 $h_{exc}(r)$、STED 光束 $I_{STED}(r)$ 和收集效率 $h_{det}(r)$ 的聚焦强度计算过程是在 1.4NA 油浸镜、488nm 的激发波长、577nm 的 STED 波长、520nm 的发射波长以及半径为 250nm 的背投影针孔的条件下进行的。所有的运算都基于傅里叶理论[39])。

理论上，通过无限延迟探测可将该区域调谐到无穷小的尺寸。但实际上，时间选通探测所固有的信号损失会给时间延迟 T_g 设定上限值[37-38]。

13.2.1 理论

接下来将介绍一种描述 STED 显微镜中选通光子探测效果的理论模型，该显微镜基于脉冲激发激光和在连续波中运行的 STED 激光[38]。首先阐述了在 SE 条件下发射的荧光光子概率的时间演化，推导出 SE 和时间选通探测抑制自发辐射荧光光子的表达式，并将其作为 STED 光束强度 I_{STED} 的函数。最后得出了 gCW-STED 显微镜的有效光斑或点扩散函数(effective spot or point-spread-function, E-PSF)的表达式。

我们做出以下几种假设：①荧光团的电子能级系统可用一个简单的两能级模型来描述，这种模型由基态 S_0(off)和第一激发电子态 S_1(on)组成；暗态(即三重态)和振动子状态可以被忽略。②忽略 STED 激光 $S_0 \to S_1$ 可能产生的激发；③由于瞬时假设的激发脉冲，荧光团最初处于 S_1 态。还假设两个脉冲的时间间隔 $T=1/f$ (f 为脉冲重复频率)比荧光团激发态寿命 τ_{S1} 长得多，也即在下一个激发脉冲到达之前所有荧光团已经恢复到 S_0 态；因此，每个激发循环的初始条件是相同的；④$S_1 \to S_0$ 的自发退激发生的速率常数为 $k_{S1}=1/\tau_{S1}$，荧光光子发

射的量子产率为 q_{fl}，即速率为 $k_{fl}=k_{S1}q_{fl}$；⑤STED 光束活动中受激光子发射的速率由 $k_{STED}=\tilde{\sigma}_{STED}I^*_{STED}$ 求得，其中 $\tilde{\sigma}_{STED}=\sigma_{STED}\lambda_{STED}/(\hbar c)$，也就是 SE 横截面 σ_{STED} 除以光子能量 $\hbar c/\lambda_{STED}$（λ_{STED} 为 STED 激光的波长，$\hbar c=1.99\times10^{-25}$ J·m 是普朗克常数和光速之积），I^*_{STED} 定义为瞬态（瞬时）STED 强度，在 CW 照射时，瞬态 STED 强度 I^*_{STED} 与时间平均 STED 强度 I_{STED} 相等，即 $I_{STED}=I^*_{STED}$；⑥将饱和强度 I_{sat} 定义为 $k_{S1}=k_{STED}$ 时 STED 的强度，即 $I_{sat}=k_{S1}/\tilde{\sigma}_{STED}$，表明瞬态饱和因数 $\zeta=I_{STED}/I_{sat}=k_{STED}/k_{S1}$；⑦STED 光束是不含强度噪声且圆极化的，忽略因为 STED 波束强度[35]波动以及荧光团的方向[39]造成的对 SE 荧光发射抑制能力的潜在偏差。

发射荧光光子（或更简单地说，荧光信号）的概率与第一激发态 S_1 的相对粒子数分布 P_{S1} 成正比。随时间 t 的变化，其比率表达式为

$$\frac{dP_{S1}}{dt}=-k_{S1}P_{S1}-k_{STED}P_{S1} \tag{13.1}$$

式中：$P_{S1}(0)=1$。因此，激发脉冲后 t 时刻的荧光发射率为（其中 $k_{STED}=\zeta k_{S1}$）

$$F(t,I_{STED})=k_{S1}q_{fl}\exp(-(k_{S1}+k_{STED})t)=k_{S1}q_{fl}\exp(-(1+\zeta)k_{S1}t) \tag{13.2}$$

显然，存在 STED 光束时，随着 I_{STED}（$\zeta=I_{STED}/I_{sat}$）的增加，激发态寿命 $\tau=1/(k_{S1}+k_{STED})$ 减小。

由式(13.2)可以计算出归一化的概率，也就是激发的荧光团作为 STED 光束强度 I_{STED} 和时间延迟 T_g 的函数对所测量信号的影响，即 gCW-STED 显微镜的荧光损耗曲线 $\eta(I_{STED},T_g)$ 表达式为

$$\eta(I_{STED},T_g)=\int_{T_g}^{T}F(t,I_{STED})\frac{dt}{\int_{T_g}^{T}F(t,0)dt} \tag{13.3}$$

在以上假设的条件下，可求解等式(13.3)，有

$$\begin{aligned}\eta(I_{STED},T_g)&=\exp(-\tilde{\sigma}_{STED}I_{STED}T_g)\cdot\frac{k_{S1}}{(k_{S1}+\tilde{\sigma}_{STED}I_{STED})}\\&=\exp\left(-\zeta\cdot\frac{T_g}{\tau_{S1}}\right)\cdot\frac{1}{(1+\zeta)}\end{aligned} \tag{13.4}$$

没有时间选通时，即 $(T_g=0)$，式(13.4)代表了经典的 CW-STED 实现过程的损耗曲线。引入时间选通探测，即 $T_g>0$，大大提高了抑制荧光团中荧光发射的概率，这对提高空间分辨率非常关键。值得注意的是，因为使用了时间选通探测，所以可以通过延长选通时间 T_g 来提高荧光团对光子辐射的抑制能力，而无需进一步提高 STED 光束的强度（图 13.2）。然而需要注意的是，如果没有任何 STED 光线（$\zeta=0$），便不存在损耗（$\eta=1$），时间选通也就不会对损耗造成

影响。

为了理解实现 CW-STED 与实现脉冲 STED 的联系与区别,需要注意的是式(13.4)包含两部分:第一个指数项令人联想到实现全脉冲 STED 的损耗曲线,其中 T_g 代替了 STED 光束的脉冲宽度;第二项 $1/(1+\zeta)$ 等价于全部 CW-STED 实现过程的损耗曲线。换言之,式(13.4)表明,对于全脉冲 STED,在 T_g 之前,SE 对荧光发射的损耗呈指数式衰减;在时间 T_g 后,激发态中仍然存在的荧光团所发射的荧光被消耗殆尽,这与传统的 CW-STED 实现过程一样。

已知损耗曲线(式(13.4)),可以计算出 gCW-STED 法的有效点扩散函数(E-SPF)。STED 显微镜的 E-PSF 描述了荧光团中仍然能够影响所测荧光信号的区域。更具体地说,它给出归一化概率。荧光团在距聚焦中心距离为 r 时仍然能够:①自主发射荧光光子;②影响所测信号。第①点取决于激发激光的强度剖面和 STED 激光对荧光抑制的空间依赖性,而第②点涉及显微镜的探测或(光子)收集效率(由共焦针孔或滤波片等光学元件决定)。因此,gCW-STED 显微镜的 E-PSF $h(r)$ 可表示为激发荧光团的概率(聚焦激发激光的强度剖面 $h_{exc}(r)$、收集效率概率 $h_{det}(r)$ 和损耗概率 $\eta(I_{STED}(r), T_g)$ 的乘积(式(13.4))。需要注意的是,乘积 $h_c(r) = h_{exc}(r) h_{det}(r)$ 表示没有 STED 激光时传统共焦显微镜的 PSF。

E-PSF 的简单解析表达可以这样推导出:利用高斯分布 $h_c(r) = \exp(4\ln2 r^2/d_c^2)$ 得到近似的共焦 PSF,其中 d_c 是半峰全宽(full width-at-half-maximum,FWHM)的直径,STED 激光的环形强度剖面为抛物线 $I_{STED}(r) \approx 4I_{STED}^m a^2 r^2$,此处 I_{STED}^m 为环形波峰的强度,a 为一个取决于环形最小值的形状的常数。

$$h(r) = h_c(r) \cdot \eta(I_{STED}(r), T_g)$$
$$= \exp\left(\frac{-T_g}{\tau_{S1}}\right) \cdot h_c(r) \cdot \left(1 + 4ar^2 \frac{I_{STED}^m}{I_{sat}}\right)^{-1} \quad (13.5)$$
$$\cdot \exp\left(-4ar^2 \frac{I_{STED}^m}{I_{sat} T_g} \tau_{S1}\right)$$

式(13.5)的空间 r 相关性包括共焦 PSF $h_c(r)$、与 SE 过程相关的洛伦兹(Lorentzian)项 $(1+4ar^2 I_{STED}^m/I_{sat})^{-1}$ 和与时间选通探测指数函数 $\exp(-4ar^2 I_{STED}^m/I_{sat} T_g/\tau_{S1})$ 相关的高斯项。将洛伦兹项替换为高斯项[37-38],读取 E-PSF 的 FWHM 直径 d_{STED} 变为[37-38]

$$d_{STED}(I_{STED}, T_g) = \frac{d_c}{\sqrt{1 + d_c^2 a^2 \frac{I_{STED}^m}{I_{sat}}\left(1 + \frac{T_g}{(\tau_{S1} \ln 2)}\right)}} \quad (13.6)$$

因此，d_{STED} 随着 STED 强度 I_{STED} 和选通时间的位置 T_g 的增大而减少（图 13.4(b)）。除 E-PSF 的 FWHM 直径会随选通时间的增大而减小外，消隐脉冲电平（CW-STED E-PSF 的特性，$T_g=0$）也会大幅减小（图 13.3(d)）。这使成像对比度得到根本改善，从而其有效空间分辨率比（无选通）CW-STED 的更高。

正如之前所指出的[38]，因时间选通而实现的有效空间分辨率提高也可以用空间频率空间进行解释。从原则上讲，E-PSF 的傅里叶变换中出现较高的空间频率，表明会产生较高的有效空间分辨率。时间选通过程并非产生了较高的空间频率（同提高 STED 激光强度一样），而是通过抑制较低频率，把已存的较大空间频率部分给放大了而已。

需要记住的是，时间选通（$T_g>0$）不仅减小了 E-PSF 的 FWHM 和消隐脉冲电平，也减小了 E-PSF 的振幅，即 $h(0)=\exp(-T_g/\tau_{S1})$（式（13.5）和图 13.4）。因此，需要在降低信号强度和选择时间延迟 T_g 达到平衡。通常，信号强度的减小会导致信噪比/信背比（signal-to-noise/background ratio，SNR 和 SBR）降低，可能会导致有效分辨率的降低，后面将就此进行说明。

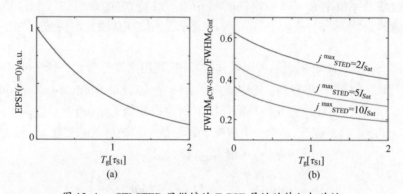

图 13.4　gCW-STED 显微镜的 E-PSF 属性的特征相关性
(a) 作为时间延迟 T_g（单位 τ_{S1}）函数的 E-PSF 的振幅；(b) 相对于共焦型，E-PSF 的 FWHM 的相对减少量，对于标记的 3 种不同的 STED 强度，分别作为时间延迟 T_g（单位 τ_{S1}）的函数（参数同图 13.3）。

13.3　结果

通过对亚衍射大小的荧光珠（直径 40nm）进行成像较好地呈现出了 gCW-STED 显微镜的性能。如图 13.5 所示，在图中列出了选择不同的 STED 激光功率 P_{STED}（即 STED 的激光强度 I_{STED}）和时间选通探测的延时 T_g 组合所获得的图像。根据成像的荧光珠的尺寸，可以估算有效空间分辨率的大小。根据理论所述(见式(13.6)),有效空间分辨率的提高,一部分是由于 P_{STED} 的增大(自上而下),但更大一部分还是由于时间延迟 T_g 的增加(从左到右)。随着 T_g 的增加,除了成像的荧光珠斑点尺寸的减小,还可以看到成像珠的模糊部分也会随着 T_g 的增大而减小,这一点在有关减小 E-PSF 消隐脉冲电平的理论中也曾指出。

尤其是在经典的 CW-STED 实现过程中(T_g=0ns),只有在 STED 功率相对较大时即 P_{STED}>120mW 时,有效空间分辨率才会大幅提高。相反,如果利用 T_g>0ns 的时间选通,STED 激光功率只需前者的 1/3,即 P_{STED}>40mW,也可以获得相近的空间分辨率。理论中也指出,在共焦的情况下,时间选通无法提高有效空间分辨率,即不存在 P_{STED}=0mW 的 STED 光。因此,图 13.5 明确指出 gCW-STED 实现过程相对于传统 CW-STED 显微镜的主要优势在于:E-PSF 消隐脉冲电平或图像模糊的降低,以及对 STED 激光功率要求的大幅降低。

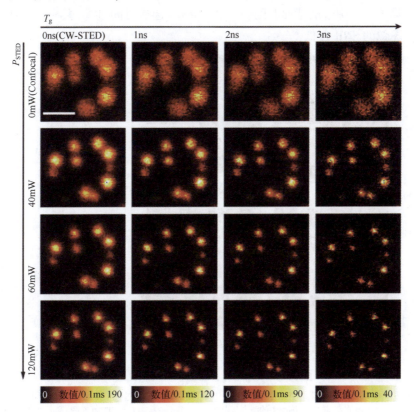

图 13.5 gCW-STED 显微镜的有效分辨率调谐[41](选取不同 STED 光束功率 P_{STED}(行)和不同时间延迟 T_g(列),对 40nm 荧光珠进行 gCW-STED 成像。激发:488/6nm,f=80MHz,P_{exc}=20μW;STED:577nm。刻度单位 1μm)

对于活体细胞成像而言,用中等的 STED 光束功率实现亚衍射分辨率是非常有吸引力的。的确,降低 CW-STED 激光功率并保证较高空间分辨率可以极大减小对样本的光损伤和光毒性压力。图 13.6(a)中对比了传统 CW-STED 和 gCW-STED 显微术对活体 PtK2 细胞的成像情况,对该细胞的角蛋白纤维用黄色荧光蛋白 Citrine 进行了标记。另外,图 13.6(b)中比较了用有机染料 Alexa Fluor 48 对波形蛋白微丝免疫标记的固定 PtK2 细胞的相似图像。由于时间选通探测的影响,随着有效分辨率的提高和对 E-PSF 消隐脉冲电平(或图像模糊)的抑制,gCW-STED 显微术图像在对比度和细节方面拥有明显的优势。更重要的是,这些提升都是在中等 STED 强度(P_{STED} = 200mW,592nm)的情况下实现的。而使用传统 CW-STED 方式,在类似样本中达到相应的空间分辨率,需要 3 倍高的 STED 激光功率(P_{STED}>600mW,592nm)[42]。需要注意的是,在上述应用中,选择了一个中等的选通时间(T_g = 1.5ns)。选通时间过大,会导致整体信号过小、图像的 SNR 过低[38]。

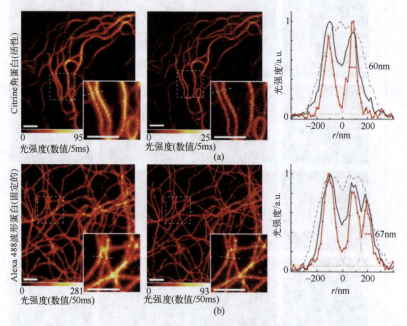

图 13.6 gCW-STED 显微术和细胞成像[37]

(a) 融合到 PtK2 活体细胞的荧光蛋白 Citrine 中的角蛋白;(b) 通过免疫细胞化学法使用有机染料 Alexa Fluor 488 标记的固定 PtK2 细胞中的波形蛋白微丝。(图中依次为 CW-STED(左图)和 gCW-STED(中图)的记录,(插图)为标记区域(虚线正方形)的放大视图(信号强度重整化),(右图)是归一化的强度分布图(任意单位;a.u.),沿插图中的虚线分别展示了共焦(灰色虚线)、CW-STED(黑色)和 gCW-STED(红色),高斯拟合(浅红色)gCW-STED 记录的峰值。这表明其能够观测直径小于 67nm 的结构。基准刻度 1μm。激发:485nm,f = 80MHz,P_{exc} = 11μW;STED:592nm,P_{STED} = 200mW;选通探测:T_g = 1.5ns,$\Delta T = T_{end} - T_g$ = 8ns)。

近来,有试验证实:如果使用较低噪声的激光(如 577nm 激光(OPSL)/592nm 光纤激光),可以进一步降低 STED 激光的功率 P_{STED} = 70～90mW[35,41]。STED 激光的这一功率水平与更加复杂的全脉冲 STED 实现中使用的平均功率相当(脉冲重复率 80MHz)。

时间选通探测也为 STED 显微术和荧光相关频谱学(fluorescence-correlation-spectroscopy,FCS)的结合开辟了一个新视角[37]。在引入时间选通之前,只能通过使用全脉冲 STED 系统来实现[43];传统 CW-STED 显微镜的 E-PSF 消隐脉冲电平极大降低了 FCS 的性能[22,37]。

13.4 总结与讨论

过去,STED 显微术所使用的仪器一度被认为极其复杂和昂贵,但是通过简化原始试验设计,如今的研究进展已证明这个实现过程可得到简化。由于采用了工作在 CW 中的 STED 激光,所谓的 CW-STED 实现过程可能是最简单的方法。CW 方式不要求激发和 STED 激光的时间同步,也不需要对 STED 激光进行脉冲优化。然而,在空间分辨率和图像对比度上,CW 方式落后于脉冲 STED 法。选通 CW-STED 在不增加复杂性的前提下克服了这一限制。尤其是,经典的 CW-STED 可以升级到选通型,方法是只需以脉冲激光替换发射源,以及利用额外的硬件和/或软件后期处理过滤与激发脉冲相关的被标记到的荧光光子[37,41,44]。虽然脉冲 STED 和 gCW-STED 使用的是类似的时间平均 STED 激光强度,但 gCW-STED 极大地减小了峰值强度。由于光毒性和光损伤作用通常跟强度成非线性比例,后者对于峰值强度的减小对于将荧光标记的光毒性和光损伤降到最小是至关重要的[45]。

从理论上讲,时间选通探测能够连续不断地提高 gCW-STED 显微镜的有效空间分辨率。然而,时间选通的增大总是伴随着整体信号质量的降低,因而时间选通位置 T_g 的选取存在上限。由于存在背景噪声,T_g 过长会导致 SNR 和 SBR 的大幅减小,从而抵消了时间选通的优势,最糟糕的情况是,可能会降低有效分辨率。直观地讲,通过提高激发激光的强度可以弥补这一不足,但这种方法又受到光损伤作用增大和荧光发射饱和度的限制[45]。

一种显而易见的能优化 gCW-STED 试验 SNR 的方式是将显微镜的探测效率最大化,即使用高量子效率、低停滞时间的光子探测器[46]以及无停滞时间的光子计数电路[47]。Bülter 等[46]以及 Wahl 等[47]就光子探测器和光子计数电路提出了更为重要的特性:①高瞬时分辨率,即时域抖动少,因为这种抖动会对通过选通探测早期发射的荧光光子进行不必要的探测,从而降低了有效空间分辨率和图像对比度;②光子计数率可变的仪器响应函数(instrument response function,IRF)位移小,因为 IRF 的位移也会要求绝对选通位置的位移,这是不切实际的;③暗计数率和跟随脉冲概率低。

去除背景噪声是恢复 SBR 和重建时间选通探测优势的另一种常见选择。在 STED 显微术中,STED 光束感应的自发荧光信号是一个潜在的背景噪声来源。虽然被探测到的信号光谱可以抑制激发光和受激光,但强烈的 STED 激光照射(反斯托克斯辐射)会引起不必要的 S_0-S_1 激发,从而引起自发荧光辐射,这种诱发的自发荧光辐射在光谱上产生的信号与激发激光产生的荧光信号相同,故不能直接剔除它们。STED 光产生的反斯托克斯辐射通常只在 STED 光波长接近荧光标记的最大值时发生,这时 SE 的横截面最大,但吸收的横截面也会再一次变大。反斯托克斯信号主要出现在环状波峰处,与环状中心产生的(非抑制的)荧光一起形成检测信号和最终图像。如果反斯托克斯辐射与环状中心发射的信号相差无几,图像的对比度就会减小,对空间分辨率的改进也毫无成效。由于所需要的荧光信号的量随着 T_g 呈指数衰减,而反斯托克斯辐射背景噪声随 T_g 呈线性衰减,因此上述情形多发生于 T_g 较大时[38]。当荧光团的吸收横截面几乎为零时,STED 激光波长的红移会显著减少反斯托克斯荧光辐射,但是随之减小的 SE 横截面要求使用更高的 STED 激光强度。激发激光和 STED 激光的不同时域特性可用于分离荧光,如可以采用锁定(同步)探测机制[23,48]。在此,由于脉冲激发和工作在 CW 中的 STED 激光的时域特性区别很大,因此 gCW-STED 的实现方式很直接。在时间相关单光子计数的测量模式下,使用锁定探测机制,可以直接过滤与激发脉冲不相关的荧光信号[49]。总之,这种方式常用于 gCW-STED 显微镜[37,41,50]。

图像反卷积[51]是提高特定 STED 显微镜图像 SNR 的常用方法。由于荧光信号对于 STED 激光强度的非线性依赖,显微镜可以传输样本的所有空间频率。从理论上讲,STED 显微镜的这种不限波段的性质为图像反卷积算法提供了一个新视角。这里,图像反卷积的目的是恢复被噪声掩盖了的显微镜图像的空间频率[52]。

本章最后讨论了进一步减少 gCW-STED 显微镜中光损伤的策略。经证实,荧光标记的显著光损伤通道由长时间的暗态如三重态(在向 S_1 的激发后增多)引起。处于暗态的荧光团很可能通过吸收附加光束(STED 光束),提升到更高的激发电子态,从而使其光损伤或光漂白效应更强[53],这被称为非线性光漂白[44,54]。由于三重态在受到连续的 STED 脉冲前有充分的时间弛豫到基态,在低重复频率(比水溶液环境中荧光团的三重态具有的典型的几微秒的寿命低)

中运用全脉冲 STED 显微术,处于暗三重态的荧光团数量会因随后到达的激光脉冲而减少。因此,非线性光漂白的概率会显著降低。这个过程被命名为三重弛豫(triplet relaxation,T-REX) STED 显微术[55]。例如,采用了 250kHz 的脉冲重复频率(脉冲时间延迟为 4μs)代替 80MHz 的脉冲重复频率(脉冲时间延迟为 12.5ns)。由于 gCW-STED 依赖于在 CW 中工作的 STED 光束,此方法不能直接使用。但使用快速光束扫描[54],可以实现类似于降低激光重复频率的 T-REX 效果,另外使用在 CW 中工作的 STED 光束也可以达到类似的效果[42]。还可以通过在间隔时间比处于环状中心位置的荧光团的寿命 τ_{S1} 长时关闭 STED 激光,以达到减小非线性光漂白概率的目的。这样大部分的自发荧光就都已经衰减了。处于这些后期时间点(激发脉冲后 $\gg \tau_{S1}$)的 STED 光不会对处于 S_1 态的分子产生影响,而是影响处于长寿命暗态的光团,即产生非线性光漂白。在常见的情况中,脉冲激发 80MHz,激发态寿命 3ns,那么就应在激发脉冲后 6~12.5ns 的间隔内关闭 STED 激光,这需要通过同步声波或光电调制器对激光进行快速调制。可惜的是,这样又会增加 gCW-STED 设备的复杂性,但是至少与现有的全脉冲实现相比,其仍具备在相对较低峰值的激光强度下工作的能力。鉴于这些考虑,建议在全脉冲 STED 法中使用大于 1ns 的长 STED 激光脉冲代替常用的 100~300ps 的 STED 激光脉冲,并结合触发至 STED 脉冲结束的时间选通光子探测[31];时间选通光子探测采用的激光峰值强度大大降低,保证了 SE 处理过程的效率,与昂贵的锁模激光相比成本也有所减少。

本章概述了 gCW-STED 显微镜法的基本原理、局限性及潜力。正如本书所述的,它不仅降低了设备复杂性和成本,以较低的 CW 激光强度提高了有效空间分辨率和图像对比度,还为进一步改进 STED 法开辟出光谱学发展的潜力,其中包括与 FCS 的结合。随着商用一站式(gCW-)STED 设备的问世和先进技术和方法的进步,STED 显微术在生物医疗研究中的影响有望在未来几年内大幅提升。

参 考 文 献

[1] Masters BR (2010) The development of fluorescence microscopy. Wiley, Chichester.
[2] Cella Zanacchi F, Bianchini P, Vicidomini G (2014) Fluorescence microscopy in the spotlight. Microsc Res Tech 77(7):479-482.

[3] Abbe E (1873) Beiträge zur theorie des mikroskops und der mikroskopischen wahrnehmung. Archiv für Mikroskopische Anatomie 9:413-468.

[4] Rost FWD (1995) Fluorescence microscopy,vol 2. Cambridge University Press,Cambridge.

[5] Pohl DW,Denk W. Lanz M (1984) Optical stethoscopy: image recording with resolution lambda/20. Appl Phys Lett 44:651-653.

[6] Mivelle M,Van Zanten TS,Manzo C,Garcia-Parajo MF (2014) Nanophotonic approaches for nanoscale imaging and single-molecule detection at ultrahigh concentrations. Microsc ResTech 77(7):537-545.

[7] Hell SW,Wichmann J (1994) Breaking the diffraction resolution limit by stimulated emission: stimulated-emission-depletion fluorescence microscopy. Opt Lett 19(11):780-782.

[8] Hell SW,Kroug M (1995) Ground-state depletion fluorescence microscopy,a concept for breaking the diffraction resolution limit. Appl Phys B 60:495-497.

[9] Hell SW (2009) Microscopy and its focal switch. Nat Methods 6(1):24-32.

[10] Diaspro A (ed) (2009) Nanoscopy and multidimensional optical fluorescence microscopy. Chapman & Hall,New York.

[11] Huang B,Babcock H,Zhuang X (2010) Breaking the diffraction barrier: super-resolution imaging of cells. Cell 143(7):1047-1058 The Importance of Photon Arrival Times in STED Microscopy 299.

[12] Hell SW,Jakobs S,Kastrup L (2003) Imaging and writing at the nanoscale with focused visible light through saturable optical transitions. Appl Phys A Mater Sci Process 77(7):859-860.

[13] Hell SW (2007) Far-field optical nanoscopy. Science 316(5828):1153-1158.

[14] Eggeling C,Heilemann M (2014) Editorial overview:molecular imaging. Curr Opin Chem Biol 20:v-vii.

[15] Eggeling C,Willig KI,Barrantes FJ (2013) STED microscopy of living cells: new frontiers in membrane and neurobiology. J Neurochem 126(2):203-212.

[16] Blom H,Widengren J (2014) STED microscopy:towards broadened use and scope of applications. Curr Opin Chem Biol 20:127-133.

[17] Klar TA,Hell SW (1999) Subdiffraction resolution in far-field fluorescence microscopy. Opt Lett 24(14):954-956.

[18] Klar TA,Jakobs S,Dyba M,Egner A,Hell SW (2000) Fluorescence microscopy with diffraction resolution barrier broken by stimulated emission. Proc Natl Acad Sci U S A 97(15):8206-8210.

[19] Clausen MP,Galiani S,Bernardino de la Serna J,Fritzsche M,Chojnacki J,Gehmlich K,Lagerholm BC,Eggeling C (2013) Pathways to optical STED microscopy. NanoBioImaging 1(1):1-12.

[20] Dyba M,Hell SW (2003) Photostability of a fluorescent marker under pulsed excited-state depletion through stimulated emission. Appl Optics 42(25):5123-5129.

[21] J-i H,Fron E,Dedecker P,Janssen KPF,Li C,Müllen K,Harke B,Bückers J,Hell SW,Hofkens J (2010) Spectroscopic rationale for efficient stimulated-emission depletion microscopy fluorophores. J Am Chem Soc 132(14):5021-5023.

[22] Leutenegger M,Eggeling C,Hell SW (2010) Analytical description of STED microscopy performance. Opt Express 18(25):26417-26429.

[23] Vicidomini G,Moneron G,Eggeling C,Rittweger E,Hell SW (2012) STED with wavelengths closer to the emission maximum. Opt Express 20(5):5225-5236.

[24] Willig KI,Rizzoli SO,Westphal V,Jahn R,Hell SW (2006) STED microscopy reveals that synaptotagmin

remains clustered after synaptic vesicle exocytosis. Nature 440(7086):935-939.

[25] Wildanger D, Rittweger E, Kastrup L, Hell SW (2008) STED microscopy with a supercontinuum laser source. Opt Express 16(13):9614-9621.

[26] Bückers J, Wildanger D, Vicidomini G, Kastrup L, Hell SW (2011) Simultaneous multilifetime multicolor STED imaging for colocalization analyses. Opt Express 19(4):3130-3143.

[27] Galiani S, Harke B, Vicidomini G, Lignani G, Benfenati F, Diaspro A, Bianchini P (2012) Strategies to maximize the performance of a STED microscope. Opt Express 20(7):7362-7374.

[28] Rankin BR, Hell SW (2009) STED microscopy with a MHz pulsed stimulated-Ramanscattering source. Opt Express 17(18):15679-15684.

[29] Rittweger E, Han KY, Irvine SE, Eggeling C, Hell SW (2009) STED microscopy reveals crystal colour centres with nanometric resolution. Nat Photonics 3:144-147.

[30] Schrof S, Staudt T, Rittweger E, Wittenmayer N, Dresbach T, Engelhardt J, Hell SW (2011) STED nanoscopy with mass-produced laser diodes. Opt Express 19(9):8066-8072.

[31] Göttfert F, Wurm CA, Mueller V, Berning S, Cordes VC, Honigmann A, Hell SW (2013) Coaligned dual-channel STED nanoscopy and molecular diffusion analysis at 20nm resolution. Biophys J 105:L01-L03.

[32] Willig KI, Harke B, Medda R, Hell SW (2007) STED microscopy with continuous wave beams. Nat Methods 4(11):915-918.

[33] Honigmann A, Eggeling C, Schulze M, Lepert A (2012) Super-resolution STED microscopy advances with yellow CW OPSL. Laser Focus World 48(1):75-79.

[34] Honigmann A, Mueller V, Fernando UP, Eggeling C, Sperling J (2013) Simplifying STED microscopy of photostable red-emitting labels. Laser + Potonik 5:40-42.

[35] Coto Hernàndez I, d'Amora M, Diaspro A, Vicidomini G (2014) Influence of laser intensity noise on gated CW-STED microscopy. Laser Phys Lett 11(9):095603.

[36] Moffitt JR, Osseforth C, Michaelis J (2011) Time-gating improves the spatial resolution of STED microscopy. Opt Express 19(5):4242 300 G. Vicidomini et al..

[37] Vicidomini G, Moneron G, Han KY, Westphal V, Ta H, Reuss M, Engelhardt J, Eggeling C, Hell SW (2011) Sharper low-power STED nanoscopy by time gating. Nat Methods 8(7):571-573.

[38] Vicidomini G, Schoönle A, Ta H, Han KY, Moneron G, Eggeling C, Hell SW (2013) STED nanoscopy with time-gated detection: theoretical and experimental aspects. PLoS One 8(1):e54421.

[39] Leutenegger M, Rao R, Leitgeb RA, Lasser T (2006) Fast focus field calculations. Opt Express 14(23):11277-11291.

[40] Westphal V, Hell SW (2005) Nanoscale resolution in the focal plane of an optical microscope. Phys Rev Lett 94:143903.

[41] Vicidomini G, Coto Hernández I, d'Amora M, Cella Zanacchi F, Bianchini P, Diaspro A (2014) Gated CW-STED microscopy: a versatile tool for biological nanometer scale investigation. Methods 66(2):124-130.

[42] Moneron G, Medda R, Hein B, Giske A, Westphal V, Hell SW (2010) Fast STED microscopy with continuous wave fiber lasers. Opt Express 18(2):1302-1309.

[43] Eggeling C, Ringemann C, Medda R, Schwarzmann G, Sandhoff K, Polyakova S, Belov VN, Hein B, von Middendorff C, Schonle A, Hell SW (2009) Direct observation of the nanoscale dynamics of membrane

lipids in a living cell. Nature 457(7233):1159-1162.

[44] Westin L, Reuss M, Lindskog M, Aperia A, Brismar H (2014) Nanoscopic spine localization of Norbin, an mGluR5 accessory protein. BMC Neurosci 15(1):45.

[45] Eggeling C, Widengren J, Rigler R, Seidel CAM (1998) Photobleaching of fluorescent dyes under conditions used for single-molecule detection: evidence of two-step photolysis. Anal Chem 70:2651-2659.

[46] Bülter A (2014) Single-photon counting detectors for the visible range between 300 and 1,000nm. Springer Ser Fluoresc. doi:10.1007/4243_2014_63.

[47] Wahl M (2014) Modern TCSPC electronics: principles and acquisition modes. Springer Ser Fluoresc. doi:10.1007/4243_2014_62.

[48] Ronzitti E, Harke B, Diaspro A (2013) Frequency dependent detection in a STED microscope using modulated excitation light. Opt Express 21(1):210-219.

[49] Coto Hernàndez I, Peres C, Cella Zanacchi F, d'Amora M, Christodoulou S, Bianchini P, Diaspro A, Vicidomini G (2014) A new filtering technique for removing anti-stokes emission background in gated CW-STED microscopy. J Biophotonics 7(6):376-380.

[50] Wang Y, Kuang C, Gu Z, Xu Y, Li S, Hao X, Liu X (2013) Time-gated stimulated emission depletion nanoscopy. Opt Eng 52(9):093107.

[51] Bertero M, Boccacci P, Desiderá G, Vicidomini G (2009) Image deblurring with Poisson data: from cells to galaxies. Inverse Probl 25(12):123006.

[52] Zanella R, Zanghirati G, Cavicchioli R, Zanni L, Boccacci P, Bertero M, Vicidomini G (2013) Towards real-time image deconvolution: application to confocal and STED microscopy. SciRep 3:2523.

[53] Donnert G, Eggeling C, Hell SW (2007) Major signal increase in fluorescence microscopy through dark-state relaxation. Nat Methods 4(1):81-86.

[54] Donnert G, Eggeling C, Hell SW (2009) Triplet-relaxation microscopy with bunched pulsed excitation. Photochem Photobiol 8:481-485.

[55] Donnert G, Keller J, Medda R, Andrei MA, Rizzoli SO, Lührmann R, Jahn R, Eggeling C, HellSW (2006) Macromolecular-scale resolution in biological fluorescence microscopy. Proc Natl Acad Sci 103(31):11440-11445.

第 14 章 以金刚石单色心作为单光子源和量子传感器

Boris Naydenov, Fedor Jelezko

摘 要 固态的单量子系统在量子信息处理领域具备潜在的应用前景。其中,金刚石中的颜色缺陷最具发展前景,因其能够在多种环境条件下操作。本章将就人们所广泛研究的金刚石氮空位(nitrogen-vacancy, NV)和硅空位(silicon-vacancy, SiV)中心的光学和自旋属性进行讨论;还会介绍其用作单光子源、量子位以及具有纳米空间分辨率的灵敏磁场传感器的最新试验。

关键字 金刚石 NV 中心 单光子源 单自旋探测 SiV 中心

14.1 金刚石色心的光学属性

氮空位中心(nitrogen-vacancy center, NV)是金刚石 500 多种已知颜色缺陷之一[1],由于其独特的物理属性,在近 10 年中颇受关注。通过以下两种方法,即氮离子注入和退火,在化学气相沉积(chemical vapor deposition, CVD)金刚石生长过程中引入氮气,可以在高纯度金刚石中产生 NV 中心。每个 NV 中心由一个氮原子取代金刚石晶格中的碳原子,然后捕获一个最近邻空穴组成。该 NV 电子基态和激发态都是自旋三重态,均包含 3 个自旋次能级,m_s = 0 和 ±1。不存在外源场时,在基态和激发态分别使用 2.87GHz 和 1.4GHz 的零场分裂将 m_s = 0 态从 m_s = ±1 态中分离。在 637 的零声子线(zero-phonon line, ZPL)上,这两种态之间存在光跃迁。该色心的第一个惊人特性是能够探测到单个 NV 的荧光。这一点已在使用高效雪崩二极管(avalanche photodiode, APD, Bülter 等撰写的文献[3])作为探测器的 Brown 和 Twiss 设计的反聚束特性试验装置(见文献[2])中得到了证实[4]。将单一光学活性量子系统作为量子密码协议中的单光子源具有广泛的应用前景。实际上,基于 NV 的首批商用器件早已问世。

然而,并非唯独这些缺陷可探测单个 NV,金刚石的其他色心(如 TR12[5]、SiV[6]、NE8[7]等)也可以在单能级状态被探测到。事实上,在室温条件下,利用光学和微波激发就可以有效地制备、操作和测量 NV 电子自旋态[8-9]。另外,室温条件下的超纯富集^{12}C 金刚石会显示出较长的自旋相干寿命($T_2 > 1$ms,见后文)[10]。自旋态的光学探测方式如下:用绿色激光照射将 $m_s = 0$ 和 $m_s = 1$ 的自旋态都激发至激发态,随后以约 10ns 为时间刻度单位,用红色荧光它们回到原自旋态,回到 $m_s = 0$ 的概率大于 95%,回到 $m_s = 1$ 的概率约 50%。$m_s = 1$ 的电子激发态也能以约 50% 的概率通过无辐射、无自旋保持地跃迁穿过亚稳电子态,衰退到的 $m_s = 0$ 态。这种自旋状态相关的荧光和衰退过程既可以实现 NV 电子自旋到 $m_s = 0$ 态(光偏振约在 1μs 内)的初始化,也可以通过绿光激发和红色荧光强度测量(超过时间刻度小于 1μs)完成对处于 $m_s = 0$ 和 $m_s = 1$ 的基本自旋态的相对总数的测量。一旦经由光泵浦完成初始化(极化),便可以使用标准电子自旋共振法(standard electron spin resonance,ESR)在微波场中控制 NV 电子自旋态。例如,使用合适的 ESR 脉冲序列(如自由感应衰减、哈恩回波和弛豫时间编辑(carr-purcell-meiboom-gill,CPMG)等),探测 NV 自旋态相关荧光,就可以用来探测非常微弱的外部磁场。将这一思路进行一些变化就可用于直流、交流和波动(非相干)磁场的测量。文献[11]提出了采用 NV-金刚石磁力测定法,文献[12-13]就此进行试验,并验证了在室温条件下金刚石中的单个 NV 中心探测磁场的灵敏度接近 1nT/Hz$^{1/2}$。另外,NV-金刚石磁力测定中的超分辨率光学成像、扫描原子力显微镜(atomic force microscope,AFM)、磁场梯度和纳米粒子技术已得到应用,可令金刚石样本的外磁场源和金刚石晶体内部的单核自旋(^{13}C)传感的空间分辨率达到 10nm 量级。

14.2 超纯金刚石材料中单自旋的长相干时间(T_2):在纳米尺度传感中的应用

金刚石能够在核无自旋晶格中产生旋光性自旋,这样为在固体中进行量子信息处理提供了独特的平台。研究表明,含低浓度顺磁杂质的金刚石晶体中与 NV 缺陷相关的电子自旋相干时间仅受限于核自旋浴的相互作用。下一步是对金刚石晶格进行同位素工程调整(使金刚石仅含^{12}C 同位素)来延长这种相干时间。实现这个目标需要面对不少试验上的挑战。市场上可购得的 ^{12}C 碳源通常含有其他杂质(如百万分率级别的氮、硅等)。在金刚石生长的 CVD 过程中,这些杂质已成为晶格中的一部分,因此会产生顺磁性缺陷。金刚石纯度的降低会导致与荧光背景相关的问题(影响对单个 NV 缺陷的探测)以及缩短相干时间。但如果能控制好生长参数,就可以通过 CVD 生产出寄生杂质浓度低于 10 亿分率的合成金刚石。此外,这种超纯同位素精制的 ^{12}C 金刚石也能够合成到其他材料表面(异质外延生长)。图 14.1(左)所示为多晶金刚石样本的共焦显微镜成像(单 NV 缺陷可见)。图 14.1 中还显示出该金刚石中单 NV 中心的自旋回波(哈恩回波)的测量结果。室温下单电子自旋的回波延迟时间接近 2ms[14](与之前报道的单晶材料相干时间不分伯仲)[10]。

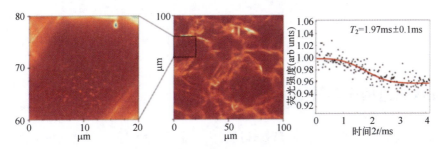

图 14.1　在多晶纯同位素 ^{12}C 的金刚石中 NV 中心的共焦图像(左)
单电子自旋的哈恩回波衰减(右)

利用哈恩回波能够探测出相干寿命,而不受试验中的人为因素影响,如实验室的低频磁噪声和温度变化。前者会影响自旋能级的塞曼位移,后者会影响 NV 缺陷的零场自旋能级分裂。需要注意的是,人们已经建立了用于自旋相干的主动控制的其他解耦技术(见下文)。然而,这些解耦和回波技术也回聚了需要测量的未知磁/电场或温度漂移。因此,必须消除样本的不均质性。使用拉姆齐(Ramsey)序列或自由感应衰减(free induction decay, FID)测量相位存储时间可以评定金刚石的品质。FID 对于静态或缓慢变化的场和温度非常敏感。上述测量是在斯图加特大学的磁屏蔽设备中完成的。图 14.2 所示试验数据证实,即使没有回聚脉冲(有记录的固态系统的最长相干时间),单电子自旋的相干时间也接近毫秒级。基于非均匀拓宽的自旋相干时间,研究人员设计出了新的测量方案分别用于测量温度和场,同时,这两种方案对于彼此的测量目标并不敏感。因此,可以实现对温度漂移不敏感磁场的测量,并且可以不受波动磁场影响估计出温度[15]。

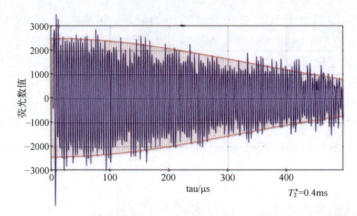

图 14.2　同位素富集的 ^{12}C 金刚石中单电子自旋的自由感应衰减

14.3　退相干的主动控制

退相干性是实现量子信息处理过程中的主要障碍之一。而且，并非所有与自旋热库相关的问题都能依靠材料科学的进步得以解决。很久以前，研究人员便发现主动驱动量子系统可使其从环境噪声中解耦分离。该技术最著名的例子便是哈恩回波。为了实现更高程度的控制，人们制定了几项协议，使相干次数接近极限（毫秒）（由自旋态与声子耦合产生的弛豫所施加）。在核磁共振（nuclear magnetic resonance，NMR）技术发展的初期，Carr-Purcell[16]开发出了一个新的退耦协议，之后 Meiboom 和 Gill[17] 又对其进行了改进。这种脉冲序列是哈恩回波概念的延伸，通过增加多个 π 脉冲将待测自旋反转。连续反转会导致自旋从围绕的自旋热库中解耦分离出来。图 14.3 所示为以 NV 实现的退耦协议的示例[18]。

研究人员为解决这一问题引入了动态解耦机制，但这些机制的本身受限于驱动场中的波动，也会引入噪声。从理论和试验上看这都是一个巨大的挑战，但级联型连续动态解耦概念的发展和实现使问题得到了解决。该方法不仅能够克服外部噪声，还能克服实现解耦序列的驱动场波动，具有实现弛豫极限的相干次数的潜力。该机制的主要理念是利用第一驱动场压制环境诱导的退相干，再利用第二弱驱动场压制第一驱动场感应的噪声[19]。图 14.4 所示为该方案的效率。为了达到耦合两个或多个 NV 中心并保持它们之间的纠缠关系的目的，人们已经研究出最佳控制技术来结合量子门合成与快速弛豫模式中的解耦。不论将其用作量子存储器还是主动计算寄存器，充分利用慢速退相干的子空间都是非常重要的。

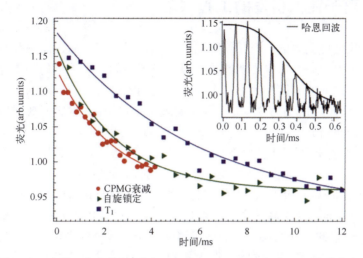

图 14.3 哈恩回波衰减(插图中,T_2=0.39ms±0.16ms)、CPMG(红色标记,T_2=2.44ms±0.44ms)、自旋锁定(绿色标记,T_2=2.47ms±0.27ms)以及自旋晶格弛豫(蓝色,T_1=5.93±0.7ms)试验数据拟合曲线

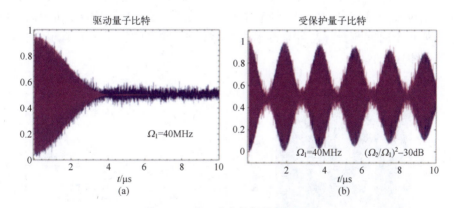

图 14.4 引入动态解耦机制的效率
(a) 单微波场 NV 中心相干驱动振荡(拉比(Rabi)振荡)(蓝色曲线为试验数据,紫色曲线为与高斯衰减包络的拟合。相干性的衰减与驱动场的波动相关);
(b) 通过增加一个二阶驱动场以形成持续的拉比振荡。

该方案可广泛用于其他物理系统,包括被捕获的原子、离子和量子点,还可以应对量子技术的其他挑战,如量子传感。

14.4 离子注入引发的工程缺陷

创建尺寸可变的量子寄存器阵列的关键在于要产生高成品率和高定位精度的缺陷。它的一个基本要求就是需要偶极子与偶极子耦合的强度比退相干比率更强。之前的工作演示了两个单缺陷间的磁耦合,但是在这种情况下,单独 NV 自旋的退相干强度太大,不可能实现相干量子门(尽管经典非门已经被证实适用于单自旋[20])。

多种通过离子注入优化 NV 中心的工程设计已经被建立起来[21-24]。为提高 NV 自旋的产率,以相对高的能量(MeV 级别)生成色心。

与低能量(keV 级别)注入相比,采用这种机制会在 NV 中心附近产生更多的空穴,从而实现更高的产率。聚焦离子束或通过纳米孔径进行离子注入可以实现缺陷的空间约束。人们为了消除离子注入过程中在 NV 附近产生的冗余杂质(空位聚集物)付出了很大的努力。这种缺陷在之前用于产生 NV 的退火温度(1100K)下是稳定的。筑波大学的 Isoya 教授的团队通过使用系综 EPR 方法,证明这些缺陷是延长注入 NV 中心相干时间的主要障碍。在较高温度(1300K)下进行退火处理可成功地增加相位存储时间。图 14.5 所示为在同位素纯晶体中注入式(^{15}NV,NV 中心含稀有的 ^{15}N 同位素)和天然 NV 进行的相干时间测量。与寻常的退火步骤相比,这里的相干时间有了大幅度提升(图 14.6)。

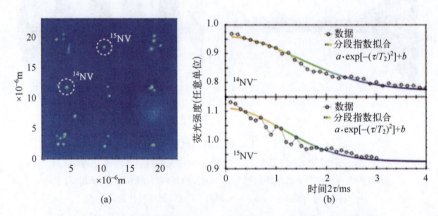

图 14.5　同位素纯晶体中注入式和天然 NV 进行相干时间测量
(a)显示有注入中心(^{15}NV)样式的共焦图像(在生长过程中,由于空穴的扩散,产生了与融入金刚石的天然氮相关的 NV 中心(^{14}NV));(b)"天然"(^{14}NV)和注入(^{15}NV)色心的哈恩回波衰减。

第 14 章 以金刚石单色心作为单光子源和量子传感器 277

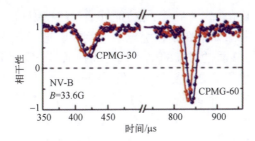

图 14.6 CPMG 测量值显示出与电子自旋和远 ^{13}C 核之间触发相关的顶点

14.5 向可扩展的量子寄存器发展：单核自旋的相干控制

单 NV 中心的光学读取为探测核自旋附近的耦合提供了独特的机会。不幸的是，这种耦合破坏了核自旋的一些优势。尽管它们的相干寿命在室温下通常会超过若干秒钟，但 NV 中心电子自旋的存在会引发毫秒级甚至更快的翻转。不过，将最显著的核自旋（即氮原子的核自旋）从翻转中解耦分离，可以将其寿命延长至 1s。即使在自旋态读取所必需的光照下，仍然保留了自旋总数，从而可实现对该核自旋量子的非破坏性测量[25]。这是固态自旋的首次演示。采用这种新型测量技术，传感应用的测量速度可增至 400 倍。另外，这个核自旋可以作为探测器探测之前无法探测到的隐藏态，增加了人们对 NV 中心的理解[26]。而且，氮核自旋的量子非破坏性（quantum non-demolition，QND）测量所具有的高保真度可打破时间刻度的贝尔不等式，从而使系统成为真正的量子力学系统。通过内存位翻转修正法还可以进一步提高。由于此处还涉及更微弱的耦合核自旋，鲁棒控制技术也被应用进来达到高保真度控制的目的。

与近核自旋相反，距离更远一点的核自旋耦合非常弱，而且经常隐藏在 EPR 共振的均匀增宽中。然而事实证明，这种远距离的核自旋作为源（如作为具有长寿命量子存储器的附加量子位）是非常有用的。虽然之前已经有几个小组成功实现了解耦协议，但仍有一个需要解决的重要问题：是否能够保持耦合的活跃状态直到关注的量子位的同时还能结合解耦？将单 NV 中心从自旋浴中解耦，并保持其耦合到特定可见的核自旋，确实是可能实现的。使用 CPMG 回波辅助法可以测量并控制距离 NV 3nm 处的单 ^{13}C 核的自旋[27]。

采用这种电子-核量子寄存器，将电子自旋作为总线，在核自旋之间实现长距离耦合是应该值得研究的（值得一提的是，很久以前这个想法就在基于体自旋的量子信息协议中提出了[28]）。量子总线法背后的主要理念可以这样理解：

由于每个点的核自旋(承载一个量子位)能够通过超精细相互作用"看到"其局域电子自旋搭档,因此,如果在临位上电子自旋能够进行充分而强有力的相互作用,这两个核就能够通过周围的电子进行间接通信。虽然这个理念很简单,但是实际上比人们想象得更加复杂。一份详细分析[29]表明,相邻 NV 点的原子核之间的这种以电子为介质的相互作用实在太微弱,不足以产生作用。据估计,即使距离很近的临近点,如 10nm,核-核有效耦合强度也只有 0.1Hz,这需要持续数秒钟才能实现有效信息交流。核自旋在不到 1s 内就会发生移相(失去所有存储的量子位),因此这是不现实的。

近来研究成功的动态解耦机制与量子总线法结合,解决了这一难题。理论分析预测,当自旋受外加电磁场影响共振驱动时,其相互作用的有效强度便会大幅增加[29]。原因在于:电磁场的作用可以避免出现退相干,还可以抑制激发通路带来的有害干扰。这种干扰就是造成未驱动机制中超低耦合率的原因。本质上,这一理论将一种新的能量标度引入到该系统中,用驱动自旋的拉比频率代替了晶体场的分裂效应(作用是抑制有效的核-核耦合)。拉比频率为试验可控参数。值得注意的是,只要选择适当的参数,原子核间的耦合就会增强 1000 倍,成为完全可行的量子信息交换通道。另外,驱动自旋的过程还能使量子态不受周围退相干效应的影响。该效应相当于前文中描述的"动态解耦",其中,会周期性(频率高于局域磁场波动的频率)转向的自旋得到零均值相位。如果与优化控制法相结合,这些最新的关于驱动自旋的成果(基于对抗相移误差的解析机制)还能得到拓展,从而使其他噪声源同时得到补偿。

14.6 量子存储器的工程缺陷和元件间量子纠缠的试验实现

电子自旋和长寿命量子存储器之间的纠缠(使纠缠不受退相干的影响)的试验实现目前已得到验证[30]。实现该目标的关键是注入空间分辨率高、相干时间长的单缺陷中心。为了以较高概率产生强耦合缺陷对的同时又能获得最佳的退相干性,采用云母纳米孔径罩[31](孔径 20nm)注入动能为 1MeV 的氮离子(对应注入深度 1μm),生成间距小于 20nm 的 NV 对,成功率为 2%。图 14.7 给出了该试验的原理图和结果。

如图 14.7(d)所示,强度仅 4kHz 的两个单自旋之间的耦合明显是可分解的。该耦合强度使量子门的高保真性得以现实,并在两个自旋间产生纠缠。如图 14.8 所示,将电子自旋态映射到 ^{15}N 核自旋态,可以显著延长纠缠态的寿命。由于这些核自旋在数秒钟的相干寿命期间不发生相互作用,因此这个试验首次

第 14 章 以金刚石单色心作为单光子源和量子传感器 279

演示了两个固态量子位的确定性远程纠缠。对双自旋量子位纠缠态的断层摄影结果进行了测量。对于前面提到的新的解耦方法(如持续驱动)而言,这种 NV 中心对是理想的测试对象。此外,对远程核自旋之间的量子纠缠而言,鲁棒控制技术考虑了自旋哈密顿量(Hamiltonian)的所有独特性,其额外的优点在于不仅提高了保真度还提高了速度。

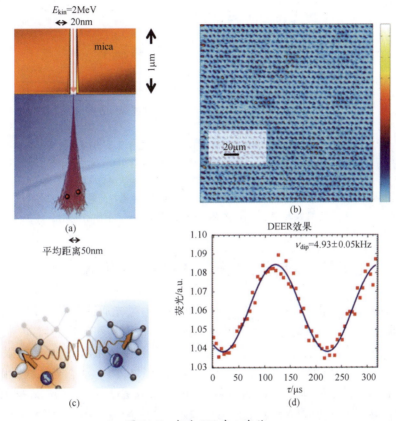

图 14.7 耦合 NV 中心自旋
(a) NV 对注入的示意图;(b) 含 NV 对阵列的荧光图像;(c) 一对偶极子耦合缺陷的示意图;
(d) NV 对上的双电子-电子共振试验(该振荡是对耦合频率 v_{dip} = 4.93kHz±0.05kHz 的直接测量)。

试验表明,纠缠态的保真度约为 0.67,但其理论期望值(考虑该特定 NV 对)约为 0.85。结果证明,限制因素就是制备纠缠所用的量子门(射频和微波脉冲)的保真度。运用最优控制理论来设计射频和微波脉冲,以实现最大保真度,便可以解决这个问题。这样可以将保真度提升至理论极限——0.824[32]。

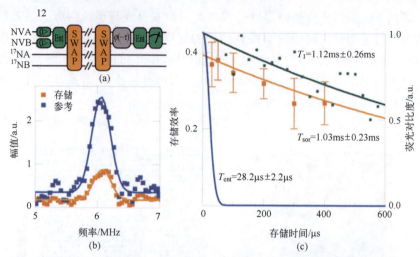

图 14.8 将电子自旋态映射到 ^{15}N 核自旋态可延长纠缠态的寿命

（a）用于产生纠缠并向核自旋转移的量子电路图；（b）纠缠信号的傅里叶变换表示参考测量值（核自旋中无存储，蓝色）和纠缠交换单次值（橙色）；（c）无保留（蓝色）以及保留并从核自旋取回后纠缠态的寿命（橙色）（绿色曲线表示电子自旋弛豫时间，它对纠缠的寿命有限制作用）。

14.7 光子耦合：自旋-光子接口和单光子源

前面介绍的量子寄存器间的大规模纠缠可通过光通道实现。NV 中心的自旋选择性光跃迁使得通过辐射光子的干扰产生概率性纠缠成为可能。这类机制依赖的是光子的不可分辨性。因此，荧光发射需要满足所谓的"转换限制"标准（光线的拓宽需在仅由激发态弛豫引起的限制之内）。动态光谱线跳跃通常出现在 CVD，甚至更常见于高压高温（high pressure and high temperature，HPHT）晶体中，因此这一应用受到限制。另外，较大的静态应变会使自旋发生扭曲，并使角动量哈密顿量进入到不适宜的参数范围内，这是需要避免的。在低应变高质量 HPHT 晶体中，光谱跳跃和静态失调可以得到降低。NV 中心的静态不均质性能够降至前所未有的低值，仅有几吉赫（图 14.9）。

概率性纠缠产生机制的成功率取决于发射光子的有效采集。通过科学设计金刚石中的纳米光学器件（如固态浸没透镜（solid immersion lenses，SIL））可以显著提高其采集效率[33]。采用强零声子线的色心还能进一步提升该效率（因为 NV 中心窄带发射占总发射率的 4%）。基于此目的，硅空位（silicon-vacancy，SiV）中心的应用前景潜力巨大。虽然需要做大量的工作来深入理解其能级机制,但已经有报道称可以在单点级别上检测到单个 SiV 中心[34]。

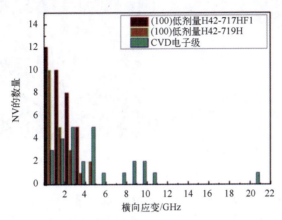

图 14.9　来自筑波大学的新型 HPHT 金刚石材料((100)低剂量样本)与来自 Element Six 公司商用中最好的 CVD 材料的静态失调(横向应变)对比柱状图

SiV 中心在 738nm 附近存在窄发射,超过一半的集成荧光强度处于 2nm 光谱窗口以内(图 14.10),使之更加适合作为光子源集成到光子器件中。目前按需生产可集成到光子结构中的具有相同属性的发光 SiV 中心是可能的(图 14.10 插图)。对单辐射源的多份调查研究表明,它是一种具有高极化对比度的理想偶极子,荧光寿命为 1ns。

在含 SiV 中心的金刚石中制造 SIL 的过程首次演示了与光子器件的耦合(图 14.10(b))。由于金刚石外的荧光耦合效率更高,SIL 焦点附近的中心亮度得到了提高(图 14.10(b))。因此,光子采集效率提高了将近一个数量级[35]。同时,关键技术朝着等离子元件制造方向发展[36],金刚石光子晶体空腔也得到了试验演示[37]。

试验中演示了针对单分子[38]的个体量子系统的单光子辐射情况。金刚石中的色心在环境条件下的无限制光稳定性提供了单光子光源在室温下可持续工作的可能性。需要注意的是,可用于该用途的不仅包括 NV 中心(十几年前便有其单光子发射的演示[39]),还包括其他光学活性缺陷。室温下,多个色心显示出窄且强的零声子线。图 14.11 所示为金刚石中单个镍氮络合物的荧光强度自相关函数。如果能够实现低温工作,那么单个缺陷也可以看作能够转换受限光子的源[40]。近来,SiV 中心独特的光谱同质性和强零声子线辐射[41]的特点使其能够展示来自两个量子辐射源的光子非经典干涉[42]。

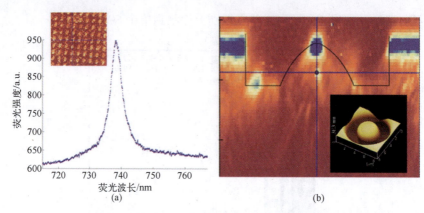

图 14.10 SiV 的光谱及其与光子器件的耦合

(a) 金刚石中 SiV 中心的荧光光谱(零声子线中心在 738nm 处,全宽为最大值 2nm 一半时荧光强度陡增至峰值。该插图所示为确定型离子注入产生的单 SiV 中心阵列(授权于 AIST 的 Shinada 教授));
(b) SiV 中心与固态浸没透镜在金刚石基底中耦合(共焦断面图像显示位于 SIL 焦点的 SiV 中心的亮度有所提升。为了清楚起见,用黑线描绘出 SIL 结构的轮廓。该插图所示为激光辅助离子蚀刻法抛光的 SIL 的 AFM 图像(东京大学 Yatsui 教授团队执行该抛光操作))。

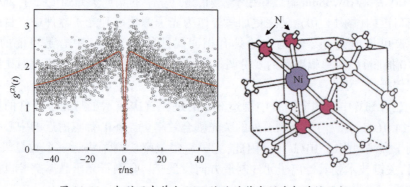

图 14.11 金刚石中单个 NE8 缺陷的荧光强度相关性函数

参 考 文 献

[1] Zaitsev AM (2001) Optical properties of diamond: a data handbook. Springer, New York.
[2] Ahlrichs A, Sprenger B. Benson O (2014) Photon counting and timing in quantum optics experiments. Springer Ser Fluoresc. doi: 10.1007/4243_2014_69.

第 14 章 以金刚石单色心作为单光子源和量子传感器

[3] Bülter A (2014) Single-photon counting detectors for the visible range between 300nm and 1000nm. In: Kapusta P et al. (eds) Advanced photon counting: applications, methods, instrumentation. Springer series on fluorescence. Springer. doi:10. 1007/4243_2014_63.

[4] Kurtsiefer C, Mayer S, Zarda P, Weinfurter H (2000) Phys Rev Lett 85:290.

[5] Naydenov B, Kolesov R, Batalov A, Meijer J, Pezzagna S, Rogalla D, Jelezko F, Wrachtrup J(2009) Engineering single photon emitters by ion implantation in diamond. Appl Phys Lett 95: 181109. doi: 10. 1063/1. 3257976.

[6] Neu E, Agio M, Becher C (2012) Photophysics of single silicon vacancy centers in diamond: implications for single photon emission. Opt Express 20:19956-19971.

[7] Gaebel T, Popa I, Gruber A, Domhan M, Jelezko F, Wrachtrup J (2004) Stable single-photon source in the near infrared. New J Phys 6:98. doi:10. 1088/1367-2630/6/1/098.

[8] Gruber A, Drabenstedt A, Tietz C, Fleury L, Wrachtrup J, von Borczyskowski C (1997) Scanning confocal optical microscopy and magnetic resonance on single defect centers. Science 276:2012-2014.

[9] Jelezko F, Gaebel T, Popa I, Gruber A, Wrachtrup J (2004) Observation of coherent oscillations in a single electron spin. Phys Rev Lett 92:076401.

[10] Balasubramanian G, Neumann P, Twitchen D, Markham M, Kolesov R, Mizuochi N, Isoya J, Achard J, Beck J, Tissler J, Jacques V, Hemmer PR, Jelezko F, Wrachtrup J (2009) Ultralong spin coherence time in isotopically engineered diamond. Nat Mater 8:383-387. doi:10. 1038/Nmat2420.

[11] Taylor JM, Cappellaro P, Childress L, Jiang L, Budker D, Hemmer PR, Yacoby A, Walsworth R, Lukin MD (2008) High-sensitivity diamond magnetometer with nanoscale resolution. Nat Phys 4:810.

[12] Maze JR, Stanwix PL, Hodges JS, Hong S, Taylor JM, Cappellaro P, Jiang L, Gurudev Dutt MV, Togan E, Zibrov AS, Yacoby A, Walsworth RL, Lukin MD (2008) Nanoscale magnetic sensing with an individual electronic spin in diamond. Nature 455:644.

[13] Balasubramanian G, Chan IY, Kolesov R, Al-Hmoud M, Tisler J, Shin C, Kim C, Wojcik A, Hemmer PR, Krueger A, Hanke T, Leitenstorfer A, Bratschitsch R, Jelezko F, Wrachtrup J(2008) Nanoscale imaging magnetometry with diamond spins under ambient conditions. Nature 455:648-U646. doi:10. 1038/Nature07278.

[14] Jahnke KD, Naydenov B, Teraji T, Koizumi S, Umeda T, Isoya J, Jelezko F (2012) Long coherence time of spin qubits in [sup 12]C enriched polycrystalline chemical vapor deposition diamond. Appl Phys Lett 101:012405.

[15] Neumann P, Jakobi I, Dolde F, Burk C, Reuter R, Waldherr G, Honert J, Wolf T, Brunner A, Shim JH, Suter D, Sumiya H, Isoya J, Wrachtrup J (2013) Nano Lett 13:2738.

[16] Carr HY, Purcell EM (1956) Phys Rev 94:630.

[17] Meiboom S, Gill D (1958) Rev Sci Instrum 29:688.

[18] Naydenov B, Dolde F, Hall LT, Shin C, Fedder H, Hollenberg LCL, Jelezko F, Wrachtrup J(2011) Dynamical decoupling of a single-electron spin at room temperature. Phys Rev B 83:081201.

[19] Cai J, Naydenov B, Pfeier R, McGuinness LP, Jahnke KD, Jelezko F, Plenio MB, Retzker A (2012) Robust dynamical decoupling with concatenated continuous driving. arXiv 1111. 0930v2.

[20] Neumann P, Kolesov R, Naydenov B, Beck J, Rempp F, Steiner M, Jacques V, Balasubramanian G, Markham ML, Twitchen DJ, Pezzagna S, Meijer J, Twamley J, Jelezko F, Wrachtrup J (2010) Quantum register

based on coupled electron spins in a roomtemperature solid. Nat Phys 6: 249 – 253. doi: 10. 1038/Nphys1536316 B. Naydenov and F. Jelezko.

[21] Naydenov B, Richter V, Beck J, Steiner M, Neumann P, Balasubramanian G, Achard J, Jelezko F, Wrachtrup J, Kalish R (2010) Enhanced generation of single optically active spins in diamond by ion implantation. Appl Phys Lett 96: 163108.

[22] Pezzagna S, Wildanger D, Mazarov P, Wieck AD, Sarov Y, Rangelow I, Naydenov B, Jelezko F, Hell SW, Meijer J (2010) Nanoscale engineering and optical addressing of single spins in diamond. Small 6: 2117. doi: 10. 1002/smll. 201000902.

[23] Pezzagna S, Naydenov B, Jelezko F, Wrachtrup J, Meijer J (2010) Creation efficiency of nitrogen-vacancy centres in diamond. New J Phys 12: 065017. doi: 10. 1088/1367-2630/12/6/065017.

[24] Naydenov B, Reinhard F, Lämmle A, Richter V, Kalish R, D' Haenens-Hohansson UFS, Newton M, Jelezko F, Wrachtrup J (2010) Increasing the coherence time of single electron spins in diamond by high temperature annealing. Appl Phys Lett 97: 242511.

[25] Neumann P, Beck J, Steiner M, Rempp F, Fedder H, Hemmer PR, Wrachtrup J, Jelezko F (2010) Single-shot readout of a single nuclear spin. Science 329: 542.

[26] Waldherr G, Beck J, Steiner M, Neumann P, Gali A, Frauenheim T, Jelezko F, Wrachtrup J (2011) Dark states of single nitrogen-vacancy centers in diamond unraveled by single shot NMR. Phys Rev Lett 106: 157601.

[27] Fedder H, Zhao N, Honert J, Schmid B, Klas M, Isoya J, Markham M, Twitchen D, Jelezko F, Liu PR-B, Wrachtrup PJ (2012) Sensing single remote nuclear spins. Nat Nanotechnol 7: 657–662. doi: 10. 1038/NNANO. 2012. 1152.

[28] Mehring M, Mende J (2006) Spin-bus concept of spin quantum computing. Phys Rev A 73: 052303. doi: 10. 1103/Physreva. 73. 052303.

[29] Bermudez A, Jelezko F, Plenio MB, Retzker A (2011) Electron-mediated nuclear-spin interactions between distant nitrogen-vacancy centers. Phys Rev Lett 107: 150503. doi: 10. 1103/Physrevlett. 107. 150503.

[30] Dolde F, Jakobi I, Naydenov B, Zhao N, Pezzagna S, Trautmann C, Meijer J, Neumann P, Jelezko F, Wrachtrup J (2013) Room-temperature entanglement between single defect spins indiamond. Nat Phys 9: 139–143.

[31] Pezzagna S, Rogalla D, Becker HW, Jakobi I, Dolde F, Naydenov B, Wrachtrup J, Jelezko F, Trautmann C, Meijer J (2011) Creation of colour centres in diamond by collimated ion-implantation through nano-channels in mica. Phys Stat Solid 208: 2017–2022. doi: 10. 1002/pssa. 201100455.

[32] Dolde F, Bergholm V, Wang Y, Jakobi I, Naydenov B, Pezzagna S, Meijer J, Jelezko F, Neumann P, Schulte-Herbruggen T, Biamonte J, Wrachtrup J (2014) Nat Commun 5: 3371.

[33] Siyushev P, Kaiser F, Jacques V, Gerhardt I, Bischof S, Fedder H, Dodson J, Markham M, Twitchen D, Jelezko F, Wrachtrup J (2010) Monolithic diamond optics for single photon detection. Appl Phys Lett 97: 241902, 241902. doi: 10. 1063/1. 3519849.

[34] Rogers LJ, Jahnke KD, Marseglia L, Muöller C, Naydenov B, Schauffert H, Kranz C, Teraji T, Isoya J, McGuinness LP, Jelezko F (2013) arXiv: 1310. 3804.

[35] Marseglia L, Hadden JP, Stanley-Clarke AC, Harrison JP, Patton B, Ho YLD, Naydenov B, Jelezko F,

[36] Meijer J, Dolan PR, Smith JM, Rarity JG, O'Brien JL (2011) Nanofabricated solid immersion lenses registered to single emitters in diamond. Appl Phys Lett 98:133107. doi:10.1063/1.3573870.

[36] Chi YZ, Chen GX, Jelezko F, Wu E, Zeng HP (2011) Enhanced photolum inescence of singlephoton emitters in nanodiamonds on a gold film. IEEE Photon Tech Lett 23:374-376. doi:10.1109/Lpt.2011.2106488.

[37] Bayn I, Meyler B, Lahav A, Salzman J, Kalish R, Fairchild BA, Prawer S, Barth M, Benson O, Wolf T, Siyushev P, Jelezko F, Wrachtrup J (2011) Processing of photonic crystal nanocavity for quantum information in diamond. Diamond Relat Mater 20:937-943. doi:10.1016/j.diamond.2011.05.002.

[38] Brunel C, Lounis B, Tamarat P, Orrit M (1999) Triggered source of single photons based on controlled single molecule fluorescence. Phys Rev Lett 83:2722-2725. doi:10.1103/PhysRevLett.83.2722 Single-Color Centers in Diamond as Single-Photon Sources and Quantum Sensors 317.

[39] Kurtsiefer C, Dross O, Voigt D, Ekstrom CR, Pfau T, Mlynek J (1997) Observation of correlated atomphoton pairs on the single-particle level. Phys Rev A 55:R2539-R2542.

[40] Batalov A, Zierl C, Gaebel T, Neumann P, Chan IY, Balasubramanian G, Hemmer PR, Jelezko F, Wrachtrup J (2008) Temporal coherence of photons emitted by single nitrogenvacancy defect centers in diamond using optical Rabi-oscillations. Phys Rev Lett 100:077401. doi:10.1103/Physrevlett.100.077401.

[41] Neu E, Fischer M, Gsell S, Schreck M, Becher C (2011) Fluorescence and polarization spectroscopy of single silicon vacancy centers in heteroepitaxial nanodiamonds on iridium. Phys Rev B 84:205211. doi:10.1103/Physrevb.84.205211.

[42] Sipahigil A, Jahnke KD, Rogers LJ, Teraji T, Isoya J, Zibrov AS, Jelezko F, Lukin MD (2014) Indistinguishable photons from separated silicon-vacancy centers in diamond. Phys Rev Lett 113:113602. doi:10.1103/Physrevlett.113.113602.

第 15 章 量子光学试验中的光子计数和计时

Andreas Ahlrichs, Benjamin Sprenger, Oliver Benson

摘 要 本章将简要回顾当前一些单光子源和光子对源的实现过程。在介绍非经典光的一些基本原理后,将着重介绍光子探测在表征这些源时起到的作用。接下来解答了为什么以实现更复杂量子光学器件为目标的这些试验对探测器和探测电路要求很高。首先,讨论了指向量子中继器架构和混合量子系统的一些研究成果,然后,对全光学量子技术的未来前景进行了概述。

关键词 纠缠光子 量子信息 量子密钥分配 量子光学 单光子源

15.1 介绍

爱因斯坦在 1905 年提出的关于电磁辐射粒子属性的设想[1]标志着人们对光的理解取得了重大突破。引人注目的是,爱因斯坦本人认为他提出的存在光量子的设想是他最具革命性的观点。众所周知,光是一种电磁波,所以人们对爱因斯坦的光量子假说提出严重质疑是不足为奇的。早在 1909 年,泰勒就用高度衰减光完成了双缝试验[2],希望观察到波的基本特征即干涉条纹。在试验中,光源强度被大幅度衰减,平均来看,一次只有一个光子通过缝隙。经过长时间的平均,出现了预期的双缝干涉图样。直到光量子理论出现之后,人们才真正理解光的粒子和波属性的存在。现在在我们知道通过一阶干涉试验是不可以展现光的量子特性的。这些试验,也就是双缝试验,是用来测量振幅相关性的。但是,光的粒子特性是出现在光的强度相关中。鉴于此,光子计数是研究光的量子特性的主要手段。

在本节余下部分,会介绍量子化光和光子探测的一些基本原则。然后在总结近年来完成的更为复杂的量子光学试验(15.4 节)之前,会回顾产生和探测单光子(15.2 节)和光子对(15.3 节)的几种方法。我们专注于固态系统。最后,以一个简短总结和展望结束本章(15.5 节)。

15.1.1 光的经典态和量子态

Glauber 介绍了 Loudon[3] 在书中讨论的归一化一阶和二阶相关函 $g^{(1)}(\tau)$ 和 $g^{(2)}(\tau)$，即

$$g^{(1)}(\tau) = \frac{\langle E^+(t)E(t+\tau) \rangle}{\sqrt{\langle |E^+(t)|^2 \rangle \langle |E(t+\tau)|^2 \rangle}}$$

$$g^{(2)}(\tau) = \frac{\langle E^+(t)E^+(t+\tau)E(t+\tau)E(t) \rangle}{\sqrt{\langle |E^+(t)|^2 \rangle \langle |E(t+\tau)|^2 \rangle}}$$

式中：E^+ 和 E 表示场算符；"<>"括号表示时间平均。$g^{(1)}(\tau)$ 与相位相关，即分别在时间 t 和 $t+\tau$ 的复振幅。在干涉试验可用马赫-曾德尔干涉仪（图 15.1(a)）进行测量。$g^{(2)}(\tau)$ 与强度相关，可按照汉伯里布朗及特维斯（Hanbury Brown and Twiss, HBT）建议的装置得出[4]（图 15.1(b)）。需要注意的是，HBT 装置最早是用于测量来自遥远星球光线的经典相关性的。可以用光子统计来解释 $g^{(2)}(\tau)$：如果在 t 时刻探测到一个光子，那么在 $t+\tau$ 时刻探测到另一个光子的概率性是多少？分束器通常被曲解成作用是分离光子的装置。其实分束器只需要克服单光子计数器的有限死时间，这个时间通常大于典型的光子相关时间。在最近的试验中，Steudle 等[5]证明只用一个单光子探测器就能轻易地演示光的非经典特征。他们采用的是单光子源的光（15.2 节）和死时间仅为几纳秒的超导单光子探测器。图 15.1(c) 所示为测试光的非经典性的一种最基本装置。

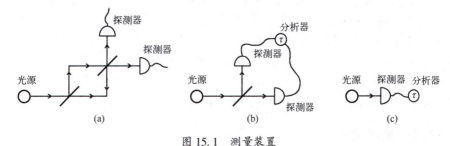

图 15.1 测量装置

(a) 测量振幅相关性的马赫-曾德尔（Mach-Zehnder）干涉仪示意图；(b) 测量强度相关性的 Hanbury Brwon-Twiss 装置；(c) 测量光子统计的最基本装置。

在量子光学中，人们通常会将光区分为 3 种不同的状态：光子倾向于"聚集"在一起的来自热源的光；光子统计遵循泊松统计规则的来自经典源的光，如远高于阈值的激光；最后一种是 Fock 态的光，Fock 态的光从包含离散激励数的量子光源发出。单光子源（见 15.2 节）就是一个具体的示例，其中光子是一个接一个出现的，即它们是反聚束的。3 种情况下相应的 $g^{(2)}(\tau)$ 函数图示见

图 15.2(a),从单量子点发射出的荧光的被测光子相关性见图 15.2(b)。

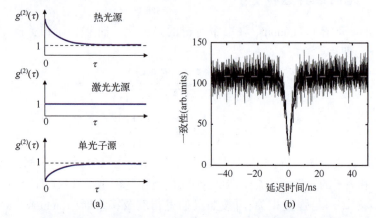

图 15.2 $g^2(\tau)$ 函数及其单量子点发射的荧光被测光子相关性[6]

(a) 光源的 3 种不同状态的归一化 $g^{(2)}$ 函数;

(b) 测量来自单光子源的(此处为单半导体量子点[6])荧光二阶光子相关函数。

15.1.2 波粒二象性

波和粒子的特性都可以在实验室条件下测定。例如,Aichele 等[7]在更换了一个干涉臂的马赫-曾德尔干涉仪的两个输出端之间完成了光子相关性测量(类似图 15.1(a))。光源是基于单量子点的单光子源。而每个臂中探测到的信号按照马赫-曾德尔干涉条纹的要求进行调制,两个输出端之间的相关性也始终表现为反聚束状态,即光的粒子性典型表现。在 1997 年的另一项试验中[8],Hoffges 等分析了单个被捕获离子共振散射的光。研究了散射光子的反聚束和相位稳定性。这再次强调了光在同一项试验中显示出了非经典粒子和经典波的性质。将在下面小节中再次讨论共振散射。

15.1.3 探测光子

光的统计分析只能采用可以探测很低能量(1 个 $\hbar\omega$)的探测器才能实现。根据所需的效率、带宽、波长范围以及能量分辨率,选用不同的光子探测器。下面简要讲述 4 种探测器[9-10]。

(1) 光电倍增管(photo multiplier tube,PMT):基于光电效应,阴极吸收光子后发射电子。发射的电子经过光电二极管后一系列电极倍增产生多个二次电子,产生宏观的电压脉冲。PMT 的光谱范围涵盖 115~1700nm,但不同波长的 PMT 之间性能差异很大。在可见光中,当暗计数率为 100Hz、时间抖动为 300ps

时,采用 GaAsP 光电阴极量子效率可达 40%。但是,波长为 1550nm 时,PMT 的性能相对较差。当暗计数率为 200kHz 时,量子效率为百分之几,灵敏度非常低。

(2) 雪崩光电二极管(avalanche photo diode,APD)的配置与 p-i-n 二极管类似。用于单光子计数时,APD 工作在高于击穿电压的反向偏置条件下(盖革模式)。本征层中的光子吸收会产生电子-空穴对。由于碰撞电离的作用,载流子数量翻倍。APD 最常用的材料是硅,其量子效率高达 70%(波长为 700nm 时),并且在低于 100Hz 时可以实现超低的暗计数率。但是,由于硅的带隙原因,光谱范围限制在波长最大 1100nm。如果要探测 1300~1500nm 通信波长范围内的光子,就必须采用其他材料,如铟镓砷(InGaAs)。这些 APD 在量子效率(大约 20%)、暗计数(1~20kHz)和死时间(一般为约 100ns)等方面性能差很多。

(3) 超导转变边缘传感器(superconducting transition edge sensor,TES)是一种由超导材料组成的辐射热测定器,其工作温度非常接近临界温度,温度的微小变化会导致电阻产生巨大变化。测量用来吸收光子材料中的微弱温度变化,可以探测光子。TES 在近红外波段的光子数分辨力[11]和量子效率[12]超过 90%。然而,这种探测器存在必须在 100mK 低温条件下工作的缺点。对于某些应用场合,其通常为 1μs 的死时间相对较长,可能会造成不便,但也有报道研制出了死时间低于 200ns 的更快的探测器。

(4) 纳米线超导单光子探测器(nanowire superconducting single-photon detector,NSSPD)[10]的工作原理与 TES 类似。它利用了吸收一个光子会破坏超导性这一点。NSSPD 在温度为超导体的临界温度(液氦温度)之下,但是接近其临界电流时工作良好。在合理的量子效率范围内,NSSPD 覆盖的光谱范围宽,暗计数率低,死时间短。

其中,低强度光辐射的测定大部分依赖于 TES[13]来完成,而量子光学中的光子探测主要是用硅 APD 完成的。硅 APD 的局限在于只能探测波长小于 1μm 的光子,这个问题在过去是无伤大雅的,因为大多数非经典光源,如单原子、离子、分子或半导体量子点,都是在近红外到可见光的这个波段范围内发射的。但是,当人们通过光纤网络远距离传输量子信息时,则需要能应用在通信波段波长的探测器。此外,涉及光子的一些复杂量子信息任务,如量子中继器或量子逻辑元件(15.4 节),需要高效的多光子探测。这时就迫切需求效率高、暗计数率超低、光子数分辨能力强的探测器。因此,超导单光子探测器的重要性越来越高。可查阅 Buelter[14]和 Buller 等[15]所著文章了解更多有关单光子探测器的细节。

光子计数也可以应用到经典光中,但是必须表征非经典光源,接下来将就此进行介绍。

15.2 单光子源

15.2.1 光子产生的原理

光子是电磁场模式中的一个单次激发。单次激发很容易在适用泡利不相容原理的费米子系统中发生。因此,具有离散电子态和主导性辐射弛豫特征的量子系统,如原子、离子、分子、量子点或晶体中的色缺等,都可被认为是潜在的单光子源。

图 15.3 显示了 3 种不同的基于单量子发射器的单光子源实现手段。最简单的方法(图 15.3(a))是非相干泵浦单量子发射器,并等待单光子发射出来。这种方法可在较短时间间隔内产生光子发射事件,这个时间间隔是由弛豫率的倒数到受激态和自发辐射的时间确定的。从这个意义上来说,它是随需应变的。然而,该过程仍然具有概率性,尤其是在发射的光子[16]具有不可分辨性这一点上存在局限性。在紧密耦合到高 Q 腔(图 15.3(b))的单个三级系统中相干驱动的拉曼跃迁是一种更好的方法。采用这种方案可得到一个相干泵浦的单光子源,它不需要耦合到发射单光子的热源以外的任何其他热源[16-17]。由此可以得到脉冲成形和高度的不可分辨性。最后,图 15.3(c)描绘了直接共振散射,尽管 Hoffges 等[8]早在 1997 年用离子阱验证过这种方法,但人们还是花了 10 多年才研究出如何从固态系统的强泵浦光中分离出单光子信号[18-19]。

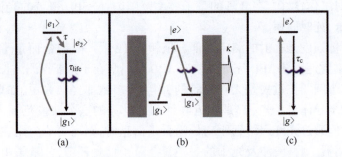

图 15.3 从单量子系统中产生单光子的 3 种不同方法

(a) 单量子发射器非相干激发被建模为三能级系统。激发到更高的激发态之后,在弛豫时间 τ 之内会出现快速弛豫,紧接着的 τ_{life} 时间内也会出现自发辐射;(b) 三能级发射器受到两个拉曼脉冲的相干驱动。一个是经典激光脉冲,另一个是与发射器紧密耦合的空穴真空场,光子最终从腔中释放出来,腔的衰减率为 κ;(c) 用相干激光脉冲驱动二能级系统的共振散射示意图(可用经典方法理解散射特点,但单光子特征是通过单发射器的量子特征来体现的。散射光子与泵浦激光具有相同的相干特性)。

在15.1节的图15.2(b)中,已经给出了用图15.3中的非相干泵浦单量子点(方法(a))得到的单光子的测量值。接下来,在图15.4中,将给出 He 等[20]的测量结果,其中单光子是由图15.3所示的共振散射(方法(c))产生的。在 Hong-Ou-Mandel 的试验中[22],通过分束器观测双光子干涉可以得到不可分辨程度的量化值,这个值对全光量子信息[21]应用至关重要:如果双光子同时从两个不同的输入端口作用到50/50分束器,它们将始终通过相同的输出端口离开分束器。在分束器的两个输出端口设置单光子探测器并测量双光子被分离处的事件重合率可以很容易地验证光子的合并情况。对于完全不可分辨的光子,符合率降至零(图15.4(c)中央峰值的消失),对于完全可分辨的光子,符合率对应为50%。

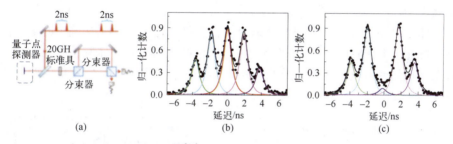

图15.4 顺序散射自一个单量子点[20]的两个光子之间进行的 Hong-Ou-Mandel 干涉试验 (a) 在激励臂(未显示)和双光子干涉中都使用了两个光程差为2ns的不平衡马赫-曾德尔干涉仪; (b、c) 相对延迟时间内双光子探测事件的中心簇类柱状图。(在(b)和(c)中,两个输入光子分别以交叉偏振和平行偏振的方式制备。每个峰值的拟合函数是双指数衰减(激发衰减响应)与具有高斯分布特点(单光子探测器时间响应)的卷积。由于时间响应的限制,5个峰值的重叠区有限。 (c)图显示的中心峰的消失是两个不可分辨的破坏性量子干涉的明显特征)。

除了对光子时空波包的良好控制外,还展示了其对激励的频率锁定,证明了产生过程的相干性。

15.2.2 光采集策略

通常,单光子源(如原子、晶体中的色缺中心或量子点)自发辐射的方向是随机的。各种可能性都存在,要么收集尽可能多的全立体角发射,要么将辐射增强为特定的光学模式。在本节的余下部分将探讨高效光采集策略。

1946年,Purcell[23]提出将发射器放置在谐振腔中可以增强自发辐射率,这一现象通常称为 Purcell 效应[23]。Purcell 因子定义了增强的效果,即

$$F_p = \frac{3}{4\pi^2} \cdot \left(\frac{\lambda}{n}\right)^3 \cdot \left(\frac{Q}{V}\right) \tag{15.1}$$

式中:λ 为波长;n 为折射率;Q 为谐振腔的品质因子;V 为模体积。可以用来最大化 Purcell 因子的两个自由参数是较大的空腔品质因子和较小的模体积。

在第一次开拓性试验捕获 $^{40}Ca^+$ 离子之后[24-25],近年来的研究工作主要集中在固态单光子源上,如金刚石中的氮-空(nitrogen-vacancy,NV)缺陷中心或半导体量子点。缺陷中心即使是在室温下也具有离散的电子能态,因此可以用作稳定的单光子源[26]。单缺陷中心可以从纳米金刚石中分离出来,表征后的单缺陷中心可通过使用微定位器或原子力显微镜放置于任何需要的位置[27]。

为了利用 Purcell 效应增强光子发射,光子晶体腔具有几大优势[28]。它的尺寸紧凑,允许极小的模体积,且品质因子很高。NV 中心在室温条件下发射光谱较广,所以需要增强收集来自窄零声子线(zero-phonon line,ZPL)的单光子。

图 15.5 所示为具有单 NV 缺陷中心的纳米金刚石,该 NV 缺陷中心被定位在二维光子晶体腔中[29]。这里,NV 中心的消逝波和光子晶体腔重叠。通过局部激光加热调谐空腔与单光子发射共振。可以观察到向 ZPL 中发射的辐射急剧增强了 12.1 倍。

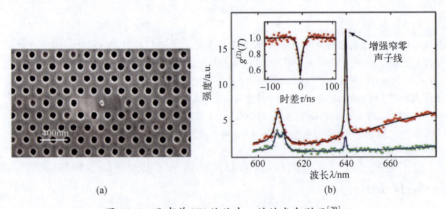

图 15.5 具有单 NV 缺陷中心的纳米金刚石[29]

(a) 二维 GaP 光子晶体的扫描电子显微图(其中心位置存在 L3 缺陷腔。具有单 NV 中心的纳米金刚石被放置到空腔中心并耦合到光场中);(b) 稍低的点:不含纳米金刚石的本征空腔荧光的归一化光谱(640nm 左右的峰值是调谐至 NV 中心的 ZPL 的基本模式。610nm 左右的峰值来源于高阶模式。高处点:内含有纳米金刚石时的归一化荧光谱,显示腔模中 ZPL 发射增加(实曲线与数据吻合。插图:纳米金刚石的荧光的自相关测量结果。反聚束倾向证实了单光子特性)。

一种完全不同的单光子发射增强和采集的方法是采用等离子结构作为光学纳米天线。高度局域化的电磁场提高了激发、辐射和非辐射衰减率。在图 15.6 所示的试验原理图中,纳米金刚石内的一个 NV 中心被夹在作为等离子天线两个小金球中间[30]。单个 NV 中心的辐射衰减率可以提高近一个数量级，相应的单光子率也会提高。

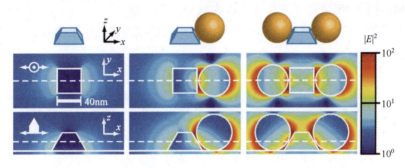

图 15.6 试验配置原理图显示出无等离子增强效果的纳米金刚石及其耦合到一个或两个金纳米粒子的情况[30]

（数据仿真中利用对数色标表示电场强度。在所谓的热点处的场增强非常明显）

阻止单光子发射范围超过 4π 立体角的另一种方法是把发射器放置到高指数材料的介质面。这种结构的作用就像介质天线，发射时可以优先与高指数材料耦合。用固体浸没透镜(solid immersion lens, SIL) 采集 NV 中心的光就是其中一个例子[31]。其原理示意图见图 15.7(a)。纳米金刚石被旋转涂覆在这类透镜的平整表面。可实现达 4.2% 的采集效率，每秒超过 200 万次的单光子计数率（图 15.7(b)）。激发和发射采集都是采用相同的显微镜物镜进行的。

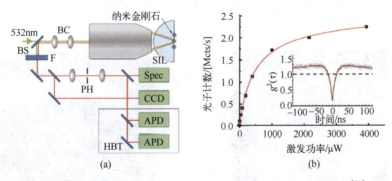

图 15.7 用固体浸没透镜(solid immersion lens, SIL) 增强光子采集[31]

(a) 含有单 NV 中心的纳米金刚石旋转涂覆在 SIL 的平面上，采用相同的显微镜物镜耦合 532nm 激发光和发射光子(BC、BS、F、PH、HBT、CCD 和 APD 分别代表光束控制、分束器、过滤器、针孔、Hanbury Brown 和 Twiss 装置、电荷耦合器件以及雪崩光电二极管)；
(b) 单个 NV 中心的单光子计数率是泵浦功率的函数。(插图所示的是二阶相关函数的测量结果)。

不同种类的单发射器可以类似的方式耦合,并且利用单分子或半导体纳米晶体[32-33],通过分层的方式对介质天线作进一步裁剪,并对发射器的偶极子轴进行精确校准,可以使光采集效率提高到96%甚至更高。

不同的光采集策略可应用在任何固态或凝聚相的单光子发射器中。

15.2.3 集成光源

量子通信、量子计算等量子技术也对单光子源的实用性提出了很高的要求。理想条件下,它们应该做到无故障工作几千小时,即使在室温条件下也能提供高速率光子。电泵浦、发射光子到光波导或光纤的高效耦合,以及在光电芯片上的集成都将非常有用。目前的技术条件至少能满足部分标准。

最直接的方法是把单量子反射器直接放置于光波导或光纤上。这在单分子、胶体量子点或金刚石中的 NV 中心通过旋涂或更先进的定位技术是可以实现的,例如,光纤可以逐渐变小到亚微米的厚度,那么导模的消逝波在光纤表面较大,与沉积的发射器重叠。通过加热和可控拉伸的方式,可以常规光纤制成纳米光纤。使用垂直聚焦激光束激发附着在纳米光纤上的纳米金刚石,然后利用光纤采集单光子发射[34]。或者可以直接把 NV 中心置于光纤表面上[35]。

在半导体量子点中,载流子被限制在所有 3 个维度,从而可实现更高程度的集成。在量子点中,电子-空穴对可以形成激子,激子经过激发辐射出一个光子。采用聚焦激光对载流子进行光学激发是很常见的,但是最近电激发领域有所发展,这为得到集成度更高的源铺平了道路。Heindel 等[36]把量子点嵌入到具有介电镜的柱状结构中,增强来自表面与设置在顶部及底部用于电激发的金触点之间的定向耦合,如图 15.8 所示。

图 15.8 把量子点嵌入到具有介电镜的柱状结构中[36]
(a) 微柱腔中的量子点示意图;(b) 带有金触点、直径为 2.5μm 的剪切柱电子扫描显微图。

2002年，Yuan等[37]进行了被称为单光子发光二极管的开拓性工作，利用单光子发射在p-i-n结的本征区域内实现了单量子点的电泵浦。近来，人们也用InAsP材料制成通信波段中使用的纳米线发光二极管[38]。

单光子发光二极管的概念也可以应用于其他材料系统。Mizuochi等[39]用金刚石薄膜和对氮空位中心的电激发载流子演示了p-i-n结构，从而产生单光子连续流。图15.9展示了一个3层金刚石层以及附着在顶部和底部用于诱导氮空位中心载流子的电极示意图。与量子点器件相比，基于金刚石的光源不要求低温，使其有利于集成到量子器件。另外，波长约640nm，只允许光子的局部使用。远距离传输则需要通信频段的光子。

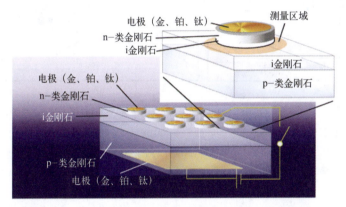

图15.9 基于金刚石的单光子源的氮空位示意图[39]（其中包括金刚石层中的p-i-n结构以及本征区中的氮空位中心。单光子发射是在垂直方向上围绕圆电极周围进行的）

原则上，人们已经演示了制作可靠性高的单光子源的技术，而且首批商用单光子源已经问世。但是，在量子信息处理中的进一步应用中，关键是能够产生明确定义的$N>1$个不可分辨光子，概率近似统一。如果$N>2$，目前还面临挑战，但不可分辨的光子是可以实现的，这一点将在15.3节进行讨论。

15.3 光子和光子对源

15.3.1 预示原理

利用量子相关性可以对量子态进行预示和远程制备。探测到一次激发。例如，一个光子，如果它们是量子力学相关，就预示着还存在另一个激发。图15.10中列举了两个例子。

在图 15.10(a)中,利用预示功能在相同原子系综中产生特定状态的单次激发[40]。在三能级原子(初态为 $|a\rangle$)中采用拉曼过程。首先,一个微弱的写入脉冲可能依概率激发从态 $|a\rangle$ 到态 $|e\rangle$ 的虚跃迁,紧接着态 $|e\rangle$ 经过拉曼散射到较低基态 $|b\rangle$。如果探测到一个来自这种跃迁的光子,就可得知出现了从 $|a\rangle$ 到 $|b\rangle$ 的相干跃迁。因此,被探测到的光子相当于起到了预示原子系综中发生了单激发的作用。之后再向系综射入一个读取脉冲,$|b\rangle$ 与处于较低激发态的 $|e'\rangle$ 共振,即 $|b\rangle \rightarrow |e'\rangle$。对读取脉冲定时可在规定时间内产生 $|e'\rangle \rightarrow |a\rangle$ 的光子。

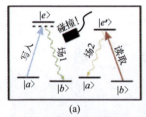 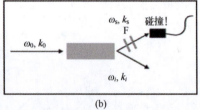

图 15.10 预示生成单光子的示意图

(a) 利用拉曼跃迁从原子系综生成预示单光子(从场 1 探测到单散射光子预示着系综中一个原子的 $|b\rangle$ 态会出现单次激发,通过读出脉冲照射,只有这种单次激发可以转变成一个散射单光子);

(b) 在参量过程中产生光子对(如果(通过滤波器 F)在方向 k_s 上探测到频率为 ω_s 的光子,则预示着在方向 k_i 上会出现频率为 ω_i 的单光子)。

光子预示中一个最显著的例子是用于在非线性晶体中通过从自发参量数下转换(spontaneous parametric down-conversion,SPDC)生成单光子(图 15.10(b))。在具有光学 $\chi^{(2)}$-非线性介质中,泵浦束的一个光子可以在能量和动力转换下自发衰减成一对光子。在三波混频中可以找到与这个过程相对应的经典示例。

在所预示的单光子源中,一对光子自发地生成两个不同的光学模式(通常被称为信号模式和闲置模式)。光子对的产生本身是一个随机过程。两个臂都有热光子统计数据。然而,量子力学中的相关性确保只要在闲置模式下探测到光子,那么在信号模式中找到相应光子的概率就是 1。也即探测到一个光子预示着将探测到另外一个光子。

研究人员根据 3 个场的极性来区分 3 种类型的 SPDC。在类型 0 中,3 个场具有相同的极性,而在类型 I 中,信号和闲置光模式都与泵浦正交偏振。在类型 II 中,信号和闲置光子为正交偏振。虽然根据能量守恒定律,人们可以在较大的频率范围产生信号和闲置光子,但动量守恒定律(也称为相位匹配)却决定了,必须在所需的处理过程中选择适合的非线性介质和折射率,才能实现该目的。

由于该过程具有随机性,不能排除同时生成一对以上光子的情况。人们总可以从两个臂中任意一臂获得热光子统计数据。减小泵浦功率可以任意降低同时生成两对光子的概率,但这也大大降低了产生单对光子的概率。在实际应用中,作为预示光子源,必须在保证单对光子产生率和减少两对光子掺杂物之间找到一个折中的办法。原则上,在预示臂中使用光子数分辨探测器以及利用光学开关合并多个 SPDC 源的输出可以极大提高预示率[41]。

试验中发现有几个问题会降低所需单光子态的保真度。没有出现相应的信号光子时,探测器暗计数或杂散光会产生假预示事件。无论是闲置通道还是信号通道上的损耗都会降低光源的预示效率,从而降低可执行试验过程中的可达率。在预示臂中使用不具备光子数分辨率的单光子探测器时,在预示过程中无法从所需的单对事件中区别出多对事件。

15.3.2 纠缠光子对

一对光子由于同时产生,其两个光子在各种自由度都能高度相关。利用这种相互关系可以创建纠缠光子源。大多数纠缠光子的实验室实现都是基于偏振中的纠缠[42-43],但也可以在动量和位置[44]、时间和能量[45]或者不同时间间隔[46]中产生纠缠光子。甚至可创建基于 SPDC 的预示型纠缠光子对源[47]。

除了不满足贝尔不等式以外,量子信息处理(如量子隐形传态[48]或纠缠交换[49])中许多重要的试验演示都可首次采用基于 SPDC 源的纠缠光子来完成。

一般来说,纠缠态是两个或多个粒子态的重合,不能分解为单粒子态。换句话说,如果在一个过程中可以用两种不同的配置制备两个(或多个)量子对象,那么产生的状态通常是纠缠态。这在级联衰变中最为明显,而事实上,级联衰变是纠缠光子的第一种来源[50]。图 15.11(a)显示的是双激子态的级联衰变示意图,即由一个量子点上的两个电子和两个空穴形成的态。有两种可能的级联会导致发射两个正交偏振光子。由于无法区分这两条衰变路径,因此产生了纠缠态[52]。必须通过光子相干测量法重建量子态的密度矩阵才能证明纠缠态的存在(参见图 15.11(b))。利用量子点的电激发可能性,即使是纠缠光子对发射二极管都是可以实现的[53]。

15.3.3 光学参量振荡器作为光子对源

量子光学中的许多试验都需要在明确定义单空间模中产生小带宽(MHz 到 GHz 范围)的单个或纠缠光子。上述两个要求很难用 SPDC 和大块晶体满足,因为那样产生的光子从本质上来说都是宽带的(100GHz 至 THz 范围)并且会被发射到多模锥中。空间和光谱滤波在原则上是可以的,但却会大大降低光源亮度。

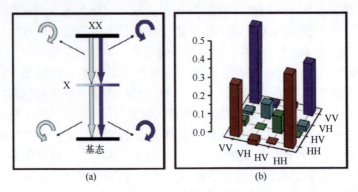

图 15.11 纠缠光子对[51]

(a) 量子点中双激子态级联衰变示意图(XX 和 X 分别表示双激子态(两个电子-空穴对)和激子态(一个电子-空穴对),弯曲的箭头表示发射光子的圆偏振);
(b) 重建单量子点双激子衰变发射出的光子对态密度矩阵的实部。
(图中明显的非对角元表示纠缠态)。

获得小带宽和单模光子的一种方案是采用光学参量振荡器(optical parametric oscillator,OPO)[54]配置,这种光学参量振荡器的泵浦远低于阈值(参见图 15.12)。这类设置通常称为腔增强型 SPDC 源。在 OPO 配置中,非线性晶体被置于光学腔里。下转换的光子只能被发射到空腔的光谱和空间模式中。对于高精细腔,其产生的光子的相干长度可以提高几个数量级[56]。由于非线性介质的有效相互作用长度增加,光子对的产生率也随之增加。由于下转换光子产生于空腔的横向基膜,它们可以高效地耦合到单模光纤中。

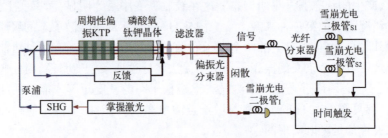

图 15.12 光学参量振荡器中腔增强型 SPDC 的特征化设置[55]

(光子对是在线性腔中的 PPKTP 晶体中产生的。腔的长度稳定至泵浦激光的共振,该共振由二次谐波效应(second harmonic generation,SHG)产生。光谱过滤后,信号和闲置光子在 PBS 处分离开并耦合到单模光纤,信号光子被 50/50 的 FBS 分隔开。采用 3 个 APD 来探测光子。在标记模式中用时间相关的单光子电子器件测量光子的到达时间)

由于下转换带宽通常比空腔的自由光谱范围大得多,光子会被发射进入多频模式。为了实现单频模式操作,需要进行额外的频率滤波[57]。如果在 II 型配置中需要产生简并频率的信号和闲置光子,则可以在空腔中添加一块额外的补偿晶体[58]。由于加入了额外晶体,空腔里两个正交偏振的路径长度差可以得到补偿,因此在相同频率下允许两种偏振同时共振。

15.3.4 利用光子计数表征腔增强 SPDC

SPDC 源发射的预示型单光子具备条件化二阶自相关函数 $g_{ssi}^{(2)}(\tau)$ 的特征,该函数评估预示单光子的保真度[55]。函数 $g_{ssi}^{(2)}(0)$ 可以作以下解释:如果在闲置模式 i 中探测到一个光子,那么在信号模式 s 中每次发现两个光子的概率就被抑制了。这相当于假设在模式 s 中的单光子态是远程制备的。只有值较低 $g_{ssi}^{(2)}(0)$ 光源,同时发射多对光子的概率才较低。图 15.13(a) 显示了图 15.12 所述装置的测量结果。

另一个重要的参数是两个发射光子的不可分辨程度。这个值可以由 15.2 节中详细讨论的 Hong-Ou-Mandel 试验中的双光子干涉测量。如试验结果所示,在 50/50 分束器两侧对撞的两个不可分辨的光子会合并,并且分束器两个输出端测得的符合率应当降至零。图 15.13(b) 所示为图 15.12 中描绘的对来自腔增强 SPDC 源的两个光子的测量结果。可以观察到高度的不可分辨性。

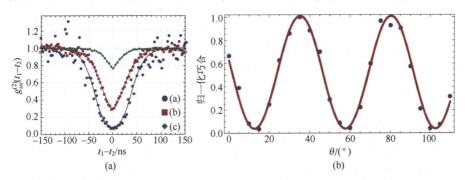

图 15.13　图 15.2 的测量结果

(a) 3 种不同泵浦功率($P_{\text{pump}}^{(a)}=0.8\text{mW}, P_{\text{pump}}^{(b)}=4\text{mW}, P_{\text{pump}}^{(c)}=13\text{mW}$)下测得的(符号)条件自相关函数 $g_{ssi}^{(2)}(t_1-t_2)$(选择 4.5ns 的时间间隔。作为指南,在理论模型上增加了一个拟合(线条));
(b) 经分束器后探测到的符合计数是光子线性偏振之间相对角度的函数
(当两个偏振相同的光子在分束器上碰撞时探测值最小,即它们是不可分辨的)。

在本节末尾指出,对于多光子源的预示或精确表征,单光子探测器除了具有高效率和良好的时间分辨率外,其光子数分辨能力也是巨大的优势。

15.4 量子光学中的复杂计数任务

从前15.3节可知,即使是表征预示光子源或光子对源这样非常简单的任务都需要完成3个探测事件之间的相关性分析,那么实现用于量子信息处理的量子光学逻辑元件无疑是一个更艰巨的挑战。在这些器件中,所需光子计数器的数量按比例变化明显,原因有3点。

① 光量子比特是用光子编码的,最后的读出是对光子态的探测。

② 基于光子的量子逻辑元件所需的非线性是由光子干涉和光子探测共同引起的[21]。

③ 用来表征、控制或稳定量子光学器件中有源元件的任何信号都是非常微弱的,通常为几个光子的水平,需要单光子探测器。

在下文中将讨论最近完成的几项试验的两个例子,它提出了量子技术中比实现光子源更为复杂的任务。

15.4.1 量子中继器:纠缠的远距离传输

最先进的量子技术就是采用量子密钥分发(quantum key distribution, QKD)确保信息交互安全[59]。在光子系统中进行比特编码,量子态的"脆弱性"为防窃听提供了绝对的安全性。但是,单光子的传输始终受到不可避免的光子损耗(由于吸收或散射)的影响,这使得即使在通信波长下,利用光纤进行量子通信可以实现的距离也被限制在大约100km。为了克服这一严重限制,Briegel等[60]提出了量子中继器的概念[61]。量子中继器的想法不是直接用单光子传输量子信息,而是通过量子网络分发纠缠。一旦这种网络的第一节点和最后一个节点发生纠缠,量子信息就能通过量子隐形传态进行传输。纠缠的分发是通过连续的纠缠交换实现的。在每个节点上,量子中继器都会产生成对的纠缠光子。然后,纠缠交换就会在相邻的节点之间进行直至该网络的第一个和最后一个节点发生纠缠。因为相邻节点之间采用标准的光纤链路,由于光子损耗,纠缠交换步骤会具有不确定性。因此,每个量子中继器节点需要增加额外的量子存储器,用于存储量子信息,直至与下一节点进行成功的纠缠交换。所传输的纠缠态的保真度可以通过多路复用量子网络和进行纠缠态蒸馏得到提高[62]。

实现两个纠缠节点是实现量子中继器的第一项关键试验。由于它们的相干时间长,被捕获的离子或原子都是一个可能的采用系统,但是试验工作量巨大[63]。2013年,Bernien等[64]首次证实了间隔为3m的两个固态量子比特之间的预示纠缠。图15.14所示的是这项复杂试验的示意图。利用了金刚石中两个NV

中心的电子自旋。这些电子自旋的相干时间长,可以分别在微波场和光场中进行操作和读出。中心的辐射产生两个光子,每个光子均与其固有的电子自旋发生纠缠。光子被送到分束器。最后,分束器两个输出端的符合预示两个自旋的纠缠。

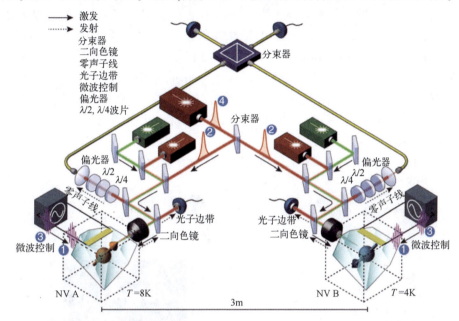

图 15.14 两个固态自旋量子位之间产生远距离纠缠的试验设置[64]
(每个氮空位(NV)中心位于一个合成超纯金刚石中。把两块金刚石放置在相距 3m 的两个独立的低温共焦显微镜中。每个 NV 中心都可被红色激光共振激发,被绿色激光非共振激发。发射(虚线箭头)从光谱上被分成非共振部分(声子边带,phonon sideband,PSB)和共振部分(零声子线,zero-phonon line,ZPL)。PSB 发射用于自旋量子位的独立单次读出。两个 NV 中心的 ZPL 光子在光纤耦合分束器上重叠。自旋控制用的微波脉冲可通过芯片上的微带状线施加)

因为每 10min 只有一次纠缠事件出现,而数据采集大约需要 160h,因此该试验所涉及的 4 个雪崩光电二极管探测器必须具备极佳的稳定性和暗计数抑制能力。

15.4.2 混合量子系统

量子中继器由光子对源、传输线和量子存储器件组成。这些不同的零件被一些存在相互冲突的要求影响。例如光子传输需要通信波长,但是在可见波长段探测效率更高。组装量子计算机的不同零件(主处理器、内存、读出和初始化单元、接口等)之间的这种情况更具挑战性。我们希望在不同的物理系统中实现这些不同的零件。由此催生了一项新的研究领域,即混合量子系统。在不同的物理系统之间传输量子信息的唯一途径是采用光子作为量子换能器。

在混合量子系统中特别重要的一项任务就是将纠缠和固态系统与原子系统集合在一起。这项任务的特征是衰变快(在吉赫兹级),与原子系统的相干时间短,并且几乎完全与环境隔绝,但是在兆赫兹级,光学线宽中会出现电子跃迁。Akopian 等[65]和 Siyushev 等[66]证实了凝相和原子系综的系统之间产生纠缠的最初几步。单 GaAs 量子点和单 DBATT(dibenzanthanthrene)分子的光子被分别过滤并调整至铷和钠电池的电子跃迁。原子共振的调谐证实了单光子源具有精准的光谱。作为光子与原子系综存在相干相互作用的证据,单光子脉冲的速度也被证明是减慢的。

图 15.15 概述 Akopian 等[65]所进行的试验的概念。

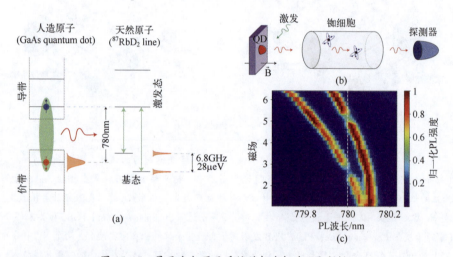

图 15.15 量子点与原子系综的耦合概念(见彩插)

(a)量子点和铷原子的能级图(蓝色圆圈代表一个电子,红色圆圈代表一个空穴,箭头表示它们的自旋投影。^{87}Rb D2 基态的超精细分裂为 28μeV。相关地,量子点和铷中的傅里叶受限光学跃迁出现在绿色区域,并用橙色洛伦兹表示);(b) 实验原理图(光学受激量子点(quantum dot,QD)发射单光子,在被探测前,这些单光子穿过充满温暖的铷蒸气的电池;(c) 在不断增强的磁场中调整的量子点发射的光致发光(photo luminescence,PL)谱(量子点受到 532nm 连续波激光的激发。充满 120 光铷蒸气的电池被置于探测器前面。虚线对应^{87}Rb D2 跃迁。塞曼(Zeeman)分裂发射的每个分支都被调整至 D2 跃迁并被蒸气部分吸收)。

除了建立量子混合系统外,将单光子源从凝相调整到原子频率标准是解决其不可避免的光谱不均匀性的重要途径。这里,人们不得不面对把单光子流的吸收作为反馈信号的困难。整个单光子通量中只有很小一部分可以用来产生这样的信号,数量级为每秒 1 万到 10 万个光子。

15.5 未来展望

推动量子光学中许多试验进行的一个强烈动机是量子信息处理。人们已经向量子技术商业化方面迈出了第一步,特别是保密信息交换方面。远距离传输量子信息时必将采用光子,但是只有很少的量子计算任务可以完完全全在光学领域进行。单光子源和单光子探测器的成熟使光学量子技术呈现出强大的吸引力。但是,如果期盼量子信息处理的时钟周期达到与经典信息处理系统相当的水平,就必须提高单光子探测器和单光子源的带宽和时间抖动水平。尚未解决的问题仍然是缺少高效率的快速光子数量分辨探测器以及波长大于 1μm 的近红外有效探测。纳米线超导探测器已经被越来越广泛地使用,特别是在量子光学实验室中,它们所需的低温环境不是紧要的问题。其超低的暗计数水平是寻找罕见光子符合事件试验的必要条件。它们易于集成到芯片上,这对于更复杂的多光子计数任务来说有很大的优势。

混合量子系统的主要研究目的是从不同的物理系统中组合量子光学器件。如果这些系统的相互作用是通过光子来促成的,就需要调整并匹配吸收和发射光谱以及光子波包。此外,除了孤立的原子外,所有量子发射器都受到发射波长非均匀分布的影响。在前面的小节中已经简述了如何锁定频率标准可以克服这一问题。这里,关键的任务是从(也许只有几个)探测事件中产生持续反馈信号。换成更浅显的语言,人们必须开发快速算法来估计一组离散的事件,从而估计出多参量系统中最佳性能出现偏差最可能的原因。例如,维持两个光子不可分辨性的反馈信号将会是 Hong-Ou-Mandel 试验配置中经过分束器之后的双光子符合率。辅助光学信号,可以作为反馈信号锁定单发射器的探测光束的吸收[67],同样也是非常微弱的信号。它们可能也需要单光子探测器。最后,混合量子系统很可能会涉及提供不同电子信号的不同探测器,这对计数电路的要求很高。

第一个针对量子光学技术的原理验证试验的集成度仍然很低。通常,只有无源光学元件,如波导、分束器或滤波器等是在芯片上制成的。单光子源和探测器通过自由空间光束或光纤连接。对于全集成量子光电技术而言,它的主要目标是在单个芯片上集成光源、无源元件和探测器。但是,不太可能研发出适用于所有组件的统一制造技术。短中期更有前景的途径是采用微封装技术。这种方式对于在特有平台上合并集成的经典和量子光学技术也有吸引力。

参 考 文 献

[1] Einstein A (1905) Ann Phys 17:132.
[2] Taylor GI (1909) Proc Camb Philos Soc 15:114.
[3] Loudon R (1973) The quantum theory of light. Oxford University Press, Oxford.
[4] Hanbury Brown R. Twiss RQ (1956) Nature 177:27.
[5] Steudle G, Schietinger S, Höckel D, Dorenbos SN, Zadeh IE, Zwiller V, Benson O (2012) Phys Rev A 86:053814.
[6] Zwiller V, Aichele T, Seifert W, Persson J, Benson O (2003) Appl Phys Lett 82:1509.
[7] Zwiller V, Aichele T, Benson O (2004) Phys Rev B 69:165307.
[8] Hoffges JT, Baldauf HW, Lange W, Walther H (1997) J Mod Opt 44:1999.
[9] Steudle G (2012) Dissertation, Humboldt-University Berlin.
[10] Hadfield RH (2009) Nat Photonics 3:696.
[11] Miller AJ, Nam SW, Martinis JM, Sergienko AV (2003) Appl Phys Lett 83:791.
[12] Lita AE, Miller AJ, Nam SW (2008) Opt Express 16:3032.
[13] Hoyt CC, Foukal PV (9911991) Metrologia 28:163.
[14] Bülter A (2014) Springer Ser Fluoresc. doi:10.1007/4243_2014_63.
[15] Buller GS, Collins RJ (2014) Springer Ser Fluoresc. doi:10.1007/4243_2014_64.
[16] Kiraz A, Atatüre M, Imamoglu A (2004) Phys Rev A 69:032305.
[17] Kuhn A, Hennrich M, Rempe G (2002) Phys Rev Lett 89:067901.
[18] Flagg EB, Muller A, Robertson JW, Founta S, Deppe DG, Xiao M, Ma W, Salamo GJ, Shih CK (2009) Nat Phys 5:203.
[19] Vamivakas AN, Zhao Y, Lu CY, Atatüre M (2009) Nat Phys 5:198.
[20] He YM, He Y, Wei YJ, Wu D, Atatüre M, Schneider C, Höfling S, Kamp M, Lu CY, Pan JW (2013) Nat Nanotechnol 8:213.
[21] Knill E, Laflamme R, Milburn GJ (2001) Nature 409:46.
[22] Hong CK, Ou ZY, Mandel L (1987) Phys Rev Lett 59:2044.
[23] Purcell EM (l946) Phys Rev 69:681.
[24] Keller M, Lange B, Hayasaka K, Lange W, Walther H (2004) Nature 431:1075.
[25] Barros HG, Stute A, Northup TE, Russo C, Schmidt PO, Blatt R (2009) New J Phys ll:103004.
[26] Kurtsiefer C, Mayer S, Zarda P, Weinfurter H (2000) Phys Rev Lett 85:290.
[27] Schell AW, Kewes G, Schröder T, Wolters J, Aichele T, Benson O (2011) Rev Sci Instrum 82:073709.
[28] Wolters J, Kewes G, Schell AW, Nüsse N, Schoengen M, Löchel B, Hanke T, Bratschitsch R, Leitenstorfer A, Aichele T, Benson O (2012) Phys Status Solidi B 249:918.
[29] Wolters J, Schell AW, Kewes G, Nüsse N, Schoengen M, Döscher H, Hannappel T, Löchel B, Barth M,

Benson O (2010) Appl Phys Lett 97:141108.

[30] Schietinger S, Aichele T, Wang H, Nann T, Benson O (2010) Nano Lett 10:134.

[31] Schröder T, Gädeke F, Banholzer MJ, Benson O (2011) New J Phys 13:055017.

[32] Lee KG, Chen XW, Eghlidi H, Kukura P, Lettow R, Renn A, Sandoghdar V, Götzinger S (2011) Nat Photonics 5:166.

[33] Chen X-W, Götzinger S, Sandoghdar V (2011) Opt Lett 36:3545.

[34] Schröder T, Fujiwara M, Noda T, Zhao HQ, Benson O, Takeuchi S (2012) Opt Express 20:10490.

[35] Schröder T, Schell AW, Kewes G, Aichele T, Benson O (2011) Nano Lett 11:198.

[36] Heindel T, Schneider C, Lermer M, Kwon SH, Braun T, Reitzenstein S, Höfling S, Kamp M, Forchel A (2010) Appl Phys Lett 96:011107.

[37] Yuan Z, Kardynal BE, Stevenson RM, Shields AJ, Lobo CJ, Cooper K, Beattie NS, Ritchie DA, Pepper M (2002) Science 295:102.

[38] Minot ED, Kelkensberg F, van Kouwen M, van Dam JA, Kouwenhoven LP, Zwiller V, Borgström MT, Wunnicke O, Verheijen MA, Bakkers EPAM (2007) Nano Lett 7:367.

[39] Mizuochi N, Makino T, Kato H, Takeuchi D, Ogura M, Okushi H, Nothaft M, Neumann P, Gali A, Jelezko F, Wrachtrup J, Yamasaki S (2012) Nat Photonics 6:299.

[40] 34lChou CW, Polyakov SV, Kuzmich A, Kimble HJ (2004) Phys Rev Lett 92:213601.

[41] Christ A, Silberhorn C (2012) Phys Rev A 85:023829.

[42] Shih YH, Alley CO (1988) Phys Rev Lett 61:2921.

[43] Ou ZY, Mandel L (1988) Phys Rev Lett 61:50.

[44] Howell JC, Bennink RS, Bentley SJ, Boyd RW (2004) Phys Rev Lett 92:210403.

[45] Brendel J, Mohler E, Martiensen W (1992) Europhys Lett 20:575.

[46] Brendel J, Gisin N, Tittel W, Zbinden H (1999) Phys Rev Lett 82:2594.

[47] Barz S, Cronenberg G, Zeilinger A, Walther P (2010) Nat Photonics 4:553.

[48] Bouwmeester D, Pan JW, Mattle K, Eibl M, Weinfurter H, Zeilinger A (1997) Nature 390:575.

[49] Pan JW, Bouwmeester D, Weinfurter H, Zeilinger A (1998) Phys Rev Lett 80:3891.

[50] Aspect A, Dalibard J, Roger G (1982) Phys Rev Lett 49:1804.

[51] Young RJ, Stevenson RM, Atkinson P, Cooper K, Ritchie DA, Shields AJ (2006) New J Phys 8:29.

[52] Benson O, Santori C, Pelton M, Yamamoto Y (2000) Phys Rev Lett 84:2513.

[53] Salter CL, Stevenson RM, Farrer I, Nicoll CA, Ritchie DA, Shields AJ (2010) Nature 465:594.

[54] Ou ZY, Lu YJ (1999) Phys Rev Lett 83:2556.

[55] Wahl M, Röhlicke T, Rahn HJ, Erdmann R, Kell G, Ahlrichs A, Kernbach M, Schell AW, Benson O (2013) Rev Sci Instrum 84:043102.

[56] Scholz M, Koch L, Benson O (2009) Phys Rev Lett 102:063603.

[57] Scholz M, Koch L, Ullmann R, Benson O (2009) Appl Phys Lett 94:201105.

[58] Kuklewicz CE, Wong FNC, Shapiro JH (2006) Phys Rev Lett 97:223601.

[59] Gisin N, Thew R (2007) Nat Photonics 1:165.

[60] Briegel HJ, Dür W, Cirac JI, Zoller P (1998) Phys Rev Lett 81:5932.

[61] Duan LM, Lukin MD, Cirac JI, Zoller P (2001) Nature 414:413.

[62] Bratzik S, Abruzzo S, Kampermann H, Bruß D (2013) Phys Rev A 87:062335.

[63] Hofmann J, Krug M, Ortegel N, Gérard L, Weber M, Rosenfeld W, Weinfurter H (2012) Science 337:72.
[64] Bernien H, Hensen B, Pfaff W, Koolstra G, Blok MS, Robledo L, Taminiau TH, Markham M, Twitchen DJ, Childress L, Hanson R (2013) Nature 497:86.
[65] Akopian N, Wang L, Rastelli A, Schmidt OG, Zwiller V (2011) Nat Photonics 5:230.
[66] Siyushev P, Stein G, Wrachtrup J, Gerhardt I (2014) Nature 509:66.
[67] Prechtel JH, Kuhlmann AV, Houel J, Greuter L, Ludwig A, Reuter D, Wieck AD, Warburton RJ (2013) Phys Rev X 3:041006.

第 16 章 漫射光学成像中的光子计数

Dirk Grosenick

摘　要　时间相关单光子计数技术具有高灵敏度和皮秒级的时间分辨率,这些特点使得该项技术得以应用在近红外光谱范围内对生物组织的漫射光学成像中。本章简要讨论了光子在生物组织中传播的基本原理以及有关散射光子飞行时间分布的概念。然后比较了时间分辨、频域和连续波技术的主要特征。第一部分概述了与时间相关的单光子计数在人类乳房组织、大脑和肌肉组织研究中的应用。在第二部分中,将更详细地讨论基于含氧和脱氧血红蛋白浓度探测和表征乳腺肿瘤的试验方法及临床研究。就时间分辨测量在新辅助化疗监测乳腺肿瘤变性中的应用进行了讨论。最后,使用造影剂吲哚菁绿的荧光乳腺摄影被认为是一种能改善鉴别恶性、良性乳腺病变的工具。

关键词　乳腺癌　漫射光学成像　荧光成像　近红外光谱　组织光学特性

16.1 引言

在近红外光谱范围内,生物活体组织的吸收功能主要由氧合和脱氧的血红蛋白、水及脂质决定。正如 Jöbsis[1] 的首份报道所说,在该波长范围内的吸收很弱,并且光可以深入地穿透组织。该发现为体内组织中血红蛋白和其他吸收剂的空间分布成像提供了可能。然而,近红外光学成像会受到光的强烈散射的阻碍。在细胞水平上,组织中的每个边界都会通过折射或反射影响光子的传播方向。基础研究表明,在宏观尺度上,光子在组织中的传播可以近似地描述为一个扩散过程[2]。因此,厘米尺度生物组织的近红外成像被称为漫射光学成像。由于需要在几个波长下进行测定以分离氧合血红蛋白与脱氧血红蛋白的聚合物,所以还会使用到组织的末端漫射光谱法或近红外光谱法。

由于能够表征氧合和脱氧血红蛋白的空间分布,使得漫射光学成像有了多种应用,主要的应用是对女性乳房病变[3]、脑组织[4-5]和肌肉组织的研究[6]。此外,过去几年,在监测早产儿体细胞氧合状态方面的应用也越来越多[7]。除了研究组织中的血红蛋白浓度外,漫射光学成像还可用于探测近红外波段中具有激发和发射波长的荧光标记物[8]。在小动物模型分子成像领域新开发的标记表征中,这种能力已经得到了广泛利用。

为了得出氧合和脱氧血红蛋白的局部浓度或荧光标记的浓度,必须应用适当的测量技术以及适当的模型来分析漫透射或漫反射光[9-10]。一个主要要求是将散射的贡献从吸收或荧光对测得光信号的贡献中分开。根据用于漫射光学成像激光辐射的时间特性,测量技术可分为连续波(continuous-wave,CW)方法、时域技术和频域技术[10]。因此,时域技术可提供有关组织的最全面的信息[9]。选用于光探测的相应方法是与时间相关的单光子计数[11],它结合了高灵敏度和高动态范围以及所需的皮秒时间分辨率。

16.2　漫射光在组织中传播

当光子进入生物组织时,其在组织内部的路径可以理解为一系列小的直线,这些直线的传播方向会由于内部组织结构上的折射或反射变化而中断(图16.1)。组织中典型的平均自由程长度约为100μm。在这个过程中,第一个光子可以被吸收,如被血红蛋白分子吸收。对于荧光分子而言,吸收过程可能会致使荧光光子发射,然后以类似最初注入光子的方式传播。特别是它也可能被血红蛋白吸收。未吸收的光子将会留在组织某处。由于大量的散射事件发射,反射中的光子也可能离开组织。其出射时间取决于总路径长度和光在组织中的传播速度。

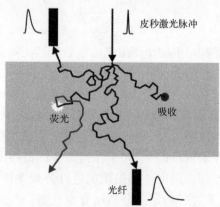

图16.1　光子在组织中的传播以及对片状组织结构漫透射或反射光时间分辨的探测原理

第二个光子将沿不同路径穿过组织,因为它不会准确地在同一地点和同一时间进入组织。因此,当考虑将皮秒激光脉冲注入组织时,单个(未吸收的)激光光子将在不同时间、不同位置离开组织。通过将探测光纤放置在组织表面上的选定位置,可以测量加宽的光脉冲,该光脉冲可表征该位置漫散射光子的飞行时间分布。类似地,利用合适的荧光带通,就可以测量荧光光子到达探测器位置的时间分布。

被探测到的激光或荧光光子的飞行时间取决于组织的散射和吸收特性。散射特性用散射系数 μ_s(两个散射事件之间的平均自由程长度的倒数)和各向异性因子 g(光子散射角的平均余弦值)来描述。生物组织中的典型值为 μ_s = $100cm^{-1}$,g = 0.9。后一个值意味着组织中的光子散射角小,即组织中的散射是正向的。组织的吸收特性由吸收系数 μ_a 来描述,该系数是光子在吸收发生之前平均传播距离的倒数。对于乳腺组织,其吸收系数约为 $0.04cm^{-1}$;对于脑组织,其平均吸收系数约为 $0.1cm^{-1}$。而对于高度血管化的器官(如肌肉组织),吸收系数甚至会更高。当光注入点和探测器位置之间的距离达到几厘米时,探测到的光子的平均飞行时间通常为几纳秒。在此时间范围内,时间相关单光子计数是探测飞行时间分布的首选方法。

光通过组织的传播可以通过蒙特卡洛模拟(Monte Carlo simulations)[12]进行建模。在这种方法中,单个光子在组织中的传播踪迹如图 16.1 所示,即光子路径是由到下一个散射事件的自由移动序列以及由于此事件造成的方向改变序列构成的。此外,还考虑了光子在传播过程中被吸收的概率。通常,用 3 个组织参数 μ_s、g 和 μ_a 就足以描述传播。毕竟蒙特卡洛模拟对于厘米级尺寸的组织来说是非常耗时的。

辐射传递方程是光在组织中传播的另一个模型。当组织的吸收系数 μ_a 小于散射系数 μ_s 时,光子扩散方程作为辐射传递方程的近似,可以用来计算距光子源足够远位置处的光子通量密度[2]。在该近似中,漫散射介质由吸收系数 μ_a 和减小的散射系数 $\mu'_s = \mu_s(1-g)$ 来描述。扩散方程的解析解可用于几种均质介质的几何形状,这些均质介质可用于模拟组织,如半无限介质、无限延展平板或无限延伸圆柱。此外,也可以处理少数几种非均质介质,如均质介质或分层结构中的球形或圆柱形物体。诸如有限元方法或有限差分方法之类的数值方法允许在基于体素的介质上描述任意几何形状。

16.3　时间分辨、频域和连续波技术

通过时间相关单光子计数来探测光子的飞行时间分布(DTOF)是一种众所

周知的方法,该方法可从漫反射或传输测量中得出具有平面边界的均匀介质的吸收系数 μ_a 和减小的散射系数 μ_s'。为此,采用皮秒或飞秒激光器[13]作为光源(图16.2)。通过使用光子扩散方程的解析解导出均匀半无限介质或均匀无限平板的光学特性,以分析测得的飞行时间分布。在源探测器距离通常为 2~6cm 的情况下,所探测到的光脉冲的半峰全宽为 1nm 至几纳秒。

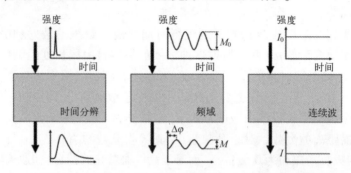

图 16.2 时间分辨、频域(单调制频率)和连续光探测的原理

根据该半宽度,被测光脉冲的傅里叶频谱包含的频率高达几吉赫兹。可以等效地采用一组调幅激光器代替使用超短光脉冲进行测量,这样的激光器覆盖了从 0 到足够大截止频率值所需的频率范围。这种方法对于应用易被电流驱动调制的二极管激光器有重要意义。通过探测调制振幅(解调)的频率相关阻尼以及相应的相移,此频域技术可提供与时间分辨方法大致相同的信息。在几项研究中,一个更为简单仅使用大约 100MHz 调制频率的频域设备被使用(图 16.2)。这样的测量产生的用于导出均匀介质吸收和减小的散射系数的信息量最少。

漫射光学成像中使用的是 CW 技术,其中测量了由于组织引起的与时间无关的激光信号的衰减(图 16.2)。从这种类型的研究中可以推导出取决于 μ_s' 和 μ_a 的组织衰减系数。

为了得出组织氧合和脱氧血红蛋白的浓度,必须对至少两个光学波长进行时间分辨测量或频域测量。通常,研究人员会在 650~750nm 内选择一个波长,此处脱氧血红蛋白的吸收占主导(图 16.3),在 780~830nm 之间选择另一个波长,此处两种物质的吸收相似。当也关注近红外波段中其他组织吸收剂(水、脂质)时,则需要用到对这些物质敏感的其他波长。如图 16.3 所示,脂质在 925nm 附近显示出明显的吸收,而水在 975nm 附近具有很强的峰。

在选定波长 λ_k 处测得的吸收系数 μ_a 与底层组织吸收剂浓度之间的关系由下式给出,即

$$\mu_a(\lambda_k) = [\varepsilon_{HbR}(\lambda_k)c_{HbR} + \varepsilon_{HbO_2}(\lambda_k)c_{HbO_2}] \cdot \ln(10)$$
$$+ \mu_{a,H_2O}(\lambda_k)\kappa_{H_2O} + \mu_{a,lip}(\lambda_k)\kappa_{lip} \tag{16.1}$$

式中：c_{HbR} 和 c_{HbO_2} 分别为脱氧和氧合血红蛋白的组织浓度；水和脂质对总体组织吸收的贡献由其体积分数 κ_{H_2O} 和 κ_{lip} 来描述；而符号 ε_{HbR} 和 ε_{HbO_2} 为脱氧和氧合血红蛋白的摩尔十进制吸收系数；数量 μ_{a,H_2O} 和 $\mu_{a,lip}$ 则为纯水和纯脂质的吸收系数。后 4 个量是图 16.3 所示的物质的特异性属性。

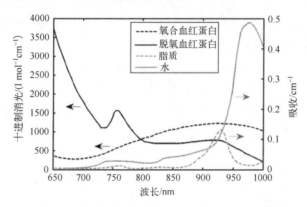

图 16.3 氧合、脱氧血红蛋白[14]的摩尔十进制消光系数以及纯水[15]和脂质[16]在近红外光谱范围内的吸收系数

16.4 光子计数在漫射光学成像和光谱学中的应用

16.4.1 概述

与 CW 或频域仪器相比，时间分辨技术更复杂且更昂贵。因此，在开发廉价和便携式的近红外成像仪器和光谱仪器方面，它无法与其他技术竞争。因此，时间分辨技术更优选的运用领域是课题研究，特别是当组织光学性质的量化是主要关注点时。主要应用领域是乳腺肿瘤的探测和表征[17-18]以及脑功能成像[9,19]。此外，还有时间分辨技术被应用于肌肉的功能成像[6]。图 16.4 给出了应用于这些器官的基本测量图示。

光学乳腺成像的主要任务是探测或表征病变。乳房组织在近红外光谱范围内的吸收率非常低。因此，可以在将乳房定位在两个透明板之间并结合光纤扫描进行成像的情况下，对传输几何结构进行研究（图 16.4(a)）[20-21]；或者可以使用光源和探测光纤的层析成像布置（图 16.4(b)）[22]。

在脑功能成像中,必须记录由刺激引起的氧合和脱氧血红蛋白浓度的局部变化[5]。脑组织比乳腺组织具有更高的吸收率。在探测对象是新生儿的情况下,由于较小的头部可以采用充分的信噪比对进行透照,因此可以使用一套完整的层析成像源和探测器[4]。但是,对成年人的脑测量仅限于反射几何形状。通常,在感兴趣区域的顶部使用一组固定的源和探测器,源到探测器的距离为3~5cm,以通过表层获取灰质。如图16.4(c)所示,深度灵敏度可以通过观察飞行时间长的光子来提高,因为飞行时间短的光子在返回探测器之前无法到达更深的区域[23-24]。在这里,用光子计数方法可获得的皮秒时间分辨率,这是优于CW或单调制频率技术的。最近,科研人员提出了一种针对大脑的非接触式扫描方法,其中通过使用具有特殊选通技术的单光子雪崩二极管来抑制短时间飞行的大量光子,从而在源位置完成光探测[25-26]。在少数几个使用时域光子计数技术研究肌肉的报道中[27-29],具有多个探测位置的反射比光谱仪已被使用(图16.4(d))。

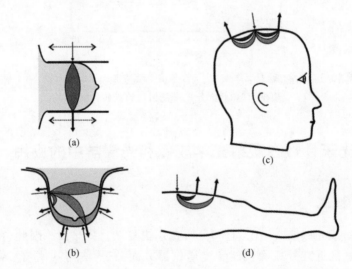

图16.4 测量几何示例(香蕉状形状(光子香蕉)说明了选定的源-探测器组合的采样体积)
(a) 传播的乳腺组织;(b) 充满耦合液的杯状半球中的乳腺组织;
(c) 脑中装有光子香蕉的早期光子(深灰色)和晚期光子(浅灰色);(d) 股骨肌肉组织。

在以下各节中将重点介绍光子计数在乳腺组织研究和肿瘤研究中的应用。阐述了确定健康组织和肿瘤光学特性的方法,并讨论了以氧合和脱氧血红蛋白为基底、使用吲哚菁绿(indocyanine green,ICG)作为造影剂的荧光测量结果对病变的探测和表征。

16.4.2 光学乳腺摄影

对光学乳腺摄影的研究始于 20 世纪 90 年代。最初,该项研究旨在开发一种用于探测癌性病变并将其与良性病变区分开的光学成像技术。这种方法的基本思想是,与健康组织和良性病变相比,癌性病变应显示出总血红蛋白浓度增加(由于新血管的形成)和血氧饱和度会降低(由于新陈代谢增加)的特征。于是,进行了几次尝试以确定健康的乳腺组织以及恶性、良性乳腺病变组织的光学性质。因此,时间分辨技术发挥了核心作用。在过去的几年中,研究的重点已经转移到利用对氧合和脱氧血红蛋白的功能性测量来监测患有大型乳腺癌的患者对新辅助化疗的反应。

1. 时间分辨的乳房扫描仪

柏林工业技术大学(Physikalisch Technische Bundesanstalt,PTB)开发了第一台时间分辨光学乳腺摄影机[30]。在该装置中,使用平行板几何形状,乳房在两个玻璃板之间略微受压。图 16.5 显示了该仪器在其最终配置中的示意图,其中 3 个皮秒二极管激光器以 670nm、785nm 和 884nm 的波长发射[31]。每个激光器以 24MHz 的重复频率发射其脉冲。由于第二个和第三个波长的脉冲序列相对于第一个波长的脉冲序列在时间上分别偏移了大约 13ns 和 26ns,因此如图 16.5 所示,波长可以很容易地被分离。

通过将源光纤和探测光纤束以曲折状方式在整个乳房上移动来扫描受检乳房(图 16.5)。在每个扫描位置,测量飞行时间的 3 种分布,收集时间为 150ms。在一个 600kHz 的典型总光子计数率情况下,每个波长的飞行时间分布总共获得约 $3×10^4$ 个光子。该信号强度是在得到足够信噪比与对乳房进行全面扫描所需时间之间的折衷。步长为 2.5mm,取决于乳房的大小,乳房完整扫描所需时间为 3~10min。当扫描仪接近乳房边缘时,由于乳房厚度的减小,光子计数率会大幅增加。此功能用于确定曲折扫描的转折点。

意大利的米兰理工大学(Politecnico di Milano)也制造了类似的设备。该仪器最终配备了 7 个光波长,不仅可以确定氧合和脱氧血红蛋白的浓度,还可以测定组织中水和脂肪的含量[32]。

2. 乳房 X 光照片和组织光学特性

由于夹在板状几何形状之间的乳房呈厚度恒定,因此,通过显示从实测飞行时间分布的一个晚期或早期时间窗口得出的光子计数,可以轻松生成显示吸收或散射对比度的光学乳房 X 光照片(在图 16.5 中以 N_{early} 和 N_{late} 表示)[30]。利用均质平板模型分析每个扫描位置上各种波长的组织光学特性,可以得到血红蛋白浓度和血氧饱和度值图谱[20]。

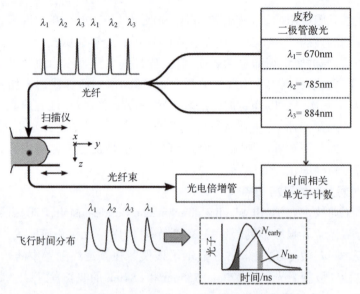

图 16.5　第一代 PTB 光学乳腺摄影机的示意图[31]

图 16.6 给出了一个体内记录的飞行时间分布的拟合结果示例。拟合区间从上升沿的脉冲幅度的 20% 电平处开始，在下降沿的 5% 电平处停止。通常，通过对扩散模型光学特性的时域分析不包括上升沿的第一部分，因为由于扩散模型的局限性，预计试验和扩散理论之间会出现偏差。采用吸收系数、降低的散射系数以及理论与试验之间的附加时移作为拟合参数。通过利用试验和理论曲线下方的积分进行缩放，可以省略振幅缩放因子。在缩放之前，将理论脉冲与仪器响应函数进行卷积。通过均质模型获得的吸收系数和减小的散射系数是特定源-探测器组合采样体积的平均值，如图 16.6 所示（b）。该体积可以根据光子测量密度函数[33]或光子香蕉[34]估算。

在估计了每个扫描位置的光学特性之后，通过求解由式（16.1）定义的线性方程，可以从吸收系数中得出组织中总血红蛋白浓度和血氧饱和度的图谱。图 16.7 显示了通过这些方法从一位癌症患者身上获得的几种类型的光学乳房 X 光照片。左侧的乳房 X 光照片中获得了最佳对比度，该图像显示了 670nm 处时间窗口[17]的归一化光子计数。其他数量也显示出肿瘤，但对比度仅中等。此外，可以看到乳头位置处的高吸收及血管。

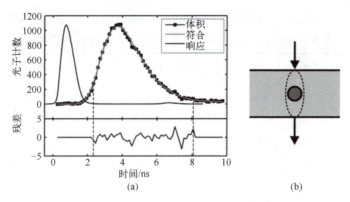

图 16.6 体内记录的飞行时间分布的拟合结果示例

(a) 使用均质平板模型对 7.1cm 厚的乳房的任意扫描位置进行测量和拟合的飞行时间分布(左边的脉冲是被测仪器的响应函数);(b) 相对于真实肿瘤尺寸的均质模型(虚线)的采样体积图示。

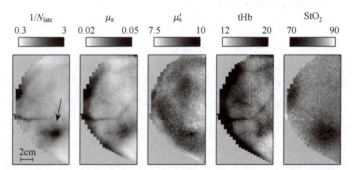

图 16.7 一位浸润性导管癌患者的乳房 X 光照片(颅尾骨视图)

(从左到右:在飞行时间分布(670nm)的晚期时间窗口中的相互归一化光子计数,以cm^{-1}为单位的吸收系数 μ_a(670nm),以cm^{-1}为单位的减小的散射系数 μ_s'(670nm),总计血红蛋白浓度 tHb 以 μmol/L 为单位,血氧饱和度 StO_2 以百分比为单位。光学特性、血红蛋白浓度和氧饱和度已通过均质平板模型得出)

除晚期时间窗口图外,所有图 16.7 所示的乳房 X 光照片均已针对因乳房厚度减小而引起的边缘影响进行了校正。在校正算法中,探测到的光子在各个扫描位置的平均飞行时间被用作乳房厚度的相对量度,即时间分辨率在校正中起着重要的作用[30]。通过此方式获得的光学特性和生理参数,可以导出健康乳房组织的平均特性。表 16.1 总结了使用第一代 PTB 时域光学乳房 X 光摄影机从临床研究中获得的结果,并将其与下一部分中得出的癌变乳房组织的光学特性进行了比较[35]。

表 16.1　通过时间分辨测量获得的 87 例患者的总血红蛋白浓度 c_{HBT}、血氧饱和度 StO_2 和健康乳腺组织及癌变乳腺组织的光学特性[35]

数　　量	波　　长	情 况 数	健康的组织	肿　瘤	比　　率
$c_{HbT}/(\mu mol/L)$		87	17.3±6.2	53±32	3.1
$StO_2(\%)$		87	74±7	72±14	0.97
μ_a/cm^{-1}	670nm	87	0.036±0.008	0.110±0.066	2.5
	785nm	87	0.039±0.011	0.100±0.060	2.2
	884nm	22	0.059±0.016	0.124±0.089	1.7
μ_s'/cm^{-1}	670nm	87	10.5±1.3	13.5±4.7	1.2
	785nm	87	9.5±1.4	11.6±3.9	1.2
	884nm	22	8.0±1.0	9.1±1.9	1.1

3. 非均质组织模型的肿瘤光学特性

图 16.7 中肿瘤位置处的光学性质代表了在该位置处采样组织的体积平均值,即它们既解释了肿瘤也解释了上层和下层健康组织。采用异构模型进行数据分析,获得了较为真实的肿瘤光学特性值。微扰模型局限于肿瘤和健康组织的光学特性之间的微小差异[36]。一个不受这种限制的模型是具有球形非均质的均质平板的扩散方程的解[35]。为了应用异构模型来分析乳房扫描的数据,人们应该用到关于病变尺寸的先验知识。这些信息既可根据光学乳房 X 光照片中显示的病变范围进行评估,也可根据 X 光或 MR 乳房 X 光照片或组织病理学等临床模式进行评估。在后一种情况中,必须要注意,因为光学图像中的对比度的来源与临床模态不同。除了知道病变的尺寸外,它还有一个优势就是可以得到病变的 3D 位置以便进行分析。图 16.7 中的二维光学乳房 X 光照片仅显示 x-y 位置。z 位置可以通过测量图 16.5 中探测光纤相对于源光纤的横向偏移得到[37]。

表 16.1 总结了 PTB 通过上述临床研究中的异质球模型获得的光学乳房 X 光照片中的肿瘤光学性质和生理学参数的结果。数据显示,与周围的健康组织相比,癌组织的平均总血红蛋白浓度约为正常组织的 3 倍,这也证实了最初的假设,即由于新血管形成,癌变组织在光学乳房摄影中应可见。相反,由于新陈代谢增加而导致的癌变组织中血氧饱和度预期的总体下降尚未得到证实。详细的分析表明,高度血管化的癌变组织的氧饱和度与乳房中健康组织的氧饱和度基本相同,而血红蛋白浓度仅略微升高的癌变组织通常以氧饱和度降低为特征[35]。

总之,通过时间分辨测量研究乳腺癌光学特性的一项主要结果是:可以通过增加其血红蛋白浓度,在光学乳房 X 光照片中识别出乳腺癌。但一些良性病变,特别是乳腺病变,也显示出较高的血红蛋白浓度,因此很难将其与癌症区分开。因此,光学乳腺摄影在乳腺肿瘤筛查中的特异性存在不足[3,31]。

4. 光学乳房层析成像

平板状几何结构中的乳房透照的可能方向仅限于透射中的近轴和反射中的测量值。为了获得一个完整的三维数据集,几个研究小组建立了光学乳房 X 光照相术,用固定光源和探测光纤的圆形排列研究自由悬挂的乳房。其中一项突出的工作便是伦敦大学(University College of London,UCL)的光学乳房 X 光照相术,它是基于与时间相关的单光子计数的[22]。该系统使用 32 个探测通道,这是迄今为止实现的并行探测通道最多的时间分辨探测。它最初是为研究人脑而开发的[38]。图 16.8 显示了用于乳房成像的界面图。病人俯卧在床上,一个乳房自由地悬挂在一个充满散射流体的半球形杯子中。该流体由脂肪乳剂和吸收染料制成。在杯的周围分别布置有直径为 160mm、高度为 85mm 的 32 根源光纤和 32 根探测光纤。使用光纤激光器,在 780nm 和 815nm 处持续发射时间约 2ps 的脉冲。

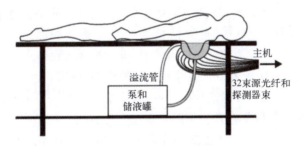

图 16.8 带有流体耦合患者接口的层析 X 光乳房摄影术
(来自文献[22],由美国光学学会许可转载)

测量是通过依次使用 32 个源位置中的每个位置并记录所有曝光时间为 10s 的平行探测器通道的飞行时间分布进行的。对于源到探测器最大的距离,通常可以达到每秒 50~100 个光子的计数率。这个很小的信号表明,3D 层析成像的优势在于其允许的组织厚度(包括耦合流体)高达 16cm,而在板状扫描仪中组织厚度通常为 6.5cm,会严重影响信噪比。

为了创建乳房光学特性的三维图像,使用了一种重构算法,将总强度和飞行时间的测量分布的第一时刻作为输入参数。由此,重建了乳房和仅填充有散射流体的杯子之间的光学特性差异。由吸收系数推导出总血红蛋白浓度和氧饱和度。图 16.9 展示了一个癌症患者的图像示例,在该 X 射线乳房照片中隐约可见一个直径为 15mm 的肿块。如箭头所示,该癌组织在血容量图像中显示了对比度,可以通过乘以一个"2mmol/L"的值将其转换为组织总血红蛋白浓度。

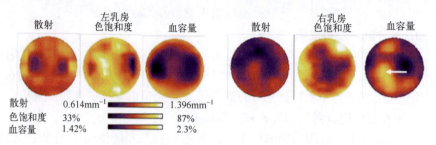

图 16.9 来自一位 45 岁女性的减小的散射系数、血氧饱和度和血容量图像
(箭头指示的是左乳的癌变组织的位置(来自文献[22],由美国光学学会许可转载)

采用 UCL 的光学断层扫描仪对 38 位患者进行了临床研究。得出的结果与前一部分最后总结的用乳房扫描仪进行的研究结果一致。

16.4.3 对新辅助化疗反应的监测

由于存在特异性不足、空间分辨率差的缺点,乳房的漫射光学成像似乎不适合用来探测癌及用来区分良、恶性病变。然而,测量局部血红蛋白浓度的可能性使漫射光学成像成为监测新辅助化疗期间肿瘤尺寸缩小的一种令人关注的手段[39]。此疗法用于大型乳腺肿瘤手术的前期,以减小肿瘤尺寸,争取保乳手术。为了尽早评估患者对治疗的反应,需要合适的方法。由于漫射光学成像十分安全,因此可以反复将其用于癌变研究。自 2003 年,有几项研究开始针对频域设备开展[40,42]。由于时域技术提供了关于漫射光子传播的最全面信息,因此对于重点在于可靠确定肿瘤的光学特性的监测研究,它应该非常适合甚至是有利的。

时间分辨光子计数技术的首次应用是由 UCL 使用 16.4.2 小节中介绍的光学层析扫描仪进行的。在一项针对 4 名患者的课题研究中,研究人员在治疗前、治疗期间以及治疗结束时都对患者的乳房进行了一次或两次检查。诊疗时间为 14~26 周。通过使用 16.4.2 小节中介绍的试验和重建方法,癌组织和背景组织的总血红蛋白浓度和血氧饱和度可以得到测定。通常,背景值随时间推移几乎是一个恒定值。4 例患者中的有 3 位,直到治疗结束癌组织的高血红蛋白浓度才降低到背景水平。在所有患者身上都可观察到朝着背景水平增加或减少的氧饱和度响应。图 16.10 显示了时间课程的示例。研究结果表明,乳房漫射光学成像能够监测新辅助化疗引起的乳腺的长期变化[43]。

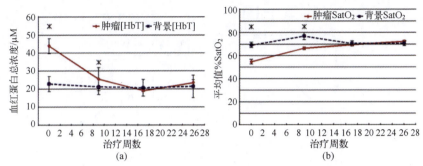

图 16.10 新辅助化疗期间肿瘤 ROI 和健康背景组织的平均值及标准差[44]

(a) 总血红蛋白浓度；(b) 氧饱和度 (经 Adenine Press (www.tcrt.org) 许可转载)。

16.4.4 荧光乳腺摄影

一种对于区分乳腺良、恶性病变极具前途的方法是使用对两组病变表现不同的造影剂。在漫射光学成像中，可以通过吸收或荧光发射来探测这种造影剂[8]。使用吸收成像时，必须检测造影剂对非匀质组织吸收而造成的大背景信号的特异性贡献。荧光探测具有背景信号少的优点，因为在近红外波普段中组织自发荧光较小，但由于造影剂的量子产率，信号也会较小。迄今为止，有两种近红外造影剂已经被运用到了人体乳腺肿瘤的荧光成像研究中。第一个便是 ICG[44-45]，这种近红外染料被广泛用于眼科微循环研究、心输出量监测量及肝功能临床检测中[8]。第二种染料是奥莫卡宁 (omocianine)，它是一种尚未被批准用于临床的吲哚菁衍生物[46-47]。两种染料都是非特异性染料，即它们不会与疾病具有的特异性配体结合。人们曾多次尝试开发用于探测乳腺癌的靶向探针，然而，目前这些探针仍处在临床前研究阶段。

ICG 在鉴别人类乳腺良、恶性病变方面取得了最有希望的结果[45,48]。相应地，临床研究是通过使用 PTB 的第二代乳腺 X 光摄影机进行的。这种时间分辨的仪器能够探测 ICG 的荧光[49]。图 16.11 给出了设备示意图，该设备是一块平行板扫描仪器，对乳房有轻微的压迫。

该设备配备了用于 ICG 荧光激发的皮秒二极管激光器 (780nm)。它包含 8 个探测通道，用于时间相关单光子计数。4 个探测光纤束用于记录传输中的数据。其中一束将光轴上的光收集到源光纤，而其他束则具有横向偏移。另外，在距反射源固定距离处使用了 3 个光纤束，用于反射测量。同轴传输光纤束是分叉的，以允许同时探测激发波长处光子的 DTOF (direct-time of flight) 和荧光光子的到达时间。其他 6 个束可用于探测激发波长或荧光。离轴探测通道获得的信息允许通过断层合成来创建乳房的三维图像[49]。另外，可以利用这些数据基于光子的扩散近似进行三维重建。

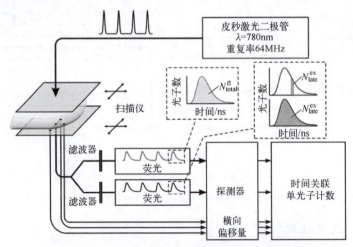

图 16.11 PTB 的荧光乳房 X 线照相术示意图[49]

已知 ICG 分子在静脉注射后会立即与血清中的脂蛋白结合。在较高浓度下,它们还会与白蛋白结合[50]。在肝功能正常的人体中,通常在 5~10min 内 ICG 就会从血液中被清除掉。洗出特性显示随染料浓度的增加,第二次衰减时间延长约 1h。先前对 ICG 患者的研究主要集中在使用推注法在 10min 内探测乳房内的药代动力学。因此,可以通过测量激光辐射的总吸收来监测血液中 ICG 浓度的下降,该总吸收是与时间无关的固有组织吸收和 ICG 吸收的总和。这些研究是通过连续波或时间分辨技术进行的[51-52]。尤其是采用光子计数技术的第一代 PTB 光学乳腺摄影机以这种方式记录冲洗动力学[31]。

利用 PTB 荧光乳腺 X 光摄影机进行的临床研究与以前的方法有两个主要方面的差异[48]。首先,ICG 的注射方式由简单的推注改为了推注与约 20min 持续时间的输注相结合,这延长了 ICG 与组织之间的相互作用时间;其次,在染料注射结束后约 25min 测量组织中的 ICG 浓度[45]。该方案背后的主要思想是寻找外渗的 ICG 分子,即寻找已离开乳房血管,导致了肿瘤富集的分子。图 16.12 显示了在癌变组织和作为良性组织典例的纤维腺瘤的检查过程中在不同时间获得的光学图像的特征。数据指的是乳房 X 射线摄影机的同轴传输和荧光通道。

在图 16.12 所示的第一个病例中,注射造影剂之前使用 797nm 波长光记录的光学乳房 X 光照片显示,由于新血管形成而引起的血红蛋白含量增加,致使该癌具有高对比度。660nm 处的对比度(此处未给出)甚至更大,这表明在这种情况下氧饱和度降低了。对于纤维腺瘤患者,在可疑区域(此处为 780nm)可发现吸收增加。此外,对这两例患者而言,乳房的其他部分主要因血管而表现出对比。

接下来的两个乳房 X 光照片(图 16.12(b)和(c))显示了晚期窗口中的透

射率(吸收图像)和注射期间的荧光。在吸收图像中,可以看到两个高对比度的病变组织和血管。这种对比来自血红蛋白的固有吸收和 ICG 循环通过血管时的重吸收。根据这种情况,测量时间称为血管阶段检查。图 16.12(c)中的荧光图像是原始荧光信号与 780nm 处的(时间积分的)透射信号的比值图像。没有这种归一化,荧光图像显示了荧光发射和随后被血红蛋白吸收的综合作用。结果肿瘤位置荧光发射的增加使被增加的光吸收削弱了,甚至可以抵消其在对比度上的优势[45]。图 16.12(c)中的荧光比率图像显示出与吸收图像基本相同的结构,因为染料在血管相期间就包含在血管中。

图 16.12(d)中的图像显示了在所谓的血管外阶段,即当 ICG 已经通过肝脏从血管中排出时的荧光比率乳房 X 光照片。此时少量染料是可见的,它们在血液循环过程中离开了血管。癌部位的高对比度表明该恶性病变中 ICG 大量富集。对于纤维腺瘤,除了消失的血管结构外,血管外相的荧光比率图像也与血管相相似。血管外图像中的对比度在这里没有改变,这意味着染料无法离开病变中的血管。

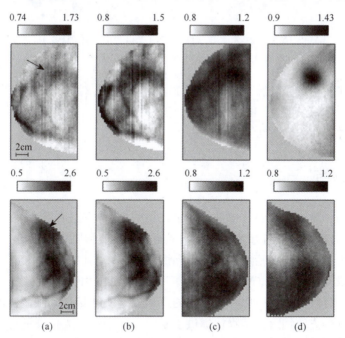

图 16.12 一位浸润性导管癌患者的右侧乳房(上排)和一位纤维腺瘤的患者的左侧乳房(下排)的乳房 X 光照片(颅骨尾视图)
(a) 注射造影剂前在 797nm(上排)和 780nm(下排)的透射 X 光照片(在较晚的时间窗口中相互标准化的光子计数);(b) 血管相的透射 X 光照片(780nm);(c) 血管相的荧光比率乳房 X 光照片;(d) 血管外相的荧光比率乳房 X 光照片(病变由箭头指示)。

癌和纤维腺瘤的不同行为可以用增强的通透性和保留作用来解释[53],如图 16.13 所示。由于 ICG 会与脂蛋白和白蛋白结合,因此染料可以充当大分子的标记。癌组织中的血管具有比其他组织区域中更高的渗透性,并且标记的大分子可以移动到间隙。癌组织的淋巴系统受损。这就是为什么渗出的分子和 ICG 标签可以在这里长时间停留。这些特征为从血管中流出的染料经肝脏冲刷后检测渗出的 ICG 分子提供了可能性。

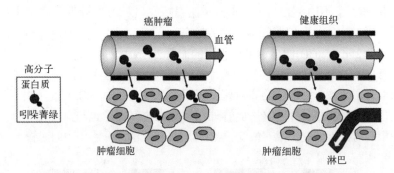

图 16.13 大分子在癌组织中的渗出和滞留原理(左)以及健康组织和良性病变中的相应情况(右)

PTB 在使用荧光乳腺 X 光摄影机的临床研究中,对 20 名可疑病变患者进行了调查。结果表明,用 ICG 标记的大分子外渗的成像是区分恶性和良性乳腺病变的一种有前途的方法[48]。

16.5 总结

用时间分辨光子计数技术进行的研究表明,这种方法有潜力表征组织的光学特性和生理参数,而且还能够在对乳房组织、大脑和肌肉组织进行干预时监测血液动力学。由于包括皮秒激光源和探测器在内的设备成本相对较高,光子计数技术没有像频域或 CW 方法那样广泛地用于漫射光学成像和光谱学中。特别地,由于这些原因,可以并行实现的探测通道的数量受到限制。但是,时间分辨光子计数方法结合高信噪比提供了有关组织中漫射光传播的最全面信息。时间分辨率很好地满足了组织漫射光学成像的要求。因此,这些方法最适合获得高精度的组织光学性质、血红蛋白浓度和血氧饱和度的绝对值。此外,高灵敏度使它们成为探测组织中少量疾病特异性造影剂的荧光的理想候选药物。具有这些功能的时间分辨光子计数方法在开发用于诊断和治疗的光学成像方法中至关重要。

参 考 文 献

[1] Jöbsis F (1977) Noninvasive, infrared monitoring of cerebral and myocardial oxygen sufficiency and circulatory parameters. Science 198:1264.

[2] Ishimaru A (1989) Diffusion of light in turbid material. Appl Optics 28:221022100ofdoi:10.1364/AO.28.002210.

[3] Leff DR, Warren OJ, Enfield LC, Gibson AP, Athanasiou T, Patten DK, Hebden JC, Yang GZ, Darzi A (2008) Diffuse optical imaging of the healthy and diseased breast: a systematic review. Breast Cancer Res Treat 108:9-22. doi:10.1007/s10549-007-9582-z.

[4] Lloyd-Fox S, Blasi A, Elwell CE (2010) Illuminating the developing brain: the past, present and future of functional near infrared spectroscopy. Neurosci Biobehav Rev 34:269v 34: doi:10.1016/j.neubiorev.2009.07.008.

[5] Ghosh A, Elwell CE, Smith M (2012) Review article: cerebral near-infrared spectroscopy inadults: a work in progress. Anesth Analg 115:1373:137335doi:10.1213/ANE.0b013e31826dd6a6.

[6] Contini D, Zucchelli L, Spinelli L, Caffini M, Re R, Pifferi A, Cubeddu R, Torricelli A (2012) Review: brain and muscle near infrared spectroscopy/imaging techniques. J Near Infrared Spectrosc 20:15. doi:10.1255/jnirs.977.

[7] Mittnacht AJC (2010) Near infrared spectroscopy in children at high risk of low perfusion. Curr Opin Anaesthesiol 23:342esiol 23:310.1097/ACO.0b013e3283393936.

[8] Grosenick D, Wabnitz H, Ebert B (2012) Review: recent advances in contrast-enhanced near infrared diffuse optical imaging of diseases using indocyanine green. J Near Infrared Spectrosc 20:203. doi:10.1255/jnirs.964.

[9] Gibson AP, Hebden JC, Arridge SR (2005) Recent advances in diffuse optical imaging. Phys Med Biol 50:R10:R10:R1if10.1088/0031-9155/50/4/R01.

[10] Durduran T, Choe R, Baker WB, Yodh AG (2010) Diffuse optics for tissue monitoring and tomography. Rep Prog Phys 73:076701. doi:10.1088/0034-4885/73/7/076701.

[11] Wahl M (2014) Modern TCSPC electronics: principles and acquisition modes. Springer Ser Fluoresc. doi:10.1007/4243_2014_62.

[12] Alerstam E, Svensson T, Andersson-Engels S (2008) Parallel computing with graphics processing units for high-speed Monte Carlo simulation of photon migration. J Biomed Opt13:060504. doi:10.1117/1.3041496.

[13] Lauritsen K, Riecke S, Bülter A, Schönau T (2014) Modern pulsed diode laser sources for time-correlated photon counting. Springer Ser Fluoresc. doi:10.1007/4243_2014_76.

[14] Prahl SA. Tabulated molar extinction coefficient for hemoglobin in water. http://omlc.ogi.edu/spectra/hemoglobin/summary.html.

[15] Kou L, Labrie D, Chylek P (1993) Refractive indices of water and ice in the 0.65- to 2.5μm spectral range. Appl Optics 32:3531353ll.

[16] Van Veen RLP, Sterenborg HJCM, Pifferi A, Torricelli A, Chikoidze E, Cubeddu R (2005) Determination of visible near-IR absorption coefficients of mammalian fat using time-and spatially resolved diffuse reflectance and transmission spectroscopy. J Biomed Opt 10:054004. doi:10.1117/1.2085149.

[17] Grosenick D, Moesta KT, Möller M, Mucke J, Wabnitz H, Gebauer B, Stroszczynski C, Wassermann B, Schlag PM, Rinneberg H (2005) Time-domain scanning optical mammography:I. Recording and assessment of mammograms of 154 patients. Phys Med Biol 50:24295. Time-dom10.1088/0031-9155/50/11/001.

[18] Taroni P, Torricelli A, Spinelli L, Pifferi A, Arpaia F, Danesini G, Cubeddu R (2005) Timeresolved optical mammography between 637 and 985nm:clinical study on the detection and identification of breast lesions. Phys Med Biol 50:24692469on of b10.1088/0031-9155/50/11/003.

[19] Torricelli A, Contini D, Pifferi A, Caffini M, Re R, Zucchelli L, Spinelli L (2014) Time domain functional NIRS imaging for human brain mapping. Neuroimage 85(Pt 1):285(Ptdoi:10.1016/j.neuroimage.2013.05.10.

[20] Grosenick D, Moesta KT, Wabnitz H, Mucke J, Stroszczynski C, Macdonald R, Schlag PM, Rinneberg H (2003) Time-domain optical mammography:initial clinical results on detection and characterization of breast tumors. Appl Optics 42:31703170n.

[21] Taroni P, Danesini G, Torricelli A, Pifferi A, Spinelli L, Cubeddu R (2004) Clinical trial of time-resolved scanning optical mammography at 4 wavelengths between 683 and 975nm. J Biomed Opt 9:464anning opt10.1117/1.1695561.

[22] Enfield LC, Gibson AP, Everdell NL, Delpy DT, Schweiger M, Arridge SR, Richardson C, Keshtgar M, Douek M, Hebden JC (2007) Three-dimensional time-resolved optical mammography of the uncompressed breast. Appl Optics 46:36283628m.

[23] Liebert A, Wabnitz H, Steinbrink J, Obrig H, Möller M, Macdonald R, Villringer A, Rinneberg H (2004) Time-resolved multidistance near-infrared spectroscopy of the adult head:intracerebral and extracerebral absorption changes from moments of distribution of times of flight of photons. Appl Optics 43:30373037s.

[24] Zucchelli L, Contini D, Re R, Torricelli A, Spinelli L (2013) Method for the discrimination of superficial and deep absorption variations by time domain fNIRS. Biomed Opt Express4:2893ed Opt Expr10.1364/BOE.4.002893.

[25] Mazurenka M, Di Sieno L, Boso G, Contini D, Pifferi A, Mora AD, Tosi A, Wabnitz H, Macdonald R (2013) Non-contact in vivo diffuse optical imaging using a time-gated scanning system. Biomed Opt Express 4:2257 vivo diffu10.1364/BOE.4.002257.

[26] Bülter A (2014) Single-photon counting detectors for the visible range between 300 and 1,000nm. Springer Ser Fluoresc. doi:10.1007/4243_2014_63.

[27] Torricelli A, Quaresima V, Pifferi A, Biscotti G, Spinelli L, Taroni P, Ferrari M, Cubeddu R(2004) Mapping of calf muscle oxygenation and haemoglobin content during dynamic plantarflexion exercise by multichannel time-resolved near-infrared spectroscopy. Phys Med Biol 49:685n exercise10.1088/0031-9155/49/5/003.

[28] Yamada E, Kusaka T, Arima N, Isobe K, Yamamoto T, Itoh S (2008) Relationship between muscle oxy-

genation and electromyography activity during sustained isometric contraction. Clin Physiol Funct Imaging 28:2168:2166 28:10. 1111/j. 1475-097X. 2008. 00798. x.

[29] Ferrante S,Contini D,Spinelli L,Pedrocchi A,Torricelli A,Molteni F,Ferrigno G,Cubeddu R(2009) Monitoring muscle metabolic indexes by time-domain near-infrared spectroscopy during knee flex-extension induced by functional electrical stimulation. J Biomed Opt 14: 044011. doi: 10. 1117/1. 3183802.

[30] Grosenick D,Wabnitz H,Rinneberg H,Moesta KT,Schlag PM (1999) Development of a timedomain optical mammograph and first in vivo applications. Appl Optics 38:29272927a.

[31] Rinneberg H,Grosenick D,Moesta KT,Wabnitz H,Mucke J,Wübbeler G,Macdonald R,Schlag PM (2008) Detection and characterization of breast tumours by time-domain scanning optical mammography. Opto Electron Rev 16:147:147cadoi:10. 2478/s11772-008-0004-5.

[32] Taroni P,Pifferi A,Salvagnini E,Spinelli L,Torricelli A,Cubeddu R (2009) Sevenwavelength time-resolved optical mammography extending beyond 1000 nm for breast collagen quantification. Opt Express 17:15932-15946.

[33] Arridge SR (1995) Photon-measurement density functions. Part I:Analytical forms. Appl Optics 34: 7395ton-me34. Feng SC,Zeng F-A,Chance B (1995) Photon migration in the presence of a single defect:a perturbation analysis. Appl Optics 34:38263826i.

[34] Grosenick D,Wabnitz H,Moesta KT,Mucke J,Schlag PM,Rinneberg H (2005) Time-domain scanning optical mammography:II. Optical properties and tissue parameters of 87 carcinomas. Phys Med Biol 50: 245124511 50:2410. 1088/0031-9155/50/11/002.

[35] Grosenick D,Kummrow A,Macdonald R,Schlag PM,Rinneberg H (2007) Evaluation of higher-order time-domain perturbation theory of photon diffusion on breast-equivalent phantoms and optical mammograms. Phys Rev E 76:061908. doi:10. 1103/PhysRevE. 76. 061908.

[36] Grosenick D,Wabnitz H,Moesta KT,Mucke J,Möller M,Stroszczynski C,Stößel J,Wassermann B,Schlag PM,Rinneberg H (2004) Concentration and oxygen saturation of haemoglobin of 50 breast tumours determined by time-domain optical mammography. Phys Med Biol 49: 116511651165ime10. 1088/0031-9155/49/7/006.

[37] Schmidt F,Fry M,Hillman EMC (2000) A 32-channel time-resolved instrument for medical optical tomography. Rev Sci Instrum 71:256 71:.

[38] Cerussi AE,Hsiang D,Shah N,Mehta R,Durkin A,Butler JA,Tromberg BJ (2007) Predicting response to breast cancer neoadjuvant chemotherapy using diffuse optical spectroscopy. Proc Natl Acad Sci U S A 104:401401444014:4010. 1073/pnas. 0611058104.

[39] Jakubowski DB,Cerussi AE,Bevilacqua F,Shah N,Hsiang D,Butler JA,Tromberg BJ (2004)Monitoring neoadjuvant chemotherapy in breast cancer using quantitative diffuse optical spectroscopy:a case study. J Biomed Opt 9:230cancer usi10. 1117/1. 1629681.

[40] Choe R,Corlu A,Lee K,Durduran T,Konecky SD,Grosicka-Koptyra M,Arridge SR,Czerniecki BJ,Fraker DL,DeMichele A,Chance B,Rosen MA,Yodh AG (2005) Diffuse optical tomography of breast cancer during neoadjuvant chemotherapy:a case study with comparison to MRI. Med Phys 32:1128 duri.

[41] Jiang S,Pogue BW,Carpenter CM,Poplack SP,Wells WA,Kogel CA,Forero JA,Muffly LS,Schwartz GN,Paulsen KD,Kaufman PA (2009) Evaluation of breast tumor response to neoadjuvant chemotherapy

with tomographic diffuse optical spectroscopy: case studies of tumor region-of-interest changes. Radiology 252:551-560.

[42] Enfield LC, Cantanhede G, Westbroek D, Douek M, Purushotham AD, Hebden JC, Gibson AP (2011) Monitoring the response to primary medical therapy for breast cancer using threedimensional time-resolved optical mammography. Technol Cancer Res Treat 10:533 10:.

[43] Corlu A, Choe R, Durduran T, Rosen MA, Schweiger M, Arridge SR, Schnall MD, Yodh AG (2007) Three-dimensional in vivo fluorescence diffuse optical tomography of breast cancer in humans. Opt Express 15: 6696 vivo.

[44] Hagen A, Grosenick D, Macdonald R, Rinneberg H, Burock S, Warnick P, Poellinger A, Schlag PM (2009) Late-fluorescence mammography assesses tumor capillary permeability and differentiates malignant from benign lesions. Opt Express 17:17016permea.

[45] Van de Ven S, Wiethoff A, Nielsen T, Brendel B, van der Voort M, Nachabe R, Van der Mark M, Van Beek M, Bakker L, Fels L, Elias S, Luijten P, Mali W (2010) A novel fluorescent imaging agent for diffuse optical tomography of the breast: first clinical experience in patients. Mol Imaging Biol 12: 343: 343oldoi:10. 1007/s11307-009-0269-1.

[46] Poellinger A, Persigehl T, Mahler M, Bahner M, Ponder SL, Diekmann F, Bremer C, Moesta KT, Dye F (2011) Near-infrared imaging of the breast using omocianine as a fluorescent dye: results of a placebo-controlled, clinical, multicenter trial. Invest Radiol 46:69746:697plac10. 1097/RLI. 0b013e318229ff25.

[47] Poellinger A, Burock S, Grosenick D, Hagen A, Lüdemann L, Diekmann F, Engelken F, Macdonald R, Rinneberg H, Schlag PM (2011) Breast cancer: early-and late-fluorescence near-infrared imaging with indocyanine greenanine greenging with indocyanine greenoresc.

[48] Grosenick D, Hagen A, Steinkellner O, Poellinger A, Burock S, Schlag PM, Rinneberg H, Macdonald R (2011) A multichannel time-domain scanning fluorescence mammograph: performance assessment and first in vivo results. Rev Sci Instrum 82:024302. doi:10. 1063/1. 3543820.

[49] Yoneya S, Saito T, Komatsu Y, Koyama I, Takahashi K, Duvoll-Young J (1998) Binding properties of indocyanine green in human blood. Invest Ophthalmol Vis Sci 39:1286286:1.

[50] Ntziachristos V, Yodh AG, Schnall M, Chance B (2000) Concurrent MRI and diffuse optical tomography of breast after indocyanine green enhancement. Proc Natl Acad Sci U S A97:2767 AA S Ament10. 1073/pnas. 040570597.

[51] Intes X, Ripoll J, Chen Y, Nioka S, Yodh AG (2003) In vivo continuous-wave optical breast imaging enhanced with indocyanine green. Med Phys 30:1039. doi:10. 1118/1. 1573791.

[52] Maeda H, Wu J, Sawa T, Matsumura Y, Hori K (2000) Tumor vascular permeability and the EPR effect in macromolecular therapeutics: a review. J Control Release 65:271 bre.